MOLECULAR SCIENCES

化学前瞻性基础研究·分子科学前沿丛书
丛书编委会

学术顾问　包信和　中国科学院院士
　　　　　　丁奎岭　中国科学院院士

总　主　编　席振峰　中国科学院院士
　　　　　　张德清　中国科学院化学研究所，研究员

执行主编　王　树　中国科学院化学研究所，研究员

编委（按姓氏笔画排列）

王春儒	毛兰群	朱道本	刘春立	严纯华	李玉良	吴海臣
宋卫国	张文雄	张　锦	陈　鹏	邵元华	范青华	郑卫军
郑俊荣	宛新华	赵　江	侯小琳	骆智训	郭治军	彭海琳
葛茂发	谢金川	裴　坚	戴雄新			

国家出版基金项目
NATIONAL PUBLICATION FOUNDATION

"十四五"时期国家重点
出版物出版专项规划项目

化 学 前 瞻 性 基 础 研 究
分 子 科 学 前 沿 丛 书
总主编 席振峰 张德清

Progress of Inorganic Rare Earth Functional Materials

无机稀土
功能材料进展

严纯华 宋卫国 等 著

华东理工大学出版社
EAST CHINA UNIVERSITY OF SCIENCE AND TECHNOLOGY PRESS
·上海·

图书在版编目(CIP)数据

无机稀土功能材料进展 / 严纯华等著. -- 上海：
华东理工大学出版社，2024.11. -- ISBN 978 - 7 - 5628
- 7103 - 3

Ⅰ. TB34

中国国家版本馆 CIP 数据核字第 202454M63U 号

内容提要

无机稀土功能材料，凭借其独特的物理化学性质，已成为多个科研领域的核心研究热点。这类材料因稀土元素的特殊电子构型而具备出色的磁学、光学等性能，广泛应用于能量转换、信息显示、功能陶瓷及生物医疗等领域。

本书全面且系统地介绍了无机稀土功能材料领域的最新研究成果与产业化进展。内容覆盖稀土材料及前驱体的绿色制备技术、稀土功能晶体材料、稀土在机动车尾气催化净化中的应用、稀土多相催化材料、二氧化铈的表面调控及其催化应用、高附加值稀土材料的应用，以及稀土介孔材料等研究方向。这些内容不仅展示了无机稀土功能材料研究的深度与广度，还突显了其在解决实际问题中的巨大潜力。

通过对这些前沿领域的深入剖析，本书旨在为读者呈现一个清晰、全面的无机稀土功能材料知识体系，推动该领域的进一步发展。

项目统筹 / 马夫娇　韩　婷
责任编辑 / 韩　婷
责任校对 / 陈婉毓
装帧设计 / 周伟伟
出版发行 / 华东理工大学出版社有限公司
　　　　　　地址：上海市梅陇路 130 号，200237
　　　　　　电话：021 - 64250306
　　　　　　网址：www.ecustpress.cn
　　　　　　邮箱：zongbianban@ecustpress.cn
印　　刷 / 上海雅昌艺术印刷有限公司
开　　本 / 710 mm×1000 mm　1/16
印　　张 / 18
字　　数 / 396 千字
版　　次 / 2024 年 11 月第 1 版
印　　次 / 2024 年 11 月第 1 次
定　　价 / 268.00 元

总序一

　　分子科学是化学科学的基础和核心，是与材料、生命、信息、环境、能源等密切交叉和相互渗透的中心科学。当前，分子科学一方面攻坚惰性化学键的选择性活化和精准转化、多层次分子的可控组装、功能体系的精准构筑等重大科学问题，催生新领域和新方向，推动物质科学的跨越发展；另一方面，通过发展物质和能量的绿色转化新方法不断创造新分子和新物质等，为解决"卡脖子"技术提供创新概念和关键技术，助力解决粮食、资源和环境问题，支撑碳达峰、碳中和国家战略，保障人民生命健康，在满足国家重大战略需求、推动产业变革方面发挥源头发动机的作用。因此，持续加强对分子科学研究的支持，是建设创新型国家的重大战略需求，具有重大战略意义。

　　2017 年 11 月，科技部发布"关于批准组建北京分子科学等 6 个国家研究中心"的通知，依托北京大学和中国科学院化学研究所的北京分子科学国家研究中心就是其中之一。北京分子科学国家研究中心成立以来，围绕分子科学领域的重大科学问题，开展了系列创新性研究，在资源分子高效转化、低维碳材料、稀土功能分子、共轭分子材料与光电器件、可控组装软物质、活体分子探针与化学修饰等重要领域上形成了国际领先的集群优势，极大地推动了我国分子科学领域的发展。同时，该中心发挥基础研究的优势，积极面向国家重大战略需求，加强研究成果的转移转化，为相关产业变革提供了重要的支撑。

　　北京分子科学国家研究中心主任、北京大学席振峰院士和中国科学院化学研究所张德清研究员组织中心及兄弟高校、科研院所多位专家学者策划、撰写了"分子科学前沿丛书"。丛书紧密围绕分子体系的精准合成与制备、分子的可控组装、分子功能体系的构筑与应用三大领域方向，共 9 分册，其中"分子科学前沿"部分有 5 分册，"学科交叉前沿"部分有 4 分册。丛书系统总结了北京分子科学国家研究中心在分子科学前沿交叉领域取得的系列创新研究成果，内容系统、全面，代表了国内分子科学前沿交叉研究领域最高水平，具有很高的学术价值。丛书各分册负责人以严谨的治学精神梳理总结研究成果，积极总结和提炼科学规律,极大提升了丛书的学术水平和科学意义。该套丛书被列入"十四五"时期国家重点出版物出版专项规划项目,并得到了国家出版基金的大力支持。

我相信,这套丛书的出版必将促进我国分子科学研究取得更多引领性原创研究成果。

包信和

中国科学院院士

中国科学技术大学

总序二

化学是创造新物质的科学,是自然科学的中心学科。作为化学科学发展的新形式与新阶段,分子科学是研究分子的结构、合成、转化与功能的科学。分子科学打破化学二级学科壁垒,促进化学学科内的融合发展,更加强调和促进与材料、生命、能源、环境等学科的深度交叉。

分子科学研究正处于世界科技发展的前沿。近二十年的诺贝尔化学奖既涵盖了催化合成、理论计算、实验表征等化学的核心内容,又涉及生命、能源、材料等领域中的分子科学问题。这充分说明作为传统的基础学科,化学正通过分子科学的形式,从深度上攻坚重大共性基础科学问题,从广度上不断催生新领域和新方向。

分子科学研究直接面向国家重大需求。分子科学通过创造新分子和新物质,为社会可持续发展提供新知识、新技术、新保障,在解决能源与资源的有效开发利用、环境保护与治理、生命健康、国防安全等一系列重大问题中发挥着不可替代的关键作用,助力实现碳达峰碳中和目标。多年来的实践表明,分子科学更是新材料的源泉,是信息技术的物质基础,是人类解决赖以生存的粮食和生活资源问题的重要学科之一,为根本解决环境问题提供方法和手段。

分子科学是我国基础研究的优势领域,而依托北京大学和中国科学院化学研究所的北京分子科学国家研究中心(下文简称"中心")是我国分子科学研究的中坚力量。近年来,中心围绕分子科学领域的重大科学问题,开展基础性、前瞻性、多学科交叉融合的创新研究,组织和承担了一批国家重要科研任务,面向分子科学国际前沿,取得了一批具有原创性意义的研究成果,创新引领作用凸显。

北京分子科学国家研究中心主任、北京大学席振峰院士和中国科学院化学研究所张德清研究员组织编写了这套"分子科学前沿丛书"。丛书紧密围绕分子体系的精准合成与制备、分子的可控组装、分子功能体系的构筑与应用三大领域方向,立足分子科学及其学科交叉前沿，包括 9 个分册：《物质结构与分子动态学研究进展》《分子合成与组装前沿》《无机稀土功能材料进展》《高分子科学前沿》《纳米碳材料前沿》《化学生物学前沿》《有机固体功能材料前沿与进展》《环境放射化学前沿》《化学测量学进展》。该套丛书梳理总结了北京分子科学国家研究中心自成立以来取得的重大创新研究成果，阐述了分子科学及其交叉领域的发展趋势，是国内第一套系统总结分子科学领域最新进展的专业丛书。

该套丛书依托高水平的编写团队，成员均为国内分子科学领域各专业方向上的一流专家，他们以严谨的治学精神，对研究成果进行了系统整理、归纳与总结，保证了编写质量和内容水平。相信该套丛书将对我国分子科学和相关领域的发展起到积极的推动作用，成为分子科学及相关领域的广大科技工作者和学生获取相关知识的重要参考书。

得益于参与丛书编写工作的所有同仁和华东理工大学出版社的共同努力，这套丛书被列入"十四五"时期国家重点出版物出版专项规划项目，并得到了国家出版基金的大力支持。正是有了大家在各自专业领域中的倾情奉献和互相配合，才使得这套高水准的学术专著能够顺利出版问世。在此，我向广大读者推荐这套前沿精品著作"分子科学前沿丛书"。

中国科学院院士

上海交通大学/中国科学院上海有机化学研究所

丛书前言

作为化学科学的核心,分子科学是研究分子的结构、合成、转化与功能的科学,是化学科学发展的新形式与新阶段。可以说,20世纪末期化学的主旋律是在分子层次上展开的,化学也开启了以分子科学为核心的发展时代。分子科学为物质科学、生命科学、材料科学等提供了研究对象、理论基础和研究方法,与其他学科密切交叉、相互渗透,极大地促进了其他学科领域的发展。分子科学同时具有显著的应用特征,在满足国家重大需求、推动产业变革等方面发挥源头发动机的作用。分子科学创造的功能分子是新一代材料、信息、能源的物质基础,在航空、航天等领域关键核心技术中不可或缺;分子科学发展高效、绿色物质转化方法,助力解决粮食、资源和环境问题,支撑碳达峰、碳中和国家战略;分子科学为生命过程调控、疾病诊疗提供关键技术和工具,保障人民生命健康。当前,分子科学研究呈现出精准化、多尺度、功能化、绿色化、新范式等特点,从深度上攻坚重大科学问题,从广度上催生新领域和新方向,孕育着推动物质科学跨越发展的重大机遇。

北京大学和中国科学院化学研究所均是我国化学科学研究的优势单位,共同为我国化学事业的发展做出过重要贡献,双方研究领域互补性强,具有多年合作交流的历史渊源,校园和研究所园区仅一墙之隔,具备“天时、地利、人和”的独特合作优势。本世纪初,双方前瞻性、战略性地将研究聚焦于分子科学这一前沿领域,共同筹建了北京分子科学国家实验室。在此基础上,2017年11月科技部批准双方组建北京分子科学国家研究中心。该中心瞄准分子科学前沿交叉领域的重大科学问题,汇聚了众多分子科学研究的杰出和优秀人才,充分发挥综合性和多学科的优势,不断优化校所合作机制,取得了一批创新研究成果,并有力促进了材料、能源、健康、环境等相关领域关键核心技术中的重大科学问题突破和新兴产业发展。

基于上述研究背景,我们组织中心及兄弟高校、科研院所多位专家学者撰写了“分子科学前沿丛书”。丛书从分子体系的合成与制备、分子体系的可控组装和分子体系的功能与应用三个方面,梳理总结中心取得的研究成果,分析分子科学相关领域的发展趋势,计划出版9个分册,包括《物质结构与分子动态学研究进展》《分子合成与组装前沿》《无机稀土功能材料进展》《高分子科学前沿》《纳米碳材料前沿》《化学生物学前沿》《有机固体功能材料前沿与进展》《环境放射化学前沿》《化学测量学进展》。我们希望该套丛书的出版将有力促进我国分子科学领域和相关交叉领域的发展,充分体现北京分子科学国家研究中心在科学理论和知识传播方面的国家功能。

　　本套丛书是"十四五"时期国家重点出版物出版专项规划项目"化学前瞻性基础研究丛书"的系列之一。丛书既涵盖了分子科学领域的基本原理、方法和技术,也总结了分子科学领域的最新研究进展和成果,具有系统性、引领性、前沿性等特点,希望能为分子科学及相关领域的广大科技工作者和学生,以及企业界和政府管理部门提供参考,有力推动我国分子科学及相关交叉领域的发展。

　　最后,我们衷心感谢积极支持并参加本套丛书编审工作的专家学者、华东理工大学出版社各级领导和编辑,正是大家的认真负责、无私奉献保证了丛书的顺利出版。由于时间、水平等因素限制,丛书难免存在诸多不足,恳请广大读者批评指正!

北京分子科学国家研究中心

前言

无机稀土功能材料,作为一类独特而重要的材料体系,自20世纪中叶以来便以其独特的物理化学性质,成为材料科学、化学、物理学以及环境科学等多个学科的研究热点。稀土元素具有独特的电子构型,其 f 轨道电子的自旋-轨道耦合及丰富的电子组态能级,使无机稀土材料具有优异的磁学、光学等性能,在能量转换、信息显示与存储、功能陶瓷、生物医疗等多个领域扮演着不可或缺的角色。从单纯具有特殊性能到满足多种不同需求、应用场景的稀土功能材料开发,无机稀土功能材料的发展见证了人类科技发展和技术进步的历程。

近年来,随着全球科技竞争的加剧和可持续发展的迫切需求,无机稀土功能材料的前沿发展日新月异。从稀土矿产资源到功能材料的绿色制备和智能制造技术的突破,不仅降低了生产成本、显著减少了环境污染,也大力推动了稀土功能材料的产业化进程。同时,基于稀土元素的新型功能晶体、催化材料、稀土电子材料以及高附加值产品的不断涌现,为相关领域注入了新的活力。这些前沿成果不仅拓宽了稀土功能材料的应用领域,也为深海/深空探测、新型绿色能源开发以及生命健康领域的关键挑战提供了新的思路和方案。

本书旨在全面系统地介绍无机稀土功能材料领域的最新研究成果和产业化进展。全书从稀土材料及前驱体的绿色制备与产业化技术入手,详细探讨了稀土功能晶体材料、稀土在机动车尾气催化净化中的应用、稀土多相催化材料、二氧化铈表面调控及其在催化中的应用、高附加值稀土材料的应用以及稀土介孔材料等关键议题。这些内容的选择,既体现了无机稀土功能材料研究的深度和广度,又凸显了其在解决实际问题中的学术价值和应用潜力。通过对这些前沿领域的深入剖析,本书力图为读者呈现一套清晰、全面的无机稀土功能材料知识体系。

作为北京分子科学国家研究中心的重要研究成果之一,本书的出版不仅总结了中心的科研工作并予以展示,也体现了对国内外同行研究成果的尊重与借鉴。北京分子科学国家研究中心作为我国材料科学研究的重要基地，一直致力于推动无机稀土功能材料等领域的创新发展。本书的出版，不仅有助于提升我国在这一领域的国际影响力，还能为国内外科研人员提供宝贵的参考和借鉴，促进学术交流与合作。

　　本书的整体框架由严纯华院士与宋卫国研究员作为核心主创精心构思与策划。全书共7章，第1章"稀土材料及前驱体的绿色制备与产业化技术"由李永绣编写；第2章"稀土功能晶体材料"由孙益坚、温和瑞编写；第3章"稀土在机动车尾气催化净化中的应用"由于学华、殷成阳、刘诗鑫、苗雨欣、赵震编写；第4章"用于小分子转化反应的稀土多相催化材料"由郭毅、张亚文编写；第5章"CeO_2纳米材料的表面调控及其在多相催化中的应用"由李静、曹方贤、苟王燕、瞿永泉编写；第6章"高附加值稀土材料的应用"由王启舜、宋术岩、张洪杰编写；第7章"稀土介孔材料的制备研究进展"由周欢萍、刘少丞、周宁、宋卫国编写。曹昌燕研究员负责本书相关协调工作。

　　由于撰写时间仓促、涉及人员较多，书中难免存在诸多不足，欢迎广大读者批评指正。

编　者

2024 年 6 月

目 录

CONTENTS

Chapter 1

第 1 章　稀土材料及前驱体的绿色制备与产业化技术

李永绣

Chapter 2

第2章　稀土功能晶体材料

孙益坚　温和瑞

Chapter 3

第3章　稀土在机动车尾气催化净化中的应用

于学华　殷成阳　刘诗鑫
苗雨欣　赵　震

Chapter 4

第4章　用于小分子转化反应的稀土多相催化材料

郭　毓　张亚文

Chapter 5

第 5 章　CeO₂纳米材料的表面调控及其在多相催化中的应用

李　静　曹方贤　苟王燕
瞿永泉

Chapter 6

第 6 章　高附加值稀土材料的应用

王启舜　宋术岩　张洪杰

Chapter 7
第 7 章 稀土介孔材料的制备研究进展

周欢萍 刘少丞 周 宁
宋卫国

Chapter 1

稀土材料及前驱体的绿色制备与产业化技术

李永绣

南昌大学

1.1 稀土材料前驱体概念和作用

所谓前驱体,是指任何有利于目标材料的微结构调控,以获得理想的分子、原子、离子间的相互作用,用于制备某种材料的具有特殊化学和物理性能的主体原料或关键添加剂[1-3]。例如,用于制备荧光粉的氧化钇铕、用于制备高效催化剂的氧化铈锆等便可称为前驱体。它们在后续的材料制备过程中,有助于控制和优化组成与结构,从而以更高的效率、更低的成本以及更少的环境污染,制备出所需的材料产品。因此,稀土材料前驱体的开发和应用可以显著提升目标材料产品的性能,减少材料用量,节约原料,保护环境,实现轻量化减量化目标[4-6]。特别是在制备那些依赖稀缺元素的材料时,可以大幅提升产品的市场竞争力。

材料前驱体质量的提升或制造水平的提高,对社会发展无疑具有积极意义。然而,前驱体本身的销量和价格也常常会影响技术的变革和产品的更新换代,这种影响可能是负面的,也可能是正面的。

例如,在研发三基色节能灯用的稀土荧光材料过程中,通过精确控制氧化钇铕前驱体产品的颗粒度,成功实现了不球磨小颗粒球形荧光粉的产业化,这不仅大大降低了荧光涂层的荧光粉用量,而且结合纳米散射颗粒的应用,使荧光粉用量减少了30%~50%。该技术在2012年成功实现产业化,不仅提升了材料的应用性能和效益,还节约了材料。这一技术的产业化虽然导致了三基色荧光粉销量的显著下降(受到LED照明产品冲击等因素的影响),但它仍然引发了稀土发光材料应用市场的深刻变革。三基色荧光粉的年产量在2010年和2011年为8000吨,但到了2012年急剧下降至4500吨,并在2013年进一步降至3600吨[7]。与此同时,受到LED照明产品的冲击,目前三基色荧光粉的年产量已降至仅几百吨。相应地,氧化铕的价格也从2011年的每公斤3万元下跌至目前的几百元,显著降低了稀缺元素的消耗量。

1.2 稀土材料前驱体产品开发与应用研究的基本要求

1.2.1 与材料研究相结合,与新材料的技术进步相匹配

前驱体的制备和生产技术不是孤立的,而是与后续产品和工艺相匹配的。早期的稀土发光材料、磁性材料、抛光材料、储氢材料、陶瓷材料及相关应用研究在产业化方面的收效并不理想,其关键问题在于没有充分考虑产业链上前后产品的最优匹配。往往只是孤立地做材料,对于所用原料,只有纯度或成分概念,而缺乏物性认识。

随着终端应用的不断发展,不仅对新材料的种类提出了更多要求,而且对材料质量也有更高的要求,这进而对前驱体提出了更多更高的要求[3,8-11]。因此,前驱体产品的开发和研究内容也必须与新材料的研发相适应。例如,场致发光(electro luminescences,EL)显示器需要高效荧光粉,而传统的荧光材料不能满足 EL 等显示技术的需求。因为体相 Y_2O_3:Eu 虽然也具有优良的发光效率和稳定性,但它是绝缘体,用作场致发光显示材料时,电子将聚集在荧光粉表面,导致粉体表面的电荷积累,使发光效率和强度降低。而纳米尺寸的 Y_2O_3:Eu 是一种导体,同时又保持了体相材料的发光性能,并且纳米粉体还能改善涂屏工艺。因此,纳米发光材料才适合用作 EL 显示荧光材料。这是纳米化前驱体成为材料开发主要研究对象的原因[12,13]。

再如,尽管第三代稀土永磁材料研究取得了巨大成功,但还存在一些缺陷。有观点认为,要进一步找到比 NdFeB 更好的新型稀土永磁材料的可能性很小,而发展复合材料才是未来的研究方向。但要发展复合稀土永磁材料,从宏观尺度上复合是不可能的。如果仅从原子尺度上复合,将又回到传统化合物的老路上去。所以,更高性能的永磁材料只能在纳米量级上进行复合。当前的研究热点之一是软磁相与硬磁相之间的交换耦合作用,对于具体优化结构的各向同性复合磁体,其最大磁能积(BH_{max})可超过 400 kJ/m³,大约是各向同性 NdFeB 磁体的 3 倍,如何开发与之匹配的前驱体是目前的主要研究任务之一[14]。

1.2.2　与其他学科相互渗透、相互交叉

前驱体的开发不仅要达到性能的最优化,而且前驱体制备过程的优化和成本控制也是实际研究开发中应当重点考虑的内容。但这种考虑不应仅限于一个单元操作,或单纯的前驱体本身,而应综合考虑前驱体及其后续应用过程中的综合性能和成本消耗。因为在前驱体制备过程中增加一个处理环节,或增加少量的消耗,可能会使后续材料制备过程或材料应用技术更为简化,甚至可能降低综合成本。要实现这样的结果,需要将前驱体的开发过程与后续的材料制备过程或应用过程紧密结合起来。而在现阶段的前驱体开发过程中往往缺乏这种结合。因为这需要跨学科的知识和技能,包括化学、物理、材料科学以及其他工程技术领域的内容。

目前,许多生产厂家都能从市场上了解到某种产品的一些基本要求,但并不清楚这些产品会具体用在什么地方,更不知道如何用,以及为何需要控制这些指标。因此,在前驱体制备技术或物性控制技术研究中,需要从系统工程的角度最大限度地与后续材料的制备和性能要求相匹配,以加快材料开发的进程[4]。

1.3　稀土材料的产业链发展模式促进了前驱体产品的开发[3,4]

在现代工业发展模式中,"产业链"的概念日益受到人们的关注。因为从"产业链"模式

来考虑各单元操作的技术优化可以合理匹配资源,优化产品结构,降低综合成本。从产业链的上下游合作来研发高性能稀土材料,需要有宽广的视野和精湛的上下游合作技巧,通过稀土前驱体产品的开发,实现相互渗透、交叉融合和相互促进的目标。在"资源-提取-分离-稀土化合物-新材料-元器件-终端产品"这一产业链中,各种稀土金属和化合物均可作为制备稀土新材料的原料,即前驱体,其市场兴衰起落与终端用户市场的好坏紧密相关。稀土材料前驱体产品的研究开发作为稀土分离技术的延伸,不仅能提高稀土分离产品的附加值,还能推动稀土新材料产业的发展,在稀土湿法冶金和新材料之间起着桥梁的作用,而稀土产品的物性控制技术是构筑这一桥梁的关键内容。

1.3.1　稀土产业链及其发展历史

稀土产业涵盖了从稀土资源勘探、采矿选矿、冶炼分离、金属制备、材料制备到稀土材料应用等基本环节。稀土工业的历史可以追溯到 1891 年,当时稀土材料在煤气灯纱罩中的应用标志着其工业化的开始,这也表明只有当稀土材料具备实际应用价值时,才能推动其工业的发展。到了 20 世纪 40 年代,稀土的应用范围得到拓展,包括在玻璃抛光粉、玻璃澄清剂、陶瓷釉料,甚至还有医疗应用等领域。50—60 年代,稀土分离技术的成功为稀土材料应用提供了基本条件。单一稀土元素氧化物产品的供应是促进稀土材料应用水平提高的关键。同时,稀土材料的新要求也极大促进了稀土冶炼技术的进步。

（1）稀土选冶环节

图 1-1 是稀土产业链的发展示意图。根据产业链各环节的科学范畴,可以大致将其分为地质勘探与采矿选矿、稀土冶炼分离、材料制备和材料应用这四个主要环节。我们知道,稀土产业并非起源于中国。1985 年之前,国际市场上的稀土矿产品和单一稀土产品市场一直由美国、法国、日本等发达国家所控制。中国的稀土产业始于 20 世纪 50 年代,在过去的七十年里,中国稀土产业在赶超世界先进技术水平上取得了显著进步。其中,跨区域和跨行业的有组织攻关发挥了关键作用。

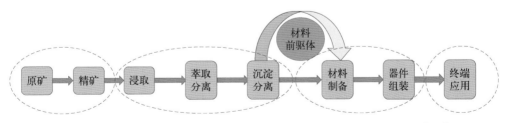

图 1-1　稀土产业链的发展示意图（稀土材料前驱体在稀土产业链中起桥梁作用）

例如,"包头会战"是为了满足国家需求而组织的全国性跨地区、跨行业的联合攻关行动。不仅限于包头,来自北京、长春、广州、长沙、南昌、上海等地的专家纷纷参与,为包头矿的选矿、分离和应用作出了重要贡献,这使得包头稀土精矿的生产技术水平实现了重大突破,稀土总量大于60%的包头精矿产品实现了大规模工业化生产。南方离子吸附型稀土资源是在20世纪60年代末被发现的。到了70年代,以江西有色冶金研究所(现为赣州有色冶金研究所)和江西省地矿局赣南地质调查大队等单位组织的联合攻关组在国家需求的驱动下,提出了第一代以氯化钠作浸取试剂的生产流程,实现了小规模的工业化生产。到了80年代,当时的江西大学和江西有色冶金研究所又推出了以硫酸铵为浸矿剂的新一代提取流程,加上后续江西大学的碳酸氢铵沉淀稀土工艺和南昌大学的碳酸稀土结晶沉淀方法等,成为该类资源开采的主体技术,使得南方离子型稀土总量大于92%的精矿产品实现了大规模的工业化生产。与北方稀土一起,完成了中国稀土向国际稀土市场的第一次冲击,进而成为国际市场上稀土精矿产品的主要供应国。

在20世纪70年代到90年代末的这30年间,以北京大学、中国科学院长春应用化学研究所、北京有色金属研究总院、包头稀土研究院、中国科学院上海有机化学研究所等机构为主,以及上海跃龙、南昌603等企业在稀土萃取和分离工艺研究及产业化方面开展了大量工作。以徐光宪为代表的众多科学家在稀土萃取分离体系和串级萃取理论及其工业化推广应用上提出了有别于国外的工业化分离技术体系,突破了我国在大规模工业化生产高纯单一稀土产品上的技术瓶颈,实现了对所有稀土元素的分离和高纯化、产品化,建立了具有中国特色的以P507-HCl、环烷酸-HCl为主要萃取体系的稀土分离技术体系。与此同时,南昌大学在稀土沉淀结晶技术上的进步解决了从盐酸介质中直接沉淀结晶生产出低氯根含量和均匀粒度的稀土产品的技术难题,建立了与中国萃取分离体系相配套的沉淀分离结晶技术和物性控制技术,生产出了不同规格的氯根含量低于50 mg/kg的高纯度稀土产品。这一进步使中国以质量优、价格低的高纯稀土产品占领了国际稀土市场,满足了各国在稀土发光、稀土催化等材料领域的应用要求,完成了中国稀土向国际稀土市场的第二次冲击。

(2) 稀土材料工业化生产与应用环节[5-7]

稀土材料的工业化生产与应用是中国稀土第三次冲击国际稀土市场的驱动力。在解决高纯稀土生产技术难题的同时,中国稀土材料的研究也全面展开。最初的稀土材料应用主要是以发挥稀土在传统产业中的应用为主要对象,包括稀土金属及合金在钢和有色金属材料中的应用,稀土在玻璃抛光、农业和轻工业等领域的应用,等等。从20世纪80年代开始,中国的稀土材料研究已经开始面向功能材料应用展开,例如稀土彩电荧光粉、稀土节能灯用荧光粉、稀土催化材料、稀土磁性材料、稀土储氢材料等。进入21世纪,中国稀土材料通过自主研发与引进技术的消化吸收相结合,使稀土材料的产量和质量均得到了显著的提升,进而拓宽了稀土的应用市场、扩大了应用范围。最终,中国稀土材料的生产量和销售量在全球市场的占比不断上升。目前,我国的稀土磁性材料、发光材料、储氢材料、抛光材料、催化材料的生产量和应用量均达到了世界第一,已成为全球最大的稀土材料供应国,这可以认为是我国稀土产品对国际稀土市场的第三次冲击。但这次冲击还在进行之中,还没有完全取代国外产品。事实上,这次的冲击并不像前两次那么彻底,仍然有 10%～30% 的份额掌握在发达国家手里,而且这部分产品的价值并不比我们生产的大头产品低,利润相当丰厚。

(3) 中国稀土产业的优势

我国有着丰富的稀土资源,包括内蒙古包头、四川的轻稀土资源,以及南方的富含轻中重稀土的离子吸附型稀土资源。其中,南方稀土资源中的中重稀土所占的比值为全球该类稀土总量的 80%。我国稀土的产量不仅有保证,质量也非常高,能够满足全球稀土精矿需求的 90% 以上,而且稀土矿中所含的中重稀土已为高新技术产业的发展作出了重要贡献。近几年来,国家和政府加大了投资的力度,将先进的技术和稀土的开发紧密地结合在一起,加快产业结构的调整,从而提高经济和社会效益。与世界发达国家相比,我国在稀土深加工和材料应用方面是存在差距的,但是差距在不断缩小。在稀土发光、研磨、储氢和催化材料方面,我们已从当初单纯地模仿国外技术阶段,走入了自主创新的阶段,并逐步实现了生产的产业化,相关的产业链发展技术已经在整体上获得了提升。

最为可喜的是,我国稀土的应用市场发展迅速。最近几年,国家加大了对技术创新企业的投入,并颁布了一系列的政策加以扶持,稀土应用市场已由最初的冶金、石油化工和轻工业等领域,逐步向高科技和尖端技术产业方向发展,稀土材料越来越多地被应用于磁性、发光和超导材料领域,其需求占稀土总需求的一半以上,部分领域甚至已达到 70%[5-7]。因此,我国的稀土产业对国外的依赖度在逐渐降低,仅凭借国内市场就足以支撑我国稀土产业的发展。未来,随着稀土材料研究和发展水平的不断提高,我国稀土产业必将从生产大国转型为材料制造和应用大国,稀土市场的全球影响力也将显著增强。

1.3.2　稀土产业的发展方向[6-11]

(1) 拓展稀土应用,延长稀土产业链

稀土作为一种新型材料资源,被视为 21 世纪最具竞争力的资源之一。由于其应用范围极为广泛,涵盖了国防武器制造、信息化领域以及生物工程领域,各国均高度重视稀土材料的研究,并将其置于发展的优先位置。因此,加强稀土材料产业的发展,延长稀土产业链,具有极其重要的意义。

例如,在汽车领域,稀土材料的使用量极为可观,这是因为汽车的很多零部件都要用到稀土材料,包括用稀土制成的防紫外线汽车玻璃、汽车尾气净化器、汽车电动马达等。稀土材料因其卓越的性能,能够有效减轻汽车重量,提高汽车行驶的动力性能和整体质量。从节约能源的角度来看,使用稀土材料有助于减少能源消耗,推动社会的可持续发展。

在计算机以及家用电器等领域,稀土材料的使用也在逐渐增加。面对这一发展趋势,应做好稀土材料产业模式的优化,确保我国稀土材料的生产处于可持续化发展的状态,这有利于推动新应用的发展并延伸产业链。

（2）提高原料保障能力

稀土原材料比较特殊,国家应做好稀土原材料的资源保护工作,使稀土材料产业从源头到后期的生产都能够科学合理化地发展。稀土是具有优异的物理化学性能的物质,在光、电、磁、超导以及催化领域均展现出极高的应用价值。这样优异的材料一般使用在一些高端科技当中,因此,加强管理以保证稀土资源的可持续利用尤为重要,同时还需要将稀土的价格控制在合理范围内,使稀土资源被真正用于稀土材料的生产上。

（3）完善区域稀土产业链,形成群体发展优势。

产业集群发展能够增强产业的市场竞争力,并提升产业的抗风险能力。稀土材料产于一些特定地区,为了促进这些区域之间的相互联系,可以构建相应的产业链。这不仅能够提升稀土开发的效率,同时也能够加快稀土经济发展的速度。产业链的构建需要不断完善,以促进稀土材料朝着更规范、更现代化的方向发展。例如,稀土永磁材料的产业链,从最开始的资源开发到后期材料的生产再到最后的材料运用,都有了一定成熟的模式,这样非常有利于原材料的合理开发和利用。还有稀土光学材料也有了产业链的发展,稀土光学材料能够使用在一些光学仪器上,例如相机、镜头和扫描仪等。随着社会发展,产业链的构建工作需持续下去,产业链的构建能够使产业更加集中,从而增强稳定性。

（4）加强环境保护

稀土材料的开发利用使得社会经济的发展具有了更强的竞争力,但从可持续发展的要求出发,必须坚持环境保护的思想。在资源开发利用的各个环节中,不仅要求尽量降低原料消耗和能耗,还要重点解决减排问题,实现生产过程物质的回收利用,这是实现环境保护的关键性步骤。目前,环境保护的全民意识已经有了很大的提高,在这样的大环境下,做好稀土开发的环境保护工作尤其重要。因此,在稀土产业链的构建中,需要坚持低消耗和低成本的原则,实现环境和经济的和谐发展。为此,开展稀土材料制造过程中的环保技术研究,强化废弃材料的回收利用,是减少环境污染、提高资源有效利用率的关键。

1.4　稀土材料前驱体的研究内容[1-4]

稀土材料前驱体的研究内容包括两大块内容(图1-2):一是组分控制,要确定材料组成和纯度对材料性能的影响,以及基于这些影响来确定最佳的组分及其实现组分控制的工业化技术;二是物性控制,需要确定材料颗粒大小、形貌、物相类型、比表面积等各种物性指标对材料性能的影响,寻找最佳的材料物性指标及其实现这些指标控制的工业化技术。

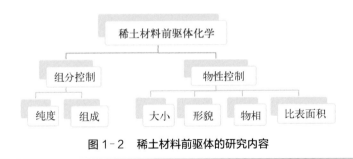

图 1-2　稀土材料前驱体的研究内容

1.4.1　组分设计、调配与高纯化技术

　　稀土材料的组分设计与调配主要包括高纯化技术和复配技术。稀土材料在高技术领域的应用有时要求在高纯化后,其各项物理、化学特性才能充分发挥出来。但在更多的时候,需要根据其具体的应用来进行调配。我国单一稀土氧化物向着高纯度方向发展,已能制备出 16 种单一稀土化合物,纯度达 99.99%~99.999%（REO①）,其中纯度大于 5N 的氧化钇、氧化镥、氧化镧已实现大规模批量生产。同时,为满足高新材料特别是光电材料如激光晶体、光纤等材料对高纯稀土化合物的需求,非稀土杂质含量很低的超纯稀土氧化物也具备了批量供应能力[4]。

1.4.2　物性调控技术

　　材料的性能是通过其显微结构和化学成分来控制的,它取决于生产过程的控制。材料性能的一致性不仅需要通过成品质量检测来加以保证,更需要通过生产过程来加以控制。稀土材料的物性指标应包括两个层次的内容,一是材料的内在物性,即材料的光学、电学、磁学、强度和硬度等指标;二是稀土产品的表观物性,如粒度、比表面积、孔隙度、晶型、分散性等。材料性能的控制包括对物性和化学成分的控制,延伸到稀土产品的质量指标控制也包括对物性和化学指标的控制,因为在大多数情况下,这两个方面的指标是相互关联的。

　　作为一种新材料其应用的依据主要是物理性能,而化学指标则是保障其基本物理性能的前提条件。21 世纪以来,稀土产品化学指标的控制技术已基本成熟,而稀土产品的物性控制技术还需要提升。由于物性指标与稀土材料的性能密切相关,并且这些指标受生产过程因素的影响较大,因此它们是制约稀土材料开发的关键因素。

　　稀土产品物性控制技术可以被认为是稀土湿法冶金技术向稀土新材料制备技术的延伸和链接技术,其目标产品是一系列适用于后续材料制备的前驱体[1]。在国际市场和科技

①　REO,即稀土氧化物（rare earth oxide）。

发展要求的驱动下,稀土产品物性控制技术和前驱体产品开发备受关注,进展顺利。

事实上,稀土材料在高技术领域中用量的高速增长与单一稀土产品的生产和供应能力紧密相关,稀土应用水平与稀土精加工水平相一致这在国内外均已形成共识。所以,在稀土分离加工水平提高到一定程度之后,稀土精加工水平的提高将主要依靠稀土产品的物性控制,即根据用户要求生产出具有特定性能的稀土产品的能力,它与高新技术材料的开发紧密相关,是稀土冶炼加工的最后一步,也是稀土材料制备的开始,因而是连接稀土冶炼与稀土应用的桥梁,代表当今世界稀土产业发展的方向。而每项技术的可行性评估,应基于其创造的附加值与成本增加之间的差额,即通过计算净效益来进行评价(图1-3)。

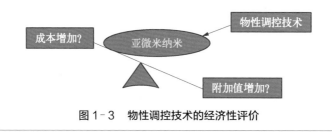

图1-3　物性调控技术的经济性评价

1.4.3　稀土材料前驱体产品开发

随着磁性材料、光学材料、催化材料、精密陶瓷材料等高新材料领域的高速发展,稀土在这些领域的作用越来越大。反过来,这些领域对稀土化合物的化学组成和物理性质的要求也越来越高。从20世纪90年代中期开始,中国的许多科研机构和企业都在开展稀土材料前驱体产品的开发工作,并取得了很好的成绩[1-4,15-22],例如,中心粒径在亚微米级的各种单一的和复合的稀土化合物,包括大规模化生产的以氧化铈为主组分的各种类型窄粒径分布的稀土抛光粉;新鲜比表面积为$100\sim200 \ m^2/g$的催化剂用CeO_2;比表面积在$10 \ m^2/g$以上的精密陶瓷用Y_2O_3;粒度为$100\sim120 \ \mu m$的大颗粒氧化铈CeO_2;粒度在$50 \ \mu m$以上的光学级氧化镧;粒度在$100 \ \mu m$以上的氧化钇;等等。我们熟悉的需要进行组分复配和物性控制的前驱体产品还有:用于汽车尾气净化催化的CeO_2-ZrO_2复合氧化物,用于稀土荧光粉制备的YEu、LaCeTb、YGdEu复合氧化物,用于高温陶瓷、耐高温涂层、燃料电池的电解质Y_2O_3-ZrO_2复合氧化物,等等。其中,YEu、LaCeTb、YGdEu等复合氧化物从20世纪90年代开始就已成为许多厂家的主导产品,而CeO_2-ZrO_2复合氧化物则是某些企业的特色产品。

稀土材料前驱体产品的开发需要针对以下应用目标要求来展开。

(1)发光材料

无论是彩电荧光粉还是三基色荧光粉,影响它们的发光性能的因素除化学指标外,还有物性指标。它们的光通量、光衰和涂屏涂管性能与其粒度大小和分布、结晶性、分散性及密度关系密切。事实上,不同企业的产品在化学成分上的差别很小,导致发光性能和稳定性不同的原因主要在于它们的颗粒大小和分布、分散性以及晶体发育程度不同。因此,荧光粉厂也已将精力集中到了荧光粉的粒度、分散性和结晶性的控制上,从原料制备到产品的后处理加工的整个生产过程都加以严格控制,开发出各种新产品,如超细颗粒荧光粉、不球磨荧光粉、包膜荧光粉等。这些新产品的技术关键就在于产品的物性控制。尽管目前的灯用荧光材料的需求下降很多,但围绕 LED 荧光转换材料的组成和结构调控,以及颗粒和表面特征的优化仍然受到普遍关注。在一些特殊用途荧光粉的研究和开发上,除组成和结构要求外,不同颗粒大小和形貌的荧光材料合成与应用技术研究一直是该领域的热点。例如,上转换发光材料[12,13,23-25],通过采用多种稀土前驱体和不同合成路径,开发了一系列具有特殊形貌的纳米发光材料,并可将其应用于生物体成像和多种疾病的治疗。

　　(2) 抛光粉[26-33]

　　除了在集成电路和半导体工业中应用的产品外,用于生产抛光粉的稀土原料并不需要很高的纯度,但最终产品的晶型、硬度、粒度和悬浮性对产品质量指标影响很大。随着高速抛光技术的发展,对抛光粉的质量要求也越来越高。为此,需要开发多种规格的抛光粉,这些抛光粉的抛光性能有很大差别,以满足不同对象的抛光要求。从抛光能力来看,铈含量的增加是有利的。但即便用高铈稀土,若其物性指标,如晶型、硬度、粒度和悬浮性等,未得到良好控制,所得产品的抛光能力也会很低。为满足高速抛光的要求,需要实现产品价格、晶型、硬度、粒度和悬浮性等多方面的统一。这不仅要制订科学的合成工艺,还有必要对产品进行后处理加工,这些都属于物性控制的内容。目前,针对集成电路加工过程的抛光要求,需要开发既具有高纯度又达到纳米尺度的抛光浆料。其中,所用前驱体的制备技术及其纳米化浆料的制备与稳定技术将发挥主要作用,也是这一领域的关键难点技术。

　　(3) 催化剂[34-38]

　　当今,稀土用量较大且备受瞩目的催化剂中,汽车尾气净化催化剂和石油催化剂无疑占据重要地位。这类催化剂的活性不仅与其化学组分密切相关,更在很大程度上受其物理性质和制备过程的影响。为了确保催化剂在高温条件下仍能保持高活性,必须保证它们在高温下保持高分散性和高比表面积状态,且晶粒尺寸需控制在纳米级范围内。为此,科研人员开发了一系列适用于催化剂制备的氧化铈涂料。这些涂料具有极小的颗粒尺寸和高度分散性,能够以纳米级状态均匀地涂覆在载体表面,形成高分散、高活性的催化组分,并展现出卓越的高温稳定性。随着新能源产业和低碳经济的蓬勃发展,稀土电催化材料和电极材料的研究已经引起了广泛关注,例如,在电解制氢及二氧化碳转换领域,稀土电催化材料发挥着至关重要的作用;而在二氧化碳转换领域,稀土电催化材料同样具有巨大的应用潜力。

　　(4) 磁性材料[14,39-45]

　　尽管在磁性材料的发展历程中,成分的改变起到了重要作用,但其粒度和晶粒取向同样至关重要。为此,多种加工工艺应运而生。不管采用何种工艺,在成型前(如烧结、热压、黏结、热变形等)都必须确保磁性合金满足一定的粒度要求。例如,以烧结法制备永磁材料时,必须在磁场取向前完成制粉过程。对于钕铁硼永磁体而言,其粒径要求在 $3\sim5\ \mu m$,以确保每一颗粒都是单晶,且粉末尺寸均匀,颗粒外形接近球状,表面光滑,缺陷较少。

在永磁材料的晶界扩散技术中,高效且低成本扩散剂的研发始终是研究的重点。根据扩散剂的成分,可以把它们分为三类,分别是重稀土、轻稀土和非稀土基扩散剂。第一类扩散剂,以重稀土元素 Tb、Dy 的纯金属、合金与化合物为主,其中部分氧化物、氟化物和氢化物在早期的工业生产中已经得到应用。将重稀土金属制备成具有低熔点的合金或高活性的稀土氢化物,可以进一步提升其扩散效率。虽然氟化物的扩散效率比氧化物高,且提高矫顽力的效果更佳,然而,因为含有氟元素,氟化物扩散剂在绿色环保方面存在劣势。第二类扩散剂,是基于轻稀土元素的 Nd‐Cu 扩散剂,还包括 Nd‐Al、Pr‐Cu 和 Pr‐Al‐Cu 等。这类扩散剂主要通过增加晶粒间非磁性晶界层的数量和厚度,来更好地隔绝晶粒间的磁耦合,从而提高磁体的矫顽力。第三类扩散剂,为非稀土基化合物、金属和合金扩散剂,如 ZnO、Al 和 Al‐Cu 等。这类扩散剂也可以增加晶粒间非磁性晶界层的数量和厚度,从而更好地隔绝晶粒间的磁耦合。此外,非稀土元素的扩散还能减少界面处的缺陷,进而抑制反向磁畴的成核过程。

第一类重稀土基扩散剂对矫顽力的提升效果最为显著,但它们所处理的磁体的厚度相对较小。第二类轻稀土基扩散剂主要为低熔点合金,扩散效率高的同时成本相对较低,但矫顽力提升效果仍有进步空间。第三类非稀土扩散剂则成本最低,但其目前仍处于研发的初期阶段,对原始磁体矫顽力的提升效果最小。因此,目前在工业上最成熟、应用最广的还是重稀土基扩散剂,而第二类、第三类扩散剂的配方和工艺还需要进一步优化。

(5)储氢合金[46-49]

储氢合金的组分对其应用性能有相当大的影响,因此,研究者们开发了多种多样的合金组成配方。但有趣的是,有些合金配方不完全一样的产品,其性能差别不大;而有些配方差别不大的产品,性能却有较大的差别。导致这一差别的原因就在于它们的制备过程对物性的控制技术有明显差距。因此,如果阴极材料的物性控制和加工技术未能达标,甚至于阳极材料的质量也不过关,电池产品的质量将受到严重影响。

(6)陶瓷材料[50-56]

稀土元素在陶瓷材料中的应用,主要是作为添加剂来优化陶瓷的烧结性能、致密化程度、显微结构以及相组成,从而满足不同应用场景对陶瓷材料质量和性能的特定要求。然而,要达到理想的效果,应对所添加的稀土材料的物性有严格的要求。例如,在氮化硅、氮化铝和碳化硅等陶瓷材料的烧结过程中,用作助剂的氧化稀土粉末需要具备高纯度和良好的弥散性,且需达到超细粒径;用于制作透光性陶瓷的稀土粉体,其化学纯度要求极高,以减少吸收光的杂质含量,同时,粉体的粒径需小于 1 μm,并且粒子大小需均匀分布,以确保陶瓷的透光性能。

热喷涂陶瓷涂层是航空和军工领域的关键材料,其中应用最为广泛的是稀土稳定的锆酸盐和铪酸盐。这些材料需要做成具有特定粒径要求的粉体,从而便于喷涂和表面加工。在这一应用中,高纯度的稀土微米级、亚微米级和纳米级氟化稀土也发挥了很好的作用。

1.5　稀土材料前驱体产品的绿色化生产技术

1.5.1　高纯化绿色化分离技术[3,4]

如上所述,依托高效萃取和色层分离技术,可以满足各类高纯稀土产品的生产要求,为材料组分的精确调控提供了优质前驱体,其纯度为 99%～99.999 9%。当前的任务是发展从矿山原矿到高纯稀土产品的绿色化生产技术及其工艺流程。2012 年以来,在科技部 973 计划、863 计划和支撑计划课题等项目的资助下,稀土提取与分离提纯技术已经取得了显著进步。例如,针对南方离子吸附型稀土开采过程的收率和环境保护问题,研究并提出了一系列创新技术:不局限于原地浸矿的精准浸矿方法及其判定标准;开发新型浸取试剂及其浸矿流程,以消除废水和尾矿引发的水土流失、滑坡和塌方风险;构建绿色矿山的生态修复一体化技术。此外,还实施了基于预分组萃取的联动萃取分离流程和稀土连续皂化技术,以及草酸沉淀和碳酸稀土沉淀的废水处理与循环利用技术。同时,采用了 P507-异辛醇-HCl 萃取分离重稀土的方法,以及超高纯稀土萃取分离技术。这些措施使得原料消耗降低了 30% 以上,废水排放量减少了 80% 以上。

沉淀结晶的主要目的是将分离得到的高纯度稀土料液从溶液中沉淀析出,从而实现与水及其中的阴离子有效分离。在我国,稀土萃取分离通常在盐酸介质中进行,萃取线上产生的即为氯化稀土溶液。为了从这些溶液中沉淀出稀土,可以使用多种不同的沉淀剂。常用的沉淀剂包括草酸、碱金属及铵的碳酸盐和氢氧化物、磷酸、氟化物等。通过这些沉淀剂,可以将稀土从溶液中沉淀出来。沉淀物经过过滤分离、洗涤、干燥和煅烧等工艺处理后,可以制得稀土氧化物、磷酸盐和氟化物等前驱体产品。它们可以用作制备金属材料、荧光材料、催化材料和抛光材料的前驱体。在这一分离过程中,除了保证金属离子的纯度外,对氯离子的含量和颗粒特征也有严格要求。因此,对这些稀土沉淀和结晶过程的研究一直是稀土产业界非常关心的技术问题。由于沉淀结晶过程受动力学因素的影响更大,其研究和产业化难度也更大。因此,在满足纯度要求的前提下如何调节产品的相态结构和物理性能是开发高品质前驱体产品的关键技术。例如,在生产荧光级稀土复合氧化物前驱体和磷酸盐前驱体时,如果使用盐酸介质并采用草酸、磷酸和碳酸盐作为沉淀剂,需要对沉淀过程进行严格控制。为此,需要掌握不同加料方式、沉淀比、酸度、温度、搅拌强度对产品中氯根含量和物理特征的影响,提取切实可行的工业生产方法。尤其是当氯根含量控制与物性控制相矛盾的时候,需要权衡各方面的影响,优化出最佳技术方案。

在 1996 年之前,中国稀土企业通过草酸和碳酸盐沉淀法生产的稀土氧化物产品普遍存在氯根含量高、颗粒大且不均匀的问题。为了适应市场对低氯根含量产品的需求,早期的技术改造方案是在萃取分离的最终阶段采用硝酸反萃替代原有工艺。通过在硝酸介质中进行沉淀,从而生产出氯根含量较低的稀土前驱体产品。南昌大学最早提出了一种从盐酸介质中采用碳酸盐和草酸沉淀法生产高纯度稀土产品的工业化方法,并已推广应用。该方法利用了优先配位占据原理和颗粒表面电荷调控原理,显著降低了氯离子通过共沉淀和吸附夹带途径进入沉淀的量。在技术实现上,仅需通过调整加料方式和优化沉淀条件即可解决问题,采用了一种类似于吃火锅时的并流连续加料和连续出料或间歇出料的方法,通过底料的配制和加料比例的控制,确保沉淀反应始终在均匀的条件下进行。通过底料的调配,还能够满足不同沉淀产品的生产要求,以实现化学指标和物理性能指标的同步调控。

在碳酸稀土沉淀结晶过程的研究中,我们根据结晶机理,提出了结晶活性及其活性区域的概念,确定了不同稀土元素碳酸盐结晶的活性区域,通过底料调配、温度调控和 pH 控制,可以实现连续加料和连续出料或半连续出料的碳酸稀土工业化生产,生产出不同组成和不同相态结构的碳酸稀土产品[57-62]。这些技术的推广应用,彻底改变了原先的沉淀工艺方法,不仅使产品质量得到了提高,而且更易于实现连续化作业,从而提高生产效率。近年来,在科技部 863 计划和支撑计划课题的支持下,我们针对产品物理性能指标调控的新要求,以及企业节水、降耗、减排的任务,提出了一系列新技术方法。这些方法有助于降低氯根含量、调节产物颗粒度和堆密度、减少水消耗,并提高沉淀滤液中氯化铵的浓度,以利于物质的回收和循环利用。这些技术在甘肃和包头地区得到了推广应用。通过这些技术,实现了沉淀废水的全处理和回收利用,提升了稀土冶炼分离的绿色化水平。

特殊物性和高化学纯度要求的碳酸稀土前驱体的工业化生产,为后续金属材料、抛光材料的生产提供了优质原料。例如,利用细颗粒、高堆密度、低氯根含量的碱式碳酸稀土及其煅烧产生的氧化物产品,能够有效提升金属镨钕的电解效率。同时,它还能优化以碳酸稀土为前驱体的稀土抛光粉生产流程,提高掺杂效率,减少废气排放和能源消耗。此外,这种前驱体还适用于氟化稀土、磷酸稀土等难溶物质的间接转化生产,便于物性调控和工艺操作,确保了产品质量的稳定性。它也是生产各种有机酸配合物类稀土配合物的优质前驱体,例如大颗粒结晶醋酸稀土的生产。

高纯稀土金属和化合物作为前驱体的一个重要应用是功能薄膜材料的制备,包括合金功能薄膜、陶瓷功能薄膜等。此时,不仅要求前驱体具有高纯度,还需要将其制成适合镀膜工艺的前驱体,或称靶材[63-68]。镀膜靶材是通过磁控溅射、多弧离子镀或其他类型的镀膜系统,在适当的工艺条件下将靶材表面的物质溅射到基板上,从而形成各种功能薄膜的溅射源。对溅射镀膜,可以简单理解为利用电子或高能激光轰击靶材,并使表面组分以原子团或离子形式被溅射出来,最终沉积在基片表面,经过成膜过程形成薄膜。针对不同的薄膜材料,需要选用不同的靶材。例如,合金薄膜通常使用金属靶材,而陶瓷薄膜则使用氧化物靶材。真空磁控溅射镀膜技术已成为工业镀膜生产中最主要的技术之一。靶材作为磁控溅射镀膜使用的大宗原材料,其质量对膜层性能有着显著影响,同时会影响镀膜的生产效率和成本,这对大面积玻璃镀膜企业尤为重要。影响镀膜生产的主要靶材特征参数包括靶材的密度、晶粒尺寸、纯度以及与衬管(背板)的连接质量等。中国在这一领域的前驱体产品主要是在 2000 年以后才开发的,目前广东、江苏、北京、湖南、江西等省市均有生产靶材的企业。图 1‒4 是商业化的靶材产品照片。

图 1‒4　已具备市场商业化供应的高纯稀土金属靶材样品照片

单晶及陶瓷功能材料是高纯稀土应用的一个主要领域[69‒73]。三价铈离子(Ce^{3+})激活的稀土闪烁晶体因其荧光寿命短、发光效率高而用作高端核医学影像设备,如探测器的核心材料。CeF_3 和掺 Ce^{3+} 的材料(BaF_2:Ce、GSO:Ce、LSO:Ce、YAG:Ce、YAP:Ce、$LaBr_3$:Ce 等)在快闪烁晶体中占有极重要的位置。Lu_2SiO_5:Ce(LSO)可用于正电子发射断层扫描(positron emission tomography,PET)和单电子发射计算机断层扫描(single photon emission computed tomography,SPECT)。LSO 被认为是用于 PET 成像的最佳闪烁晶体之一。美国掌握了该晶体的生长技术,而我国虽尚未完全掌握该技术,但已能够提供用于单晶生长所需的高纯度前驱体材料,如氧化镥和氧化钇。

$(Lu,Y)_2SiO_5$:Ce(LYSO)、Cs_2LiYCl_6:Ce 以及 $LaBr_3$:Ce 等都是稀土闪烁晶体的典型代表。其中,$LaBr_3$:Ce 具有高光输出、高能量分辨率、快衰减等优异性质,综合性能几乎全面超越传统的 NaI:Tl 和 CsI:Tl 等晶体,特别适合 PET 等核医学成像设备对闪烁晶体的性能要求,具有很大的市场潜力,同时它也可广泛应用于其他领域以有效改善相关仪器的探测水平。目前,国内已经开发了 $LaBr_3$、$CeBr_3$、EuI_2 等多种高纯无水稀土卤化物的产业化制备技术,产品纯度可达 99.99%,水、氧杂质含量小于 100 ppm[①],可以满足闪烁晶体生长要求。基于这一前驱体制备技术,大尺寸高品质稀土发光晶体的快速生长技术也获得突破。

――――――――――

①　1 ppm = 10^{-6}。

1.5.2　组分精确调控技术

组分调控技术在发光、催化、永磁材料等领域的研究和产业化方面均取得了显著进展。发光材料的效率受组分和杂质离子含量的影响非常明显，所用基质原料要求达到荧光级（例如主成分含量一般要大于99.99%，铁含量小于3 ppm，甚至小于1 ppm）。激活剂原料也要达到荧光级要求，而且在荧光粉中的含量控制精度要小于0.1%。用传统的高温合成法难以满足这一要求，因此，这推动了通过共沉淀法生产系列荧光材料前驱体技术的发展。

近年来，磁性材料的组分设计与调控发展迅速，从第一代到第三代稀土永磁材料，其区分主要基于材料组成或晶相结构的不同。通过研究磁性能与组分及晶相结构之间的关系，可以确定目标材料的精确组成和元素配比。在工业化生产中，则需要根据设计的配比来精确配制原料，并严格执行熔炼和制粉等工艺步骤。基于磁性材料的组成和性能指标，已经形成了一系列的产品规格和标准。近年来，一项重大进展是在满足稀土平衡利用和降低生产成本的要求下，进行了利用低价格的铈元素替代高价格的镨钕元素，以及丰富的钇元素代替稀贵的铽和镝元素的研究与产业化工作。在保持磁性能不降低的前提下，通过调节元素组分成功降低了生产成本，并实现了这些材料的工业化应用。

催化材料的组分对其性能有着很大的影响，这种影响在不同类型的催化材料中表现各异。催化剂通常需要满足特定的选择性要求，因此，不同催化剂对所需组分的要求各不相同，且组分的变化对催化选择性和效率的影响极为显著。尾气净化催化剂是稀土催化领域研究和工业化应用较为广泛的一类，不同单位和研究团队提出的催化剂组成各有差异，但主要的研究焦点在于如何降低稀贵金属的使用量，通过采用相对廉价的镧和锆来稳定催化剂，同时提高活性组分和助催化剂组分的分散性和稳定性，以实现高效和高稳定性的目标。

钢铁和合金材料（特别是磁性材料和储氢材料）工业生产中需要使用的稀土合金或添加剂也是一类应用广泛的前驱体产品[74-77]。在特种钢铁炼制过程中，为了提高性能，有时需要加入一些合金元素或微合金化元素；同时，为了去除杂质，可能需要加入一些活性金属元素。由于这些元素的用量不大，直接加入单一元素可能导致剂量控制困难，且由于其活性较高，容易发生其他反应而造成损耗。所以，使用这些前驱体的目的在于满足钢铁和合金产品中元素组分的调控，便于控制元素的加入量，减少冶炼过程中的损耗，提高元素的利用效率。例如，镝铁合金主要用于生产钕铁硼永磁材料，铽镝铁合金用于制造超磁致伸缩合金、光磁记录材料，以及作为核燃料稀释剂等；稀土硅铁合金、稀土镁硅铁合金、球化剂、孕育剂、蠕化剂等主要用于钢铁冶金；而稀土镁合金、稀土铝合金材料则主要用于航天航空领域。

1.5.3　材料颗粒和微结构的亚微米化和纳米化

在稀土产品的物性控制技术研究领域，纳米技术的研究尤为活跃。其中，"软化学法"

在实现组分复合化、均匀化和物性特殊化方面显示出独特的优势。例如,强制水解法和化学共沉淀法都是通过精确控制沉淀反应动力学,来制备均一且单分散的纳米材料。如果能够在沉淀过程中有效避免二次成核,那么所得到的纳米颗粒的粒径分布将会相对较窄。微乳浊液法就是通过添加表面活性剂,在溶液中形成微乳浊液滴,使化学反应在 W/O(水/油)液滴内部进行,从而实现对纳米颗粒生长的有效控制。而溶胶-凝胶法则是在金属有机物/无机物的溶液中,通过水解和聚合等化学反应形成溶胶,随后通过热处理或减压干燥步骤,进一步形成具有特定空间结构的凝胶,这样可以在较低的温度下制备出纳米无机材料或复合材料。

　　图 1-5 是我们通过水热合成的方法调控合成氧化铈前驱体颗粒大小和形貌的一组实验结果。通过简单的 pH 调控,可以实现从微米到纳米尺度的可控制备。[30]

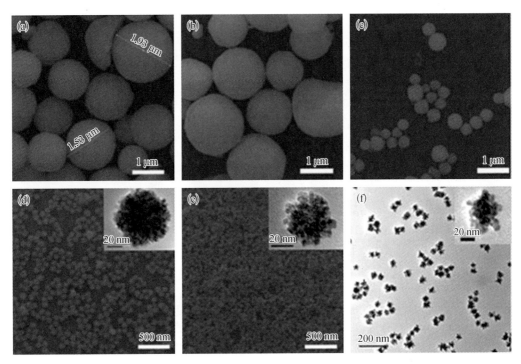

图 1-5　通过 pH 控制的水热法合成从纳米到微米球形氧化铈的 SEM 图像和 TEM 图像[30]
(a) pH=2;(b) pH=3;(c) pH=4;(d) pH=5;(e) pH=6;(f) pH=7

　　尽管有关纳米材料的制备方法众多,但在现阶段,真正达到纳米尺度的前驱体的制备方法仍然较少。常见的前驱体尺度多为微米级和亚微米级,这些产品基本上都可以在反应釜中制备。因此,前驱体的制备大多依赖液相沉淀和结晶操作。例如,草酸盐系沉淀与结晶法、碳酸盐系沉淀与结晶法、氧化物水化法、机械球磨法、均相水解沉淀法等。过去,人们对反应釜中的沉淀和结晶过程重视不够,但事实证明,这确实是稀土企业生产中的一个薄弱环节,同时也是潜力巨大的环节。前文提到的一系列复合氧化物产品,如低氯根产品、大颗粒产品、小颗粒产品、荧光粉前驱体、抛光粉前驱体、催化剂前驱体、陶瓷添加剂前驱体等,无一不是通过反应釜中的反应来得到的。

沉淀和结晶反应看来是比较简单的,但它们的形成、长大、凝并、聚集、团聚、分散及其对后续干燥、煅烧过程和最终产物物理性能的影响却相当复杂。这些因素已被公认为是制约开发具有特殊物性要求的稀土产品的主要瓶颈。因此,对沉淀与结晶过程的机理及相关的工程化问题开展系统研究是非常必要的。图1-6和图1-7分别是用直接沉淀法制备的磷酸镧铈铽前驱体合成的绿色荧光粉和通过氧化钇铕前驱体合成的红色荧光粉的SEM图像。

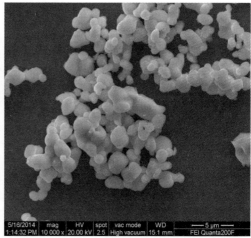

图1-6　磷酸镧铈铽前驱体合成的绿色荧光粉的SEM图像（与粒度分析结果 D_{50} = 2.12 μm相符）

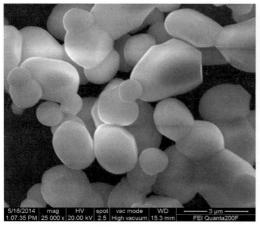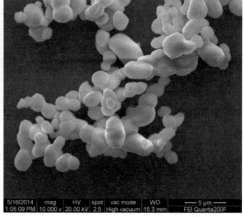

图1-7　氧化钇铕前驱体合成的红色荧光粉的SEM图像（与粒度分析结果 D_{50} = 2.0 μm相符）

纳米粉体材料本身可以直接作为应用材料，同时也可以通过前驱体转化法制备。例如，采用碳酸盐前驱体转化法，可以制备出各种类型的微纳米稀土化合物，包括氟化物、磷酸盐、醋酸盐等。合成的有机配合物不仅能够满足各种有机合成反应的应用需求，而且通过这些高纯度有机配合物的高温分解，可以进一步制备出各种微纳米稀土化合物前驱体。图 1-8 展示了赣州某公司与我们研发开发的一系列微纳米稀土化合物的电镜照片。这些产品已经广泛应用于陶瓷、锂离子电池正极材料、磁性材料、核材料以及医用材料等多个领域。

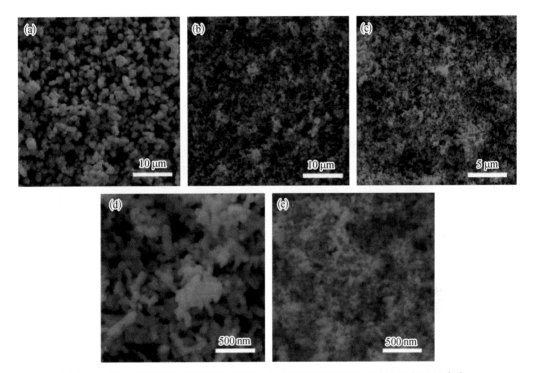

图 1-8　以碱式碳酸稀土制备的氟化稀土（a）和经热解醋酸稀土制备的氧化钇（b）、氧化钆（c）、氧化镱（d）、氧化镝（e）的 SEM 图像

化学气相沉积（chemical vapor deposition，CVD）是将气化的前驱体注入 CVD 反应器中，前驱体分子将吸附在载体表面，由于反应器内的高温环境，吸附的分子要么被热分解，要么与其他气体/蒸气发生反应，从而在载体表面形成固体薄膜。这些前驱体通常是稀土元素与有机分子形成的配合物，例如稀土与 β-二酮类配体形成的化合物。

在永磁材料中，细化晶粒是提高矫顽力的另一个重要途径[14]。因为减小晶粒尺寸可以减小散磁场，即可以降低局部有效退磁因子，从而提升内禀矫顽力。

细化晶粒的技术有多种，例如减小速凝合金片的晶粒尺寸、采用氢化歧化结合氢破碎以及气流磨制粉、改变气流磨的磨粉方式或将其介质从氮气更换为氦气、实施无氧或低氧的工艺过程控制,以及低温多场烧结等。然而,晶粒细化后,晶界富 Nd 相的分布变得不连续,这导致难以实现理想的矫顽力,因此在技术方面还有待进一步突破。近年来,与传统的可控流化床对撞式气流磨相比,新型靶式气流磨在工业生产中逐渐显示出其优势。靶式气流磨能够制备出粒度更小、分布更集中的合金粉末,且磨体中存料更少,更有利于生产高性能的烧结钕铁硼磁体。通过将气流磨的工作介质从氮气更换为氦气,钕铁硼合金粉末的粒度可以细化至 1.1 μm;采用无压机成型工艺,对经氦气气流磨得到的细粉末进行压制、取向和烧结,以防止细粉氧化,最终得到的无重稀土磁体的内禀矫顽力可达到 20 kOe。

1.5.4   体相结构调控

体相结构和微观结构是决定材料性能的关键因素。在发光材料中,基质材料的结构不仅影响发光中心的发光效率,还可能改变其荧光光谱特性。特别是对于涉及 d 轨道电子跃迁的发光中心,其发射光谱的位置受基质材料配位场的影响很大。例如,以二价铕离子和三价铈离子作为发光中心的荧光材料,其发射光谱随基质材料的不同展现出显著差异。由于 d 轨道处于外围轨道,容易受配位场的影响而产生能级分裂,其电子跃迁的能级差也会随配位场的强度变化而变化。在三基色铝酸盐荧光粉中,二价铕离子是发射蓝光的,而在 LED 氮化物中是发射红色的,而且不同的氮化物基质之间,发射峰的位置也有所不同。因此,荧光材料研发和工业生产技术的重点在于基质材料体相结构的精确调控或稳定。

在稀土永磁材料的研究和生产中,合金相的控制也是非常重要的。近年来,永磁材料的双主相技术的发展对于平衡利用稀土元素起着非常重要的作用[14]。在磁性材料中,镨钕金属的消耗量很大,市场供应不足,导致价格高昂。而 La、Ce、Y 和混合稀土的供货充足,价格相对较低。因此,能否用镧、铈、钇替代一部分镨钕,成为业界广泛关注的问题。通过比较 R-Fe-B 合金的内禀磁性,发现当 R 为高丰度的 La、Ce 或 Y 时,饱和磁化强度 M_s 磁晶各向异性场和居里温度均低于 Nd-Fe-B 合金。因此,采用常规的元素替代方法得到的磁体,其磁性不可避免地会下降。此外,当 Ce 替代 Nd 添加到 Nd-Fe-B 合金中时,Ce 离子呈现混合价态,这直接影响到烧结磁体的相组成和微结构,从而损害了内禀矫顽力。

那么,如何制备出具有实用价值的高丰度稀土烧结磁体呢?朱明刚和李卫等采用双主相技术,通过速凝工艺分别制备了 Nd-Fe-B 和(Ce,Nd)-Fe-B 合金,并成功制备出了具有实用意义的烧结磁体。中科三环则利用白云鄂博矿的混合稀土替代 20% 的 Pr-Nd 制成烧结 Nd-Fe-B 磁体。由于 Ce 元素资源丰富,且金属 Ce 的价格大约只有金属 Nd 的十分之一,因此添加 Ce 的烧结磁体在成本上具有一定的优势。这些磁体已在儿童玩具、箱包扣等领域得到了广泛的应用。

　　抛光材料的体相结构也是需要考虑的重要因素。氧化铈是立方相结构,而氧化镧为六方相结构。纯氧化铈的比重大,所制备的抛光粉的悬浮性不够好,而掺入部分镧可以调控合成抛光粉的比重和悬浮性。同时还可以消耗镧,降低镧铈分离的成本开支。因此,以碳酸镧铈为前驱体来制备抛光粉是一个很好的选择。但由于氧化镧与氧化铈的结构差异较大,它们形成固溶体的能力较弱,加上氧化镧容易水化而转化为氢氧化镧,降低了抛光粉的稳定性和抛光效果。为此,采用掺氟的方法来稳定镧,可以提高氧化镧铈抛光粉的抛光效果。氟的掺入将使镧形成氟氧化镧,其晶相结构与立方氧化铈更为接近,使一部分镧能够与铈一起形成固溶体,从而提高抛光效果[29,32]。图 1-9 是掺氟稀土碳酸盐在不同温度下煅烧所得产品的 XRD 谱图,以及产品的 SEM 图像。[32]研究证明,掺氟不仅有利于实现产品的球形化,也能使氧化镧与铈一起形成氟氧化镧铈,从而提高抛光效果。

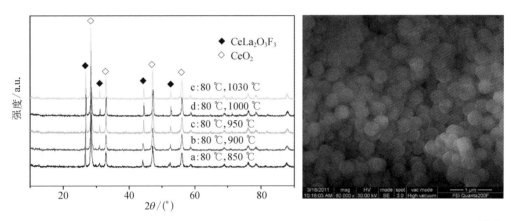

图 1-9　掺氟使镧与铈形成氟氧化镧铈晶相的 XRD 谱图（a）,及其形成的球形颗粒的 SEM 图像（b）[32]

　　抛光粉的抛光性能与其组成的两种物相的比例密切相关,如表 1-1 所示。氟氧化镧铈与氧化铈的代表性衍射峰的强度比与对硅片的抛光速率成正比关系。这一比例受合成过程中的掺氟量和煅烧温度影响。利用这一关系,可以确定合成该类抛光粉的最佳条件,包括适宜的掺氟量和煅烧温度[32]。

表 1-1　合成抛光粉中两物相衍射峰强度比与合成条件和抛光速率之间的关系

F 的质量分数/%	6	7	8	9	7	7	7
$T/℃$	1 000	1 000	1 000	1 000	850	900	950
26.7°峰强度	657.5	862.5	887.5	880.0	647.5	662.5	825.0
28.4°峰强度	1 672	2 097	2 180	2 230	1 662	1 725	2 022
26.7°与 28.4°峰强度比	0.393 2	0.411 3	0.407 1	0.394 6	0.389 6	0.384 0	0.408 0
MRR(nm/min)	29.8	35.2	28.2	25.8	25.2	27.0	28.6

1.5.5　表面与界面结构调控

（1）永磁材料[39 45]

晶界扩散技术是指在磁体表面引入 Dy 或 Tb 等重稀土元素，随后再经热处理使这些重稀土原子沿着晶界扩散，并置换主相晶粒表层中原有的 Nd，形成（Nd，Dy，Tb）- Fe - B 固溶体，而主相晶粒中央并没有受到太多影响。因此，在增强晶粒表层的磁晶各向异性场进而提高内禀矫顽力的同时，对磁体的剩磁和最大磁能积并不产生太大影响。相比传统的合金化元素添加方法，晶界扩散技术能够在使用更少 Dy 重稀土元素的情况下，获得高内禀矫顽力磁体。近年来，晶界扩散技术引起了产学研各界的广泛关注，并针对不同需求发展出了多种方法。涂覆材料不仅包括稀土氟化物、氧化物和其他化合物，还包括稀土金属或低共晶温度的稀土合金。稀土金属通常通过溅射、蒸镀或高真空升华技术进行涂覆。不同的稀土元素 R 在扩散效果上存在差异，内禀矫顽力的提升与 R - Fe - B 体系的磁晶各向异性场有直接的正相关性。例如，$Tb_2Fe_{14}B$ 具有最强的室温磁晶各向异性场，Tb 元素通过晶界扩散对内禀矫顽力的提升最为显著。

晶界扩散技术的效果受限于磁体厚度，当磁体厚度增加时，提高矫顽力的效果会逐渐减弱。这是因为重稀土元素如 Tb 和 Dy 是从磁体表面向内部扩散，导致这些元素在磁体内形成梯度分布。随着距离磁体表面由外向内的增加，Tb 和 Dy 的含量逐渐降低。当距离超过大约 5 mm 时，矫顽力的提升效果就不再显著。晶界扩散的效果还表现出各向异性。平行于磁体取向方向的扩散通道优于垂直于磁体取向方向的，因此平行于磁体取向方向能够获得更好的扩散效果。

晶界调控技术是提升矫顽力的另一种有效技术手段。通过调整配方和工艺来对晶界相进行优化，目的是降低晶界相的铁磁性或将其转变为非铁磁性，从而更有效地减少或消除晶粒间的磁性耦合，进而提升内禀矫顽力至现有水平之上。在磁体主相晶粒间的薄层晶界相中，稀土含量可高达 90%。矫顽力显著提升的主要原因是在主相晶粒之间形成了高稀土含量的非磁性晶界相，这极大地增强了晶粒间的去磁耦合作用。

（2）抛光材料[26-33]

抛光材料的质量与其表面形貌和性质密切相关。不同的前驱体在煅烧后所得的抛光粉具有不同的表面性质，包括晶粒的大小、形貌及表面电性等，这些差异导致抛光性能各不相同。图 1 - 10 是分别用草酸铈和碳酸铈为前驱体煅烧所得产品的 SEM 图像[28]，煅烧温度也是影响颗粒形貌、大小及表面 zeta 电位的重要因素。

在早期关于稀土抛光材料的报道中，普遍认为有棱角的氧化铈颗粒具有更好的抛光效果，因此，以草酸铈为前驱体煅烧所得的抛光粉也能有较好的抛光效果。这应该是在以机械力作用为主要贡献的抛光技术中的实际情况。但是，随着抛光技术的发展，抛光速度要快，表面质量要高，这使得原有的观点和方法面临挑战。我们在开展稀土聚氨酯高速抛光材料研究时发现，球形抛光粉会有更好的抛光效果。这应该是以化学相互作用为主的抛光技术中的实际情况。为此，我们在 20 世纪末就开发了适合于聚氨酯高速抛光应用要求的稀土抛光粉，其主要技术是以碳酸稀土为前驱体，通过机械化学反应掺杂的方法来改变颗粒微结构和表面性质，从而促进其在煅烧过程中的球形化趋势，生产出类球形的高质量抛光粉。这一方法简单高效，可以取代进口产品。

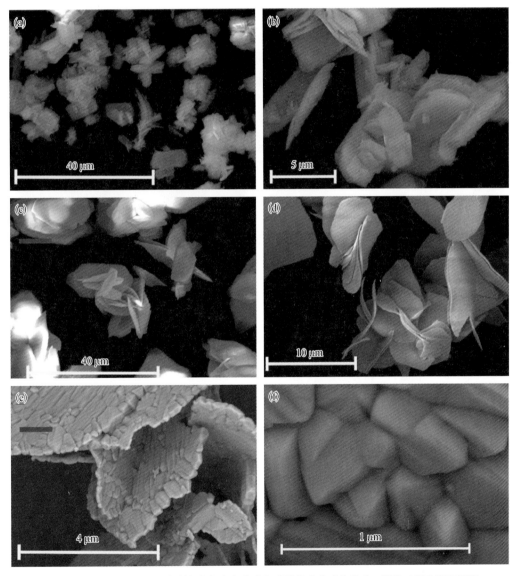

图 1-10　800 ℃下煅烧草酸铈［(a)(b)］和碳酸铈［(c)(d)］，以及 1 200 ℃下煅烧碳酸铈所得的抛光粉的 SEM 图像［(e)(f)］[28]

　　研究结果证明,在抛光材料应用中,颗粒的大小、形貌、表面电性、团聚状态都对抛光性能有很大影响。由于抛光粉在未来高技术产业中起着越来越大的作用,近年来有关抛光粉制备、抛光机理和影响因素的研究相当活跃。为了精确控制产品的多项指标,我们采用了前驱体技术与后处理技术相结合的方法,从而不断提高产品的性能并扩大其应用范围。图 1-11 是我们生产的亚微米级和纳米级抛光粉的 SEM 图像,以及钛掺杂氧化铈抛光粉的 SEM 图像和 XRD 谱图。

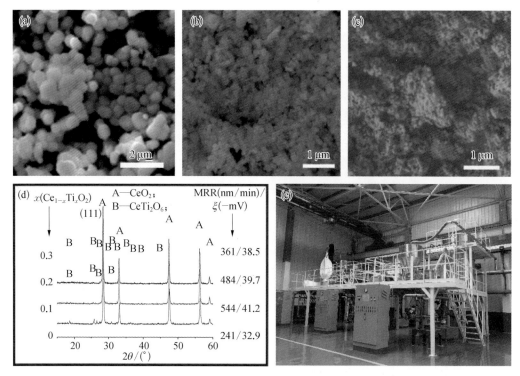

图 1-11　亚微米级(a)和纳米级(b)抛光粉的 SEM 图像,钛掺杂氧化铈抛光粉的 SEM 图像(c)和 XRD 谱图(d)[27],淄博某稀土企业抛光粉生产车间(e)

1.6　稀土材料前驱体的未来发展

1.6.1　前驱体的开发与应用是提升稀土材料产业化制造水平的关键

　　产业发展的动力源自产品应用所带来的经济效益和社会效益,这些效益体现在满足人们对物质和精神文明需求的贡献上。因此,稀土产业的发展必然要以稀土材料应用为前提,确保其在精神和物质层面带给人们满足感。在稀土产业的发展历程中,每一次新应用的诞生,或是现有应用质量和效益的提升,都成为推动稀土产业进步的动力。实践证明,稀土材料的制造与应用水平在稀土产业发展中扮演着至关重要的角色,并且这两者之间是相互促进的关系。因此,采用创新方法和手段来制备新型材料,或者针对具体和特定的应用需求进行稀土材料的提质增效研究,不仅能够提升传统材料的性能指标,还可能突破现有应用的限制,为稀土产业带来新的发展机遇。

稀土应用是推动稀土产业发展的核心动力,它不仅是稀土产业向基础产业和支柱产业渗透的主要渠道,也是彰显稀土产业战略地位的关键所在。随着高新技术领域的不断进步,对稀土新材料的需求变得更为迫切,这使得稀土新材料的开发与应用受到了广泛关注。开发稀土新用途的基础在于稀土元素与其他金属和非金属元素在分子、原子和离子层面上相互作用,形成的具有独特化学和物理性质的各类合金和化合物。

然而,影响材料性能的因素众多,并非所有性能都能得到有效应用,而且每种性能的应用领域也可能不止一个。对于任何材料而言,其物质属性是最基本的特点,但关键在于它必须具备特殊性能,以满足特定的应用需求。特别是对于应用在高新技术领域的新材料,其性能应得到最大限度的发挥。实现这一目标并非易事,需要对材料制备的整个流程进行严格控制,包括对纯度或组成、内部结构以及表面特性的控制,并深入理解材料结构及其离子、分子和原子之间的相互作用。随着对材料微观结构和分子、离子、原子相互作用认知的提升,我们可以设计并开发出相应的前驱体产品,以满足材料生产的需求。

稀土材料前驱体化学的发展为我国稀土材料的进步提供了极佳的机遇,从湿法冶金到新材料的桥梁框架已经形成。因此,在下一阶段的发展中,我们可以以此为契机,直接进入高性能、高品质稀土材料的研究与开发领域。在进一步强化桥梁基础、美化桥梁面板的同时,广泛开展稀土新材料的制备与应用研究。

1.6.2　稀土材料前驱体产品的生命周期和特点

稀土材料前驱体不是一个终端产品,其生命周期与上下游的技术进步都有关系,因此,在未来的发展过程中将呈现出如下特点。

（1）在开发新材料的过程中产生

前驱体产品是为了满足材料制备和应用水平而开发的一类产品,因此,新材料的研发成功往往也会催生新的前驱体产品。在新材料的研究开发过程中,我们应充分认识到前驱体产品的作用和意义,从提高效能、降低生产成本、改善生产环境和消除污染等多个角度出发,提出一系列前驱体产品的开发计划。例如,氯氧化稀土可以作为稀土材料的一种前驱体,它不仅在闪烁晶体生长中有广泛应用,还可以用于氯化钙熔体固态阳极电解法制备稀土合金的前驱体[78]。稀土硫酸氧盐和硫氧化物的合成也有其对应的前驱体[79,80]。在稀土氟化物及其发光材料的制备中,可以使用碳酸稀土、氢氧化稀土、醋酸稀土作为前驱体,同时,稀土硫化物也可以作为前驱体[81]。采用特定前驱体来合成具有特殊结构特征和优异发光性能的荧光材料,是一种常见且有效的途径[82]。

（2）在提质增效的要求下更新

材料性能的优化是材料科学领域的核心研究方向之一,它是提升材料应用技术水平的关键途径。与此同时,降低材料制造成本也是提高整体经济效益和盈利水平的重要手段。这要求通过提升材料前驱体的质量、实现规格多样化,甚至是对生产工艺流程进行彻底的变革来实现目标,确保前驱体产品持续更新。例如,在稀土荧光粉的生产过程中,对前驱体的要求也在不断优化和更新,这包括对组分、颗粒度和形貌等方面的要求。再如,永磁材料晶相扩散技术的发展,迫切需要更高效的扩散剂。未来可期待的扩散剂开发方向包括:一方面,通过成分调控开发多元复合扩散剂,以降低铽镝含量并提升其扩散效率;另一方面,希望能够突破轻稀土和非稀土元素的扩散关键技术。这需要与新型扩散方法的开发相结合,如扩散剂涂覆技术、选区晶界工程、多步扩散工艺、集成扩散技术等,这些新方法能够显著增大扩散磁体的厚度,并大幅提升大厚度磁体的矫顽力。同时,有针对性地开发钕铁硼基材,实现基材成分和组织的定制化,是极致利用稀土元素的有效策略[45]。

（3）在绿色和可持续发展的要求下变好

绿色可持续发展已被提升至国家战略的高度。这意味着材料前驱体和材料的生产过程都必须遵循环保和可持续发展的原则。因此,产品的优化设计和工业化生产是需要持之以恒地开展下去的工作,这将不断推动产品质量的提升。例如,抛光材料用碳酸稀土前驱体,有两点可以改善:一是结合绿色生产的要求,推出新型的碳酸稀土前驱体产品;二是为了满足抛光粉的掺杂和制备过程中的环保需求,用碱式碳酸稀土作前驱体的新技术,达到节约能源、减少废气排放和提高品质的多重目标。

（4）随材料工业化装备的技术进步变精

材料生产和加工的设备或装备水平一直是我们的短板,但同时也是非常有潜力的发展领域。在未来的发展过程中,工业化装备水平必然会得到不断的提升。这将极大地促进前驱体产品生产过程的优化,使产品更加精细化、生产过程更加自动化。近年来,国内的抛光粉生产装置和磁性材料的生产设备都有了显著的提升。尤其是新型气流磨制粉和颗粒度控制水平的提高,使得对前驱体的要求更加集中到能否实现节能降耗和稳定产品质量的目标上来。

（5）在材料更新换代中消亡或重生[3]

这是不可否定的事实。发展是硬道理,材料更新换代的速度将随着技术的进步而加快。一些产品在经过一段时期的发展后,会走到其生命周期的尽头,从而在市场上消亡。但新技术和新产品的诞生,必将会推出新的前驱体产品,实现产品的更新换代。前述荧光粉前驱体销量的急速下降除了技术水平提高导致的需求量下降之外,还有一个主要原因是LED照明技术的快速发展对传统三基色照明技术的冲击,导致三基色节能灯受到压制。

参考文献

[1] 李永绣.稀土产品的物性控制与稀土产业的发展[J].稀土,1999,20(4)：73－77.

[2] 丁家文,李永绣.稀土材料前驱体化学研究进展[J].中国稀土学报,2005,23(专辑)：116－121.

[3] 李永绣,李东平,李静,等.稀土概论[M].北京：化学工业出版社,2024.

[4] 李永绣,祝文才,章立志,等.稀土冶金与环境保护[M].北京：化学工业出版社,2024.

[5] 中国科学技术协会主编.中国稀土学会编著.稀土科学技术学科发展报告：2014—2015[M].北京：中国科学技术出版社,2016.

[6] 国家自然科学基金委员会,中国科学院.中国学科发展战略-稀土化学[M].北京：科学出版社,2022.

[7] 中国稀土学会.稀土资源可持续开发利用战略研究[M].北京：冶金工业出版社,2015.

[8] Sharma R K，Mudring A V，Ghosh P. Recent trends in binary and ternary rare-earth fluoride nanophosphors：How structural and physical properties influence optical behavior [J]. Journal of Luminescence，2017，189：44－63.

[9] Xu W H，Bai G X，Pan E，et al. Advances，optical and electronic applications of functional materials based on rare earth sulfide semiconductors [J]. Materials & Design，2024，238：112698.

[10] Balaram V. Rare earth elements：A review of applications，occurrence，exploration，analysis，recycling，and environmental impact [J]. Geoscience Frontiers，2019，10(4)：1285－1303.

[11] 黄小卫,庄卫东,李红卫,等.稀土功能材料研究开发现状和发展趋势[J].稀有金属,2004,28(4)：711－715.

[12] 陈飞翔,刘艳颜,步文博.稀土发光纳米材料在神经科学领域的应用[J].中国稀土学报,2023,41(1)：1－24.

[13] 丁寒.稀土发光纳米材料在手印显现中的应用进展[J].光谱学与光谱分析,2024,44(6)：1501－1511.

[14] 胡伯平,饶晓雷,钮萼,等.稀土永磁材料的技术进步和产业发展[J].中国材料进展,2018,37(9)：653－661.

[15] 张亚文,严铮洸,廖春生,等.灼烧温度对单一稀土氧化物粒度、比表面积和形貌的影响(Ⅰ)[J].中国稀土学报,2001,19(4)：378－380.

[16] 张亚文,严铮光,李昂,等.沉淀条件对稀土氧化物的比表面积和形貌的影响(Ⅱ)[J].中国稀土学报,2001,19(5)：471－473.

[17] 张亚文,李昂,严铮洸,等.灼烧时间对稀土氧化物粒度、比表面积和形貌的影响(Ⅲ)[J].中国稀土学报,2002,20(2)：170－172.

[18] 徐华蕊,高玮,何斌,等.喷雾热分解法制备 Yb_2O_3 超细粉末[J].稀土,2000,21(1)：8－10.

[19] 董相廷,李铭,张伟,等.沉淀法制备 CeO_2 纳米晶与表征[J].中国稀土学报,2001,19(1)：24－26.

[20] 李欢军,李前树.一种制备均匀单分散 CeO_2 纳米微粒的新方法[J].分子科学学报,2000,16(4)：239－241.

[21] 王成云,苏庆德,钱逸泰.非水溶剂水热法制备 CeO_2 纳米粉[J].化学研究与应用,2001,13(4)：402－405.

[22] 李永绣,陈伟凡,周雪珍,等.氯化钠在球形纳米氧化铈形成过程中的作用[J].中国稀土学报,2004,22(5)：636－640.

[23] 贾松,王雪飞,史祎诗.稀土掺杂上转换发光材料的研究进展[J].工程研究——跨学科视野中的工程,2024,16(2)：114－136.

[24] 甘晓明,苏玉仙,应文伟,等.稀土上转换发光材料的设计及在光动力治疗中的应用研究进展[J].材料导报,2024,38(8)：99－110.

[25] 张晓敏,游文武,潘根才,等.基于稀土/过渡金属离子掺杂近红外发光材料的研究进展[J].科学通报,2023,68(27)：3614－3633.

[26] 李永绣,周新木,辜子英,等.稀土抛光材料的生产、应用及其新进展[J].稀土,2002,23(5):71-74.

[27] Fu M S, Wei L H, Li Y H, et al. Surface charge tuning of ceria particles by titanium doping: Towards significantly improved polishing performance [J]. Solid State Sciences, 2009, 11(12): 2133-2137.

[28] Janoš P, Ederer J, Pilařová V, et al. Chemical mechanical glass polishing with cerium oxide: Effect of selected physico-chemical characteristics on polishing efficiency [J]. Wear, 2016, 362: 114-120.

[29] 郭尧,李现常,王芳,等.氟化碳酸镧铈煅烧过程的相态结构和颗粒特征变化[J].稀土,2015,36(6): 74-79.

[30] 李静,常民民,孙明艳,等.水热-煅烧法制备亚微米 CeO₂ 抛光粉[J].中国稀土学报,2016,34(1): 44-49.

[31] 李静,常民民,孙明艳,等.以大颗粒碱式碳酸铈球团为前驱体制备单分散纳米氧化铈抛光粉[J].稀土, 2016,37(3):1-6.

[32] 周新木,岑志军,李静,等.掺氟复合磨料的制备及对单晶硅抛光性能的影响[J].稀土,2012,33(6): 1-4.

[33] 闫洪波,王阔,郝宏波.基于专利分析的稀土抛光材料技术发展趋势研究[J].科技管理研究,2018,38 (18):146-150.

[34] 韩帅,胡海强,任靖,等.稀土催化材料研究与应用[J].中国稀土学报,2022,40(1):1-13.

[35] 刘思德,匡露,赵丽莎.稀土催化材料技术应用方向及趋势专利分析[J].稀土信息,2023(8):30-32.

[36] 盘盈滢,李岩岩,郑智平.稀土纳米材料在光催化二氧化碳还原中的应用[J].中国稀土学报,2023,41 (3):383-403.

[37] 江永,杜亚平.稀土氧化物复合材料在电催化中的研究进展[J].材料导报,2023,37(3):60-68.

[38] 白志云,李昱桦,任可聪,等.低维稀土纳米材料的制备及催化应用研究进展[J].功能材料,2023,54 (11):11080-11090.

[39] 宋瑞芳,张晓东,赵航,等.铈含量对晶界扩散 Nd-Ce-Fe-B 磁体微观结构和性能的影响[J].中国稀 土学报,2024,42(4):698-704.

[40] 陈侃,赵红良,范逢春.烧结钕铁硼基底成分对晶界扩散效果的影响研究[J].稀有金属材料与工程, 2024,53(3):841-847.

[41] 吕锋,黄亮,罗军明,等.Ce、La 添加对 DyCo 晶界扩散烧结 Nd-Fe-B 磁体性能的影响[J].材料热处 理学报,2023,44(9):79-86.

[42] 王春国,丁勇,孙颖莉,等.晶界扩散磁体性能及热场环境下磁畴演变规律的研究[J].中国稀土学报, 2023,41(4):736-741.

[43] 平沛苑,马瑞,常瑞,等.DyFe 薄膜晶界扩散钕铁硼磁体的结构与磁学性能[J].稀土,2023,44(4): 193-201.

[44] 曹玉杰,张鹏杰,孙威,等.晶界扩散 Tb 对烧结 NdFeB 磁体耐蚀性的影响[J].磁性材料及器件,2023,54 (4):25-30.

[45] 刘仲武,何家毅,曾超超,等.高性能钕铁硼永磁晶界扩散技术最新进展与未来展望[J].磁性材料及器 件,2023,54(4):97-106.

[46] 刘思德,匡露,赵丽莎.稀土储氢材料技术应用方向及专利趋势[J].稀土信息,2024(1):27-28.

[47] 熊玮,周淑娟,赵玉园,等.超晶格稀土储氢合金材料的研究进展[J].稀土,2023,44(4):40-57.

[48] 苑慧萍,李志念,沈浩,等.稀土储氢材料的研究进展[J].中国材料进展,2023,42(2):98-104.

[49] 李瑾瑜.稀土储氢合金产业现状及发展趋势[J].稀土信息,2023(6):30-34.

[50] 史扬帆,潘勇,高扬,等.超高温陶瓷及其复合材料的稀土改性研究进展[J].硅酸盐通报,2023,42(2): 682-693.

[51] 董智杰,付前刚,胡逗.稀土锆酸盐热障涂层的合金化改性研究进展[J].稀有金属材料与工程,2024,53 (6):1770-1780.

［52］杨焕,王思青,王衍飞.热障涂层用稀土锆酸盐陶瓷材料研究进展［J］.人工晶体学报,2016,45(9):
2331-2335.

［53］谭清华,王玺堂,王周福,等.稀土氧化物在 SiAlON 陶瓷材料中的应用研究进展［J］.耐火材料,2005,39
(6):455-459.

［54］许崇海,艾兴,黄传真,等.稀土添加剂陶瓷刀具材料增韧机制的微观结构的观察［J］.电子显微学报,
1999,18(4):443-449.

［55］蒋强强,何龙,狄玉丽.稀土 LaF₃ 对氧化铝陶瓷材料结构和性能的影响研究［J］.科技资讯,2019,17
(27):58-59.

［56］付鹏,徐志军,初瑞清,等.稀土氧化物在陶瓷材料中应用的研究现状及发展前景［J］.陶瓷,2008(12):
7-10.

［57］Li Y X,Huang T,Li M,et al. Crystallization and morphological evolution of yttrium carbonate［J］.
Journal of Rare Earths,2006,24(S2):64-68.

［58］Li Y X,Wu Y L,Luo J M,et al. Synthesis and luminescent properties of ultra fine Y₂O₃:Eu
powders with sheet or block morphology［J］. Journal of Rare Earths,2006,24(S2):40-43.

［59］Li Y X,Lin X Y,Wang Y Z,et al. Preparation and characterization of porous yttrium oxide
powders with high specific surface area［J］. Journal of Rare Earths,2006,24(1):34-38.

［60］何小彬,李永绣.碳酸镨的结晶活性、外观形貌及结晶生长机制［J］.中国稀土学报,2002,20(S2):
95-98.

［61］吴燕利,孙伟丽,冯晓平,等.结晶碳酸钕的水热合成、外观形貌及其组成［J］.无机化学学报,2007,23
(3):550-554.

［62］丁龙,周新木,周雪珍,等.镧石型碳酸镨钕向碱式碳酸镨钕的相转变反应特征及其应用［J］.无机化学
学报,2014,30(7):1518-1524.

［63］张卫平,杨庆山,陈建军.高纯稀土金属制备方法与发展趋势［J］.金属材料与冶金工程,2007,35(3):
61-64.

［64］庞思明,王志强,周林,等.稀土超磁致伸缩材料用高纯金属铽、镝的制备工艺研究［J］.稀土,2008,29
(6):31-35.

［65］赵二雄,罗果萍,张先恒,等.高纯稀土金属制备方法及最新发展趋势［J］.金属功能材料,2019,26(3):
47-52.

［66］吴道高,王志强,陈德宏,等.高纯稀土金属及合金靶材制备技术研究进展［C］//中国稀土学会 2020 学
术年会暨江西(赣州)稀土资源绿色开发与高效利用大会论文集.2020:49.

［67］侯现重,乐启炽,蒋燕超,等.保温冒口对高纯钇稀土靶材铸锭内部质量影响［J］.铸造,2023,72(9):
1163-1167.

［68］徐国进,张巧霞,罗俊锋,等.高纯稀土钇靶材焊接技术［J］.焊接,2021(3):35-38.

［69］王燕,李雯,薛冬峰.稀土光学晶体研究新进展［J］.量子电子学报,2021,38(2):228-242.

［70］余金秋,彭鹏,刁成鹏,等.闪烁晶体用高纯无水稀土卤化物的制备与表征［J］.人工晶体学报,2016,45
(2):322-327.

［71］刘锋,陈昆峰,薛冬峰.稀土倍半氧化物晶体材料研究进展［J］.材料导报,2023,37(3):99-105.

［72］李纳,刘斌,施佼佼,等.可见光波段稀土激光晶体的研究进展［J］.无机材料学报,2019,34(6):
573-589.

［73］申冰磊,王中跃,于春雷,等.稀土掺杂钇铝石榴石晶体激光光纤的研究进展［J］.材料导报,2021,35(9):
9123-9132.

［74］马宇龙,卢影峰,姚泽.Mg-Gd-Y-Zn-Zr 系高强稀土镁合金研究现状及发展趋势［J］.轻合金加工
技术,2024,52(4):10-16.

［75］崔磊,唐昌平,李权,等.镁-稀土合金塑性变形技术研究进展［J］.中国有色金属学报,2022,32(12):
3632-3648.

［76］李英杰,姚继伟,雍辉,等.稀土掺杂对稀土-镁基合金储氢性能的影响［J］.材料导报,2022,36(20)：187－194.

［77］曾小勤,陈义文,王静雅,等.高性能稀土镁合金研究新进展［J］.中国有色金属学报,2021,31(11)：2963－2975.

［78］Ji X Y，Wu C S，Jan S，et al. Using rare earth oxychlorides as precursors to prepare rare earth alloys through solid cathode electrolysis in molten CaCl$_2$［J］. Electrochemistry Communications，2019，103：27－30.

［79］Silva I G N，Morais A F，Brito H F，et al. Y$_2$O$_2$SO$_4$:Eu^{3+} nano-luminophore obtained by low temperature thermolysis of trivalent rare earth 5-sulfoisophthalate precursors ［J］. Ceramics International，2018，44(13)：15700－15705.

［80］De Crom N，Devillers M. A new continuous two-step molecular precursor route to rare-earth oxysulfides Ln$_2$O$_2$S ［J］. Journal of Solid State Chemistry，2012，191：195－200.

［81］Li D D，Shao Q Y，Dong Y，et al. Phase-，shape- and size-controlled synthesis of NaYF$_4$:Yb^{3+}，Er^{3+} nanoparticles using rare-earth acetate precursors ［J］. Journal of Rare Earths，2014，32(11)：1032－1036.

［82］Wu X L，Li J G，Ping D H，et al. Structure characterization and photoluminescence properties of (Y$_{0.95-x}$Gd$_x$Eu$_{0.05}$)$_2$O$_3$ red phosphors converted from layered rare-earth hydroxide (LRH) nanoflake precursors ［J］. Journal of Alloys and Compounds，2013，559：188－195.

Chapter 2

稀土功能晶体材料

孙益坚，温和瑞
江西理工大学化学化工学院

晶体是指结构基元(原子、分子、离子等)长程有序、周期性排列形成的固体物质。相比于粉末、陶瓷和玻璃材料,晶体具有更优的热学性能、机械性能、光学性能以及电学性能。稀土离子由于其独特的 4f 电子结构,具有丰富的电子能级跃迁,是制备发光材料的重要元素,被广泛应用于激光晶体和闪烁晶体中。目前,90% 以上的激光晶体和大多数新型高性能闪烁晶体都以稀土离子为发光中心。我国拥有丰富的中重稀土资源,它们是稀土激光晶体和稀土闪烁晶体中不可缺少的组成元素。稀土离子激活的激光晶体和闪烁晶体这两种稀土光电晶体材料作为现代高端设备的核心材料,已经被广泛应用于激光智能制造、激光武器、激光医疗、高端医学影像、油井探测、工业无损检测、港口安全检查、大型科学装置、航空航天探测和军工国防等领域。功能晶体材料的发展和应用是衡量一个国家高科技发展水平的重要标志之一。《中华人民共和国国民经济和社会发展第十四个五年规划和 2035 年远景目标纲要》和《"十四五"原材料工业发展规划》等都明确指出要加强高端稀土功能晶体开发,促进稀土产业高质量发展。本章重点介绍稀土激光晶体和稀土闪烁晶体材料。

2.1　稀土激光晶体

激光是 20 世纪最具代表性的发明之一,它是受激辐射光放大的过程,即"light amplification by stimulated emission of radiation"。因此,人们用各单词的首字母 laser 作为激光的英文名称。激光由于其优异的相干性、单色性、方向性及高能量等特性,迅速在工业、国防、环境、通信等领域发挥着重要作用。

激光晶体是固体激光器的增益介质,是将外界能量通过光学谐振腔转化为具有高度平行性和单色性的激光的晶体材料。作为激光器的核心材料,激光晶体由发光中心和基质晶体两部分组成。发光中心也称为激活离子,主要由过渡族金属离子和稀土离子掺杂构成。稀土离子因其独特的电子结构已广泛用作发光材料的发光中心。在已知的 300 多种激光晶体中,约 90% 是通过掺入稀土离子发光的。由此可见稀土在发展激光晶体材料中的重要作用。Er^{3+}、Nd^{3+}、Yb^{3+} 等离子具有未完全充满的 4f 电子层,共包括 1 639 个能级,可能发生跃迁的数目高达 199 177 个,是一个巨大的发光宝库[1]。此外,Y^{3+}、Sc^{3+}、La^{3+}、Gd^{3+}、Lu^{3+} 稀土离子都具有闭壳层结构,属于光学惰性离子,是基质晶体的理想化学组成。基质晶体决定了激光晶体的各种物理化学性质,并为激活离子提供一个合适的晶体场环境。目前,激光基质材料主要包括氧化物和氟化物两大类。

1960 年,美国物理学家梅曼制造了世界上第一台红宝石(Cr:Al$_2$O$_3$)激光器,这标志着人类在激光器领域取得了重大突破。进入 20 世纪 80 年代后,随着半导体技术的逐渐成熟,半导体激光二极管(LD)无论是输出功率还是制作工艺都得到了较大提高,使得激光二极管泵浦的全固态激光器(laser diode pumped solid state laser, LPSSL)得到了迅速的发展。采用 LD 泵浦方式的全固态激光器由于具有激光转换效率高、使用寿命长、工作稳定、结构简单和易小型化等众多优点,再加上激光晶体种类众多,能够满足紫外到中红外波段的双波长、超快锁模及可调谐等各种激光需求。以 Nd:YAG、Yb:YAG 和 Nd:YVO$_4$ 为代表的商用激光晶体已实现规模化生产。其中,Nd:YAG 是使用最广泛的激光晶体,是高能量、高功率激光器的首选材料,并在激光武器、精细加工和智能制造等领域发挥着重要作用。目前,激光晶体主要朝着新型高性能晶体材料和大尺寸高品质晶体材料方向发展。其中,新型材料主要指具有超强、超快、新波段、可调谐及功能复合等特点的材料。新波段激光主要包括紫外-可见光波段和 3～5 μm 中红外波段激光。本节将重点介绍基于稀土掺杂的新型飞秒锁模超快激光晶体及新波段激光晶体。

2.1.1　稀土 Yb^{3+} 掺杂超快激光晶体

超快激光是指脉冲宽度为皮秒至飞秒量级(10^{-12}～10^{-15} s)的激光脉冲。其极快的时间响应能够匹配原子、分子的运动尺度,因此成为解释客观世界超快现象的重要手段,可用于探索微观科学领域。超快激光另一个特征是具有极高的峰值功率,可用于创造极端物理条件,为模拟大爆炸、核聚变等极端物理实验提供了可能。由于超快激光峰值功率极高,且其超短脉宽在与物质相互作用时表现为瞬时过程,因此催生了超精细冷加工和超精细医疗手术等新兴技术。目前,人们已实现阿秒量级(10^{-18} s)的脉冲激光,最大峰值功率已超过 1 拍瓦(10^{15} W)。

2.1.1.1　可饱和吸收体被动锁模原理及发展

超快脉冲通常采用锁模技术来实现。对于自由运转的激光器,其频谱中包含着成百上千个纵模,各个模式之间没有固定的振幅和相位关系,激光光强为各激光模式之和。锁模技术则通过某种方式将这些独立的激光模式关联起来,实现相位锁定。锁定之后,激光光强通过振幅叠加,因此总输出光强将随着相干模式数量的增加而呈平方关系增强。另外,相位锁定产生的超短脉冲宽度与纵模光谱宽度成反比,纵模光谱宽度越宽,所获得的超短脉冲宽度就越窄。由于锁模激光的纵模光谱宽度一般需要小于激光介质增益光谱宽度,因此锁模脉冲宽度并不会无限小。

实现锁模激光的方式可以分为主动锁模、被动锁模、克尔透镜锁模等。主动锁模是在谐振腔内插入一个损耗调制器(一般是声光或者电光开关)作为锁模辅助器件,通过控制调制的各个参数(频率、深度等)使激光器实现模式锁模。被动锁模主要是利用材料的可饱和吸收特性来实现模式锁模。所谓可饱和吸收性即为材料的吸收率随光强由弱到强而逐渐减小并达到饱和的一种现象。光强较弱时,腔内吸收损耗大,低强度激光被吸收;而随着光强增大,腔内高强度激光模式往返谐振腔,最终达到模式锁模。克尔透镜锁模是一种自锁模现象,无须在腔内插入可饱和吸收体,利用激光增益介质自身的非线性克尔效应实现锁模启动。高功率脉冲不断往返增益介质,实现能量放大的同时不断压缩脉宽,最终获得窄脉冲激光。由于主动锁模中调制器的响应时间较长,而且产生的损耗窗口较宽(纳秒量级),导致较难获得飞秒量级激光输出。因此本节将重点介绍被动锁模激光器。

作为被动锁模技术的核心元件之一,可饱和吸收体的发展直接关系到脉冲激光的性能提升。典型的可饱和吸收体材料包括半导体可饱和吸收镜(semiconductor saturable absorber mirror,SESAM)、石墨烯以及其他新型低维材料等。许多由Ⅲ-Ⅴ族元素组成的二元或三元半导体被证明是优异的可饱和吸收体材料。基于半导体量子阱的可饱和吸收体与布拉格反射镜相结合,形成非线性反射镜,即通常所说的半导体可饱和吸收镜。图 2-1 为 SESAM 结构的发展变化过程[2]。随着半导体能带调控技术及生长技术的日益成熟,SESAM 的可饱和参数包括工作波段已能够得到精确的调控。针对不同激光系统,设计合理的非饱和损耗、饱和通量、调制深度、弛豫时间等参数,可有效实现脉冲性能优化。虽然 SESAM 的典型恢复时间为 100 fs～100 ps,但结合光孤子锁模技术及色散补偿压缩技术等先进手段,也可以获得小于10 fs 的锁模脉冲[3]。迄今为止,SESAM 已发展为最成熟且已实现商用化的可饱和吸收体。

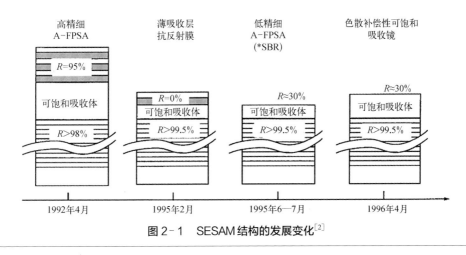

图 2-1　SESAM 结构的发展变化[2]

石墨烯是一种由碳原子紧密堆积而成的单层晶体材料[4]。它仅有一个碳原子的厚度,约为 0.35 nm,是现有材料中最薄的,同时也是最坚硬的材料之一,其硬度是钢的百倍,甚至比钻石的硬度还要高数倍。石墨烯具有超高的热导系数和优异的电学性能,其中电子运动速度可达到光速的 1/300,电子迁移率高达 15 000 cm²/(V·s),是目前商用硅片的 10 倍以上。单层石墨烯具有超低的光学吸收率,约为 2.3%,因此被广泛应用于光学领域。从能带

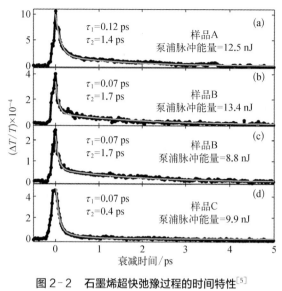

图 2-2   石墨烯超快弛豫过程的时间特性[5]

上来看,石墨烯是一种零能隙的半导体材料,其导带和价带接触于狄拉克点,表现出宽带超快可饱和吸收特性。2008 年,J.M. Dawlaty 利用光学泵浦探测技术,测量了石墨烯中的超快载流子动力学过程[5]。如图 2-2 所示,石墨烯中较快的弛豫过程在 70～120 fs 量级,这是现有可饱和吸收体中最快的。近年来,更多类石墨烯的二维材料,如拓扑绝缘体[6]、硫属过渡族金属化合物[7]和黑磷[8]等,也被证实具有优异的宽带超快可饱和吸收特性。随着锁模技术的快速发展,超快激光正朝着高能量、窄脉宽、高稳定性等方向蓬勃发展。

2.1.1.2   稀土 Yb³⁺ 掺杂超快激光晶体设计

超快激光增益介质需要具有较长的荧光寿命、较宽的吸收和发射谱带,以及较大的受激发射截面。宽的发射谱带有利于实现脉冲压缩,而长的荧光寿命则能使上能级积累更多的粒子,从而有利于产生高功率激光输出。研究的最早的锁模激光晶体是钛宝石($Ti:Al_2O_3$),其 660～1 100 nm 的带宽非常有利于飞秒激光脉冲的输出。同时,钛宝石具有受激发射截面大、激光损伤阈值高等优点。目前,钛宝石激光器已实现几个飞秒的脉冲输出[9]。然而,随着全固态 LD 泵浦激光器的快速发展,由于缺少与之匹配的 LD 泵浦源,钛宝石飞秒激光器的发展受到了一定限制。随着高功率泵浦源 InGaAs LD(发射波长为 0.87～1.1 μm)的发展[10],稀土 Yb³⁺ 激活的激光晶体已成为超快激光器的研究焦点。

与其他稀土离子相比,Yb³⁺ 掺杂在超快激光晶体中具有显著优势[11]。首先,Yb³⁺ 的 4f 壳层电子受外界影响大,在晶格场中具有强的电-声子耦合效应,所以掺 Yb³⁺ 激光介质普遍具有较宽的吸收和发射谱带,有利于可调谐、双波长和超短脉冲产生。Yb³⁺ 的吸收谱带为 900～1 000 nm,能与商业 InGaAs 半导体泵浦激光(870～1 100 nm)实现有效的耦合。宽的吸收谱带降低了对半导体二极管工作温度的要求。Yb³⁺ 为能级结构最简单的稀土激活离子,仅有一个基态 $^2F_{7/2}$ 和一个激发态 $^2F_{5/2}$,两者的能量间隔约为 10 000 cm^{-1},在晶格场作用下,能级产生斯塔克分裂,形成准三能级的激光运行机制。由于不存在其他的激发态能级,无激发态吸收和上转换损耗,无辐射跃迁少,因此光-光转换效率高。同时,Yb³⁺ 半径小,晶格错位较小,很难引起浓度猝灭现象,因此可以通过高浓度掺杂提高激光效率和输出功率。最后，Yb^{3+} 荧光寿命长（2 ms 左右），为掺 Nd^{3+} 同种激光材料的三倍多。长的荧光寿命有利于储能，实现超短脉冲放大。

目前，Yb^{3+} 激活的激光晶体已成为新型超快激光的主要增益介质。Yb^{3+} 掺杂的激光晶体光谱和激光性能在很大程度上依赖基质材料。近年来，一系列 Yb^{3+} 掺杂的晶体材料，包括铝酸盐、钨酸盐、硅酸盐、钒酸盐、硼酸盐等已被广泛研究。作为优质的超快激光介质，晶体材料需要具有稳定的物化性能、高的热导率和扩散系数，以及高的激光损伤阈值等热学和力学性能。另外，还要求能够较容易地获得大尺寸、高光学质量的单晶。通过综合分析，在此将重点介绍 $Yb : Y_2SiO_5$（Yb : YSO）系列晶体、$Yb : CaYAlO_4$ 系列晶体，以及 $Yb : YCa_4O(BO_3)_3$（Yb : YCOB）系列晶体。需要指出的是，飞秒激光的性能不仅依赖增益介质，还与激光谐振腔的设计、色散补偿方式、输出耦合镜等参数密切相关。

2.1.1.3　几类新型 Yb^{3+} 掺杂的新型激光晶体

（1）$Yb : Y_2SiO_5$（Yb : YSO）激光晶体

表 2-1 列出了部分 Yb : YSO 系列晶体的晶体参数和激光参数。该系列晶体主要包括 $Yb : Y_2SiO_5$（Yb : YSO）、$Yb : Lu_2SiO_5$（Yb : LSO）、$Yb : Sc_2SiO_5$（Yb : SSO）、$Yb : Gd_2SiO_5$（Yb : GSO）等晶体，及 $Yb : LuYSiO_5$（Yb : LYSO）、$Yb : GdYSiO_5$（Yb : GYSO）等改性晶体。该系列晶体材料具有物化性能良好、稳定性高、热学及力学性能好、晶格场劈裂大、发射谱带较宽、激光损伤阈值高等优点，属于一致熔融体系，熔点约为 2 000 ℃，可以采用提拉法直接生长得到高光学质量的大尺寸单晶。图 2-3 为部分 Yb^{3+} 掺杂超快激光晶体的热导率和发射带宽参数分布图，可以看出，Yb : YSO 系列晶体具有较高的热导率，有利于高功率飞秒激光的输出[17]。

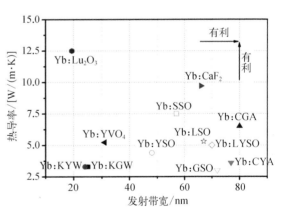

图 2-3　部分 Yb^{3+} 掺杂超快激光晶体的热导率和发射带宽参数分布图[17]

表 2-1　部分 Yb^{3+} 激活的 Y_2SiO_5 系列晶体参数和激光参数对比

晶　体	荧光寿命/ms	斯塔克分裂/cm^{-1}	热导率/[W/(m·K)]	激光功率/mW	脉冲宽度/fs
Yb : YSO[12]	0.67	964	3.6	2 600	198
Yb : LSO[12]	0.95	971	5.3	2 600	260
Yb : SSO[13,14]	1.64	1 027	7.5	35	71
Yb : LYSO[15,16]	1.76	993	5	40	61

Yb:YSO 系列晶体具有较强的晶格场作用,能使 Yb^{3+} 的基态能级产生较大的斯塔克分裂,约为 1 000 cm^{-1},导致吸收光谱和发射光谱展宽。其中以 Yb:GSO 晶体的分裂最大,为 1 067 cm^{-1},大于 Yb:YAG 晶体的 612 cm^{-1}。Yb: Y$_2$SiO$_5$(Yb:YSO)和 Yb: Lu$_2$SiO$_5$(Yb:LSO)晶体具有相同的 $C2/c$ 单斜结构,Yb^{3+} 与 Y^{3+} 和 Lu^{3+} 半径相似,导致分凝系数大于 1。Yb:Sc$_2$SiO$_5$(Yb:SSO)晶体具有 $C2/m$ 单斜结构,Yb 离子分凝系数约为 0.96。与 Yb:YSO 和 Yb:LSO 晶体相比,Yb:SSO 具有更高的荧光寿命,以及更大的晶格场作用。图 2-4 为 Yb:SSO 晶体的荧光光谱图,其具有较宽的发射谱带,在 1 000 nm、1 040 nm 和 1 060 nm 处有三个主发射峰,其中 1 040 nm 处受激发射截面最大。2005 年,M. Jacquemet 报道了 Yb:YSO 和 Yb:LSO 晶体的连续激光运转,分别获得了最高 7.7 W 和 7.3 W 的激光输出,对应斜率效率分别为 67% 和 62%,证明了 Yb:YSO 类型晶体是一类潜在的高功率激光增益材料[18]。2006 年,F. Thibault 等人采用 Z 型谐振腔,以半导体可饱和吸收镜作为锁模元件,首次研究了 Yb:YSO 和 Yb:LSO 晶体的飞秒激光特性,均获得 2.6 W 以上飞秒激光稳定输出,对应脉冲宽度分别为 198 fs 和 260 fs[12]。2010 年,Tang 等人采用半导体可

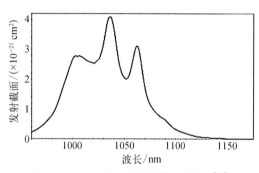

图 2-4　Yb:SSO 晶体的荧光光谱图[13]

饱和吸收镜首次在 Yb:SSO 晶体中实现了 SESAM 调制的飞秒激光输出。以 SF10 棱镜作为色散补偿,在 1 041 nm、1 060 nm 和 1 077 nm 处分别获得了 145 fs、144 fs 和 125 fs 的激光脉冲,对应的激光功率分别为 40 mW、52 mW 和 102 mW[13]。2015 年,F. Pirzio 等采用 X 型谐振腔在 Yb:SSO 晶体中获得了最短 71 fs 的激光脉冲,对应激光光谱半高宽为 17 nm[14]。

2014 年,Wang 等人采用克尔透镜锁模技术,成功在 Yb:LYSO 晶体中获得了 61 fs 的激光脉冲,其中心波长位于 1 055.4 nm,最大输出功率及脉冲频率分别为 40 mW 和 113 MHz。这是目前 Yb:LYSO 晶体获得的最窄脉宽纪录[16]。激光实验装置如图 2-5 所示。其中 Yb:LYSO 晶体掺杂浓度为 5%,厚度为 3 mm,端面镀有抗反射膜。实验采用典型的 X 型谐振腔结构,M1、M2 和 M3 分别是曲率半径为 75 mm、75 mm 和 300 mm 的凹面反射镜,输出镜(output coupler,OC)为平面镜,在 1 020~1 100 nm 处的透过率为 0.4%,GTI 镜用于色散补偿,在 1 035~1 055 nm 内引入 -800 fs^2 的负色散。SESAM 在 1 064 nm 处的调制深度为 0.4%,对应饱和光强为 90 μJ/cm^2,弛豫时间为 500 fs。实验中,SESAM 主要起稳定锁模的作用,而实现锁模启动主要依靠晶体的克尔效应。激光谐振腔总长为 1.33 m,对应脉冲重复频率为 113 MHz。由 ABCD 矩阵方程可以计算,晶体中心及 SESAM 中的激光横模模式光斑大小分别约为 14 μm×39 μm 和 54 μm×54 μm。

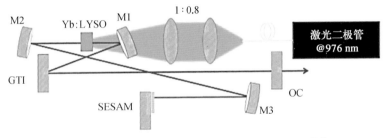

图 2-5　Yb:LYSO 晶体 61 fs 锁模激光实验装置图[16]

图 2-6 是 Yb:LYSO 晶体锁模激光脉冲的强度自相关曲线及激光光谱图。通过拟合，锁模脉冲为双曲正割型，对应的脉冲宽度为 61 fs。激光波长位于 1 055 nm 处，对应光谱半高宽为 22 nm。图 2-7 对应的是 Yb:LYSO 晶体锁模激光脉冲的频谱功率分布图。锁模脉冲基波中心频率约为 1.130 MHz，信噪比高达 78 dB。由图可知，锁模脉冲运转稳定。

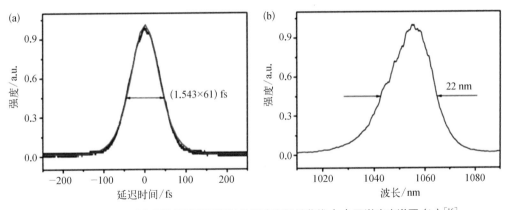

图 2-6　Yb:LYSO 晶体锁模激光脉冲的强度自相关曲线（a）及激光光谱图（b）[16]

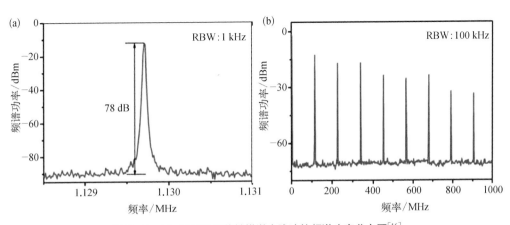

图 2-7　Yb:LYSO 晶体锁模激光脉冲的频谱功率分布图[16]

　　2018 年,Zhu 报告了克尔透镜锁模的 Yb:YSO 高功率飞秒激光研究[17]。图 2-8 为对应的 X 型激光装置图。C1、C2、C3 是高反射镜,曲率半径分别为 100 mm、100 mm 和 300 mm。输出镜(OC)的透过率为 10%,GTI1 和 GTI2 作为腔内色散补偿元件,分别引入 -550 fs^2 和 -800 fs^2 的色散量。图 2-9(a)为 Yb:YSO 克尔透镜锁模脉冲的激光输出功率和脉冲宽度随泵浦功率的变化关系。在后续的研究中发现,在 7.5 W 的二极管激光泵浦下,可以获得最大 2.03 W 的激光输出,对应脉冲宽度为 95 fs,激光波长位于 1040 nm 处,光谱半高宽为 11 nm。[17]这是 Yb:YSO 系列晶体在 100 fs 级锁模激光中达到的最大输出功率,脉冲能量和峰值功率分别为 14.8 nJ 和 155.7 kW。此时的激光光斑能量分布如图 2-9(b)所示。

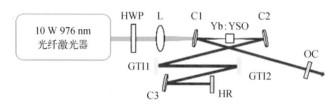

图 2-8　Yb:YSO 克尔透镜锁模的 X 型激光装置图[17]

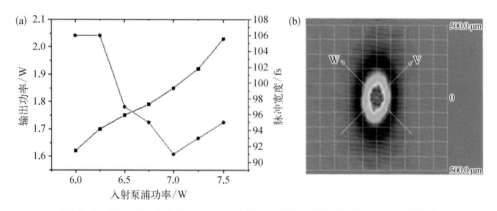

图 2-9　Yb:YSO 克尔透镜锁模脉冲的激光输出功率和脉冲宽度随泵浦功率的变化关系(a),2.03 W 激光输出时的光斑能量分布图(b)[17]

(2) Yb:CaYAlO₄ 激光晶体

　　Yb:CaYAlO₄(Yb:CYA)和 Yb:CaGdAlO₄(Yb:CGA)晶体同为 ABCO₄(A = Ca、Sr、Ba;B = Gd、Y、La 等;C = Ga、Al)系列晶体,属于四方晶系,具有 K₂NiF₄ 结构,空间群为 $I4/mmm$,具有熔点高(约为 1 815 ℃)、硬度高(莫氏硬度 4.64)、热导率高、密度大、激光损伤阈值高、物化性能良好、不溶于强酸强碱等特点[19]。CaYAlO₄ 和 CaGdAlO₄ 晶体属于一致熔融,可采用提拉法生长获得大尺寸优质晶体(图 2-10)。CaYAlO₄ 系列晶体为无序结构,以 CaYAlO₄ 为例,Ca²⁺ 和 Y³⁺ 随机分布在相同的晶格位置点上。但由于其化合价、粒子半径和结晶性能的差别,造成晶体的无序结构,使光谱包括吸收光谱和发射光谱呈现出非均匀展宽,这有利于实现可调谐或超快激光。最近,新型的 Yb 激活 ABCO₄ 结构晶体 Yb:SrLaAlO₄(Yb:SLA)被报道为一种潜在的超快激光晶体[20]。表 2-2 列出了 Yb:CYA、Yb:CGA 及 Yb:SLA 等晶体的热学性能和光谱参数。

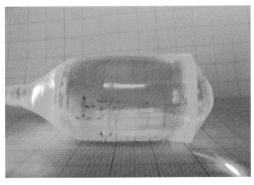

图 2-10　高光学质量的 Yb:CYA 晶体照片[19]

表 2-2　Yb:CYA、Yb:CGA 及 Yb:SLA 等晶体的热学性能和光谱参数

晶　　体	荧光寿命 /ms	吸收带宽 σ/nm	热导率 /[W/(m·K)]	发射带宽 σ/nm	最短脉冲 /fs
Yb:CYA[19,21]	0.43	13	3.6	76	30
Yb:CGA[22,23]	0.42	29	6.9	77	32
Yb:SLA[20]	0.63	13	6.1	89	—
Yb:GCOB[24]	2.3	3	2.1	44	35
Yb:SYB[25]	1.27	10	—	60	58

　　Yb:CaYAlO₄ 系列晶体是一类优质的高功率超短脉冲激光材料。2007 年,J. Boudeile 等制备出半导体可饱和吸收镜调制的 Yb:CGA 激光晶体,实现了 100 fs 内的锁模脉冲运转,最短脉宽为 68 fs,对应激光功率高达 520 mW[22]。2014 年,P. Sévillano 等利用克尔透镜锁模技术,在 5% Yb:CGA 晶体中获得了该晶体最短 32 fs 的锁模激光脉冲[23]。X 型激光装置图如图 2-11 所示。晶体的通光长度为 5 mm,腔内通过引入一对间隔为 450 mm 的 SF10 三棱镜用于色散补偿。实验研究了耦合输出镜透过率对锁模脉冲的影响。在透过率

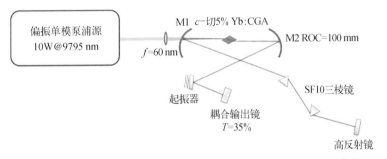

图 2-11　Yb:CGA 晶体 32 fs 的克尔透镜锁模的 X 型激光装置图[23]

为3%时,获得了最短32 fs的脉冲,激光波长位于1063 nm,光谱宽度为51 nm,平均输出功率为90 mW。这是关于Yb:CGA晶体的最短脉冲的报道。随着透过率的增加,脉冲宽度与输出功率相应增大。在透过率为35%时,实现了40 fs、平均功率为1.1 W的稳定锁模脉冲。

2015年,F. Pirzio等实现了SESAM调制的43 fs Yb:CYA可调谐锁模激光运转,可调谐谱带带宽为40 nm[26]。2016年,Ma等采用化学气相沉积法制备的单层石墨烯可饱和吸收镜,实现了Yb:CYA晶体最短30 fs的锁模脉冲[21]。这是石墨烯锁模激光的最短脉宽,也是Yb^{3+}掺杂全固态激光器的最短脉宽,已接近Yb^{3+}极限脉宽。实验装置如图2-12所示。增益介质采用的是掺杂浓度为8%的Yb:CYA晶体,通光长度为3 mm,两端镀有抗反射膜。激光谐振腔为典型的X型,M1、M2曲率半径为50 mm,激光光束经M3聚焦到石墨烯上,光束束腰半径约为60 μm。输出耦合镜的透过率为0.4%。一对SF10三棱镜用于色散补偿,单程运转将引入-1 500 fs^{2}的色散量。图2-13为石墨烯锁模Yb:CYA激光脉冲的能量自相关曲线和激光光谱图。通过拟合,锁模脉冲为双曲正割型,对应脉冲宽度30 fs,脉冲频率约为113 MHz,脉冲信噪比高达72 dB。激光波长位于1 068 nm处,光谱半高宽为50 nm,平均输出功率为26.2 mW。

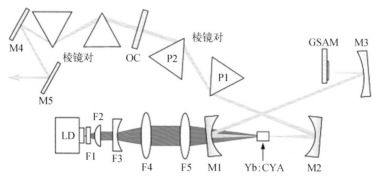

图2-12　单层石墨烯可饱和吸收镜调制Yb:CYA晶体锁模的激光实验装置图[21]

2019年,Zhu等采用CaF$_2$克尔透镜锁模技术,在Yb:CYA晶体中实现了最高平均功率为6.2 W的锁模激光运转,脉冲宽度为59 fs,对应峰值功率高达1.85 MW[27]。这是现有Yb^{3+}掺杂锁模激光中100 fs级别的最高峰值功率。

(3) 新型Yb掺杂硼酸盐激光晶体

硼酸盐类晶体具有较好的物理化学、热学性能和机械性能。无序结构的BO$_3$型激光晶体通过掺稀土离子所产生的吸收、发射谱带较宽,适用于激光二极管LD泵浦的飞秒激光应用。

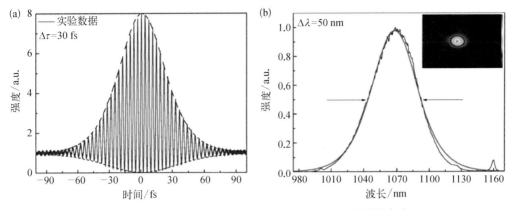

图 2 - 13　石墨烯锁模 Yb:CYA 激光脉冲的能量自相关曲线（a）和
激光光谱图（b，插图为激光光斑能量分布图）[21]

Yb:YCa₄O(BO₃)₃（Yb:YCOB）是一种性能优异的非线性激光晶体材料[28]，属于单斜晶系，双轴晶，一致熔融体系，可以直接采用提拉法获得大尺寸单晶。在硼酸盐体系中，Yb³⁺ 基态能级劈裂较大，约为 1 000 cm⁻¹，往往具有较宽的发射带宽。此外，Yb³⁺ 均具备较高的荧光寿命，达到 ms 量级，有利于上能级储能。因此，硼酸盐也是有效的高功率超短脉冲激光增益介质。2011 年，德国 Akira Yoshida 等利用 SESAM 锁模技术，实现了 35 fs 的 20% 掺杂 Yb:YCOB 锁模脉冲[24]。激光脉冲自相关曲线和激光光谱如图 2 - 14 所示，锁模脉冲为双正割曲线，激光光谱宽 43 nm，对应输出功率为 38 mW。

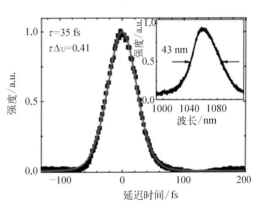

图 2 - 14　SESAM 调制 Yb:YCOB 锁模
脉冲自相关曲线和激光光谱图[24]

Yb:Sr₃Y₂(BO₃)₄（Yb:SYB）晶体属于正交晶系，可采用提拉法生长获得大尺寸单晶[29]。在该晶体中，Y³⁺ 随机占据两种不同的晶格位置，当掺入稀土 Yb 离子后，占据不同的 Y 离子格位，Yb 离子所处晶格场各异将导致光谱包括吸收光谱和发射光谱的非均匀展宽，有利于实现可调谐或超快激光。图 2 - 15 为 15% Yb:SYB 晶体的偏振吸收和发射截面。Yb:SYB吸收截面最强峰位于 977 nm，半峰宽为 10 nm。该晶体在 1 020 nm 处出现最强发射峰，对应半峰宽为 60 nm。2016 年，Sun 等人采用半导体可饱和吸收镜研究了不同晶向的 Yb:SYB 锁模激光性能，a、b、c 三个方向晶体均实现了瓦级飞秒脉冲，对应最小脉冲宽度分别为 116 fs、120 fs 和 126 fs[30]。

2017年,他们采用SESAM辅助的克尔透镜锁模技术,在Yb:SYB晶体中实现了58 fs的脉冲[25]。实验装置如图2-16所示。增益介质为3at.%[①]掺杂的a-切Yb:SYB晶体,通光长度为5.5 mm,晶体两端镀有900~1 100 nm波段的抗反射膜。977 nm LD泵浦光通过一个1.8:1的聚焦系统辐射到晶体中,输出镜透过率为1.5%。半导体可饱和吸收镜用于锁模激光的稳定,其饱和光强和调制深度分别为120 μJ/cm^{2}和0.6%。腔内的GTI1和GTI2作为色散补偿,分别引入-550 fs^{2}和-1 250 fs^{2}的色散量。在6.2 W的吸收泵浦功率下,获得了最高功率为400 mW的稳定锁模脉冲,对应斜率效率为13.5%。图2-17是Yb:SYB晶体锁模激光脉冲的自相关曲线及频谱图。通过拟合,锁模脉冲为双曲正割型,对应脉冲宽度为58 fs。激光波长位于1 054.6 nm处,对应光谱半高宽为22 nm。锁模脉冲基波中心频率约为58.5 MHz,信噪比高达60 dB。

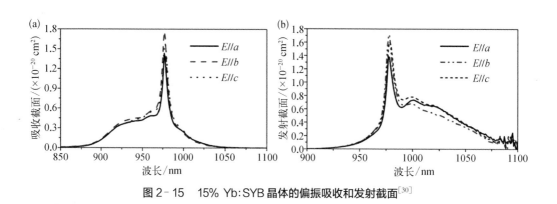

图2-15 15% Yb:SYB晶体的偏振吸收和发射截面[30]

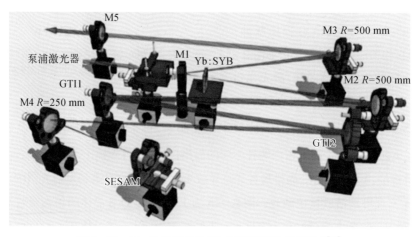

图2-16 Yb:SYB晶体的克尔透镜锁模激光装置图[25]

---

① at.%表示原子百分比。

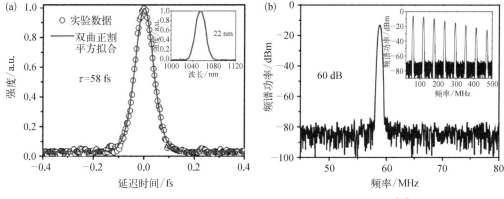

图 2-17　Yb:SYB 晶体锁模激光脉冲的自相关曲线及频谱图[25]

2.1.2　稀土掺杂中红外～3 μm 波段激光晶体

～3.0 μm 中红外波段处于空间大气的三个透明窗口内,该波段激光通过空间大气传输的损耗较低,红外制导导弹和红外预警系统的探测器都对该波段敏感,因此,该波段为激光雷达、卫星通信等提供了理想的光源。高功率中红外激光在军事对抗中也有很多潜在的应用[31]。大气中的多种气体在该波段都有着各自的特征吸收峰[32],例如,CH_4(3.3 μm) 和 HCHO(3.5 μm),因此～3.0 μm 中红外波段激光在激光光谱学、气体检测和监测等方面具有重要的应用前景。同时,～3.0 μm 波段激光对人体组织中的水分子及 Ca、P 等元素有较强的吸收,因此这些波段的激光"手术刀"在软组织及骨骼的切开、切除手术、碎石手术、牙科及整形外科等医疗领域具有显著优势[33]。此外,～3 μm 中红外波段激光还可以作为 4～13 μm 中远红外波段光学参量振荡器的泵浦源。

2.1.2.1　中红外～3 μm 波段激光晶体设计

目前,中红外～3 μm 波段激光可以通过以下两种方式产生[34]。一种方法是参量振荡(optical parametric oscillator, OPO)、差频、参量放大(optical parametric amplification, OPA)等非线性频率转换方法。这种方法研究较为成熟,但仍存在器件大、结构复杂、成本高、光束质量较差等问题。另一种方法是直接采用 LD 泵浦稀土离子激活的激光晶体来实现～3 μm 波段激光输出。其中,Er^{3+}:$^4I_{11/2} \rightarrow ^4I_{13/2}$ 跃迁,Ho^{3+}:$^5I_6 \rightarrow ^5I_7$ 跃迁,以及 Dy^{3+}:$^6H_{13/2} \rightarrow ^6H_{15/2}$ 跃迁是获得～3 μm 波段激光的重要途径。作为中红外激光基质晶体,首先需要满足声子能量低的要求。Er^{3+}、Ho^{3+}、Dy^{3+} 等稀土离子能级结构丰富,跃迁渠道多。在低声子能量晶体中,多声子弛豫和无辐射跃迁概率降低,有利于提高～

3 μm 波段激光斜率效率。因此近红外波段常用的基质晶体如硼酸盐、钨酸盐、钒酸盐等声子能量都太高,难以实现有效的中红外激光输出。目前,研究较多的~3 μm 波段激光晶体主要包括铝酸盐、镓酸盐及氟化物等。另外,良好的物化性能、热特性,以及易生长获得高质量单晶也是优质激光晶体的必要条件。

除基质材料外,稀土离子激活的~3 μm 波段激光发射还普遍存在两个难点,分别是激光泵浦效率低和自终态效应。泵浦效率低主要表现在稀土激活离子对 AlGaAs 和 InGaAs 等 LD 泵浦波段的吸收线宽和吸收截面都不大。在已有的研究中,主要通过共掺 Yb^{3+}、Nd^{3+} 等敏化离子来提高吸收效率。自终态效应是指激光下能级寿命比激光上能级寿命长,这主要是由晶体内多声子无辐射跃迁造成的。优化的途径主要有两种:一是提高稀土离子掺杂浓度,增强交叉弛豫,降低下能级粒子布居,例如在 Er∶YAG 晶体中,只有当 Er 离子掺杂浓度增加到 30%~50% 时,才能实现~3 μm 波段激光输出;二是共掺退激活离子,如 Pr^{3+}、Nd^{3+}、Tm^{3+}、Ho^{3+}、Eu^{3+} 和 Dy^{3+} 等,加入退激活离子能有效加速激光下能级粒子抽运速率,使下能级寿命显著降低,而上能级寿命仍然保持在较高水平。实现激光粒子数反转是实现激光输出的必要条件。

2.1.2.2　掺 Er^{3+} ~3 μm 波段激光晶体

基于 Er^{3+} 激活的~3 μm 波段激光晶体是目前研究最为广泛的体系。Er^{3+} 具有丰富的能级结构(图 2-18),具有多种跃迁渠道。其中,$^4I_{11/2} \rightarrow {}^4I_{13/2}$ 跃迁对应~3 μm 波段中红外发光,$^4I_{13/2} \rightarrow {}^4I_{15/2}$ 跃迁对应近红外、人眼安全的 1.5 μm 波段发光。另外通过多种上转换过程,还可以实现 $^4F_{9/2} \rightarrow {}^4I_{15/2}$ 跃迁的红光发射和 $^4S_{3/2} \rightarrow {}^4I_{15/2}$ 跃迁的绿光发射。在激光运转过程中,上转换和近红外竞争发光势必会影响中红外波段跃迁发光。针对这一问题,一般采用高浓度掺杂 Er^{3+} 的措施来抑制。当掺杂浓度较高时,Er^{3+} 之间的距离减小,容易产生如图 2-18 所示的 C_1-C_4 交叉弛豫,各种弛豫过程的最终结果往往会有利于减少 Er^{3+}∶$^4I_{13/2}$ 能级上的粒子寿命,从而增强~3 μm 波段发光。在 YAG 晶体中,Er^{3+} 浓度为 0.5% 时,容易实现 1.5 μm 波段发光;而掺杂浓度增至 30%~50% 时,才能实现~3 μm 波段的激光输出。

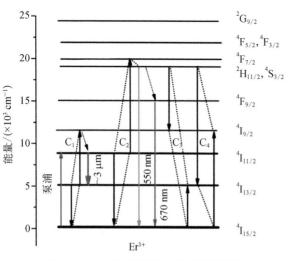

图 2-18　Er^{3+} 能级图及可能的跃迁渠道

表 2-3 为几种常见的掺 Er^{3+} ～3 μm 波段激光晶体的光谱参数。可以发现,与近红外波段激光相比,掺 Er～3 μm 波段激光晶体中的吸收截面普遍较低。为提高泵浦吸收效率,可以共掺敏化离子 Yb^{3+}、Nd^{3+} 等稀土离子(图 2-19),通过能量传递的方式增强泵浦光吸收。另外,$^4I_{11/2} \rightarrow {}^4I_{13/2}$ 跃迁存在明显的自终态效应,这不利于～3 μm 波段激光高效输出。图 2-20 所示为 Er^{3+} 与退激活离子 Pr^{3+}、Ho^{3+} 和 Eu^{3+} 能级间的能量传递简图,通过掺入退激活离子可以加速下能级粒子抽运过程,有效抑制自终态效应。以 Pr^{3+} 为例,Er^{3+} 与 Pr^{3+} 间存在两个主要的能量传递过程,即 Er^{3+}:$^4I_{11/2} \rightarrow Pr^{3+}$:$^1G_4$ 和 Er^{3+}:$^4I_{13/2} \rightarrow Pr^{3+}$:$^3F_4$。结果使得上能级粒子减少,下能级粒子布居相应降低,并且 C_2 交叉弛豫降低,从而抑制了红光、绿光竞争发光及自终态效应。

表 2-3　几种常见的掺 Er^{3+} ～3 μm 波段激光晶体的光谱参数

晶　　　　体	$^4I_{11/2}$能级寿命/ms	$^4I_{13/2}$能级寿命/ms
30at.% Er^{3+}:YAG[35]	0.12	7.25
30at.% Er^{3+}:YSGG[35]	1.3	3.4
30at.% Er^{3+}:GGG[35]	0.96	4.86
30at.% Er^{3+}:CaYAlO$_4$[36]	0.32	1.33
30at.% Er^{3+}:CaLaGa$_3$O$_7$[37]	0.66	10.4

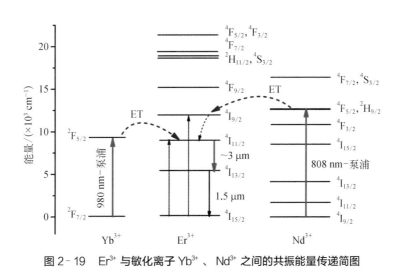

图 2-19　Er^{3+} 与敏化离子 Yb^{3+}、Nd^{3+} 之间的共振能量传递简图

目前,中红外掺 Er 激光晶体及其器件研究已取得长足发展,如 Er:YAG 和 Er:YSGG 等激光器,在医学上已经得到应用。下面将介绍几种重要的掺 Er 激光晶体。

1. Er:Y$_3$Al$_5$O$_{12}$(Er:YAG)晶体

YAG 晶体是目前商用最成功的激光晶体之一,属于石榴石结构晶体,立方晶系,空间

群为 $Ia3d(O_h^{10})$。YAG 晶体具有较高的热导率[14 W/(m·K)]、较小的声子能量、良好的物化性能、硬度高(莫氏硬度 8.25)、激光损伤阈值高等优点。YAG 晶体熔点约为 1 910 ℃，属于一致熔融体系，因此可以采用提拉法生长高质量单晶。在 YAG 晶体中，通过高掺 Er^{3+}(原子百分比为 50%)，可以实现波长为 2.94 μm 的激光输出。

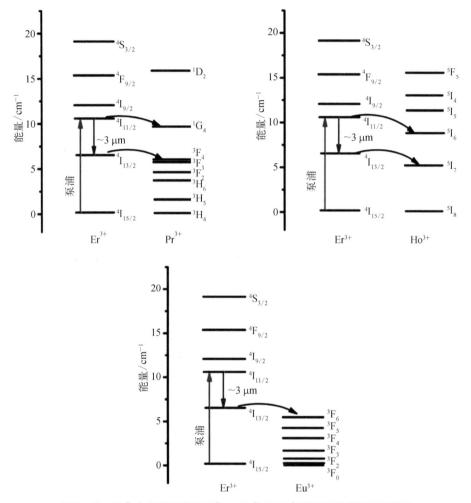

图 2-20 Er^{3+} 与退激活离子 Pr^{3+}、Ho^{3+} 和 Eu^{3+} 能级间的能量传递简图

1974 年，苏联科学家首次在 30at.% Er:YAG 晶体中获得波长为 2.94 μm 的激光输出。如图 2-21 所示[38]，Chen 等人采用双偏振耦合的 964 nm 二极管激光器泵浦 3 mm 波长的 YAG/50at.% Er:YAG 键合晶体，通过对晶体泵浦端及发射端高反射膜的优化设计(图 2-22)，实现了最大功率为 1.15 W 的 2.94 μm 激光输出。目前，由 Er:YAG 晶体制成的 2.94 μm 激光器已大量应用于医学外科手术、皮肤科美容、牙科治疗等领域。

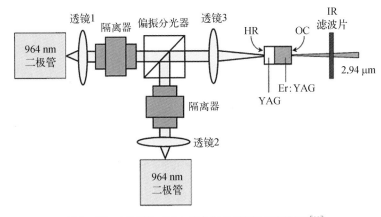

图 2-21　YAG/Er:YAG 键合晶体激光实验装置图[38]

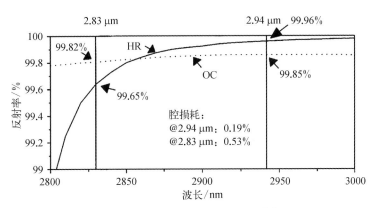

图 2-22　晶体端面高反射膜参数[38]

HR—输入端高反射膜，OC—输出端

2. Er:Gd$_3$Ga$_5$O$_{12}$（Er:GGG）晶体

GGG 晶体与 YAG 晶体同构，均属于石榴石结构晶体，立方晶系，空间群为 $Ia3d$（O_h^{10}）。与 YAG 相比，GGG 晶体具有更低的声子能量（604 cm^{-1}），可以更有效减少无辐射跃迁，提高～3 μm 波段的发光效率。Er:GGG 晶体中，^{4}I$_{11/2}$ 上能级的寿命较长，有利于粒子布居，降低激光阈值。同时，GGG 晶体属于一致熔融体系，可以采用提拉法进行单晶生长，并且比 YAG 更容易获得高质量的无核单晶。稀土掺杂 GGG 晶体在激光领域具有重要地位，被美国劳伦斯利弗莫尔国家实验室选为固体热容激光武器的激光工作介质。

在国内，中国科学院福建物质结构研究所涂朝阳课题组对 Er^{3+} 激活 GGG 单晶～3 μm 波段的激光进行了较为系统的研究。为了抑制竞争发光及自终态效应，优化离子掺杂浓度,他们生长了原子百分比为 10%、30% 和 50% 的 Er^{3+} 激活的 GGG 晶体及 Er, Pr:GGG 晶体(图 2-23)[42],并详细开展了吸收、发射及荧光衰减测试。部分数据如表 2-4 所示。通过比较不同浓度 Er^{3+} 掺杂 GGG 晶体的光谱特性可知,三种晶体的吸收峰、上转换荧光峰、近红外和中红外波段荧光峰的位置基本相似,但强度不同。随着 Er^{3+} 浓度的增加,吸收峰强度以及中红外波段荧光峰强度随之增加,吸收截面和发射截面也相应增大。与此同时,随着 Er^{3+} 浓度增加,上转换荧光强度以及近红外波段的荧光强度减弱,这在一定程度上抑制了竞争发光。通过比较不同浓度 Er:GGG 晶体在 $^4I_{11/2}$ 和 $^4I_{13/2}$ 能级的寿命,发现增加掺杂浓度,激光上下能级的寿命均降低,但仍存在自终态效应,即激光下能级寿命长于激光上能级寿命。增加 Er:GGG 晶体掺杂浓度对抑制自终态效应作用不明显。当引入退激活离子 Pr^{3+} 后,通过能级匹配和耦合作用,下能级的粒子抽运速率加快,上下能级寿命分别为 0.38 ms 和 0.31 ms,自终态效应被完全克服。

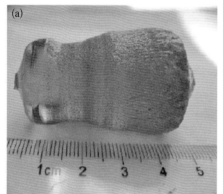
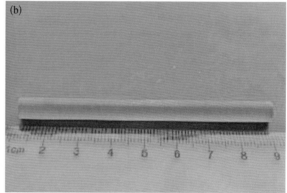

图 2-23   Er, Pr:GGG 晶体(a)及加工的晶体棒(b)的照片[42]

表 2-4   部分 Er:GGG 晶体的光谱和激光参数对比

晶　　体	吸收截面/ ($\times 10^{-20}$ cm²)	发射截面/ ($\times 10^{-19}$ cm²)	$^4I_{11/2}$能级 寿命/ms	$^4I_{13/2}$能级 寿命/ms	激光功率 /mW	斜率效率 /%
10at.% Er:GGG[39]	1.03	7.24	1.06	8.77	—	—
30at.% Er:GGG[39,40]	10.7	7.77	0.90	7.55	299	13.84
50at.% Er:GGG[39]	2.75	13	0.45	3.39	—	—
Er, Pr:GGG[39,40]	3.59	13.74	0.38	0.31	324	15.18
GGG/Er, Pr:GGG/GGG[41]	—	—	—	—	463	15.5

图 2-24 为 Er:GGG 和 Er,Pr:GGG 晶体～3 μm 波段激光实验结果[40]。基于光谱参数,You 等人分别对比了 30at.% 的 Er:GGG 和 10% Er, 0.17% Pr:GGG 激光性能。他们采用简单的平凹谐振腔,晶体尺寸为 2 mm×2 mm×6 mm。采用 965 nm LD 泵浦条件下,

他们在 Er:GGG 晶体中获得了最大平均功率为 312 mW 的脉冲激光和 299 mW 的连续激光输出,激光斜率效率分别为 14.32% 和 13.84%。在 Er:Pr:GGG 晶体中获得了三波长稳定激光输出,激光输出波长为 2 704.7 nm、2 794.2 nm、2 823.6 nm。在最大 2.6 W 吸收泵浦功率下,分别实现了最大输出功率为 354 mW 的脉冲激光和 324 mW 的连续激光,激光阈值为 350 mW,斜率效率分别为 16.06% 和 15.18%,均高于相同条件的 Er:GGG 晶体,激光实验进一步证明,在 Er:GGG 中引入退激活离子 Pr^{3+} 完全克服自终态效应后,有利于提高 ~3 μm 波段的激光输出和激光斜率效率。

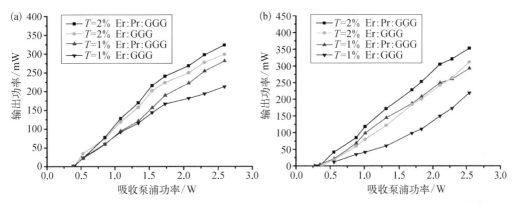

图 2-24　Er, Pr:GGG 晶体的连续激光输出功率曲线 (a) 和脉冲激光输出功率曲线 (b)[40]

为优化竞争发光和高功率泵浦带来的热效应问题,他们将纯 GGG 晶体与 Er:Pr:GGG 晶体进行键合,激光介质为 GGG/Er:Pr:GGG/GGG 结构,最终实现了 463 mW 的 2 705.4 nm 激光输出,对应激光斜率效率为 15.5%,激光功率明显高于未键合晶体[41]。实验结果如图 2-25 所示。另外,他们首次在厚度为 0.6 mm 的 Er:GGG 薄片晶体中研究了

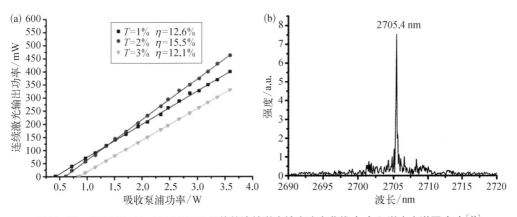

图 2-25　GGG/Er:Pr:GGG/GGG 晶体的连续激光输出功率曲线 (a) 和激光光谱图 (b)[41]

2.7 μm 单纵模脉冲激光[43],如图 2 - 26 所示,实现了最大 50.8 mW 的激光输出,脉冲宽度和重复频率分别为 1 ms 和 200 Hz,激光斜率效率为 20.08%。在氙灯侧泵条件下,Er: GGG 晶体也实现了瓦级～3 μm 波段的激光输出,并证实将在激光美容、牙科治疗等领域具有重大潜在应用。

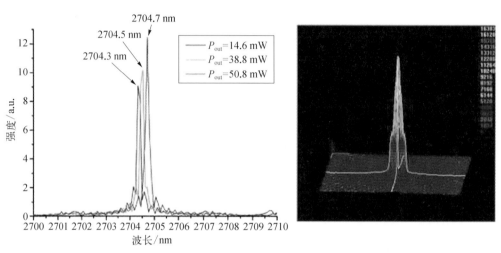

图 2 - 26   Er:GGG 薄片晶体的 2.7 μm 单纵模脉冲激光光谱及其能量分布[43]

3. Er:Y$_3$Sc$_3$Ga$_3$O$_{12}$(Er:YSGG)系列晶体

YSGG 晶体具有与 YAG 晶体类似的石榴石结构及热学、光学性能,属于立方晶系,密度为 5.643 g/cm³,熔点约为 1 877 ℃,属于一致熔融体系,采用提拉法较容易生长高质量大尺寸无核单晶。同时与 YAG 晶体相比,其具有较低的声子能量,对中红外波段激光跃迁非常有利。Er:YSGG 系列晶体还包括 Er:Gd$_3$Sc$_2$Ga$_3$O$_{12}$(Er:GSGG)和改性激光晶体 Er: Lu$_{0.15}$Y$_{2.85}$Sc$_2$Ga$_3$O$_{12}$(Er:LuYSGG)、Er:Gd$_{1.17}$Y$_{1.83}$Sc$_2$Ga$_3$O$_{12}$(Er:GYSGG)等。部分晶体照片如图 2 - 27 所示。

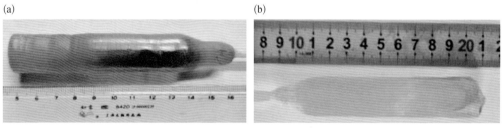

图 2 - 27   Yb, Er:GSGG 晶体[52](a)和 Er, Pr:GYSGG 晶体[47](b)的照片

　　国内中国科学院安徽光学精密机械研究所孙敦陆团队对该系列晶体做了大量研究。通过共掺敏化离子、退激活离子,结合混晶多格位调控等方法,抑制了上转换和近红外波段的竞争发光,增大中红外波段的荧光发射,并克服了自终态效应。部分晶体的光谱及激光实验结果如表 2－5 所示。可以看出,与 YAG 晶体相比,Er∶YSGG 系列晶体具有更长的上能级寿命,有利于粒子数反转,提高发光效率。图 2－28 对比了 Er∶YAG 晶体和 Er∶GSGG 晶体在高能辐射前后的光谱变化,研究发现,Sc 离子的掺入使得 Er∶GSGG 晶体具有更高的抗辐射性能,在高能射线环境下具有更高的稳定性,在宇宙空间环境下具有更大的优势[52]。

表 2－5　部分 Er∶YSGG 系列晶体光谱及激光参数对比

晶　　　　体	$^4I_{11/2}$能级寿命/ms	$^4I_{13/2}$能级寿命/ms	输出功率/mW	斜率效率/%
Er∶YSGG[35,44]	1.3	3.4	504	11.2
Er∶YSGG/YSGG[44]	—	—	900	12.1
Er∶GSGG[45,46]	1.3	7.6	440	13.0
Er,Pr∶GYSGG[47]	0.52	0.6	284	17.4
Er,Yb,Ho∶GYSGG[48]	1.23	4.92	411	13.1
GYSGG/Er,Pr∶GYSGG[49]	—	—	825	19.2
Er,Pr∶GYSGG(侧泵)[50]	—	—	8 860	14.8
Er,Nd∶LuYSGG[51]	0.38	0.02	—	—

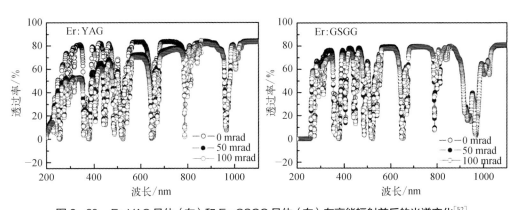

图 2－28　Er∶YAG 晶体（左）和 Er∶GSGG 晶体（右）在高能辐射前后的光谱变化[52]

　　图 2－29 为 Er,Pr∶GYSGG 晶体的室温吸收光谱和发射光谱。Gd 离子部分取代 Y 离子形成的混晶结构有利于吸收光谱和发射光谱展宽[47]。Er∶YSGG 系列晶体在 970 nm 左右处具有较强吸收峰,可采用商用激光 InGaAs 二极管直接泵浦。而在 2.6～3.0 μm 波段内存在多个发射峰,2.79 μm 处发射截面最大。

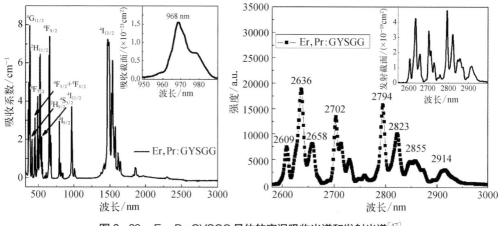

图 2-29　Er，Pr:GYSGG 晶体的室温吸收光谱和发射光谱[47]

2013 年,Sun 等人采用提拉法生长了 Yb,Er,Ho:GYSGG 激光晶体[48],共掺 Yb 离子导致吸收光谱展宽并增强吸收效率。Ho 离子的引入有效降低了激光下能级寿命,激光阈值减小为 81 mW。采用 967 nm 激光二极管泵浦,实现了最大 411 mW 的连续激光输出,激光波长为 2.79 μm,对应的激光斜率效率和光-光转换效率分别为 13.1% 和 11.6%。同年,他们研究了 Er,Pr:GYSGG 激光晶体的光谱和激光性能[47]。Pr 离子的引入有效降低了激光下能级寿命。在连续激光模式下,激光阈值仅为 112 mW,实现了最大 284 mW 的激光输出,对应激光斜率效率和光-光转换效率分别为 14.8% 和 17.4%,均高于单掺的 Er:GYSGG。在 50 Hz 脉冲激发下,获得了最高 2.4 mJ 的单脉冲能量,对应峰值功率为 4.8 W。2014 年,他们采用键合晶体的方式分别研究了 GYSGG/Er,Pr:GYSGG 和 YSGG/Er:YSGG 2.79 μm 激光性能[44,49]。键合方式有效缓解了竞争发光和无辐射跃迁带来的高热效应,激光性能均获得较大程度优化,分别实现了最大 900 mW 和 825 mW 的 2.79 μm 激光,对应斜率效率分别为 19.2% 和 12.1%。

2015 年,Wang 等人首次研究了 808 nm LD 激发的 Er,Nd:LuYSGG 晶体光谱性能[51]。Nd 离子兼具敏化及退激活作用,自终态效应得到有效抑制,下能级 Er:$^4I_{13/2} \rightarrow$ Nd:$^4I_{15/2}$ 间能量传递效率高达 91.6%,能量传递过程如图 2-30 所示。2017 年,Sun 等人采用侧泵方式,在 Er,Pr:GYSGG 晶体中实现了 8.86 W 的 2.79 μm 激光输出[50]。

4. Er:CaYAlO₄（Er:CaGdAlO₄）晶体

CaYAlO₄ 和 CaGdAlO₄ 晶体同为 ABCO₄（A=Ca、Sr、Ba；B=Gd、Y、La 等；C=Ga、Al）系列晶体,属于四方晶系,具有 K₂NiF₄ 结构,空间群为 $I4/mmm$,具有熔点高(1 815 ℃)、硬度高(莫氏硬度 4.64)、热导率高[3.6 W/(m·K)a 一切 CaYAlO₄]、密度高、激光损伤阈值高、物化性能良好、不溶于强酸强碱等特点。该晶体声子能量较低(约为 750 cm⁻¹),无辐射概率小,适用于 Er 激活的中红外激光发射。更重要的是,CaYAlO₄ 系列晶体为无序结构 (图 2-31),AlO₆ 八面体通过共用氧原子形成了二维的网状结构,类似于钙钛矿结构的 AlO₃ 层又被岩盐结构的(Ca²⁺,Y³⁺)O 层隔开,Ca²⁺ 和 Y³⁺ 随机分布在相同的晶格位置点上。但由于其化合价、粒子半径和结晶性能的差异,导致了晶体结构的无序性,进而造成了光谱(包括吸收光谱和发射光谱)的非均匀展宽,这种现象有利于实现中红外可调谐或超快激光。CaYAlO₄ 和 CaGdAlO₄ 晶体均属于一致熔融体系,可以通过提拉法生长得到大尺寸、高质量的晶体(图 2-31),它们是一种良好的激光基质材料。

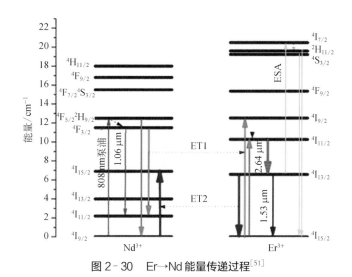

图 2-30　Er→Nd 能量传递过程[51]

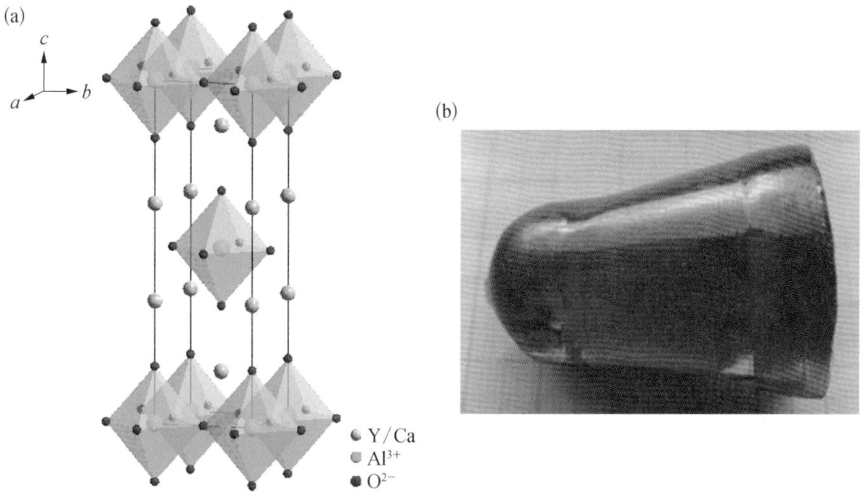

图 2-31　CaYAlO₄晶体结构示意图（a）和 CaGdAlO₄晶体照片[53]（b）

　　国内 Lv 和 Zhu 等人对一系列 Er³⁺ 激活的 CaYAlO₄ 和 CaGdAlO₄ 晶体的中红外光谱
特性进行了系统研究,结果如表 2-6 所示,并实现了~3 μm 波段中红外激光的有效输出。
他们采用提拉法生长了一系列的 Er³⁺ 激活的 CaYAlO₄ 和 CaGdAlO₄ 晶体,研究了不同掺
杂浓度(30at.%、50at.% 和 70at.% 的 Er³⁺:CaYAlO₄ 晶体),以及双掺退激活离子(Er³⁺/
Ho³⁺:CaYAlO₄、Er³⁺/Pr³⁺:CaYAlO₄ 和 Er³⁺/Eu³⁺:CaYAlO₄ 晶体)对~3 μm 波段光谱性
能影响。从表 2-6 可以看出,较 Er³⁺ 激活石榴石结构晶体,Er³⁺:CaYAlO₄ 等晶体~3 μm 波
段激光的上下能级寿命较短,同时仍存在严重的自终态效应。随着 Er³⁺ 掺杂浓度的增加,交
叉弛豫增强,一定程度上抑制了自终态效应,但相应~3 μm 波段发射截面有所下降。通过引
入退激活离子,能有效地改变 2.7 μm 激光上下能级寿命及竞争发光,抑制自终态效应。其
中,以 Pr³⁺ 效果最好。图 2-32 为 Er³⁺ 发光的三个荧光谱带,引入 Pr 离子,在保持中红外波
段发射较强的基础上,Er³⁺ 可见光波段和近红外波段发射基本猝灭。2.7 μm 激光上下能级
寿命从 0.32 ms 和 1.33 ms 减少为 0.1 ms 和 0.11 ms,成功抑制了自终态效应,有利于 2.7 μm 激
光上能级粒子数反转,实现激光输出。Er³⁺/Pr³⁺:CaGdAlO₄ 晶体中具有类似的效果。

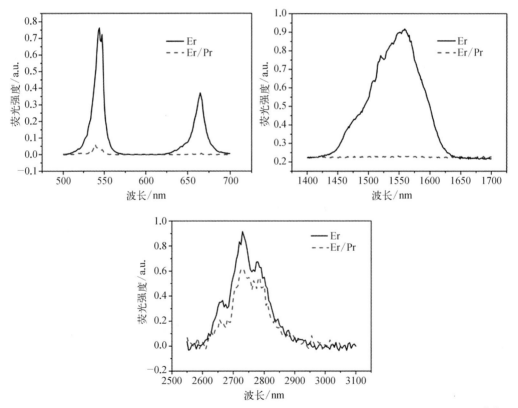

图 2-32　Er³⁺:CYA, Pr³⁺/Er³⁺:CYA 晶体的可见光波段、近红外波段和中红外波段发射光谱图[55]

表 2-6　部分 Er:CaYAlO₄系列晶体光谱及激光参数对比

晶　　体	$^4I_{11/2}$能级 寿命/ms	$^4I_{13/2}$能级 寿命/ms	发射截面/ ($\times 10^{-20}$ cm²)
30at.% Er:CaYAlO₄[36]	0.32	1.33	0.94
50at.% Er:CaYAlO₄[36]	0.20	0.63	0.83
70at.% Er:CaYAlO₄[36]	0.07	0.12	0.84
30at.% Er:CaGdAlO₄[53]	0.98	0.45	—
30at.% Er,Pr:CaGdAlO₄[53]	0.07	0.08	—
30at.% Er,Ho:CaYAlO₄[54]	0.29	0.56	1.27
30at.% Er,Pr:CaYAlO₄[55]	0.10	0.11	1.00
30at.% Er,Eu:CaYAlO₄[54]	0.07	0.17	0.99

2015 年,Lv 等人对 Er³⁺:CaYAlO₄激光性能做了系统研究,分别对比了晶体方向、掺杂浓度、工作温度、输出镜及谐振腔长度等参数对 2.7 μm 激光的影响[36]。最终,在 303 K 的工作温度下,使用 2%的输出镜透过率,腔长为 15 mm 时,通过 974 nm LD 泵浦,c-切 50at.% Er³⁺:CYA 晶体中获得了最大 225 mW 的激光输出,斜率效率为 6.04%,激光波长中心峰值位于 2 728 nm。

在 CaYAlO₄系列晶体中会存在色心问题,Er:YAG 晶体表现为粉红色,而 Er:CaYAlO₄则为棕红色。色心的产生一般可解释为氧缺陷的形成。当 Ca²⁺ 和 Y³⁺ 随机占据格位时,就可能在局部产生过量的电子,形成氧缺陷,进而成为可见光的吸收中心,即为色心。消除色心一般采用高温还原气氛退火的方法。

5. Er³⁺:ABC₃O₇(A=Ca、Sr、Ba; B=Gd、Y、La 等; C=Al、Ga)系列晶体

ABC₃O₇ 家族属于四方晶系,空间群为 $P\bar{4}2_1m$,具有黄长石结构[56]。该体系声子能量低(SrLaGa₃O₇ 为 560 cm⁻¹)、激光量子效率高、物化性能良好、热导率高[SrGdGa₃O₇ 为 11 W/(m·K)]、激光损伤阈值高,属于一致熔融体系,采用提拉法可以较容易获得大尺寸优质单晶。ABC₃O₇属于无序结构晶体,以体系中的 SrGdGa₃O₇ 晶体为例,该分子由层状 GaO_4^{5-} 四面体构成,层与层之间的 Sr²⁺、Gd³⁺ 以 1:1 的比例,镜面对称占据相同晶格点,由于离子价态、粒子半径和结晶性能的差异,造成晶体内部的无序结构,当掺入 Er³⁺ 后,将形成无序排列的激活中心,导致吸收和发射光谱获得非均匀展宽,这有利于可调谐及超快激光运转。

Er³⁺:ABC₃O₇结构晶体是一种新型的～3 μm 波段中红外激光晶体,该系列晶体包含多种组分。王燕等人开发了 Er:SrLaGa₃O₇、Er:SrGdGa₃O₇、Er:CaLaGa₃O₇ 和 Er:BaLaGa₃O₇ 等激光晶体[57-65],部分晶体照片如图 2-33 所示。为抑制上转换和近红外波段的竞争发光,增大中红外波段的荧光发射,并克服自终态效应,他们系统研究了 Er³⁺ 的浓度效应,共掺敏化离子 Nd³⁺、Yb³⁺ 等的敏化机制,以及共掺退激活离子 Pr³⁺、Ho³⁺、Tm³⁺、Eu³⁺ 等的能量传递过程。部分实验结果如表 2-7 所示。通过光谱性能分析(图 2-34),该系列晶体在 979 nm 附近具有较强吸收,吸收峰半高宽约为 30 nm,另外具有从 2 500~3 000 nm 光滑的发射谱带,有利于 LD 泵浦可调谐及超快激光运转。这类晶体中 Er^{3+} 高浓度掺杂带来的重吸收作用将加剧自终态效应,不利于~3 μm 波段激光输出。通过筛选,他们获得了一批潜在的新型~3 μm 波段激光晶体,包括 $Er^{3+}/Yb^{3+}/Pr^{3+}:SrGdGa_3O_7$ 晶体、$Er^{3+}/Nd^{3+}:SrGdGa_3O_7$ 晶体、$Er^{3+}/Yb^{3+}/Pr^{3+}:CaLaGa_3O_7$ 晶体、$Er^{3+}/Nd^{3+}:BaLaGa_3O_7$ 晶体、$Er^{3+}/Nd^{3+}:CaLaGa_3O_7$ 和 $Er^{3+}/Yb^{3+}/Pr^{3+}:SrLaGa_3O_7$ 晶体等。

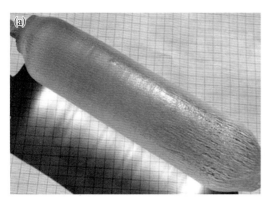 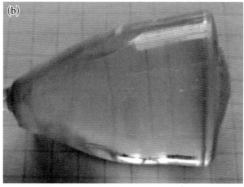

图 2-33　ϕ35 mm × 150 mm $SrGdGa_3O_7$晶体[57]（a），$Er^{3+}/Pr^{3+}:CaLaGa_3O_7$晶体[58]（b）的照片

表 2-7　部分 Er^{3+} 激活 ABC_3O_7结构激光晶体~3 μm 波段光谱参数对比

晶　　　体	吸收截面 /$(\times 10^{-21}\ cm^2)$	$^4I_{13/2}$能级寿命/ms	$^4I_{11/2}$能及寿命/ms	$^4I_{11/2}$发射截面 /$(\times 10^{-19}\ cm^2)$
15% $Er^{3+}:SrGdGa_3O_7$[59]		10.18	0.66	1.61
20% $Er^{3+}:SrGdGa_3O_7$[59]	1.91	11.62	0.62	1.69
30% $Er^{3+}:SrGdGa_3O_7$[59]		12.01	0.63	1.89
$Er^{3+}/Ho^{3+}:SrGdGa_3O_7$[59]	1.95	6.35	0.55	1.92
$Er^{3+}/Pr^{3+}:SrGdGa_3O_7$[59]	1.93	1.10	0.51	2.27
$Er^{3+}/Nd^+:SrGdGa_3O_7$[60]	—	猝灭	0.164	—
$Er^{3+}/Yb^{3+}/Ho^{3+}:SrGdGa_3O_7$[61]	3.5	10.55	0.65	1.54
$Er^{3+}/Yb^{3+}/Pr^{3+}:SrGdGa_3O_7$[62]	3.6	1.02	0.44	2.57
20% $Er^{3+}:SrLaGa_3O_7$[63]	1.01	9.74	0.71	1.53
10% $Er^{3+}:CaLaGa_3O_7$[37]	1.91	8.41	0.77	1.79
$Er^{3+}/Pr^{3+}:CaLaGa_3O_7$[58]	1.9	1.26	0.68	2.28
$Er^{3+}/Nd^{3+}:CaLaGa_3O_7$[64]	—	猝灭	0.21	6.14
$Er^{3+}/Yb^{3+}/Pr^{3+}:CaLaGa_3O_7$[58]		1.12	0.63	2.38
$Er^{3+}/Dy^{3+}:BaLaGa_3O_7$[65]	1.41	5.12	0.51	4.12

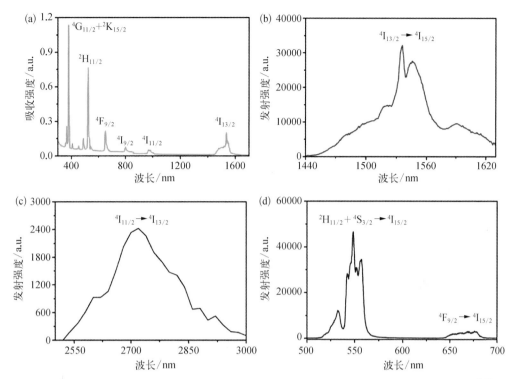

图 2-34　Er:SrLaGa₃O₇晶体的室温吸收谱和可见光波段、近红外波段及中红外波段发射光谱[63]

2.1.2.3　掺 Ho³⁺～3 μm 波段激光晶体

Ho³⁺能级结构如图 2-35 所示[66]。Ho³⁺:⁵I₇→⁵I₈跃迁是～2 μm 波段激光最主要的发射途径之一,目前对 Ho 掺杂～2 μm 波段激光研究较为广泛。与 Er 离子相似,Ho 离子掺杂也是实现～3 μm 波段激光的重要途径,对应 Ho³⁺:⁵I₆→⁵I₇的激光跃迁。与 Er 离子相比,～3 μm 波段掺 Ho³⁺激光晶体的最大优势是并不需要较高的掺杂浓度。～2 μm 波段激光 Ho 离子掺杂浓度一般为 0.5%～1%,而～3 μm 波段激光要有 2%的掺杂浓度才能较适宜。另外,Er³⁺形成的激光跃迁大多是线状谱,而掺 Ho³⁺激光晶体在～3 μm 中红外波段则为宽带谱发射,有利于获得可调谐激光输出。然而,掺 Ho³⁺～3 μm 波段激光晶体最大的难点是没有合适的 LD 泵浦源,发光效率低。针对这一难点,通常是引入敏化离子 Yb(Nd),通过 Yb(Nd)与 Ho 上能级间的能传递,实现 Ho:⁵I₆能级上的粒子布居,但这一方法势必会加强 Ho 离子上转换损耗。此外,掺 Ho³⁺～3 μm 波段激光发射也存在严重的自终态效应。优化方法依然是共掺退激活离子。图 2-35 简述了 Yb-Ho-Pr 之间的能量传递过程及～3 μm 波段激光跃迁。目前关于 Ho 掺杂的激光晶体研究主要集中在～2 μm 波段处,对～3 μm 波段激光晶体研究较少,技术尚不成熟。

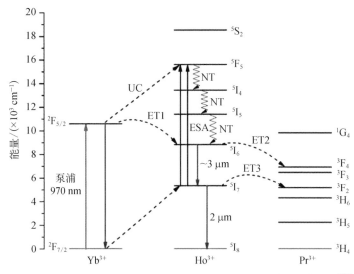

图 2-35　Yb-Ho-Pr 之间的能量传递过程及 ~3 μm 波段激光跃迁[66]

　　氟化物是重要的激光晶体材料。由于其声子能量低和较大的上能级寿命,非常有利于中红外波段激光发射。LiLuF₄ 与 LiYF₄ 具有相同的晶体结构,是研究最为广泛的氟化物之一。LiLuF₄ 属于四方晶系,属于双折射激光晶体,在 a 轴和 c 轴上存在两个偏振方向。此外,LiLuF₄ 的另一个重要激光特性是热导率高,热透镜效应小,因此在高功率激光器中有着重要应用。

　　2012 年,Zhang 等人首次研究了 Ho:LiLuF₄ 和 Ho/Pr:LiLuF₄ 激光晶体[69]。Pr 离子的引入有效加快了 Ho:$^5I_7$ 能级粒子抽运,使 2.9 μm 发光得到了显著增强。如表 2-8 所示,引入 Pr 离子后,Ho:$^5I_7$ 能级寿命由原来的 16 ms 下降到 1.97 ms,能量转换效率高达 88%,很好地抑制了自终态效应。另外 Ho:$^5I_6$ 能级寿命从 1.80 ms 变化到 1.47 ms,依然保持较大能级寿命,有利于上能级粒子累积,实现激光输出。2017 年,Nie 等首次在 2 mm × 5 mm × 15 mm 的 Ho/Pr:LiLuF₄ 晶体中实现了 2.95 μm 激光输出[70]。在 4.2 W 1.15 μm 激光泵浦下,实现了最大输出功率为 172 mW 的连续激光输出,斜率效率为 2.4%,光束质量因子分别为 $M_x^2 = 1.48$,$M_y^2 = 1.48$。其激光结果如图 2-36 所示。另外,他们采用石墨烯、WS₂ 等二维可饱和吸收体进行了 Ho/Pr:LiLuF 被动调 Q 激光研究[70,71]。

表 2-8　部分 Ho³⁺ 激活激光晶体 ~3 μm 波段光谱参数对比

晶　　体	$^5I_6$ 能级寿命/ms	$^5I_7$ 能级寿命/ms
Yb,Ho,Pr:LuAG[66]	9.27	22.05
Ho:LaF₃[67]	9.03	25.12
Ho:CaLaGa₃O₇[68]	0.31	9.48

续　表

晶　　体	$^5I_6$能级寿命/ms	$^5I_7$能级寿命/ms
Ho:LiLuF$_4$[69]	1.80	16.00
Ho,Pr:LiLuF$_4$[69]	1.47	1.97

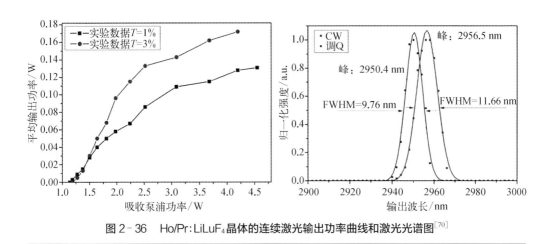

图 2-36　Ho/Pr:LiLuF$_4$晶体的连续激光输出功率曲线和激光光谱图[70]

2.1.3　稀土 Pr^{3+} 掺杂可见光波段激光晶体

可见光波段激光具有高亮度可视性的特征而被广泛应用于激光显示、激光武器、信息存储领域。其中 Er^{3+}、Dy^{3+}、Sm^{3+}、Tb^{3+}、Pr^{3+}、Tm^{3+} 等稀土离子可实现可见光波段发光[72],因此在稀土荧光材料中得到广泛研究。然而,在稀土激光晶体领域,由于泵浦源的限制等因素,国内对利用稀土离子直接发射可见光的研究主要集中于探索新型性能优良的激光晶体,且技术尚不成熟。高功率可见光激光器仍主要借助 Nd^{3+}、Yb^{3+} 基频光倍频、和频、拉曼等方式实现。例如,山东大学利用 Nd:GdCOB 自倍频激光晶体实现 3 W 的绿光输出,并实现绿光激光器商用化[73]。结合拉曼及倍频技术,在 Nd:YAG 和 Nd:YVO$_4$ 晶体中获得 8 W 的黄光激光[74,75]。

稀土 Pr 离子由于其独特的能级结构是可见光波段激光器研究最为成熟的一个激活离子。Pr 离子能级结构如图 2-37 所示。可以看出,其能级较为丰富,在 445 nm 和 480 nm 附近存在两个吸收途径,分别与 InGaN 蓝光泵浦源和腔内倍频 InGaAs 片状半导体激光器(2ω-OPSL)波长相吻合。Pr 离子 4f 能级可同时实现$^3P_0\rightarrow^3H_4$、$^3P_{0,1}\rightarrow^3H_5$、$^3P_0\rightarrow^3H_6$、$^3P_0\rightarrow^3F_2$和$^3P_0\rightarrow^3F_4$能级跃迁,分别对应蓝绿光(480 nm)、绿光(522 nm、550 nm)、橙光(607 nm)、红光(640 nm),及深红光(720 nm)发射。Pr 离子具有较大的吸收截面和发射截面,高达 10^{-19} cm^2 量级,其中橙光(607 nm)和红光(640 nm)发射截面最大,分别为 1.36×10^{-19} cm^2 和 2.18×10^{-19} cm^2[76]。

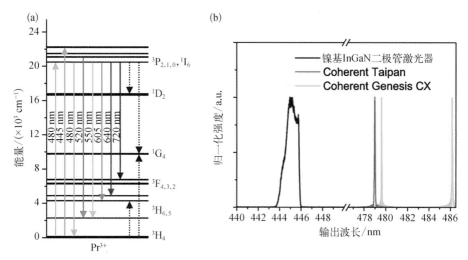

图 2-37　Pr 离子能级结构(a)及 InGaN 蓝光泵浦源和腔内倍频 InGaAs
片状半导体激光器(2ω-OPSL)激光光谱(b)[72]

Pr^{3+}:LiYF$_4$ 是一种最具潜力的可见光激光晶体。随着 2ω-OPSL 和 445 nm LD 泵浦源的快速发展,Pr^{3+}:LiYF$_4$ 连续激光的研究已达到了较高水平。2014 年,德国 Philip Werner Metz 等采用最高 5 W 的 479 nm 2ω-OPSL 作为泵浦源,分别实现了 Pr^{3+}:LiYF$_4$ 晶体的 523 nm、545 nm、604 nm、607 nm、640 nm、698 nm 及 720 nm 瓦级激光输出[76]。激光功率及斜率效率结果如图 2-38 所示。在 523 nm 处获得了最高 2.9 W 绿光输出,对应斜率效率和光-光转换效率分别为 72% 和 67%。

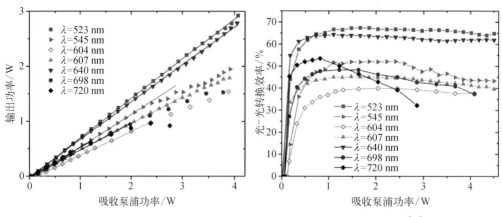

图 2-38　Pr^{3+}:LiYF$_4$ 晶体的激光功率及斜率效率随泵浦光变化曲线[76]

2018 年，日本研究者采用四个蓝光 LD 泵浦 $Pr^{3+}:LiYF_4$ 晶体实现了高功率的连续激光运转（图 2-39），泵浦功率高于 20 W，最高实现 6.7 W 的 640 nm 激光和 3.7 W 的 607 nm 激光输出（图 2-40）。在 523 nm 绿光波段也获得了 1.8 W 的稳定激光输出，对应斜率效率为 38.2%。采用光纤耦合的泵浦方式，获得了最高 3.4 W 的高光束质量 640 nm 激光运转，相应斜率效率为 25%[77]。激光光斑及功率曲线如图 2-40 所示。

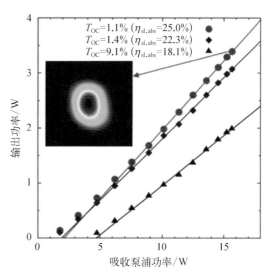

图 2-40　高质量 640 nm $Pr^{3+}:LiYF_4$ 晶体的激光光斑及功率曲线[77]

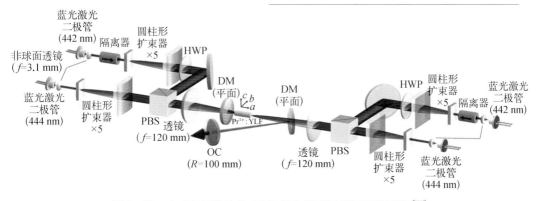

图 2-39　4×LD 泵浦 $Pr^{3+}:LiYF_4$ 晶体的可见光激光器装置图[77]

2.2　稀土闪烁晶体

闪烁是一种将高能射线（X 射线、α 射线、β 射线、γ 射线等）或高能粒子转换为紫外或可见光信号的发光过程[78]，把这种能实现闪烁过程的材料称为闪烁体。在众多闪烁体中，无机闪烁晶体由于具有高密度、稳定的物化性质，优良的闪烁性能，已成为目前应用价值较大的闪烁材料。根据化学成分不同，可将无机闪烁晶体分为氧化物闪烁晶体（如 $PbWO_4$、BGO、LYSO、LuAG 等）和卤化物闪烁晶体（如 NaI:Tl、$LaCl_3$:Ce、$LaBr_3$:Ce、BaF_2 等）。

闪烁晶体的发展可大致分为三个阶段：早期是在 $CaWO_4$、ZnS 中吸收高能 α 粒子后发射闪烁荧光使人们认识到了闪烁晶体;第二阶段是以 1948 年发现的 NaI:Tl 闪烁晶体为标志的碱金属闪烁晶体,如 CsI、LiI 等;第三阶段是 20 世纪 90 年代以来,随着高能物理、医学成像、核技术及空间物理等领域的迅速发展,人们对于高性能、高质量的无机闪烁晶体的要求越来越高,一系列新型闪烁晶体被发现并广泛应用。在这一时期,对稀土掺杂闪烁晶体的认识和利用取得了长足进步,如 LYSO:Ce、LaCl$_3$:Ce、LaBr$_3$:Ce、YAP:Ce、LuAG:Pr 等性能优异的闪烁晶体被广泛研究。

2.2.1　闪烁发光过程

稀土闪烁晶体发光过程是高能射线/粒子与物质的相互作用的结果。这一过程可以分为以下三个部分[79]。① 能量吸收及转化,闪烁晶体吸收照射到其上的 X 射线、α 射线、γ 射线等高能射线或粒子时,晶体组成中的电子受激发形成高能电子,产生大量一级电子和空穴。随后这些高能电子和空穴通过一系列弛豫过程释放自身的能量,产生次级电子和空穴,当电子和空穴的能量小于电子非弹性散射和俄歇效应临界值时,该过程停止。最后次级电子和空穴通过热化弛豫过程使电子的能量降低至导带底,而空穴的能量位于价带顶,此时电子空穴对的能量基本等于闪烁晶体带隙 E_g。② 能量传递,热化弛豫过程产生的电子-空穴对将通过直接传递、二次电子-空穴扩散传递、自陷激子(self-trapped exciton,STE)传递等方式向发光中心传递能量,使发光中心处于激发态。③ 发光过程,受激发的发光中心通过辐射光子而释放能量,多余的能量将以光的形式发射,即为闪烁发光。稀土离子主要的发光机制是 5d→4f 跃迁。由于闪烁体组成原子中的电子对不同光子能量区域响应的物理机制不同,如光电效应、康普顿散射、电子对效应等,因此,闪烁体能够实现对不同高能射线的识别响应,其已成为辐射探测的关键材料之一。

根据不同的发光特点,闪烁晶体可分为本征闪烁晶体和非本征型闪烁晶体。利用其自身原子发光,而不需要掺杂其他发光离子的称为本征闪烁晶体;而对于非本征型闪烁晶体,其自身原子发光较弱甚至不发光,需要掺杂其他离子才能够发光。稀土离子 $4f^{n-1}5d→4f^n$ 跃迁的典型衰减时间为 5～100 ns,呈现出良好的快闪烁衰减特性,是重要的闪烁发光中心。自 20 世纪 70 年代以来,$Y_3Al_5O_{12}$:Ce(YAG:Ce)晶体闪烁性能的研究开启了稀土在闪烁晶体中的广泛应用。Ce^{3+} 是研究最广泛,也最具潜力的发光中心,其他稀土离子还包括 Pr^{3+}、Eu^{2+} 等。

表征晶体的闪烁性能时,一般包括以下几个参数[78-81]。

(1) 光输出

光输出是指闪烁晶体在吸收单位辐照能量后(1 MeV)发射出的光子数目,又称为光产额,单位为 ph./MeV。光输出反映了闪烁晶体在吸收高能射线或粒子能量后转换成光子的能力大小。光输出的大小一般与稀土离子发光效率、能量传递效率有关,主要受基质材料带隙以及与发光中心跃迁能级间的相对位置影响。图 2-41 为部分闪烁晶体光输出与基质带隙的关系图[82]。相比于氟化物体系，溴化物、氧化物等体系基质带隙更窄，稀土离子 4f 能级位置接近于价带顶，有利于俘获空穴，因此具有较高的光输出。在研究中，可以通过引入杂质，设计晶体结构等方式来调控能级位置，从而优化光输出性能。

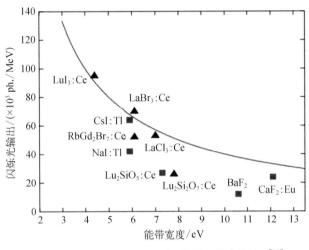

图 2-41　部分闪烁晶体光输出与基质带隙的关系[82]

（2）衰减时间 τ

闪烁晶体的发光强度随时间推移呈现指数衰减变化，当发光强度衰减为 0 时刻的 1/e 时，定义此时的时间为衰减时间。闪烁晶体衰减时间反映了晶体对入射射线的响应速率和计时能力。稀土离子典型衰减时间为 5～100 ns。在实际应用中，衰减时间一般要求越小越好，以保证探测器获得足够高的时间分辨率和闪烁计数率。闪烁晶体的衰减时间与跃迁波长成正比，与晶体折射率成反比。

（3）辐照长度

高能射线照射到闪烁晶体时，由于吸收作用，出射能量将逐渐减小。当辐射能量为初始能量的 1/e 时，定义此时辐照通过晶体内部的距离为闪烁晶体的辐照长度。闪烁晶体的辐射长度直接或间接地与晶体密度、原子序数相关，晶体密度越大、有效原子数越大，晶体辐射长度越短，即闪烁材料对射线的阻止本领越强，越有利于制得体积更小的探测器。因此原子序数和密度一直是评价闪烁晶体性能的重要指标。

（4）能量分辨率

能量分辨率是表征闪烁晶体探测器元件分辨不同射线或粒子的能力，能量分辨率数值越小，表明其分辨能力越强。在 ^{137}Cs 源激发下，测量晶体所得脉冲高度谱，全能峰半高宽与峰值高度之比即为晶体能量分辨率。能量分辨率与晶体非线性因子、电子传递效率、晶体均匀性等有关。闪烁晶体非均匀性会导致发光效率的局域不平衡,进而降低能量分辨率。因此减少或消除缺陷,获得高质量的单晶是优化闪烁晶体性能的重要技术。

晶体闪烁性能源自电子在能量弛豫过程中的辐射跃迁和近紫外/可见波段光子的快速逃逸。影响闪烁发光性能因素较多,除了发光中心的选择,还与基质材料化学组成、晶体结构、密度、能级分布等因素密切相关。一个优异的闪烁晶体材料,要求化学性质稳定,晶体密度大、发光效率和光产额高,衰减时间短,辐照硬度及机械强度高,温度效应小,并且其发射光谱要与探测器的光谱相匹配。但实际上,获得一种在各方面都满足要求的闪烁晶体是十分困难的。因此,在实际应用中,需要对不同晶体的闪烁性能进行综合考虑,在满足应用的基础上获得最大的收益。例如,在核医学成像 PET-CT 技术中,要求闪烁晶体必须具有高光输出和快荧光衰减性质,并且兼具成本低的要求。在工业无损检测中,高能量分辨是探测器发展的重要指标。在高能物理领域,闪烁晶体需要具备较高的能量分辨率、较高的密度及较强的射线阻止能力等。而在高温工作环境如油田勘测中,还要求闪烁晶体的光产额随温度的变化效应越小越好。

2.2.2　几种典型的稀土闪烁晶体材料

目前无机闪烁晶体已发展到几百种,主要包括稀土卤化物和氧化物晶体。表 2-9 列举了部分稀土闪烁晶体的性能参数对比。本节主要以铈离子掺杂溴化镧(LaBr$_3$:Ce)、硅酸钇镥(LYSO:Ce)和 Ce、Pr 掺杂石榴石结构晶体为代表进行介绍。

表 2-9　部分稀土闪烁晶体性能参数对比

晶　　体	生长方法	密度 /(g/cm^3)	发射波长 /nm	光输出 /(ph./MeV)	衰减时间 /ns	能量分辨率 @662keV/%
SrI$_2$:Eu[83,84]	坩埚下降法	4.6	435	80 000～120 000	600～1 200	2.6～3.7
LaBr$_3$:Ce[83]		5.03	355	70 000	16	2.6
LaBr$_3$:Ce, Sr[85]		5.03	355	77 000	18	2
LaCl$_3$:Ce[83]		3.86	337	50 000	24	3.1
CeBr$_3$[83,86]		5.18	370	60 000	17	4.1
CeF$_3$[82,86]		6.16	340	4 400	23	16.2
YSO:Ce[87,88]	提拉法	4.54	420	15 300	52	9.3
LSO:Ce[87]		7.4	390	26 000	35	7.9
LYSO:Ce[89]		7.11	420	37 400	38	7.7
YAG:Ce[83]	提拉法	4.56	550	28 000～30 000	90～100	6～7
LuAG:Ce[90]		6.67	530	25 000	50	5
GAGG:Ce[91,92]		6.63	520	46 000	88	4.9
LuAG:Pr[93]		6.67	308	15 000	20	5-6
YAP:Pr[83]		5.35	247	6 000～12 000	8～10	11～13

1. LaBr$_3$:Ce 晶体

自 1948 年发现第一个卤化物闪烁晶体 NaI:Tl 以来,又陆续涌现出了大量光输出高、能量分辨率高的新型卤化物闪烁晶体,这些晶体占据了无机闪烁晶体总数的一半以上。其中三卤化物结构晶体被认为是应用前景最好的闪烁晶体,包括 LaBr$_3$:Ce、LaCl$_3$:Ce 和 CeBr$_3$ 等[94,95]。

2001 年荷兰 van Loef 等首次发现了 LaBr$_3$:Ce 闪烁晶体[94]。LaBr$_3$ 晶体属于六方晶系,空间群 $P6_3/m$,密度为 5.03 g/cm^3,晶体结构如图 2-42 所示[96]。与其他晶体相比,LaBr$_3$:Ce 具有光输出高(高于 70 000 ph./MeV)、衰减时间短(小于 20 ns)、能量分辨率高(最小 2%)、时间分辨率高(260 ps)等特点,同时还具有较高的高能射线阻止能力、较好的线性响应和小的余辉等优异闪烁性能(表 2-9)。LaBr$_3$ 晶体中,Ce^{3+} 低浓度掺杂即可获得高闪烁性能。LaBr$_3$:Ce 晶体的发光机制主要为 STE 发光和 Ce^{3+} 发光,这两种发光机制能够随温度变化相互补偿。在 5%～10% Ce 掺杂晶体中,随温度升高至 220 ℃,晶体光输出基本保持不变,说明 LaBr$_3$:Ce 晶体具有良好的温度稳定性[97]。2013 年,Alekhin 等研究了碱土离子 Sr^{2+} 掺杂 LaBr$_3$:Ce 晶体的闪烁性能,光输出与能量分辨率得到显著优化。如图 2-43 所示,662 keV 的能量分辨率提高到 2%,这是目前无机闪烁晶体中的最高能量分辨率[85]。

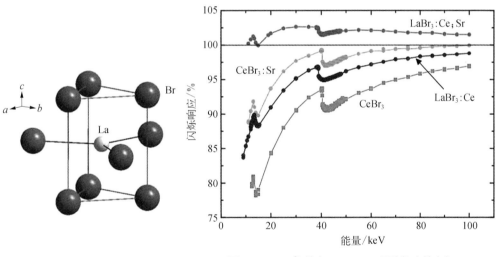

图 2-42　LaBr$_3$ 晶体结构示意图[94]

图 2-43　Sr^{2+} 掺杂 LaBr$_3$:Ce 晶体的光输出与激发粒子能量之间的关系[85]

LaBr$_3$:Ce 晶体需要采用坩埚下降法进行生长,生长工艺苛刻,技术难度高。LaBr$_3$ 晶体各向异性明显,沿[100]和[001]方向的热膨胀系数存在较大差异,使得晶体在冷却过程中产生很大的热应力,导致晶体开裂。同时,晶体存在(100)和(001)解理面[98]。此外,LaBr$_3$:Ce 是一种容易吸潮的闪烁晶体,容易吸收水分形成含水化合物 LaBr$_3$·n(H$_2$O),并在高温时转化成卤氧化物(LaOCl 或 LaOBr)[99]。因此晶体生长需要高纯无水原料,另外晶体加工和器件制作必须在干燥环境中进行。目前,生长大尺寸、无开裂、高质量的单晶仍然是研究重点及难点。

法国 Saint‐Gobain 公司是国际上 LaBr$_3$:Ce 晶体的主要供应商,可制备最大尺寸为 ϕ127.52 mm×150 mm(即 5 英寸)的晶体。国内 LaBr$_3$ 晶体生长技术仍处于发展中。2013年,桂强等在 LaBr$_3$ 晶体中掺入 CeF$_3$,通过降低分子极性,一定程度改善了 LaBr$_3$:Ce 的吸潮性[100]。2018 年,王海丽等采用改进的坩埚下降法,利用自发成核生长出尺寸为 ϕ50 mm×60 mm 的 LaBr$_3$:Ce 晶体[96](图 2‐44)。该晶体的相对光输出为同体积 NaI:Tl 晶体的 155%,能量分辨率为 3.3%,衰减时间为 25 ns,其闪烁性能与法国 Saint‐Gobain 公司公开报道的结果基本吻合。LaBr$_3$:Ce 晶体因其优异的综合闪烁性能,已成为目前国际研究和应用最热门的新型无机闪烁晶体材料,并实现了在地下勘探、空间探测、高能物理等方面的实际应用。2010 年,我国首次在"嫦娥二号"卫星上使用 LaBr$_3$:Ce 闪烁探测器。

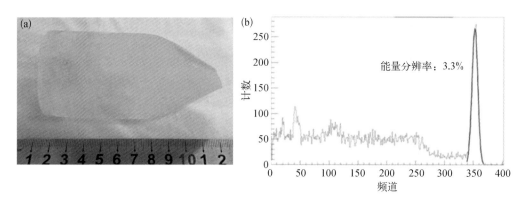

图 2‐44 LaBr$_3$:Ce 晶体照片(a)及 LaBr$_3$:Ce 晶体脉冲高度谱(b)[96]

2. LYSO:Ce 晶体

1990 年以来,Lu$_2$SiO$_5$:Ce(LSO:Ce)和 Y$_2$SiO$_5$:Ce(YSO:Ce)系列晶体相继被发现是一类综合性能优异的新型无机闪烁晶体,其具有对 γ 射线阻止能力强、物化性能稳定、在空气中不潮解等优点,在医疗成像 PET 器件中具有重大应用价值。LSO 和 YSO 同属于单斜晶系,空间群为 $C2/c$。研究表明,LSO 和 YSO 可以以任意比例共熔,形成同结构的 LYSO 晶体。与 LSO:Ce 晶体相比,LYSO:Ce 晶体闪烁性能略高,具有密度高(7.11 g/cm^3)、光输出高(37 000 ph./MeV)、衰减时间短(约 38 ns)、能量分辨率高(7.7%),以及改善余辉和满足高温使用等优点[87,88,101]。2000年 Cooke 等人首次生长了 LYSO:Ce 晶体。Y 离子的掺入降低了晶体生长温度(约为 2 050 ℃,而 LSO:Ce 的熔点约为 2 150 ℃)和原料成本[102]。2005 年,国内 Qin 等采用提拉法生长了 Y 浓度为 3%~10% 的 LYSO:Ce 晶体,通过性能对比,确认 Y 离子的最佳掺杂浓度为 5%[103]。

LYSO:Ce 晶体属于一致熔融体系,可以采用提拉法生长获得大尺寸单晶。然而,由于晶体熔点高、Ce 离子分凝系数小等因素,晶体容易出现氧缺陷、包裹体、裂纹等缺陷,这加大了晶体生长的工艺难度。Qin 等人研究发现,在 5% Y 掺杂 LYSO:Ce 晶体中,Y 和 Ce 在 LYSO 中的分凝系数分别为 0.84 和 0.20。在晶体生长过程中,由于分凝效应,晶体头部和尾部的 Ce 离子浓度差别较大,导致晶体发光不均一,造成晶体头尾样品的闪烁性能差别明显。例如头部、中部和尾部的能量分辨率@511 keV 分别为 14.4%、11% 和 22.2%[103]。2013 年,中国电子科技集团公司第 26 研究所在流动氮气保护条件下,采用提拉法生长了高透过率、尺寸为 $\phi60$ mm×280 mm 的 LYSO:Ce 晶体,通过对比不同 Ce 离子掺杂浓度,确认 0.15% Ce 掺杂时,晶体的闪烁发光强度最大[104]。2019 年,广东清远某公司通过优化设计温度梯度,生长了尺寸为 $\phi80$ mm×200 mm 的 LYSO:Ce 晶体,该晶体表面由于回熔现象出现了明显的溶蚀坑及溶蚀条纹。他们从晶体头部和尾部分别加工出 17 mm×17 mm×17 mm 立方块进行抛光测试,测得光输出分别为 30 400 ph./MeV 和 30 000 ph./MeV。头尾样品的绝对光输出差值在 1.5% 以内。晶体头尾样品的能量分辨率分别为 9.4% 和 8.7%,衰减时间分别为 41.7 ns 和 40.3 ns,这表明该 LYSO:Ce 晶体具有很高的闪烁性能和发光均匀性[105]。2021 年,中国电子科技集团公司第 26 研究所使用提拉法生长了 $\phi100$ mm×100 mm 的大尺寸 LYSO:Ca(0.1%),Ce 晶体[106](图 2-45)。经过计算 LYSO:Ca(0.1%),Ce 晶体的光输出达到 33 962 ph./MeV,约为 LYSO:Ce 晶体的 1.11 倍。其能量分辨率和衰减时间分别为 8.6% 和 36.7 ns,均优于 LYSO:Ce 晶体。

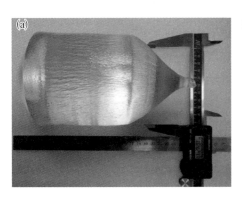 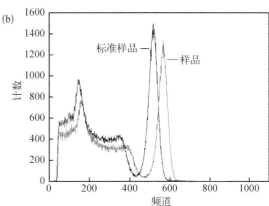

图 2-45　$\phi100$ mm×100 mm 的 LYSO:Ca(0.1%),Ce 晶体的照片(a)和样品的脉冲高度谱(b)[106]

目前,国内对 LYSO:Ce 晶体生长技术研究较为成熟,包括中国科学院上海硅酸盐研究所等在内的企事业单位所生长的 LYSO:Ce 晶体在医学成像领域已有实际应用。

3. Ce、Pr 掺杂石榴石结构晶体

石榴石结构晶体属于立方晶系,空间群为 $Ia3d(O_h^{10})$。晶体具有较高的热导率[YAG 为

14 W/(m·K)〕,其既是优异的激光晶体材料也是潜在的闪烁晶体。石榴石结构闪烁晶体因具有高光输出、快衰减、易生长、物化性质稳定、无潮解等特点而被广泛研究。该系列晶体中可通过掺杂 Ce、Pr 等稀土离子而表现出闪烁特性。

Ce:$Y_3Al_5O_{12}$(YAG:Ce)是典型的石榴石结构闪烁晶体,综合闪烁性能优良,光输出可达 30 000 ph./MeV,衰减时间为 90~100 ns,能量分辨率为 6%~7%@662 keV。该晶体发射峰位于 550 nm,已被应用于扫描电子显微镜、质子计算机断层扫描成像等方面[107]。根据 Fasoli 等的"带隙工程"理论[108],即通过等价离子掺杂控制 Ce 离子能级位置从而抑制铝酸盐石榴石晶体中浅电子陷阱,2012 年,日本的 Kamada 等使用 Ga 和 Gd 掺杂到 LuAG 结构中,成功生长了 2 英寸的 Ce:$Gd_3Al_2Ga_3O_{12}$(Ce:GAGG)晶体(图 2-46)[91]。Ga^{3+} 能够降低导带底能级,淹没部分浅陷阱能级,部分消除反位缺陷,而 Gd^{3+} 能够降低 Ce^{3+} 的 $5d^1$ 能级,提高常温下激发态 Ce^{3+} 的热电离能。因此,Ce:GAGG 晶体表现出更优的闪烁性能,Ce 离子分凝系数可提高至 0.322。在 5 mm×5 mm×1 mm 的晶体样品中,测得其光输出为 46 000 ph./MeV,其能量分辨率达到 4.9%@662 keV。

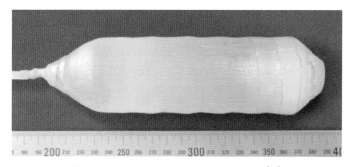

图 2-46　1% Ce:GAGG 闪烁晶体照片[91]

相对于 Ce 离子,Pr 的能级结构相对复杂。由于 Pr 具有较低的 5d 能级,其 $4f^1 5d^1 \rightarrow 4f^2$ 跃迁表现出更快衰减的特性(约 20 ns)[93]。然而,Pr 离子的 $4f^2$ 与 5d 能级之间存在许多中间能级,容易形成无辐射跃迁,导致光输出较小(表 2-9)。另外,Pr 离子闪烁性能受晶格场影响较大,甚至会出现闪烁猝灭。LuAG:Pr 是一种综合性能优异的掺 Pr 离子闪烁晶体。用 Lu 离子取代 Y 离子格位,大大提高了晶体密度,使得 LuAG:Pr 晶体具有较好的射线阻止能力。此外,LuAG:Pr 晶体中,Pr 离子的热猝灭温度高达 300 ℃,适用于油田勘测等高温工作环境[109]。

2.3　本章小结与展望

以激光晶体和闪烁晶体为主要代表的稀土晶体材料在国防军工、空间通信、医疗影像、辐射探测、安全检查和高端科学装置等领域具有广泛应用,是支撑第三、第四次工业革命的半导体芯片以及光电器件的核心部件。高性能新型稀土晶体材料研发和大尺寸高品质稀土晶体产业化制备技术攻关是该领域未来主要发展趋势。中国科学技术协会发布的 2021年重大科学问题、工程技术难题和产业技术问题,将"如何突破大尺寸晶体材料的制备理论和技术"列为首要问题,位居十个对科学发展具有导向作用的前沿科学问题之首。

在激光晶体方面,以石榴石结构为主体的稀土激光晶体仍然占据市场主体,在智能制造、精细加工和激光武器等领域发挥着重要应用。而随着对激光功率要求的提高,对晶体毛坯尺寸和晶体质量的要求也进一步增加。近年来,随着以智能传感、无人驾驶、激光医疗等为代表的红外激光技术的快速发展,高性能红外波段激光晶体的需求快速增加,将成为激光晶体新的市场增长点。

在闪烁晶体方面,以掺铈硅酸钇镥(LYSO:Ce)、钆镓铝石榴石(GGAG:Ce)、溴化镧(LaBr₃:Ce)为代表的稀土闪烁晶体已实现商业化,且市场稳步提升,产能迅速增加。近年来,在结晶生长的化学键合理论指导下,晶体尺寸和性能已实现可喜突破,但市场仍被美国、欧洲等国家或地区的企业垄断。随着国家、地方财政、卫健机构对国产 PET‑CT 等高端医疗影像装备的研发和推广力度持续加大,国产高性能大尺寸 LYSO 闪烁晶体的自主可控开发迎来强劲增长。按照 1 台/百万人的拥有量计算,我国需新增约 1 000 台 PET‑CT设备,对稀土闪烁晶体的需求量将超过 30 亿元。此外,具有高能量分辨的溴化镧晶体将在深海深空探测、国防安全等领域得到广泛应用,在国外禁售背景下,大尺寸溴化镧闪烁晶体技术亟待进一步突破。

参考文献

[1] 李建宇.稀土发光材料及其应用[M].北京: 化学工业出版社,2003.

[2] Keller U, Weingarten K J, Kartner F X, et al. Semiconductor saturable absorber mirrors (SESAM's) for femtosecond to nanosecond pulse generation in solid-state lasers [J]. IEEE Journal of Selected Topics in Quantum Electronics, 1996, 2(3): 435‑453.

[3] Jung I D, Kärtner F X, Matuschek N, et al. Semiconductor saturable absorber mirrors supporting sub-10-fs pulses [J]. Applied Physics B, 1997, 65(2): 137‑150.

[4] Geim A K, Novoselov K S. The rise of graphene [J]. Nature materials, 2007, 6(3): 183‑191.

[5] Dawlaty J M, Shivaraman S, Chandrashekhar M, et al. Measurement of ultrafast carrier dynamics in epitaxial graphene [J]. Applied Physics Letters, 2008, 92(4): 042116.

[6] Zhao C J, Zhang H, Qi X, et al. Ultra-short pulse generation by a topological insulator based saturable absorber [J]. Applied Physics Letters, 2012, 101(21): 211106.

[7] Wang K P, Wang J, Fan J T, et al. Ultrafast saturable absorption of two-dimensional MoS₂ nanosheets [J]. ACS Nano, 2013, 7(10): 9260‑9267.

[8] Guo Z N, Zhang H, Lu S B, et al. From black phosphorus to phosphorene: Basic solvent exfoliation, evolution of Raman scattering, and applications to ultrafast photonics [J]. Advanced Functional Materials, 2015, 25(45): 6996‑7002.

［9］ Baltuška A，Wei Z，Pshenichnikov M S，et al. All-solid-state cavity-dumped sub-5-fs laser ［J］. Applied Physics B，1997，65(2)：175 – 188.

［10］ Bour D P，Gilbert D B，Fabian K B，et al. Low degradation rate in strained InGaAs/AlGaAs single quantum well lasers ［J］. IEEE Photonics Technology Letters，1990，2(3)：173 – 174.

［11］ Fan T Y. Heat generation in Nd：YAG and Yb：YAG ［J］. IEEE Journal of Quantum Electronics，1993，29(6)：1457 – 1459.

［12］ Thibault F，Pelenc D，Druon F，et al. Efficient diode-pumped Yb^{3+}：Y_2SiO_5 and Yb^{3+}：Lu_2SiO_5 high-power femtosecond laser operation ［J］. Optics Letters，2006，31(10)：1555 – 1557.

［13］ Tan W D，Tang D Y，Xu X D，et al. Passive femtosecond mode-locking and cw laser performance of Yb^{3+}：Sc_2SiO_5［J］. Optics Express，2010，18(16)：16739 – 16744.

［14］ Pirzio F，Caracciolo E，Kemnitzer M，et al. Performance of Yb：Sc_2SiO_5 crystal in diode-pumped femtosecond oscillator and regenerative amplifier ［J］. Optics Express，2015，23(10)：13115 – 13120.

［15］ Tian W L，Wang Z H，Wei L，et al. Diode-pumped Kerr-lens mode-locked Yb：LYSO laser with 61 fs pulse duration ［J］. Optics Express，2014，22(16)：19040 – 19046.

［16］ Li W X，Xu S X，Pan H F，et al. Efficient tunable diode-pumped Yb：LYSO laser ［J］. Optics Express，2006，14(15)：6681 – 6686.

［17］ Tian W L，Zhu J F，Peng Y N，et al. High power sub 100-fs Kerr-lens mode-locked Yb：YSO laser pumped by single-mode fiber laser ［J］. Optics Express，2018，26(5)：5962 – 5969.

［18］ Jacquemet M，Jacquemet C，Janel N，et al. Efficient laser action of Yb：LSO and Yb：YSO oxyorthosilicates crystals under high-power diode-pumping ［J］. Applied Physics B，2005，80(2)：171 – 176.

［19］ Li D Z，Xu X D，Zhu H M，et al. Characterization of laser crystal Yb：$CaYAlO_4$［J］. JOSA B，2011，28(7)：1650 – 1654.

［20］ Pan Z B，Dai X J，Lei Y H，et al. Crystal growth and properties of the disordered crystal Yb：$SrLaAlO_4$：A promising candidate for high-power ultrashort pulse lasers ［J］. CrystEngComm，2018，20(24)：3388 – 3395.

［21］ Ma J，Huang H T，Ning K J，et al. Generation of 30 fs pulses from a diode-pumped graphene mode-locked Yb：$CaYAlO_4$ laser ［J］. Optics Letters，2016，41(5)：890 – 893.

［22］ Boudeile J，Druon F，Hanna M，et al. Continuous-wave and femtosecond laser operation of Yb：$CaGdAlO_4$ under high-power diode pumping ［J］. Optics Letters，2007，32(14)：1962 – 1964.

［23］ Sévillano P，Georges P，Druon F，et al. 32-fs Kerr-lens mode-locked Yb：$CaGdAlO_4$ oscillator optically pumped by a bright fiber laser ［J］. Optics Letters，2014，39(20)：6001 – 6004.

［24］ Yoshida A，Schmidt A，Petrov V，et al. Diode-pumped mode-locked Yb：YCOB laser generating 35 fs pulses ［J］. Optics Letters，2011，36(22)：4425 – 4427.

［25］ Lou F，Sun S J，He J L，et al. Direct diode-pumped 58 fs Yb：$Sr_3Y_2(BO_3)_4$ laser ［J］. Optical Materials，2016，55：1 – 4.

［26］ Pirzio F，Cafiso S D，Kemnitzer M，et al. Sub-50-fs widely tunable Yb：$CaYAlO_4$ laser pumped by 400-mW single-mode fiber-coupled laser diode ［J］. Optics Express，2015，23(8)：9790 – 9795.

［27］ Tian W L，Yu C，Zhu J F，et al. Diode-pumped high-power sub-100 fs Kerr-lens mode-locked Yb：$CaYAlO_4$ laser with 1.85 MW peak power ［J］. Optics Express，2019，27(15)：21448 – 21454.

［28］ Kränkel C，Peters R，Petermann K，et al. Efficient continuous-wave thin disk laser operation of Yb：$Ca_4YO(BO_3)_3$ in E//Z and E//X orientations with 26 W output power ［J］. JOSA B，2009，26(7)：1310 – 1314.

［29］ Sun S J，Xu J L，Wei Q，et al. Yb^{3+}：$Sr_3Y_2(BO_3)_4$：A potential ultrashort pulse laser crystal ［J］. Journal of Alloys and Compounds，2015，632：386 – 391.

[30] Sun S J, Lou F, Huang Y S, et al. Spectroscopy properties and high-efficiency semiconductor saturable absorber mode-locking operation with highly doped (11at.%) Yb: $Sr_3 Y_2 (BO_3)_4$ crystal [J]. Journal of Alloys and Compounds, 2016, 687: 480 - 485.

[31] 任国光,黄裕年.用激光红外干扰系统保护军用和民航机[J].激光与红外,2006,36(1): 1 - 6.

[32] Sorokina I T. Crystalline mid-infrared lasers [M]//Sorokina I T, Vodopyanov K L, eds. Topics in Applied Physics. Berlin, Heidelberg: Springer Berlin Heidelberg, 2007: 262 - 358.

[33] 鲍良弼,程萍,郑继红.2.94 μm Er: YAG 激光医学应用概况[J].光电子技术与信息,2001,14(3): 31 - 34.

[34] 卞进田,聂劲松,孙晓泉.中红外激光技术及其进展[J].红外与激光工程,2006,35(z3): 188 - 193.

[35] Dinerman B J, Moulton P F. 3-microm cw laser operations in erbium-doped YSGG, GGG, and YAG [J]. Optics Letters, 1994, 19(15): 1143 - 1145.

[36] Lv S Z, Wang Y, Zhu Z J, et al. Role of Er^{3+} concentration in spectroscopic and laser performance of $CaYAlO_4$ crystal [J]. Optical Materials, 2015, 42: 220 - 224.

[37] Liu Y Y, Xia H P, Wang Y, et al. Effect of erbium concentration on spectroscopic properties of Er: $CaLaGa_3 O_7$ crystals with 2.7 μm emission [J]. Optical Materials, 2017, 72: 685 - 690.

[38] Chen D W, Fincher C L, Rose T S, et al. Diode-pumped 1-W continuous-wave Er: YAG 3 μm laser [J]. Optics Letters, 1999, 24(6): 385 - 387.

[39] Wang Y, You Z Y, Li J F, et al. Spectroscopic investigations of highly doped Er^{3+} :GGG and Er^{3+} / Pr^{3+} :GGG crystals [J]. Journal of Physics D: Applied Physics, 2009, 42(21): 215406.

[40] You Z Y, Wang Y, Xu J L, et al. Diode-end-pumped midinfrared multiwavelength Er:Pr:GGG laser [J]. IEEE Photonics Technology Letters, 2014, 26(7): 667 - 670.

[41] You Z Y, Wang Y, Sun Y J, et al. CW and Q-switched GGG/Er:Pr:GGG/GGG composite crystal laser at 2.7 μm [J]. Laser Physics Letters, 2017, 14(4): 045810.

[42] 王燕,李坚富,游振宇,等.2.5～5.0 μm 波段中红外激光晶体的生长和性能研究[J].中国科学: 技术科学,2016,46(9): 894 - 909.

[43] You Z Y, Wang Y, Xu J L, et al. Single-longitudinal-mode Er:GGG microchip laser operating at 2.7 μm [J]. Optics Letters, 2015, 40(16): 3846 - 3849.

[44] Shen B J, Kang H X, Sun D L, et al. Investigation of laser-diode end-pumped Er: YSGG/YSGG composite crystal lasers at 2.79 μm [J]. Laser Physics Letters, 2014, 11(1): 015002.

[45] Sun D L, Luo J Q, Xiao J Z, et al. Luminescence and thermal properties of Er:GSGG and Yb, Er: GSGG laser crystals [J]. Chinese Physics Letters, 2012, 29(5): 054209.

[46] Wu Z H, Sun D L, Wang S Z, et al. Performance of a 967 nm CW diode end-pumped Er:GSGG laser at 2.79 μm [J]. Laser Physics, 2013, 23(5): 055801.

[47] Chen J K, Sun D L, Luo J Q, et al. Spectroscopic properties and diode end-pumped 2.79 μm laser performance of Er, Pr:GYSGG crystal [J]. Optics Express, 2013, 21(20): 23425 - 23432.

[48] Chen J K, Sun D L, Luo J Q, et al. Spectroscopic, diode-pumped laser properties and gamma irradiation effect on Yb, Er, Ho:GYSGG crystals [J]. Optics Letters, 2013, 38(8): 1218 - 1220.

[49] Chen J K, Sun D L, Luo J Q, et al. Performances of a diode end-pumped GYSGG/Er, Pr:GYSGG composite laser crystal operated at 2.79 μm [J]. Optics Express, 2014, 22(20): 23795 - 23800.

[50] Zhao X Y, Sun D L, Luo J Q, et al. Laser performance of a 966 nm LD side-pumped Er, Pr: GYSGG laser crystal operated at 2.79 μm [J]. Optics Letters, 2018, 43(17): 4312 - 4315.

[51] Wang Y, Li J F, Zhu Z J, et al. Dual function of Nd^{3+} in Nd, Er: LuYSGG crystal for LD pumped ～3.0 μm mid-infrared laser [J]. Optics Express, 2015, 23(14): 18554 - 18562.

[52] Sun D L, Luo J Q, Zhang Q L, et al. Growth and radiation resistant properties of 2.7 - 2.8 μm Yb, Er:GSGG laser crystal [J]. Journal of Crystal Growth, 2011, 318(1): 669 - 673.

[53] Zhu Z J, Li J F, You Z Y, et al. Benefit of Pr^{3+} ions to the spectral properties of Pr^{3+}/Er^{3+}: $CaGdAlO_4$ crystal for a 2.7 μm laser [J]. Optics Letters, 2012, 37(23): 4838 - 4840.

[54] Lv S Z, Zhu Z J, Wang Y, et al. Spectroscopic investigations of Ho^{3+}/Er^{3+}: $CaYAlO_4$ and Eu^{3+}/Er^{3+}: $CaYAlO_4$ crystals for 2.7 μm emission [J]. Journal of Luminescence, 2013, 144: 117 - 121.

[55] Lv S Z, Zhu Z J, Wang Y, et al. Spectroscopic investigations of Pr^{3+}/Er^{3+}: $CaYAlO_4$ crystal for 2.7 μm emission [J]. Optical Materials, 2013, 35(9): 1623 - 1626.

[56] Zhang Y Y, Yin X, Yu H H, et al. Growth and piezoelectric properties of melilite ABC_3O_7 crystals [J]. Crystal Growth & Design, 2012, 12(2): 622 - 628.

[57] Wang Y, Sun C T, Tu C Y, et al. Melilite-type oxide $SrGdGa_3O_7$: Bulk crystal growth and theoretical studies upon both chemical bonding theory of single crystal growth and DFT methods [J]. Crystal Growth & Design, 2018, 18(3): 1598 - 1604.

[58] Liu Y Y, You Z Y, Xia H P, et al. Co-effects of Yb^{3+} sensitization and Pr^{3+} deactivation to enhance 27 μm mid-infrared emission of Er^{3+} in $CaLaGa_3O_7$ crystal [J]. Optical Materials Express, 2017, 7(7): 2411.

[59] Xia H P, Feng J H, Wang Y, et al. The effects of Ho^{3+} and Pr^{3+} ions on the spectroscopic properties of Er^{3+} doped $SrGdGa_3O_7$ crystals used in mid-infrared lasers [J]. Journal of Physics D: Applied Physics, 2015, 48(43): 435106.

[60] Wang Y, Li J F, You Z Y, et al. Enhanced 2.7 μm emission and its origin in Nd^{3+}/Er^{3+} codoped $SrGdGa_3O_7$ crystal [J]. Journal of Quantitative Spectroscopy and Radiative Transfer, 2014, 149: 253 - 257.

[61] Xia H P, Feng J H, Ji Y X, et al. 2.7 μm emission properties of $Er^{3+}/Yb^{3+}/Eu^{3+}$: $SrGdGa_3O_7$ and $Er^{3+}/Yb^{3+}/Ho^{3+}$: $SrGdGa_3O_7$ crystals [J]. Journal of Quantitative Spectroscopy and Radiative Transfer, 2016, 173: 7 - 12.

[62] Xia H P, Feng J H, Wang Y, et al. Evaluation of spectroscopic properties of $Er^{3+}/Yb^{3+}/Pr^{3+}$: $SrGdGa_3O_7$ crystal for use in mid-infrared lasers [J]. Scientific Reports, 2015, 5: 13988.

[63] Wang Y, Li J F, Zhu Z J, et al. Bulk crystal growth, first-principles calculation, and optical properties of pure and Er^{3+}-doped $SrLaGa_3O_7$ single crystals [J]. Crystal Growth & Design, 2016, 16(4): 2289 - 2294.

[64] Liu Y Y, Sun Y J, Wang Y, et al. Benefit of Nd^{3+} ions to the $\sim$2.7 μm emission of Er^{3+}: $^4I_{11/2} \to$ $^4I_{13/2}$ transition in Nd, Er: $CaLaGa_3O_7$ laser crystal [J]. Journal of Luminescence, 2018, 198: 40 - 45.

[65] Zhang W, Wang Y, Li J F, et al. Spectroscopic analyses and laser properties simulation of Er/Yb, Er/Nd, Er/Dy: $BaLaGa_3O_7$ crystals [J]. Journal of Luminescence, 2019, 208: 259 - 266.

[66] Wang Y H, Li Z, Yin H, et al. Enhanced $\sim$ 3 μm mid-infrared emissions of Ho^{3+} via Yb^{3+} sensitization and Pr^{3+} deactivation in $Lu_3Al_5O_{12}$ crystal [J]. Optical Materials Express, 2018, 8(7): 1882 - 1889.

[67] Li S M, Zhang L H, He M Z, et al. Effective enhancement of 2.87 μm fluorescence via Yb^{3+} in Ho^{3+}: LaF_3 laser crystal [J]. Journal of Luminescence, 2018, 203: 730 - 734.

[68] Liu Y Y, Wang Y, Zhu Z J, et al. Growth, structure and optical properties of Yb/Ho: $CaLaGa_3O_7$ laser crystal [J]. Materials Letters, 2018, 223: 146 - 149.

[69] Zhang P X, Hang Y, Zhang L H. Deactivation effects of the lowest excited state of Ho^{3+} at 2.9 μm emission introduced by Pr^{3+} ions in $LiLuF_4$ crystal [J]. Optics Letters, 2012, 37(24): 5241 - 5243.

[70] Nie H K, Zhang P X, Zhang B T, et al. Diode-end-pumped Ho, Pr: $LiLuF_4$ bulk laser at 2.95 μm [J]. Optics Letters, 2017, 42(4): 699 - 702.

[71] Fan M Q, Li T, Li G Q, et al. Passively Q-switched Ho, Pr: $LiLuF_4$ laser with graphitic carbon

nitride nanosheet film [J]. Optics Express, 2017, 25(11): 12796 - 12803.

[72] Kränkel C, Marzahl D T, Moglia F, et al. Out of the blue: Semiconductor laser pumped visible rare-earth doped lasers [J]. Laser & Photonics Reviews, 2016, 10(4): 548 - 568.

[73] Yu H H, Zong N, Pan Z B, et al. Efficient high-power self-frequency-doubling Nd: GdCOB laser at 545 and 530 nm [J]. Optics Letters, 2011, 36(19): 3852 - 3854.

[74] Cong Z H, Zhang X Y, Wang Q P, et al. Theoretical and experimental study on the Nd: YAG/BaWO$_4$/KTP yellow laser generating 8.3 W output power [J]. Optics Express, 2010, 18(12): 12111 - 12118.

[75] Zhu H Y, Duan Y M, Zhang G, et al. Efficient second harmonic generation of double-end diffusion-bonded Nd: YVO$_4$ self-Raman laser producing 7.9 W yellow light [J]. Optics Express, 2009, 17(24): 21544 - 21550.

[76] Metz P W, Reichert F, Moglia F, et al. High-power red, orange, and green Pr^{3+}: LiYF$_4$ lasers [J]. Optics Letters, 2014, 39(11): 3193 - 3196.

[77] Tanaka H, Fujita S, Kannari F. High-power visibly emitting Pr^{3+}: YLF laser end pumped by single-emitter or fiber-coupled GaN blue laser diodes [J]. Applied Optics, 2018, 57(21): 5923 - 5928.

[78] Weber M J. Scintillation: Mechanisms and new crystals [J]. Nuclear Instruments and Methods in Physics Research Section A: Accelerators, Spectrometers, Detectors and Associated Equipment, 2004, 527(1/2): 9 - 14.

[79] 徐叙瑢, 苏勉曾. 发光学与发光材料[M]. 北京: 化学工业出版社, 2004.

[80] 房喻, 王辉. 荧光寿命测定的现代方法与应用[J]. 化学通报, 2010, 64(10): 631 - 636.

[81] Lecoq P, Gektin A, Korzhik M. Inorganic scintillators for detector systems: Physical principles and crystal engineering [M]. Berlin: Springer, 2017.

[82] Lecoq P. Development of new scintillators for medical applications [J]. Nuclear Instruments and Methods in Physics Research Section A: Accelerators, Spectrometers, Detectors and Associated Equipment, 2016, 809: 130 - 139.

[83] Nikl M, Yoshikawa A. Recent R&D trends in inorganic single-crystal scintillator materials for radiation detection [J]. Advanced Optical Materials, 2015, 3(4): 463 - 481.

[84] 任国浩, 杨帆. 卤化物闪烁晶体的研究历史和现状[J]. 中国科学: 技术科学, 2017, 47(11): 1149 - 1164.

[85] Alekhin M S, Biner D A, Krämer K W, et al. Improvement of LaBr$_3$: 5% Ce scintillation properties by Li$^+$, Na$^+$, Mg^{2+}, Ca^{2+}, Sr^{2+}, and Ba^{2+} co-doping [J]. Journal of Applied Physics, 2013, 113(22): 224904.

[86] 徐兰兰, 孙丛婷, 薛冬峰. 稀土闪烁晶体研究进展[J]. 中国科学: 技术科学, 2016, 46(7): 657 - 673.

[87] Balcerzyk M, Moszynski M, Kapusta M, et al. YSO, LSO, GSO and LGSO. A study of energy resolution and nonproportionality [J]. IEEE Transactions on Nuclear Science, 2000, 47(4): 1319 - 1323.

[88] Chewpraditkul W, Wanarak C, Szczesniak T, et al. Comparison of absorption, luminescence and scintillation characteristics in Lu$_{1.95}$Y$_{0.05}$SiO$_5$: Ce, Ca and Y$_2$SiO$_5$: Ce scintillators [J]. Optical Materials, 2013, 35(9): 1679 - 1684.

[89] Wanarak C, Phunpueok A, Chewpraditkul W. Scintillation response of Lu$_{1.95}$Y$_{0.05}$SiO$_5$: Ce and Y$_2$SiO$_5$: Ce single crystal scintillators [J]. Nuclear Instruments and Methods in Physics Research Section B: Beam Interactions with Materials and Atoms, 2012, 286: 72 - 75.

[90] Nikl M, Kamada K, Babin V, et al. Defect engineering in Ce-doped aluminum garnet single crystal scintillators [J]. Crystal Growth & Design, 2014, 14(9): 4827 - 4833.

[91] Kamada K, Yanagida T, Endo T, et al. 2inch diameter single crystal growth and scintillation properties of Ce: Gd$_3$Al$_2$Ga$_3$O$_{12}$[J]. Journal of Crystal Growth, 2012, 352(1): 88 - 90.

[92] 孟猛,祁强,丁栋舟,等.新型闪烁晶体 $Gd_3(Al,Ga)_5O_{12}:Ce^{3+}$ 的研究进展[J].人工晶体学报,2019,48(8):1386–1394.

[93] Nikl M, Yoshikawa A, Kamada K, et al. Development of LuAG-based scintillator crystals–A review [J]. Progress in Crystal Growth and Characterization of Materials, 2013, 59(2): 47–72.

[94] van Loef E V D, Dorenbos P, van Eijk C W E, et al. High-energy-resolution scintillator: Ce^{3+} activated $LaBr_3$[J]. Applied Physics Letters, 2001, 79(10): 1573–1575.

[95] van Loef E V D, Dorenbos P, van Eijk C W E, et al. High-energy-resolution scintillator: Ce^{3+} activated $LaCl_3$[J]. Applied Physics Letters, 2000, 77(10): 1467–1468.

[96] 王海丽,陈建荣,李辉,等.$LaBr_3:Ce$ 闪烁晶体的生长及性能研究[J].人工晶体学报,2018,47(6):1192–1196.

[97] Roberts O J, Bruce A M, Regan P H, et al. A $LaBr_3:Ce$ fast-timing array for DESPEC at FAIR [J]. Nuclear Instruments and Methods in Physics Research Section A: Accelerators, Spectrometers, Detectors and Associated Equipment, 2014, 748: 91–95.

[98] Shi H S, Qin L S, Chai W X, et al. The $LaBr_3:Ce$ crystal growth by self-seeding bridgman technique and its scintillation properties [J]. Crystal Growth & Design, 2010, 10(10): 4433–4436.

[99] Chen H, Zhou C, Yang P, et al. Growth of $LaBr_3:Ce^{3+}$ Single Crystal by Vertical Bridgman Process in Nonvacuum Atmosphere [J]. Journal of Materials Sciences and Technology, 2009, 25(6): 753–757.

[100] 桂强,张春生,邹本飞,等.溴(氟)化镧(铈)晶体生长与性能研究[J].人工晶体学报,2013,42(4):639–642.

[101] 周文平,牛微,刘旭东,等.闪烁晶体 Ce:LYSO 的研究进展和发展方向[J].材料导报:纳米与新材料专辑,2015,29(1):214–218.

[102] Cooke D W, McClellan K J, Bennett B L, et al. Crystal growth and optical characterization of cerium-doped $Lu_{1.8}Y_{0.2}SiO_5$[J]. Journal of Applied Physics, 2000, 88(12): 7360–7362.

[103] Qin L S, Li H Y, Lu S, et al. Growth and characteristics of LYSO ($Lu_{2(1-x-y)}Y_{2x}SiO_5:Ce_y$) scintillation crystals [J]. Journal of Crystal Growth, 2005, 281(2/3/4): 518–524.

[104] 王佳,岑伟,李和新,等.大尺寸闪烁晶体 Ce:LYSO 的生长[J].压电与声光,2013,35(3):401–403.

[105] 狄聚青,刘运连,滕飞,等.ϕ80 mm×200 mm 级 Ce:LYSO 晶体的生长与闪烁性能研究[J].人工晶体学报,2019,48(3):374–378.

[106] 王佳,岑伟,丁雨憧,等.ϕ100 mm 级 Ca:Ce:LYSO 闪烁晶体生长及闪烁性能研究[J].人工晶体学报,2021,50(10):1946–1950

[107] Sipala V, Randazzo N, Aiello S, et al. Design and characterisation of a YAG(Ce) calorimeter for proton Computed Tomography application [J]. Journal of Instrumentation, 2015, 10(3): C03014.

[108] Fasoli M, Vedda A, Nikl M, et al. Band-gap engineering for removing shallow traps in rare-earth $Lu_3Al_5O_{12}$ garnet scintillators using Ga^{3+} doping [J]. Physical Review B, 2011, 84(8): 081102.

[109] Yanagida T, Fujimoto Y, Kurosawa S, et al. Temperature dependence of scintillation properties of bright oxide scintillators for well-logging [J]. Japanese Journal of Applied Physics, 2013, 52(7R): 076401.

Chapter 3

稀土在机动车尾气催化净化中的应用

于学华[1]，殷成阳[1]，刘诗鑫[1]，苗雨欣[1]，赵　震[1, 2]

[1]沈阳师范大学化学化工学院　能源与环境催化研究所

[2]中国石油大学（北京）重质油国家重点实验室

3.1 引言

随着我国经济的高速发展,十余年来我国汽车产业一直保持着高增长的态势。2009年,我国汽车产销量双双达到 1 300 万辆以上,首次位居世界第一位。2023 年 12 月,生态环境部发布的《中国移动源环境管理年报(2023 年)》指出,2022 年,全国机动车保有量达到4.17 亿辆,同比增长 5.6%[1]。中国已连续 12 年成为世界机动车产销第一大国,汽车产业的发展在给国民生活带来便利的同时也产生了严重的环境问题,机动车污染防治的重要性和紧迫性也日益凸显。年报指出,2022 年,全国机动车四项污染物排放总量为 1 466.2 万吨。其中,全国机动车一氧化碳(CO)、碳氢化合物(hydrocarbon, HC)、氮氧化物(NO_x)、颗粒物(particulate matter,PM)排放量分别为 743.0 万吨、191.2 万吨、526.7 万吨、5.3 万吨。汽车是污染物排放总量的主要贡献者,其排放的 CO、HC、NO_x 和 PM 超过 90%。柴油车 NO_x 排放量超过汽车排放总量的 80%,PM 超过 90%;汽油车 CO、HC 排放量超过汽车排放总量的 80%。开展机动车污染治理研究,对于城市环境保护和可持续发展,以及推动我国环保产业及相关产业的发展,都具有十分重要的意义。机动车尾气控制技术的开发应用及其产业化,必将带来巨大的经济、社会和环境效益。

目前,控制机动车尾气污染的技术主要包括燃料清洁化、发动机燃烧技术改进和机动车尾气后处理技术三种方法。燃料作为发动机的动力源,其油品质量直接影响到发动机性能,并对机动车尾气中污染物排放量产生重要影响。发动机燃烧技术的改进不仅直接影响柴油车的运行效率和寿命,也对控制尾气中炭烟颗粒的排放具有重要作用。从长远来看,提升燃油品质和改良发动机技术可以实现源头控制,有望实现尾气净化。然而,在当前乃至未来一段时间内,尽管这些措施对减少尾气排放有一定效果,但其净化能力有限,且可能对汽车的动力性和经济性产生负面影响。

因此,尾气后处理技术仍然是必要的。机动车尾气后处理技术不仅能够最大限度地净化污染物,而且是防止污染物进入大气系统的最后一道防线,是目前最有效且应用最广泛的技术手段。随着全球排放法规的日益严格,开发高效的机动车尾气污染物后处理技术具有重要的现实意义。在这些技术中,催化净化是核心,而在影响催化净化过程的经济效益和效果的众多技术因素中,催化剂始终是最活跃、最具潜力的因素。

稀土元素具有特殊的电子结构,其外层的 5s 及 5p 电子会屏蔽内层的 4f 电子,从而导致 4f 或 5d 电子形成导带,4f 电子的定域化及其不完全填充状态赋予了稀土元素具有特殊的物化性质,这些性质使稀土在催化领域中具有广泛的应用前景。稀土氧化物特殊的物化性质及其在催化方面的影响已经引起了相关研究者的广泛关注。中国拥有丰富的稀土资源,而且稀土催化剂性价比高、对环境无二次污染。同时,稀土作为催化剂的活性组分或助催化剂时,具有独特的催化性能和优良的抗中毒能力。因此,在中国开发稀土催化剂材料用于机动车尾气的催化净化,不仅具有显著的优势,而且具有广阔的应用前景。

3.2   稀土催化在机动车尾气污染物催化净化中的研究现状

机动车尾气排放的污染物主要包括 PM、NO_x、HC、CO,以及少量的 SO_2 和部分重金属离子等。研究表明,前四种污染物占据机动车尾气总排放量的 90% 以上,是机动车尾气造成环境污染的主要因素。自从 20 世纪 60 年代以来,稀土元素在机动车尾气污染物催化净化中得到了广泛应用,这主要是由于稀土元素具有独特的储氧和催化性能。将稀土元素加入活性催化剂组分中,可以改善催化剂的抗铅、抗硫中毒性能和耐高温性能。由于稀土催化剂拥有诸多优点,用稀土部分或全面代替资源短缺的贵金属,用于机动车尾气净化,已引起世界各国的高度重视,并逐渐成为研究的热点。

3.2.1   PM 颗粒的催化净化稀土催化剂研究

炭烟颗粒(PM 颗粒)是柴油在高压、高温、缺氧等条件下形成的,其主要成分为碳。这些颗粒表面会吸附一些致癌物质(如多环芳烃、苯并[a]芘等)、挥发性有机污染物(如 HC、醛酮类)、部分重金属元素等,结合了这些有毒有害物质的炭烟颗粒会对人体的健康造成危害。当炭烟颗粒随呼吸系统进入人体内时,由于其长时间沉淀且不易排出体外,可能会引起或加重哮喘、支气管炎和肺癌等疾病。除了对人类的健康和生命有较大的危害外,炭烟颗粒还会对环境产生严重的污染。柴油车排放的炭烟颗粒已经成为城市大气中 $PM_{2.5}$ 的重要来源之一。此外,由于炭烟颗粒本身是黑色的,其具有较强的吸附太阳热能的能力。有研究人员推测,炭烟颗粒对气候变暖的贡献率在 18% 以上,仅次于占 40% 的二氧化碳,排在第二位。目前,消除柴油车尾气炭烟颗粒最有效的方法之一是尾气后处理技术,即利用颗粒过滤捕集器(diesel particulate filter, DPF)对炭烟颗粒进行捕集,然后将含有炭烟颗粒的 DPF 进行主动和被动再生。其中,将具有高活性的催化剂涂覆在 DPF 上,实现 DPF 的被动再生具有广阔的应用前景。高活性催化剂的研发是 DPF 应用的关键因素,稀土催化剂在机动车尾气炭烟颗粒的催化净化中展现出的优异的催化性能,这使其已成为当前的研究热点。

3.2.1.1   铈基氧化物

1. 单一 CeO_2

柴油车尾气炭烟颗粒的催化燃烧是一个气-固-固三相的深度氧化反应,催化剂与炭烟颗粒的接触效率是影响炭烟颗粒有效燃烧的重要因素。近年来,研究人员比较了不同亚晶尺寸 CeO_2 对炭烟颗粒催化燃烧性能的影响,发现亚晶尺寸越小的 CeO_2,其氧空位的数量越多,且晶格氧的流动性越强,从而表现出越高的炭烟催化活性[2]。除了改变催化剂颗粒的尺寸外,通过设计和制备具有特殊形貌和结构的 CeO_2,能够进一步提高催化剂与炭烟颗粒之间的接触效率。研究表明,与商业 CeO_2 相比,具有特殊形貌的新型 CeO_2 催化剂(如柱状、芹菜状和带状 CeO_2 纳米纤维)在炭烟颗粒燃烧的过程中具有更高的活性。由于炭烟颗粒和 CeO_2 能够更好地接触,带状 CeO_2 纳米纤维在三种催化剂中具有最佳的催化活性[3]。此外,通过调控形貌来暴露更多的高活性晶面,可以大幅度提高催化剂的性能,这也是目前设计 CeO_2 催化剂的重要方法。如图 3-1(a)所示,不同暴露晶面的 CeO_2 在炭烟颗粒的催化燃烧过程中展现出了不同的活

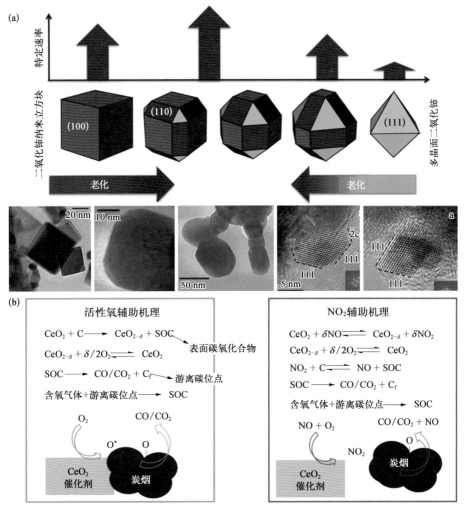

图 3-1　(a) CeO_2 晶面结构及老化过程对晶面的影响[4];(b) CeO_2 催化燃烧炭烟颗粒的机理[6]

性。相比于暴露(111)晶面的八面体状形貌,在暴露较多(100)晶面和(110)晶面的立方体状和棒状 CeO_2 上能观察到更高的催化活性和转化率[4]。此外,研究人员发现在炭烟颗粒氧化过程中,暴露(100)晶面、(110)晶面、(111)晶面的催化剂的表观活化能(E_a)分别为 60~100 kJ/mol、100~150 kJ/mol 和 150~250 kJ/mol。与其他催化剂相比,在松散接触条件下,暴露更多(100)晶面的 CeO_2 纳米立方体具有更高的本征活性[5]。由于催化剂的结构性质和催化机理不同,不同的 CeO_2 催化剂对炭烟颗粒的催化燃烧性能存在显著差异。如图 3-1(b)所示,单一 CeO_2 催化燃烧炭烟颗粒的反应机理主要分为两种:① 活性氧辅助机理,即活性氧的产生和活性氧从催化剂到炭烟颗粒的转移,催化剂与气相 O_2 之间存在直接的氧交换;② NO_2 辅助机理,活性氧将 NO 氧化为 NO_2,随后 NO_2 迁移至炭烟颗粒表面处进行催化反应[6]。

2. 铈基复合氧化物

一般来说,单一氧化物催化剂在炭烟催化燃烧中的性能仍需进一步优化,因此,将两种甚至多种金属进行组合形成复合氧化物催化剂,利用各组分间的协同效应可以有效提高催化活性。理论和实验结果表明,CeO_2 中引入一些过渡金属,如锆、锰、铜或钴等能够提高催化剂的活性。由于 Ce(0.097 nm) 和 Zr(0.084 nm) 的原子半径不同,Zr 原子可以进入 CeO_2 的晶格中,取代 CeO_2 晶格中的部分 Ce^{4+},形成非均匀的固溶体且存在丰富的晶格缺陷,改进 CeO_2 的储氧性能和热稳定性[7-9],其结构如图 3-2(a)所示。Yang 等[10]利用溶剂热法合成了具有立方-四方界面的 CeO_2-ZrO_2(C-T)固溶体催化剂。与商用 CeO_2-ZrO_2 催化剂相比,立方-四方界面能够促进结构缺陷(氧空位)的产生和 CeO_2 中表面晶格氧的释放,使得 CeO_2-ZrO_2(C-T)具有更好的炭烟催化燃烧活性。Liu 等[11]通过反胶束溶胶-凝胶法制备了 Zr 取代的 $Ce_{1-x}Zr_xO_2$ 材料。由于其具有较大的比表面积、纳米级的微晶尺寸以及丰富的活性氧物种,$Ce_{1-x}Zr_xO_2$ 催化剂在紧密接触下显示出了良好的炭烟催化燃烧活性。笔者课题组[12]采用大孔模板剂首次合成了三维有序大孔结构(3DOM)的铈锆复合氧化物,并考察了催化剂的结构对催化性能的影响。结果表明:3DOM 铈锆复合氧化物的催化活性均高于相对应的无序大孔催化剂,其原因是三维有序大孔催化剂的大孔径增加了炭烟颗粒在其孔道内扩散的流通性,使炭烟颗粒和催化剂的活性中心接触效率更高,从而有利于炭烟颗粒燃烧[图 3-2(b)(c)]。

由于多价氧态(主要是 Mn^{2+}、Mn^{3+} 和 Mn^{4+})和晶格氧的高迁移率,锰氧化物被广泛应用于多种氧化还原反应。与纯 CeO_2、MnO_x 相比,锰铈复合氧化物催化剂由于协同作用,表现出优异的活性。Huang 等[13]采用溶胶-凝胶法制备了不同剂量 Mn 掺杂的 $Ce_{1-x}Mn_xO_2$ 催化剂,随着 Mn 浓度的增加,炭烟氧化的起燃温度和峰值温度逐渐降低,催化炭烟氧化活性的逐渐提高。除了掺杂,将锰负载到铈基复合氧化物也能使催化剂性能得到极大的提升。He 等[14]制备了 $Ce_{0.5}Zr_{0.5}O_2$ 负载过渡金属 M(M=Mn、Fe、Co)氧化物的系列催化剂。与 $Ce_{0.5}Zr_{0.5}O_2$ 催化剂相比,M/$Ce_{0.5}Zr_{0.5}O_2$ 催化剂具有更加良好的炭烟催化燃烧性能,其中经过 Mn 改性的催化剂具有较多的表面活性氧物种和良好的晶格氧迁移

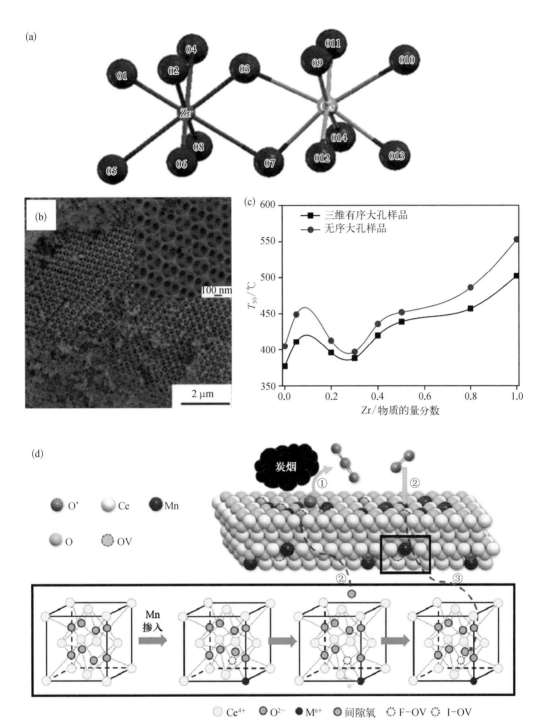

图 3-2　（a）Ce-Zr 固溶体的阳离子局部配位理想结构示意图[8]；（b）3DOM $Ce_{0.7}Zr_{0.3}O_2$ 的 SEM 图像；（c）Ce/Zr 比对炭烟催化燃烧活性影响的曲线[12]；（d）MnO_x-CeO_2 氧化物的炭烟氧化机理示意[15]

率,因此具有最好的催化活性。为进一步研究锰铈复合氧化物的催化作用本质,研究人员对其催化燃烧炭烟颗粒的机理也进行了深入的研究。如图3-2(d)所示,首先,催化剂通过溢流形成氧空位,生成非化学计量的铈基氧化物,同时逸出活性氧参与炭烟氧化;随后,通过气相或体相氧气迅速填充表面氧空位,其中氧物种的变化过程如下:$O_{2(g)} \leftrightarrow [O_{2(ads)}^-] \leftrightarrow [O_{2\ (ads)}^-] \leftrightarrow [O_{2\ (ads)}^{2-}] \leftrightarrow [2O_{\ (ads)}^-] \leftrightarrow [O_{\ (lattice)}^{2-}]^{[15]}$。

　　研究表明,将Co引入铈基氧化物中可以提高氧离子的迁移率,并增强催化体系中的氧存储释放,从而提高Co^{3+}—Co^{2+}和Ce^{3+}—Ce^{4+}氧化还原对的效率。因此,Co改性的铈基氧化物也成为炭烟颗粒催化燃烧研究的热点。Sudarsanam等[16]发现Co_3O_4促进的CeO_2纳米立方体在低温下($T_{50}=333\ ℃$)表现出了优异的炭烟催化燃烧活性,这归因于CeO_2优越的可还原性质,优先暴露的CeO_2(100)晶面和Co_3O_4(110)晶面,以及铈和钴氧化物的协同作用。Mori等[17]研究了CoO_x修饰CeO_2纳米棒(nanorod,NR)、纳米立方体(nanocube,NC)和纳米颗粒(nanoparticle,NP)等异质结构催化剂对炭烟氧化的物理化学性质和催化活性的影响[(图3-3(a)~(c)]。相

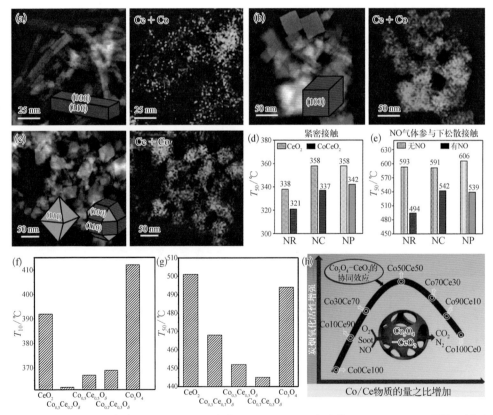

图3-3　$CoCeO_2$-NR(a)、$CoCeO_2$-NC(b)、$CoCeO_2$-NP(c)的HAADF-STEM图像及其对应的EDS图像;(d)紧密接触条件CeO_2和$CoCeO_2$的T_{50};(e)松散接触条件$CoCeO_2$的$T_{50}^{[17]}$;(f)(g)Co/Ce比T_{10}和T_{50}对炭烟燃烧催化剂性能的影响[18];(h)Co/Ce物质的量之比对3DOM Co_3O_4-CeO_2催化剂性能的影响[19]

比于 CoCeO$_2$ - NC 和 CoCeO$_2$ - NP 催化剂,CoCeO$_2$ - NR 催化剂具有更高的炭烟颗粒燃烧活性,在紧密接触和松散接触两种模式下,炭烟颗粒燃烧温度(T_{50})分别为 321 ℃ 和 494 ℃[图3-3(d)(e)]。Jin 等[18]通过胶体晶体模板(colloidal crystal template,CCT)法合成了具有不同 Co/Ce 原子比的 3DOM Co$_x$Ce$_{1-x}$O$_\delta$ 氧化物,发现钴铈复合氧化物催化剂的活性高于单一的 CeO$_2$ 和 Co$_3$O$_4$ 催化剂。随着 Co/Ce 比值的调整,与表面氧空位和本体氧空位相对应的 T_{10} 和 T_{50} 呈现出两种相反的趋势[图 3-3(f)(g)]。Zhai 等[19]利用胶体晶体模板法制备了 Co/Ce 物质的量之比可控的 3DOM Co$_3$O$_4$ - CeO$_2$ 催化剂,并将其用于 NO$_x$ 辅助炭烟颗粒氧化。结果表明,炭烟颗粒燃烧的高活性源于其独特的 3DOM 骨架所产生的大孔效应、更多的 Co^{3+} 反应位点、Ce 物种的表面富集以及氧化还原性能的改善等原因[图 3-3(h)]。除上述将 Zr、Mn 和 Co 过渡金属引入的铈基氧化物外,引入其他过渡金属的铈基复合氧化物,例如 Fe$_x$O - CeO$_2$[20]、VO$_x$ - CeO$_2$[21]、Ce$_{1-x}$Cr$_x$O$_2$[22]、Cu$_x$O - CeO$_2$[20]、(Ni - Ce)- 3DOM[23]等,也常被应用于炭烟颗粒催化燃烧反应。

3. 铈基复合氧化物负载贵金属催化剂

贵金属催化剂具有耐高温、抗氧化、耐腐蚀等优良特点,从而具有很高的催化活性。在众多贵金属催化剂中,Pt 基催化剂由于其较高的催化活性和耐久性而有望成为商业炭烟催化燃烧催化剂。使用铈基复合氧化物作为活性载体可以进一步提高 Pt 的催化活性。因此,铈基氧化物负载贵金属 Pt 催化剂成为研究的热点。Zhang 等[24]通过浸渍法和共沉淀法制备了 Pt/MnO$_x$ - CeO$_2$ 催化剂,并研究了紧密条件下和松散接触条件下催化剂的炭烟催化燃烧性能。结果表明,Pt/MnO$_x$ - CeO$_2$ 催化剂的氧空位和表面硝酸盐的损失是引起催化剂失活的关键因素[25]。笔者课题组[26]制备了大孔-介孔-微孔(OMMM) Pt - KMnO$_x$/Ce$_{0.25}$Zr$_{0.75}$O$_2$ 催化剂[图 3-4(a)(b)],同时提出了该催化剂的炭烟燃烧机理[图3-4(c)]。大孔壁上有序的介孔纳米结构可以显著提高催化剂的比表面积,从而提供更多的活性位点,有利于活化气态反应物。K$^+$ 和 Pt^{4+} 位点之间存在协同作用,可以增加活性氧种类的数量,进而增强了活性位点与吸附气体反应物之间的电子转移,从而形成更多的氧化中间体(NO$_2$)和活性氧(O$_2^-$、O$^-$)。同时,吸附硝酸盐分解得到的 NO$_2$ 和活性氧容易接触炭烟颗粒表面,从而明显提高了炭烟催化燃烧的活性。同时,笔者课题组[27]还制备了 3DOM Pt@CeO$_{2-\delta}$ - rich/Ce$_{1-x}$Zr$_x$O$_2$ 催化剂[图 3-4(d)(e)],并提出了该催化剂对炭烟燃烧的催化机理[图 3-4(f)]。首先,3DOM 结构可以提高催化剂与炭烟颗粒的接触效率。其次,3DOM 氧化物上自组装的富含 Pt@CeO$_{2-\delta}$ 的核壳型纳米颗粒增加了 O$_2$ 活化的活性位点密度。最后,Pt@CeO$_{2-\delta}$ 核壳型纳米颗粒表面的活性氧物种可以转移到炭烟颗粒表面,将其氧化为 CO$_2$。该催化剂结合了 3DOM 氧化物与催化剂-炭烟良好接触和核壳结构的 Pt@CeO$_{2-\delta}$ 纳米颗粒的高氧空位密度的优点。

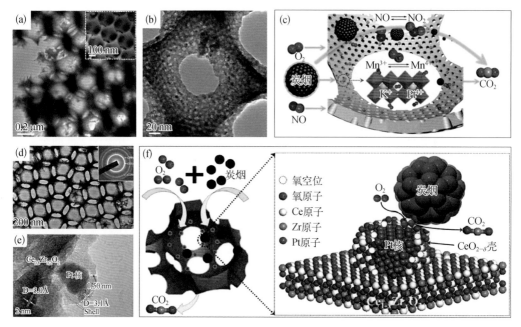

图3-4　OMMM Pt-KMnO$_x$/Ce$_{0.25}$Zr$_{0.75}$O$_2$催化剂的 SEM 图像（a）（b）及其炭烟燃烧机理示意图（c）；3DOM Pt@CeO$_{2-\delta}$-rich/Ce$_{1-x}$Zr$_x$O$_2$ 催化剂的 SEM 图像（d）（e）及其炭烟氧化机理示意图（f）

与负载 Pt 的铈基氧化物催化剂类似，负载 Au 的铈基氧化物催化剂也在炭烟燃烧反应中显示出优异的性能。Jin 等[28]使用还原沉积法制备了 Au/CeO$_2$/3DOM Al$_2$O$_3$ 催化剂，并将其用于炭烟催化燃烧，发现 CeO$_2$/3DOM Al$_2$O$_3$ 载体中的 Al-Ce-O 固溶体能够形成大量氧空位，改善了氧的输送性能。Au 与 CeO$_2$ 之间强烈的金属-载体相互作用增加了 Au 纳米颗粒表面的活性氧含量，从而促进了炭烟颗粒的氧化。相比于 Pt 和 Au，银是一种较便宜的贵金属。由于 Ag 可以促进活性氧的形成和补充，所以 Ag 对铈基氧化物的活性具有显著的调控作用。Deng 等[29]使用 KOH 和 NH$_3$·H$_2$O 的混合物作为沉淀剂，通过共沉淀法合成介孔结构的 Ag/Ce-Zr 催化剂，证明了 Ag/CeO$_2$-ZrO$_2$ 催化剂中具有高表面 Ag$^+$/Ag^0 比和 Ag-Ce 界面的 Ag 物种的分布有利于氧物种的活化和转移，从而提高炭烟催化燃烧活性。Zou 等[30]通过柠檬酸络合法制备了 xAg/Co$_{0.93}$Ce$_{0.07}$[x = Ag/(Co + Ce)物质的量之比]复合氧化物，发现催化剂在 O$_2$ 气氛下生成的表面银氧化物可以通过参与炭烟颗粒和氧化银之间的氧化-还原循环而促进炭烟颗粒燃烧，在富含 NO$_x$ 的气氛中形成的 AgNO$_3$ 有助于在较低温度下的炭烟颗粒起燃。除负载 Pt、Au、Ag 外，负载 Pd、Ru、Rh 等贵金属的铈基氧化物（如 Ce$_{1-x}$Ru$_x$O$_2$、Ce$_{1-x}$Pd$_x$O$_2$、Ce$_{1-x}$Rh$_x$O$_2$、Ru/Ce$_x$Zr$_{1-x}$O$_2$）也具有较好的炭烟氧化活性[31,32]。目前，多种类型的铈基氧化物已被广泛用于柴油机尾气炭烟颗粒的催化燃烧中,其对催化性能如表 3-1 所示。

表 3-1 铈基氧化物催化剂消除炭烟颗粒的催化性能概述

催化剂	炭烟/催化剂重量比	接触方式	流量/(mL/min)	反应物进料	(T_{10}/T_i)① /℃	(T_{50}/T_m)② /℃	T_{90} /℃	相关文献
8 nm-CeO$_2$	1/4	松散	100	12% O$_2$+N$_2$平衡气	348	413	—	[2]
11 nm-CeO$_2$	1/4	松散	100	12% O$_2$+N$_2$平衡气	363	490	—	[2]
20 nm-CeO$_2$	1/4	松散	100	12% O$_2$+N$_2$平衡气	379	493	—	[2]
立方体 CeO$_2$	1/10	松散	100	10% O$_2$+N$_2$平衡气	—	459	554	[5]
八面体 CeO$_2$	1/10	松散	100	10% O$_2$+N$_2$平衡气	—	541	606	[5]
棒状 CeO$_2$	1/10	松散	100	10% O$_2$+N$_2$平衡气	—	539	597	[5]
CeO$_2$-ZrO$_2$(C-T)	1/9	紧密	100	10% O$_2$+7% H$_2$O+N$_2$平衡气	325	366	406	[10]
Ce$_{0.92}$Zr$_{0.08}$O$_2$	1/10	紧密	50	10% O$_2$+N$_2$平衡气	—	355	—	[11]
Ce$_{0.5}$Mn$_{0.5}$O$_2$	1/4	松散	100	12% O$_2$+N$_2$平衡气	259	383		[13]
Mn/Ce$_{0.5}$Zr$_{0.5}$O$_2$	1/10	松散	500	600 ppm NO+10% O$_2$+N$_2$平衡气	381	531		[14]
CoCeO$_2$-NC	1/10	松散	30	13% O$_2$+1 000 ppm NO+He 平衡气		542		[17]
CoCeO$_2$-NR	1/10	松散	30	13% O$_2$+1 000 ppm NO+He 平衡气		494		[17]
CoCeO$_2$-NP	1/10	松散	30	13% O$_2$+1 000 ppm NO+He 平衡气		539		[17]
3DOM Co$_x$Ce$_{1-x}$O$_\delta$	1/10	松散	500	10% O$_2$+N$_2$平衡气	367	452	—	[18]
3DOM Co$_3$O$_4$-CeO$_2$	1/10	松散	80	5% O$_2$+0.25% NO+N$_2$平衡气		406		[19]
Ce$_{0.95}$Cr$_{0.05}$O$_{2-\delta}$	1/4	紧密	100	空气	—	425	—	[22]
(Ni-Ce)-3DOM	1/4	松散	50	5% O$_2$+500 ppm NO+N$_2$平衡气	—	530		[23]
OMMM Pt-KMnO$_x$/Ce$_{0.25}$Zr$_{0.75}$O$_2$	1/10	松散	50	10% O$_2$+2 000 ppm NO+Ar 平衡气	273	330	385	[26]
Pt @ CeO$_{2-\delta}$/Ce$_{0.8}$Zr$_{0.2}$O$_2$	1/10	松散	50	10% O$_2$+2 000 ppm NO+Ar 平衡气	316	408	451	[27]
Au/CeO$_2$/3DOM Al$_2$O$_3$	1/10	松散	50	10% O$_2$+0.2% NO+Ar 平衡气	273	364	412	[28]
Ag/CeO$_2$-ZrO$_2$	1/19	松散	50	4.8% O$_2$+5% H$_2$O+N$_2$平衡气	254	286	317	[29]

---

① T_i表示起燃温度。
② T_m表示最大 CO$_2$浓度对应的温度。

3.2.1.2　镧基氧化物

稀土元素 La，于 1839 年被化学家卡尔·古斯塔法·莫桑德尔（Carl Gustav Mosander）发现并提取，La 元素储量丰富，且其具有特殊的电子结构和独特的物理化学性质等特点使其广泛地应用于催化领域中[33]，这也决定了 La 基催化剂在催化燃烧柴油机炭烟颗粒方向中的快速发展和广泛研究。迄今为止，稀土元素 La 在催化燃烧炭烟颗粒的反应中的应用主要分为两方面，一方面是形成单一金属氧化物 La_2O_3；另一方面是与其他元素相互复合，或是形成具有特殊结构的复合氧化物。

1. 单一金属氧化物 La_2O_3

在催化炭烟颗粒燃烧反应中，柴油机排放尾气中的氮氧化物 NO_x 会被氧化为 NO_2，而 NO_2 相当于气体催化剂，不仅能够更好地与炭烟颗粒接触，而且可以利用其强氧化性加速炭烟颗粒燃烧[34,35]。随着对 La 基催化剂的深入研究，Miro 等[36]和 Querini 等[37]通过研究均发现单一金属氧化物 La_2O_3 对 NO_x 具有强吸附作用，因此，研究者们将 La_2O_3 催化剂作为一种氮氧化物捕集器（NO_x trap），并应用于催化炭烟颗粒燃烧反应中，以加速炭烟颗粒的燃烧消除。为了进一步提高 La_2O_3 催化剂的催化性能，碱金属和贵金属等常作为活性组分负载于载体 La_2O_3 上。Sánchez 等[36]采用等体积浸渍法将碱金属 K 负载于 La_2O_3 载体，K 的高流动性有利于增加炭烟颗粒与催化剂的有效接触效率，同时，通过形成 La 和 K 的硝酸盐物种进一步增强了 NO_x 与 K/La_2O_3 催化剂之间的吸附作用。此外，贵金属催化剂，如 Pt、Pd 和 Au 等，在炭烟颗粒氧化过程中对气态氧具有良好的吸附和活化的能力，因此，将贵金属引入 La 基催化材料中以调控催化剂的活性位也是目前的研究热点之一。笔者课题组[38]通过水热法成功制备 La_2O_3 纳米棒，并将其作为载体，同时利用气膜辅助还原法（gas bubbling-assisted membrane reduction，GBMR）将 Pt 纳米颗粒负载于不同暴露晶面的 La_2O_3 载体，对炭烟颗粒氧化过程中所存在的载体形貌（暴露晶面）依赖性催化行为进行了深入研究，其催化炭烟燃烧的反应机理如图 3-5（a）所示。La_2O_3 载体与活性组分 Pt 颗粒产生相互作用，起到降低颗粒表面能以稳定贵金属纳米颗粒的作用。此外，由于贵金属粒子在长时间高温作用下易烧结，为了抑制贵金属粒子烧结现象，笔者课题组[39]利用载体与负载金属之间产生强相互作用（strong metal-support interaction，SMSI）这一原理，通过 Au 粒子与 La_2O_3 氧化物之间形成核壳结构来稳定贵金属纳米颗粒，成功制备了高分散 $Au_n@La_2O_3/La_2O_2CO_3$ 催化剂，其催化炭烟颗粒燃烧的反应机理如图 3-5（b）所示。研究表明，Au 与 La_2O_3 相互作用有利于壳层界面上分子氧的吸附和活化，通过增加表面活性氧物种的数量来提高 $Au_n@La_2O_3/La_2O_2CO_3$ 催化剂对炭烟颗粒催化氧化活性。

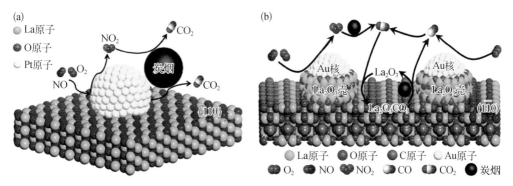

图 3-5　Pt/La$_2$O$_3$-R（a）和 Au$_7$@La$_2$O$_3$/La$_2$O$_2$CO$_3$催化剂（b）催化炭烟颗粒燃烧的反应机理图[38,39]

2. La 基复合金属氧化物

近些年,除单一金属氧化物 La$_2$O$_3$ 催化剂在炭烟颗粒催化燃烧中的应用,La 元素更多的是与其他元素相互复合或者是形成具有特殊结构的复合氧化物,其中最常见的固定结构氧化物为含 La 的钙钛矿氧化物。钙钛矿氧化物的结构通式为 ABO$_3$,La 元素常作为 A 位与 12 个氧阴离子配位,较小离子半径的 B 位阳离子与上述 12 个氧阴离子中的 3 个氧阴离子和另外 3 个氧阴离子配位形成八面体 BO$_6$ 立方结构[40-42]。B 位常选用具有 3d、4d 和 5d 轨道结构的金属元素,研究表明过渡金属元素阳离子 d 轨道具有易得到或失去电子的特性,使这类钙钛矿催化剂在催化炭烟颗粒燃烧这个深度氧化还原反应中均表现出较高的氧化还原性能。早在 20 世纪 70 年代,Libby 等[43]制备了稀土元素 La 与 Co 形成的钙钛矿催化剂,并研究了它们在汽油机尾气催化净化的应用,结果表明 La 基钙钛矿型结构催化剂在汽车尾气的净化方面具有较大的应用潜力。发展至今,Fan 等[44] 和 Li 等[45]选用过渡金属元素 Fe、Mn 和 Co 等为 B 位阳离子,成功制备了一系列 La 基钙钛矿 LaCoO$_3$、LaMnO$_3$ 和 LaFeO$_3$ 催化剂,并将其应用于炭烟颗粒燃烧反应中。为了进一步提高钙钛矿氧化物 ABO$_3$的本征催化活性,研究人员从机理方面出发调控 A、B 位的取代元素从而改变钙钛矿催化剂的物理化学特性。因而,钙钛矿催化剂形如 A$_{1-x}$A$'_x$B$_{1-y}$B$'_y$O$_{3\pm\delta}$ 的结构比简单的 ABO$_3$结构受到更广泛的关注。Liang 等[46]采用溶胶-凝胶法成功制备了一系列 La$_{0.8}$K$_{0.2}$Co$_{1-y}$Mn$_y$O$_3$ 催化剂,A 位部分 La^{3+} 被 K$^+$ 取代,使 B 位取代元素 Mn 从低价态升至高价态,高价锰离子具有更高的氧化还原性能,从而提高了 Co 基催化剂对炭烟颗粒燃烧的催化活性。为了进一步提高钙钛矿氧化物催化剂的活性,Da 等[47]将贵金属作为掺杂元素引入 Mn 基钙钛矿氧化物催化剂中,制备了 LaMn$_{1-x}$Pt$_x$O$_3$（x = 0、0.05、0.1、0.2、0.3）钙钛矿氧化物催化剂。研究表明,一定量的 Mn 被 Pt 取代后,催化剂表面的氧空位浓度提高,LaMn$_{0.8}$Pt$_{0.2}$O$_3$ 催化剂中增加的 Mn^{3+} 和表面的氧空位吸附的活性氧物种均起到加速催化反应的作用。

钙钛矿氧化物的高温焙烧条件导致了其颗粒团聚、比表面积较低。除了催化剂的本征催化活性外,增大炭烟颗粒与催化剂活性位的接触效率也是提高催化剂催化性能的主要途径之一,因此,研究者们致力于采用新方法或改进的传统制备方法来制备具有特殊形貌或较大比表面积的高活性钙钛矿氧化物催化剂。笔者课题组[48]制备了K元素A位掺杂的3DOM $La_{1-x}K_xCoO_3$,与纳米颗粒钙钛矿氧化物催化剂相比,这种催化剂的大孔径和相互连接的大孔通道不仅可以使炭烟颗粒进入孔内进行燃烧,而且可以减小炭烟颗粒到达催化剂活性位的扩散阻力,进而显著改善炭烟颗粒与催化剂的接触效率。此外,该课题组[49]采用双模板法成功制备了3DOM $La_{1-x}Ca_xFeO_3$ 钙钛矿氧化物催化剂,这种均匀有序联通的大孔结构与大量的介孔孔道相结合的大-介孔钙钛矿氧化物催化剂,有利于提高气态反应物 O_2 和NO的传质效率,为活化 O_2 和NO提供了更多的活性位,炭烟颗粒在反应气体的带动下增加了与催化剂的接触效率。目前,贵金属催化剂仍是炭烟颗粒燃烧反应中催化活性较高的催化体系[50,51]。为了进一步提高La基钙钛矿催化剂的活性,笔者课题组[52]采用气膜辅助还原法成功控制了贵金属Au颗粒尺寸并将不同粒径的Au颗粒均匀负载到3DOM La基钙钛矿氧化物载体上[图3-6(a)(c)]。在该系列催化剂中,载体上均匀分散的Au颗粒对氧起到的活化作用有效地降低了该系列催化剂的起燃温度。其中,当其粒径尺寸为3.0 nm时,3DOM $Au_{0.04}/LaFeO_3$ 催化剂使炭烟颗粒的起燃温度降低至228 ℃。除了上述方法,Lee等[53]采用静电纺丝技术制备了纳米纤维网状 $La_{1-x}Sr_xCo_{0.2}Fe_{0.8}O_{3-\delta}$,与块状催化剂相比,由纳米管三维排列而形成的纳米纤维网状结构可以容纳炭烟颗粒,增大催化剂与炭烟颗粒的接触面积,从而改进了催化剂的性能。在此基础上,Fang等[54]利用溶胶-凝胶法结合静电纺丝技术制备了 $La_{1-x}K_xFeO_{3-\delta}$ 钙钛矿氧化物纳米管催化剂并将其应用于炭烟颗粒燃烧中。其中,$La_{0.8}K_{0.2}FeO_{3-\delta}$ 纳米管催化剂表现出最高的催化活性,炭烟颗粒燃烧的 T_{10}、T_{50} 和 T_{90} 分别为341 ℃、380 ℃和418 ℃。

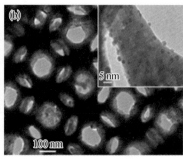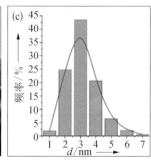

图3-6　3DOM $Au_{0.04}$/$LaFeO_3$的SEM图像（a）、TEM图像（b）和Au颗粒尺寸分布图（c）[52]

除 ABO_3 结构外，双钙钛矿型 $A_2BB'O_6$ 和结构通式为 A_2BO_4 的 La 基类钙钛矿复合氧化物也可被制备并应用于炭烟颗粒催化燃烧中。如赵震课题组[55]采用胶体晶体模板法成功制备了 3DOM $La_2NiB'O_6$（B'= Mn、Fe、Co、Cu）催化剂，B'位元素取代 $LaNiO_3$ 后对炭烟颗粒燃烧的催化活性显著提高，其中，3DOM La_2NiCoO_6 催化剂对炭烟氧化的催化活性最高。Zhao 等[56]以 $La(NO_3)_3$ 和 $Cu(NO_3)_2$ 为金属前驱体，以 $NaHCO_3$ 为沉淀剂，通过共沉淀制备方法得到一系列 La_2CuO_4 催化剂，而 Mao 等[57]采用金属硝酸盐为金属前驱体，以柠檬酸为络合剂，通过络合法成功制备了一系列 $La_{1.8}M_{0.2}NiO_4$（M = Na^+、Sr^{2+}、Ce^{3+}）催化剂。其中，$La_{1.8}Sr_{0.2}NiO_4$ 催化剂具有最佳的炭烟颗粒燃烧性能，其 T_i 和 T_m 分别为 331 ℃和 473 ℃，上述研究方法为设计和开发更高活性的催化剂提供了的研究思路。

La 基氧化物催化剂去除炭烟颗粒的催化性能研究进展如表 3-2 所示。

表 3-2　La 基氧化物催化剂去除炭烟颗粒的催化性能研究进展

催化剂	炭烟/催化剂质量比	接触方式	反应物进料	升温速率/(℃/min)	$S^m_{CO_2}$/%	(T_{10}/T_i)/℃	(T_{50}/T_m)/℃	T_{90}/℃	相关文献
Pt/La_2O_3-R	1/10	松散	流量 50 mL/min，5% O_2 + 0.2% NO + Ar 平衡气	2	99.4	266	369	417	[38]
$Au_6@La_2O_3/LOC-R$	1/10	松散	流量 50 mL/min，5% O_2 + 0.2% NO + Ar 平衡气	2	99.8	273	372	423	[39]
$Co_{0.93}La_{0.07}$	1/19	紧密	流量 50 mL/min，空气	—	—	—	402	—	[58]
$LaMn_{0.8}Pt_{0.2}O_3$	1/10	紧密	流量 100 mL/min，10% O_2 + 空气	10	—	339	369	385	[47]
K - Mn/3DOM $La_{0.8}Ce_{0.2}FeO_3$	1/9	松散	流量 50 mL/min，5% O_2 + 500 ppm NO + N_2 平衡气	2	96.5	316	377	430	[59]
$La_{0.63}Sr_{0.27}K_{0.1}CoO_{3-\delta}$	1/9	松散	流量 100 mL/min，5% O_2 + 2 000 ppm NO	5	—	332	359	383	[60]
$LaCo_{0.94}Pt_{0.06}O_3$	1/10	松散	流量 100 mL/min，2 000 ppm NO/空气	10	—	344	403	435	[61]
$La_{0.8}K_{0.2}Co_{0.7}Mn_{0.3}O_3$	1/10	松散	流量 100 mL/min，10% O_2 + 500 ppm NO + He 平衡气	—	—	276	355	—	[46]
$La_{0.9}Ce_{0.1}CoO_3$	1/10	松散	流量 50 mL/min，5% O_2 + Ar 平衡气	2	99.3	371	444	497	[62]
3DOM $La_{0.9}K_{0.1}CoO_3$	1/10	松散	流量 50 mL/min，5% O_2 + 0.2% NO + Ar 平衡气	2	—	—	378	—	[48]
3DOM $La_{0.5}Sr_{0.5}MnO_3$	1/9	松散	流量 100 mL/min，20% O_2 + 500 ppm NO + N_2 平衡气	5	—	320	385	428	[63]
$La_{0.7}Ag_{0.3}Mn_{0.9}Co_{0.1}O_3$	1/4	紧密	流量 180 mL/min，12% O_2 + He 平衡气	10	—	—	371	—	[64]
$La_{0.8}Ce_{0.2}CrO_8-600$	1/9	松散	流量 50 mL/min，5% O_2 + 500 ppm NO + N_2 平衡气	2	92.6	386	425	469	[65]

续　表

催化剂	炭烟/催化剂质量比	接触方式	反应物进料	升温速率/(℃/min)	$S^m_{CO_2}$ /%	(T_{10}/T_i)/℃	(T_{50}/T_m)/℃	T_{90}/℃	相关文献
K/La$_{0.8}$Ce$_{0.2}$Mn$_{0.6}$Fe$_{0.4}$O$_3$	1/9	松散	流量 50 mL/min, 20% O$_2$+80% N$_2$	2	91.9	322	379	429	[66]
La$_{0.7}$K$_{0.3}$FeO$_{3-\delta}$纳米棒	1/9	松散	流量 100 mL/min, 20% O$_2$+500 ppm NO	2	94.0	355	393	429	[54]
LaAl$_{0.25}$Co$_{0.75}$O$_3$	1/9	松散	流量 100 mL/min, 4% O$_2$+500 ppm NO+N$_2$平衡气	5	99.8	377	467	585	[67]
3DOM La$_{0.7}$Ce$_{0.3}$Fe$_{0.4}$Co$_{0.6}$O$_3$	1/9	松散	流量 100 mL/min, 5% O$_2$+500 ppm NO+N$_2$平衡气	2	97.2	339	410	473	[68]
3DOM La$_2$NiCoO$_6$	1/10	松散	流量 50 mL/min, 5% O$_2$+0.2% NO+5% H$_2$O+Ar 平衡气	2	98.6	288	362	412	[55]
3DOM La$_{0.95}$K$_{0.05}$NiO$_3$	1/10	松散	流量 50 mL/min, 5% O$_2$+2 000 ppm NO+N$_2$平衡气	2	98.7	289	338	372	[69]
Au$_{0.04}$/LaFeO$_3$	1/10	松散	流量 50 mL/min, 5% O$_2$+0.2% NO+Ar 平衡气	2	99.7	228	368	—	[52]

3.2.1.3　其他稀土氧化催化剂

除铈基和镧基外,其他稀土元素如镨(Pr)、钐(Sm)、钕(Nd)等也被广泛应用于炭烟的催化燃烧中。其中,采用缺氧化学计量的氧化镨被认为是氧化铈催化剂的改进替代品,在催化炭烟燃烧中表现出良好的催化性能,与 Ce^{4+}/Ce^{3+}对相比,Pr^{4+}/Pr^{3+}对具有更强的还原潜力及 NO$_2$生成能力。目前研发的 PrO$_x$纳米催化剂[70]及 3DOM PrO$_x$[71]催化剂在基于其结构特点改善了与炭烟接触效率的同时,均表现出了比同结构 CeO$_2$催化剂更好的催化性能,并经过连续的炭烟燃烧循环后表现出了更好的稳定性。此外,Pr 主要还被作为掺杂剂引入氧化铈晶格以改善其热稳定性和氧化活性。与纯 CeO$_2$相比,镨掺杂后的铈基混合氧化物中氧阴离子的结合能较低,增加了低温下的氧脱附,并因 Pr^{4+}/Pr^{3+}对的还原电位高于 Ce^{4+}/Ce^{3+}对的还原电位,产生更多的氧空位,增强了氧的储存/释放能力,促进了 Ce^{3+}/Ce^{4+}对氧化还原过程,进而增加氧的迁移。近年来,研究人员通过共沉淀法、反相微乳法、硝酸盐煅烧等多种制备方法合成了多种不同铈镨比的铈镨复合氧化物催化剂。研究表明,当镨离子等比例掺杂氧化铈时,铈和镨的混合氧化物对 NO 的氧化非常活跃,因此 NO$_2$辅助的炭烟氧化活性很高[72]。在 NO$_x$/O$_2$氛围下,硝酸盐煅烧制备的催化剂 Ce$_{0.5}$Pr$_{0.5}$O$_{2-\delta}$具有更高的炭烟燃烧活性。然而在 O$_2$/N$_2$氛围下,共沉淀法制备的 Ce$_{0.5}$Pr$_{0.5}$O$_{2-\delta}$在 CeO$_2$晶格中实现了更好的掺杂,改善了表面和氧化物骨架中的氧的迁移率,因而催化活性更好[73]。在此基础上,研究人员将 Cu 颗粒负载到 $Ce_{0.5}Pr_{0.5}O_{2-\delta}$ 上以优化两种氧化机制(活性氧辅助和氮氧化物辅助)对整个燃烧反应的协同作用。Pr 掺杂后的氧化铈可有效促进活性氧辅助机理,而 Cu 颗粒则主要促进 NO 催化氧化为 NO_2(NO_2 辅助机理),两种炭烟燃烧机理同时发生促使催化活性显著提升[74]。

除 Pr 离子外,其他稀土金属如钕(Nd)[75]、铽(Tb)、镥(Lu)[76]、铕(Eu)[77]、钐(Sm)[78]、钆(Gd)[79,80]等对氧化铈的掺杂同样可以改善氧化铈的抗烧结能力,并在低温氧化反应中表现出较高的活性,同时抑制在催化炭烟氧化过程中氧化铈晶粒的增长,避免催化剂因比表面积下降而降低催化活性。Zr^{4+} 作为半径较小的等价阳离子掺入 CeO_2 晶格可以产生结构缺陷,加速氧在体相中的扩散。且与四方晶格相比,立方晶格更有利于氧的扩散[81]。Pr 的离子半径比 Zr 大,因此在 CeO_2-ZrO_2 固溶体中引入少量 Pr 氧化物可以合成具有立方萤石结构的纳米 Ce-Zr-Pr 氧化物固溶体,$Ce_{0.4}Zr_{0.5}Pr_{0.1}O_4$ 表现出比 $Ce_{0.7}Zr_{0.3}O_4$ 更好的催化活性[82]。除镨离子外,Nd[83,84]、Sm、Tb[85]等作为第三阳离子掺杂 CeO_2-ZrO_2 复合氧化物同样可以通过产生氧空位改善 CeO_2 的氧化还原性能。

除常见的钙钛矿、尖晶石等固定相结构外,$SmMn_2O_5$ 的莫来石型复合氧化物同样广泛用于炭烟催化氧化的研究。$SmMn_2O_5$ 具有正交晶体结构,Mn 以两种氧化态(Mn^{4+} 和 Mn^{3+})的形式存在,每个 Mn^{4+} 与六个氧原子配位,形成一条边共享的 $Mn^{4+}O_6$ 八面体平行链,相邻的链由 a-b 平面上扭曲的方形 $Mn^{3+}O_5$ 棱锥体连接。目前研究人员已制备出多种形貌的 $SmMn_2O_5$ 催化剂(如纳米颗粒、纳米棒、无序大孔、三维有序大孔等)以改善与炭烟颗粒的接触。研究表明,$SmMn_2O_5$ 对 NO 的氧化表现出较好的催化活性,Mn^{4+}-Mn^{4+} 二聚体被确定为活性中心,其反应机理如图 3-7(a)所示[86,87]。在此基础上,研究人员分别采用 $K_2Mn_4O_8$[88] 和 Ag 纳米颗粒[89]对其改性,二者结构如图 3-7(b)和(d)所示。研究表明 $K_2Mn_4O_8$ 改性可以有效地抑制 NO_2^* 从 $SmMn_2O_5$ 催化剂上的脱附,从而导致更多的 NO_2^* 物种直接参与炭烟颗粒的氧化。而在 Ag 纳米粒子的改性中,一方面 Ag 物种可以有效地解离吸附 O_2 生成活性氧物种,另一方面银离子进入莫来石型复合氧化物晶胞中,增加了莫来石型复合氧化物中 Mn^{4+} 的含量,产生了包括氧空位在内的更多结构缺陷,有利于 O_x^{n-} 的生成和再生,二者的催化机制如图 3-7(c)和(e)所示。此外,不同稀土元素(Ln = La、Nd、Sm)取代的 $Ln_2Sn_2O_7$ 焦绿石同样被研究用于炭烟的催化燃烧。随着稀土离子半径的增大,$Ln_2Sn_2O_7$ 焦绿石中 Sn—O 键强度降低,从而改善了催化剂的还原性能,表面氧空位增加。改进后的氧空位可以加快氧离子在催化剂表面的迁移速度,增强 O_2 在催化剂表面的吸附和活化能力。考虑到稀土焦绿石氧化物在改性结构和性能方面的特点,它可能是一种很有前途的炭烟燃烧催化材料[90]。

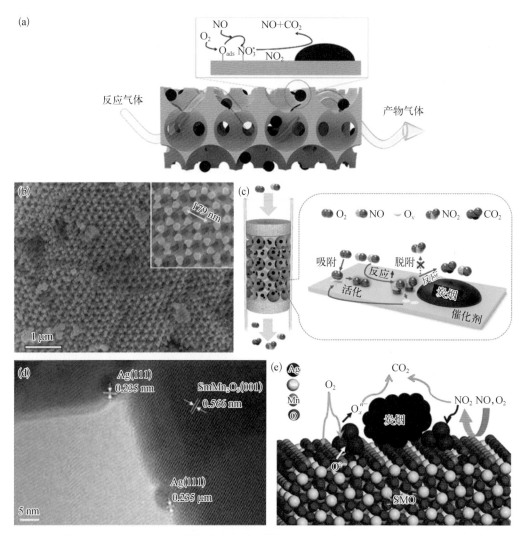

图 3-7 （a）3DOM SmMn$_2$O$_5$ 的催化反应机理[86]，（b）K$_2$Mn$_4$O$_8$-3DOM SmMn$_2$O$_5$ 的 SEM 图像[88]，（c）K$_2$Mn$_4$O$_8$-3DOM SmMn$_2$O$_5$[88]，（d）Ag/SmMn$_2$O$_5$ 的 HRTEM 图像[89] 和（e）Ag/SmMn$_2$O$_5$[89] 的催化炭烟燃烧机理示意图

3.2.2　NO$_x$ 消除稀土催化剂的研究

氮氧化物 NO$_x$ 一般是 NO、NO$_2$、N$_2$O、N$_2$O$_3$、N$_2$O$_4$ 和 N$_2$O$_5$ 的总称，是造成大气污染的主要污染源之一[91]。NO$_x$ 是火电厂、工业窑炉、炼化企业、机动车、船舶尾气排放的主要污染物之一，NO$_x$ 排放会产生一系列的环境问题，如酸雨、光化学烟雾、雾霾等。目前 NO$_x$ 的控制技术主要是选择性催化还原（selective catalytic reduction，SCR）技术，其已经广泛

应用在固定源烟气和移动源尾气 NOₓ 排放控制治理中。SCR 技术通过外加还原剂能够有效地催化还原 NOₓ，可以作为还原剂的物质有 NH_3、H_2、CO、尿素和 HC 等。NH_3 - SCR 技术的核心就是催化剂，需要选择具有高活性、宽活性温度窗口、低成本的催化剂。

根据催化剂的类型，NH_3 - SCR 脱硝催化剂可以分为金属氧化物催化剂和沸石分子筛催化剂。商业上应用最广的是 V_2O_5 - WO_3/TiO_2 催化剂，但是该系列催化剂活性温度窗口窄（300～400 ℃）。沸石分子筛催化剂在 NH_3 - SCR 技术中的应用越来越受到关注[92]。金属离子交换沸石特别是 Cu 基沸石分子筛催化剂（包括 MFI、BEA、CHA 等拓扑结构），因具有高活性、较宽的活性温度窗口而得到广泛研究。在几种脱硝催化剂体系中，稀土氧化物，特别是铈基氧化物以及稀土改性分子筛催化剂，因具有稀土金属阳离子的可变价性、晶格氧的可流动性以及表面酸性等优点[93,94]，已经成为机动车尾气 NOₓ 消除中的研究热点。

3.2.2.1　铈基氧化物

由于 CeO_2 中存在丰富的晶格氧，使其具有很强的储氧能力和优异的氧化还原性能，因此被广泛地研究用以促进 SCR 活性[95-97]。

1. CeO_2

（1）单一 CeO_2

单一 CeO_2 催化剂含有大量的氧空位，因此该催化剂具有良好的氧化还原性能，表现出一定的 NH_3 - SCR 活性[98]。目前 CeO_2 催化剂与 NH_3 或 NOₓ 之间相互作用机理的认知已经较为清晰，如图 3 - 8 所示。在 NOₓ 不存在的情况下，NH_3 在 CeO_2 上被氧化，在低温下通过两步选择性催化还原机制生成 N_2，在高温下生成 NOₓ。在 NOₓ 存在的情况下，吸附的 NH_3 与吸附的 NOₓ 物种发生反应，在较低温度下生成 N_2，而在较高温度下大部分 NH_3 被氧化生成 NO[99]。

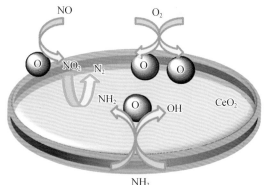

图 3 - 8　CeO_2 催化剂上 NOₓ 和 NH_3 的作用机理[99]

（2）酸修饰 CeO_2

单一 CeO_2 的氧化还原性并不能满足催化剂高 NH_3 - SCR 活性的需求，因为 NH_3 - SCR 反应从本质上是酸性和氧化还原性协同作用的过程。为了提高 NOₓ 的转化率，需要在 CeO_2 中引入足够的酸性位点，通过在催化剂表面引入酸性官能团来提高酸性，从而提高催化剂的脱硝活性。

　　杨向光课题组[100]按不同的 H_3PO_4/CeO_2 比，对 CeO_2 进行 H_3PO_4 酸处理，制备了一系列催化剂。经 H_3PO_4 改性后样品的酸强度增加，显著提高了 NH_3-SCR 性能，具有非常宽的脱硝活性温度窗口。

　　CeO_2 经过 $(NH_4)_2SO_4$ 硫酸化处理后，得到了 CeO_2-S，也可以在 CeO_2 表面引入 SO_4^{2-} 官能团，增加催化剂的 Brønsted 酸性，从而提高催化剂的催化活性[101]。为了解引入酸性官能团后，CeO_2 上的反应机理，刘坚和董林等人[102]构建了三种具有不同界面的 $Ce_2(SO_4)_3$-CeO_2 模型催化剂，以揭示酸性-氧化还原性相互作用对 NH_3-SCR 性能的影响，具体的反应机理如图 3-9 所示。

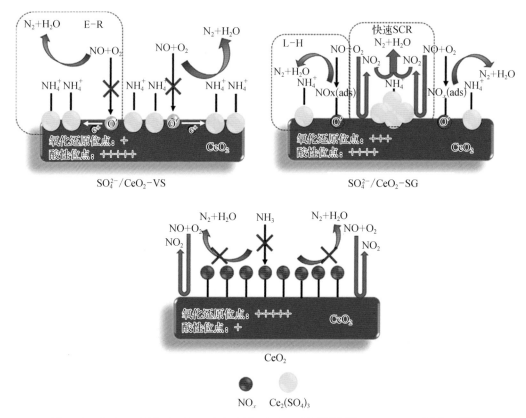

图 3-9　CeO_2、SO_4^{2-}/CeO_2-VS 和 SO_4^{2-}/CeO_2-SG 催化剂的 NH_3-SCR 反应机理[102]

　　此外，在 CeO_2 催化剂表面负载固体酸和杂多酸同样也能增加表面的酸性。有研究人员制备了一系列硅钨酸（HSiW）改性的 CeO_2 样品，并对其 NH_3-SCR 性能进行评价。结果表明，温度为 226～400 ℃时，10% HSiW/Ce 的 NO 转化率达到 90% 以上，N_2 选择性达到 99%。HSiW 物种很好地分散在 CeO_2 催化剂表面，并保持 Keggin 型结构，使得催化剂的 Brønsted 酸中心增加[103]。

（3）NH₃处理 CeO₂

对 CeO₂进行 NH₃处理也可显著提高其 NH₃- SCR 性能。NH₃处理会破坏 CeO₂的结晶性并增加催化剂表面的活性官能团,提高其还原性,同时催化剂表面会产生更多的 Ce³⁺和表面吸附氧[104]。

任珊等人[105]制备了不同暴露晶面的 CeO₂催化剂(纳米多面体 CeO₂- NP 和纳米立方体 CeO₂- NC),NH₃处理后的催化剂表现出不一样的 NO 氧化性能和 NH₃吸附功能。其中,N - CeO₂- NP 含有最多的氧空位,可能是由于高温 NH₃还原处理导致更多的 Ce 原子被还原,因此其具备最佳的 NO 氧化活性,促进了快速 SCR 反应,反应机理如图 3 - 10所示。

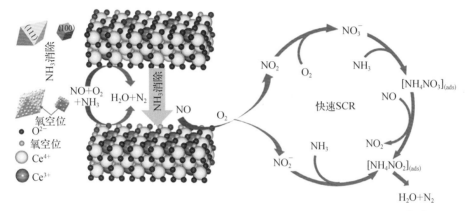

图 3- 10　不同暴露晶面的 CeO₂催化剂上氧空位促进快速 SCR 的反应机理[105]

（4）氧化物改性 CeO₂

董林等人[106]采用浸渍法制备了一系列 TiO₂/CeO₂催化剂。与通常讨论的 CeO₂/TiO₂催化剂相比,反相 TiO₂/CeO₂表现出良好的低温催化活性(150～250 ℃)和更好的抗 SO₂性能。此外,基于 Ce - Ti 基催化剂的构型差异,SO₂对催化活性的抑制作用比 H₂O 更为显著。结果表明,这些样品在反应条件下的硫酸化主要生成三种不同的硫酸盐物种,包括 NH₄HSO₄、表面金属硫酸盐和块状金属硫酸盐。形成的金属硫酸盐堵塞了 Ce - O - Ti 活性中心,导致 CeO₂/TiO₂失活。虽然在 TiO₂/CeO₂上也形成了金属硫酸盐,但 NH₃- SCR 反应仍然可以进行,这与使用硫酸化 CeO₂作为催化剂的反应模型类似。他们提出的 SO₂的吸附模型如图 3 - 11 所示。

他们接着研究了不同形貌和晶面效应对 NH₃- SCR 活性的影响。TiO₂/CeO₂- NC、TiO₂/CeO₂- NP 和 TiO₂/CeO₂- NR 催化剂的形貌分别为纳米立方体、纳米多面体和纳米棒。TiO₂/CeO₂- NR 催化剂表现出 TiO₂物种的最佳分散性、最优异的还原行为和表面酸性,以及最大数量的 Ce³⁺和化学吸附氧,使其在 NH₃- SCR 反应中的脱硝性能最佳[107]。

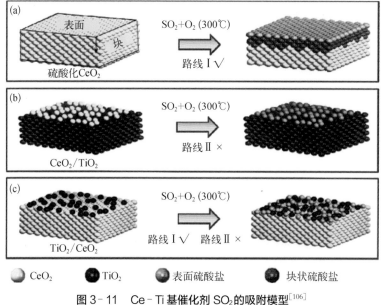

图 3-11　Ce-Ti 基催化剂 SO_2 的吸附模型[106]

2. 铈掺杂催化剂

CeO_2 除了本身作为催化剂外,还可以作为活性组分负载到其他载体上,通过载体对活性组分的分散作用和催化剂表面载体与活性组分之间的相互作用,进一步提高催化剂的 NH_3-SCR 活性。CeO_2 也可以作为助剂掺杂到其他的活性相中,以提高催化剂的脱硝活性及抗性。铈掺杂催化剂的制备方法主要有浸渍法、气相沉积法和水热法等。

(1) Ce 掺杂 TiO_2

程锴等人[108]通过等体积浸渍法将 CeO_2 纳米颗粒负载在尺寸可调的 TiO_2 纳米棒微球上,制备了一系列 Ce/Ti 催化剂。由于 TiO_2 纳米结构与 CeO_x 物种的强相互作用,增强了 CeO_x 的分散性,提高了催化剂的脱硝活性。他们还采用浸渍法制备了不同 Ce 和 Sb 改性的 TiO_2 负载氧化钒催化剂。活性组分铈、钒和氧化锑在 TiO_2 上分散良好。$V_5Ce_xSb_y/TiO_2$ 催化剂表现出良好的低温 NH_3-SCR 催化活性,温度为 210~400 ℃ 时,NO 转化率高于 90%[109]。

张舒乐等人[110]采用湿法浸渍将 CeO_2 分散在介孔 P 修饰的 $TiO_2(Ti-P_x)$ 上,构建了一种高效、稳定的催化剂。$Ti-P_x$ 的独特结构使 CeO_2 高度分散,活性组分-载体相互作用强。CeTi-P 催化剂上有丰富的表面活性氧物种和酸中心,因此当温度为 200~450 ℃ 时,其可表现出更高的催化活性。

(2) Ce 掺杂 MnO_2

Ce 的掺杂对负载型的 Mn 基催化剂有显著的影响,在增大催化剂比表面积的同时也会影响到活性物种的分布[111]。

刘勇军等人[112]对水热法 Ce 掺杂改性的层状水钠锰矿型 MnO_2 催化剂进行了抗 SO_2 中毒能力的机理研究,如图 3-12 所示,SiO_2 在铈物种上被优先吸附和氧化,以保护活性中心;NH_4^+ 被吸附在 $Ce_2(SO_4)_3$ 的 SO_4^{2-} 上,从而参与 SCR 反应,为催化剂提供了新的酸位。

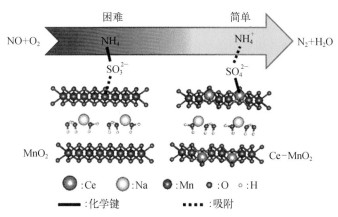

图 3-12 铈提高层状水钠锰矿型 MnO_2 催化剂抗 SO_2 中毒能力的机理[112]

（3）Ce 掺杂 ZrO_2

Ce 掺杂 ZrO_2 催化剂可以通过沉淀法和浸渍法制备。为了提高催化剂的酸性,可以通过酸对 ZrO_2 载体进行预处理。值得注意的是,经 H_2SO_4 处理的 CeO_2/ZrO_2 催化剂在 248~500 ℃ 的宽温度窗口内表现出最好的脱硝活性,NO 去除效率在 94% 以上[113]。

张秋林等人[114]制备了磷酸修饰的 ZrO_2 载体的 CeO_2 催化剂。当 CeO_2/ZrP 催化剂的负载量为 20%（质量分数）、温度为 250~425 ℃ 时,NO_x 转化率和 N_2 选择性均超过 98%。CeO_2 和磷酸锆之间的相互作用增强了催化剂的氧化还原能力和表面酸性,从而提高了 NH_3-SCR 活性。催化剂上的 NH_3-SCR 反应遵循 E-R 和 L-H 机理（这两个机理的具体介绍详见 3.2.4 节）。

（4）其他掺杂

唐幸福等人[115]通过调整高度分散在酸性 MoO_3 表面的 CeO_2 的电子结构,合理地设计了一种抗硫性强的 CeO_2 基催化剂。实验结果表明催化剂的抗硫性能与氧化铈的电子状态密切相关,当 Ce^{3+}/Ce^{4+} 增加到或超过 50% 时,对应于粒径约为 4 nm 或更小的 CeO_2/MoO_3 催化剂,此时氧化铈出现非体相电子态,展现出较强的抗硫性。有研究人员向 Co_3O_4/TiO_2 基复合催化剂掺杂 CeO_2。在实际发动机运行条件下,CeO_2 掺杂对 Co_3O_4/TiO_2 复合材料有强烈影响,可能是催化剂表面 Co_3O_4 和 CeO_2 之间存在协同效应[116]。

3. 铈基复合氧化物

以铈基氧化物为体相,向其中掺入其他金属制备复合氧化物,通过复合氧化物中铈和其他金属之间的协同作用改善催化剂的酸性和氧化还原性可以提高催化剂的脱硝活性。铈基复合氧化物的制备方法主要有共沉淀法、水热法、溶胶-凝胶法和固相研磨法等。

（1）$CeTiO_x$

非晶态 Ce-Ti 混合氧化物中尽管 Ce 含量较低,但连续相依然是 Ce 而非 Ti。在较低温度下,Ce-Ti 非晶态氧化物显示出了比其晶体更高的活性。张昭良等人[117]首次证实了 Ce-O-Ti 短程有序物种在原子尺度上与 Ce 和 Ti 的相互作用,该研究通过场发射 TEM 直接观察到了 Ce-O-Ti 结构。

由于 Ce 和 Ti 之间的强相互作用,水热法制备的具有纳米管结构的 $CeTiO_x$-T 呈现非晶态结构。该催化剂具有更大的比表面积、更多的表面 Brønsted 酸中心和化学吸附氧,表现出优异的 NH_3-SCR 活性,当温度为 180～390 ℃ 时,NO 转化率可达 98% 以上,N_2 选择性为 100%。$CeTiO_x$-T 在低温和高温下,SCR 反应分别遵循 L-H 和 E-R 机理[118]。

有研究人员用溶胶-凝胶法和浸渍法制备了以氧化铈-二氧化钛为载体的 Mo 体相和核壳结构催化剂,并进行了对比。其中溶胶-凝胶法制备的 $Mo_5/Ce_{40}/Ti_{100}$ 在 175～400 ℃ 的宽温度窗口内实现了优异的 NO_x 转化率（80%～95%）和 N_2 选择性（>97%）,且具备一定的抗水、抗硫性能。该材料的性能优于其他已报道的 Ce-Ti 基催化剂。这可能是由于制备方法的不同,改变制备方法会导致催化剂表面结构和酸度的显著差异[119]。因此制备其他金属和 Ce-Ti 协同作用的理想脱硝催化剂,将其他金属引入体相 $CeTiO_x$ 复合氧化物中是一种很好的策略。

（2）$CeWO_x$

朱宇君课题组合成了 W_aCeO_x（a = 0.06、0.12、0.18、0.24）复合氧化物催化剂,用于 NH_3-SCR 脱除 NO_x。W_aCeO_x 的不同催化活性主要归因于酸度的变化,尤其是 Brønsted 酸含量的增加在提高低温活性方面起着重要作用[120]。有研究人员采用自蔓延燃烧法制备了 $Ce_4W_2O_z$ 催化剂,与尿素共沉淀法制备的催化剂相比,自蔓延燃烧法制备的催化剂具有更好的催化性能,这是因为铈物种的分散性更好,$O_\alpha/(O_\alpha + O_\beta)$ 的物质的量之比更大[121]。

为了深入理解 $CeWO_x$ 催化剂上的反应机理,赵震课题组[122]提出了 $CeWO_x$ 催化剂的 NH_3-SCR 反应机理,该氧化还原循环包括四个步骤,如图 3-13 所示,即:① Lewis 酸（L 酸）中心反应,② Brønsted 酸（B 酸）中心反应,③ 氧空位反应和④ 催化剂再生。催化剂表面上的氧空位产生的两个 Ce^{3+} 阳离子,促进吸附 $N_2O_2^{2-}$ 物种的形成,该物种是 SCR 反应的前体。

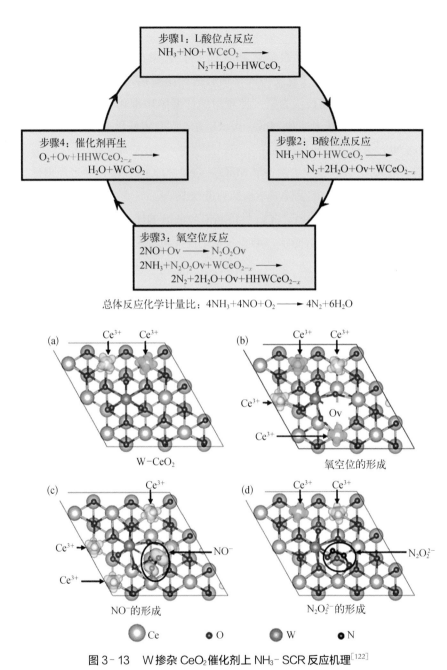

图 3-13　W 掺杂 CeO_2 催化剂上 NH_3-SCR 反应机理[122]

　　贺泓课题组[123]测定了低温下 $CeWO_x$ 上 NO、NO_2 和 NH_3 的反应和吸附量以及 NH_3-SCR 反应途径,定量确定了活性中心的分布。NO_x 吸附在氧空位和氧化铈上,而 NH_3 分别吸附在[Ce^{4+}]-OH 和 W 物种上。NO 与 NH_4NO_3 反应生成 N_2、H_2O 和 NO_2,亚硝酸盐与 NH_3 反应生成 N_2 和 H_2O。

（3）CeMnO$_x$

Mn 的引入使得 CeMnO$_x$ 复合氧化物表面具有大量的表面吸附氧。催化剂中的 Ce^{3+} + Mn^{4+} ⇌ Ce^{4+} + Mn^{3+} 反应使得催化剂有适宜的氧化还原性能。由于其优异的低温活性，CeMnO$_x$ 复合氧化物被认为是一种理想的低温脱硝催化剂。杨剑等人[124]采用水热法合成了 MnO$_x$-CeO$_2$ 纳米棒和 MnO$_x$-CeO$_2$ 纳米八面体催化剂，研究发现引入 MnO$_x$ 后，催化剂的 NO$_x$ 去除效率明显提高。

有研究人员采用溶胶-凝胶法制备了 MnO$_x$-CeO$_2$/TiO$_2$，该催化剂表现出优异的低温性能，即在 200 ℃以下，NO$_x$ 的去除效率也达到近 98%[125]。

赵震课题组[126]研究了 MnCe$_{1-x}$O$_2$（111）晶面的低温 NH$_3$-SCR 机理，主要是 N$_2$O 的形成、分解和 H$_2$O 的脱附机理（图 3-14）。从整个反应机理中可以看出，氧空位在 N$_2$O 解离中起着重要作用。

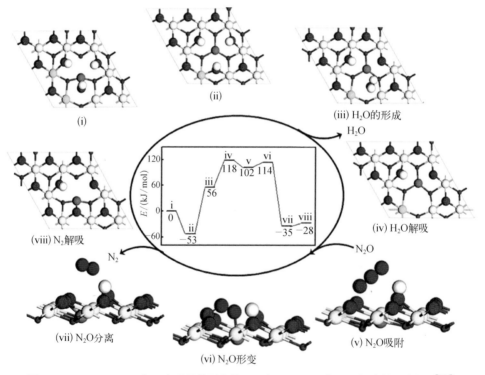

图 3-14　MnCe$_{1-x}$O$_2$（111）晶面模型上的 H$_2$O 解吸和再吸附 N$_2$O 解离的反应机理[126]

（4）CeZrO$_x$

向 Ce 基催化剂中引入 Zr 可以提高催化剂的低温氧化还原性能和表面酸性，并增大催化剂的比表面积。通过将部分金属掺杂到 CeZrO$_x$ 中，可以调节催化剂的物理化学性质，用于研究特定的反应。可以通过共沉淀法、溶胶-凝胶法、表面活性剂辅助法、溶液燃烧法、微乳液法、高能机械研磨等方法制备 $CeZrO_x$[127]。

张登松等人[128]研究了过渡金属掺杂的 3DOM $CeZrO_x$ 固溶体用于 NH_3-SCR 消除 NO_x 反应。这些过渡金属都很好地掺入 Ce 的晶格中,提高了催化剂的活性氧物种数量、表面的氧化还原性和酸性,从而提高了催化剂的脱硝活性。

翁端课题组[129]通过浸渍法合成了磷酸锆@$Ce_{0.75}Zr_{0.25}O_2$(ZP@CZ)催化剂,磷酸锆提供 NH_3 吸附位点,Ce 位点作为 NO 氧化的氧化还原位点。此外,Zr 和磷酸盐的结合可以减少磷酸盐和铈离子之间的强相互作用,表面晶格氧在 ZP@CZ 催化剂上的迁移性能得以保留,这使得催化剂获得低温高 NH_3-SCR 活性。

(5)其他

杨向光课题组[130]开发了 Ce-P-O 系列催化剂。水热法制备的 Ce-P-O(h)表现出优异的 NH_3-SCR 活性,温度为 200~550 ℃时,NO 的转化率高于 90%。此外与商用 V-W-Ti 催化剂相比,Ce-P-O(h)催化剂表现出优异的耐久性,H_2O 和 SO_2 存在时,也不会显著影响 NO 的转化率[131]。

张登松等人[132]通过水蒸气氧化法在铝网上原位构建了 Al_2O_3 纳米阵列(na-Al_2O_3),然后将 Fe_2O_3 和 CeO_2 通过浸渍法锚定在 na-Al_2O_3@Al-mesh 复合材料上,制备了耐 SO_2 铁基整体式催化剂,实现了 NO_x 脱硝活性的增强。在 250~430 ℃表现出 90% 以上的 NO 转化率和 98% 以上的 N_2 选择性。Fe_2O_3 和 CeO_2 之间的强相互作用使电子从 Fe_2O_3 转移到 CeO_2,同时产生更多的氧空位和活性氧物种,加速了氧化还原循环。

王建成等人[133]通过共沉淀法制备 Sm 元素掺杂的介孔 $MnCeSmTiO_x$ 非晶复合氧化物具有较大的比表面积(214 m^2/g),进一步提高了催化剂的低温 NH_3-SCR 活性和抗 SO_2 性能。在低温时催化剂的 Lewis 酸中心和氧化还原中心的协同效应遵循 L-H 机理,高温时遵循 E-R 机理。掺杂 Sm 增加了氧空位并将电子转移到 Mn^{4+} 和 Ce^{4+},这有助于形成活性吸附 NO_2、双齿硝酸盐和桥式硝酸盐中间体。

综上所述,部分铈基催化剂消除 NO_x 的 NH_3-SCR 活性及其制备方法如表 3-3 所示。

表 3-3 铈基催化剂消除 NO_x 的 NH_3-SCR 活性及其制备方法

催 化 剂	制备方法	反 应 条 件	活性及温度窗口	相关文献
CeO_2		NO = NH_3 = 500 ppm, 10% O_2, N_2 平衡气, GHSV = 18 000 h^{-1}	NO>20%, 250~450 ℃	[99]
CeO_2-H_3PO_4	等体积浸渍	NO = NH_3 = 500 ppm, 5% O_2, Ar 平衡气, GHSV = 20 000 mL/(g·h)	NO>80%, 250~550 ℃	[100]
SO_4^{2-}/CeO_2-SG	固相研磨法	NO = NH_3 = 500 ppm, 5% O_2, Ar 平衡气, GHSV = 60 000 mL/(g·h)	>56.5%, 200 ℃ > 90%, 250~300 ℃	[102]

续　表

催化剂	制备方法	反　应　条　件	活性及温度窗口	相关文献
10% HSiW/CeO$_2$	旋转蒸发	NO = NH$_3$ = 500 ppm, 3% O$_2$, N$_2$平衡气, GHSV = 127 000 h^{-1}	NO>90%, 275~400 ℃	[103]
CeO$_2$ - N	NH$_3$处理	NO = NH$_3$ = 600 ppm, 5% O$_2$, Ar 平衡气, GHSV = 108 000 h^{-1}	NO>80%, 195~336 ℃	[104]
Ce/TiO$_2$	浸渍法	NO = NH$_3$ = 1 000 ppm, 3% O$_2$, N$_2$平衡气, GHSV = 50 000 h^{-1}	NO>90%, 275~425 ℃	[108]
V$_5$Ce$_x$Sb$_y$/TiO$_2$	等体积浸渍法	NO = NH$_3$ = 1 000 ppm, 3% O$_2$, N$_2$平衡气, GHSV = 50 000 h^{-1}	NO>90%, 210~400 ℃	[109]
yCeTi - P$_x$	浸渍法	NO = NH$_3$ = 500 ppm, 5% O$_2$, N$_2$平衡气, GHSV = 60 000 h^{-1}	NO$_x$>90%, 220~407 ℃	[110]
Ce - MnO$_2$ (Birnessite)	水热法	NO = NH$_3$ = 500 ppm, 5% O$_2$, N$_2$平衡气, GHSV = 30 000 h^{-1}	NO>90%, 85 ℃ NO>100%, 100~150 ℃	[112]
Ce/Zr - S	1 mol/L硫酸浸渍	NO = NH$_3$ = 500 ppm, 5% O$_2$, N$_2$平衡气, GHSV = 30 000 h^{-1}	NO$_x$>90%, 260~500 ℃	[113]
20%（质量分数）Ce/ZrP	浸渍法	NO = NH$_3$ = 500 ppm, 5% O$_2$, N$_2$平衡气, GHSV = 30 000 h^{-1}	NO$_x$>98%, 250~425 ℃	[114]
Ce$_{0.3}$TiO$_x$	共沉淀法	NO = NH$_3$ = 500 ppm, 5.3% O$_2$, He 平衡气, GHSV = 25 000 h^{-1}	NO$_x$>90%, 175~400 ℃	[117]
CeTiO$_x$ - T	水热法	NO = NH$_3$ = 1 000 ppm, 3% O$_2$, N$_2$平衡气, GHSV = 40 000 h^{-1}	NO$_x$>98%, 180~390 ℃	[118]
W$_{0.18}$CeO$_x$	共沉淀法	NO = NH$_3$ = 1 000 ppm, 3% O$_2$, 5% H$_2$O, N$_2$平衡气, GHSV = 40 000 h^{-1}	NO>100%, 150~490 ℃	[120]
MnCe/TiO$_2$	溶胶-凝胶法	NO = NH$_3$ = 300 ppm, 3% O$_2$, N$_2$平衡气, GHSV = 30 000 h^{-1}	NO>90%, 100~225 ℃	[125]
3DOM CeZrO$_x$	胶体晶体模板法	NO = NH$_3$ = 500 ppm, 3% O$_2$, N$_2$平衡气, GHSV = 20 000 h^{-1}	NO>90%, 275~425 ℃	[128]
ZrP@ Ce$_{0.75}$Zr$_{0.25}$O$_2$	沉淀法	NO = NH$_3$ = 500 ppm, 5% O$_2$, 5% H$_2$O, N$_2$平衡气, GHSV = 300 000 h^{-1}	NO>90%, 120~220 ℃	[129]

综上，铈基氧化物催化剂是一种较为理想的脱硝催化剂，具有市场应用前景。由于包含大量的氧空位和缺陷，CeO$_2$本身具有良好的氧化还原性能。然而 CeO$_2$还缺少足够的酸性位点，特别是 Brønsted 酸性位点，所以其单独作为脱硝催化剂的活性并不高。通过修饰等方法可以向 CeO$_2$引入酸性位点，例如酸处理、负载固体酸或杂多酸和掺入具备酸性的金属或非金属元素等。此外还可以通过调节 CeO$_2$的氧化还原性能，减弱 NH$_3$氧化等副反应，从而提高催化剂的 NH$_3$- SCR 性能。此外 Ce 基复合氧化物可以通过构建 Ce - O - M 活性物种，提高催化剂的 NH$_3$- SCR 活性和抗性。

3.2.2.2　分子筛型稀土催化剂

目前，分子筛催化剂已经是移动源尾气主流的 SCR 脱硝催化剂，因其具有较高的 SCR

活性、较高的 N_2 选择性、较宽的活性温度窗口以及优异的水热稳定性。目前已对各种沸石分子筛(如 MFI、BEA、CHA、FAU 和 AEI 等结构)进行了研究[134]。菱沸石(Chabazite，CHA)结构的 Cu 基小孔分子筛 Cu-SSZ-13，具有优异的 NH_3-SCR 催化性能和水热稳定性，已被商业化用作柴油车尾气后处理的 SCR 催化剂[135]，是近年来环境催化领域的一个重要里程碑。利用稀土元素的特有性质对分子筛催化剂进行改性，能有效地调节分子筛催化剂的表面酸性、修饰催化活性中心的结构、提高催化剂的储/释氧能力、增强其结构稳定性以及提高活性组分的分散度等，从而可以进一步提高催化剂的 SCR 活性、水热稳定性以及抗 SO_2、H_2O 和 HC 中毒性能。

1. Ce 改性分子筛催化剂

Cu-SSZ-13 虽然被认为是目前最有效的 NH_3-SCR 催化剂，但是其经高温水热老化后结构还是会发生变化，从而使催化剂的活性降低。此外，由于上游柴油颗粒过滤器(DPF)的再生发生在 650 ℃ 以上，SCR 装置处于高温环境中[136]，这就要求分子筛催化剂必须具有优异的水热稳定性。Usui 等[137]通过离子交换法和固态离子交换法引入少量的 Ce，显著提高了 Cu-SSZ-13 的水热稳定性。因为少量 Ce 的加入可以实现较高的铜负载量和丰富的 Brønsted 酸性位点，并且少量的 Ce 离子占据了离子交换位，填补了缺陷位点并且稳定骨架，从而增强了水热稳定性。Wang[138] 和 Deng 等[139] 的研究结果也证实了 Ce 离子的引入对 Cu-SSZ-13 的活性和高温水热稳定性有显著影响。

同样是 CHA 结构的 SAPO-34 分子筛催化剂，在低温(<100 ℃)水存在条件下缺乏耐久性[140]，Guan 等[141] 研究了共阳离子修饰的分子筛催化剂 CuCe/SAPO-34，发现在老化过程中，Ce 保护了铜离子，防止了脱铝，CHA 骨架的结构仍保持完整。Wang 等[142] 的研究也发现 Ce 以 Ce^{3+} 形式存在于 SAPO-34 表面的交换位点上，Ce 物种作为酸性位点带来的表面酸性有助于提高水热稳定性。Fan 等[143] 通过引入少量 Ce 显著提高了 Cu-SAPO-34 的水热稳定性。Ce 改性增强了其氧化还原性能，稳定了 Cu-SAPO-34 的表面酸位。

Ce 对其他分子筛催化剂催化性能的影响也得到了研究者的关注。Wang 等[144] 研究了 Ce 的引入对 Cu-SSZ-39 分子筛 NH_3-SCR 性能的影响。引入 Ce 后，Cu-SSZ-39 分子筛孔道内有更多的活性 CuO 微晶生成，并且提高了分子筛的酸性，CeCu-SSZ-39 催化剂的 SCR 性能和水热稳定性得到提升，即使在 850 ℃ 的高温下也保持了较好的催化性能。Han 等[145] 采用离子交换法合成了 Ce-Cu-SAPO-18 催化剂，其具有较强的氧化还原能力、较高的活性硝酸盐和 NH_3 物种，从而提高了催化剂的 SCR 活性。Zhou 等[146] 采用共浸渍法制备了 Ce 修饰的 Cu-USY 催化剂，相比于 Cu-USY，Cu-Ce-USY 催化剂的氧化还原能力增强，SOD 笼内 Cu^+ 的浓度增大，低温 SCR 活性提高。

此外，Ce 的引入还能提高分子筛催化剂的抗 SO_2、H_2O 和 HC 中毒性能。Liu 等[147] 发现 Mn-Ce/Cu-SSZ-13 催化剂具有较宽的活性温度窗口，在 125～450 ℃ 都能表现出优异的催化活性,并在 300 ℃ 时具有很高的抗 H_2O 和 SO_2 中毒的能力。Mn‑Ce/Cu‑SSZ‑13 上的桥式硝酸盐吸附在表面后转化为单齿硝酸盐,是低温 SCR 反应的活性物种,这可能是 Mn‑Ce/Cu‑SSZ‑13 的低温 SCR 性能优于 Cu‑SSZ‑13 的主要原因,该反应遵循 E‑R 机理。Niu 等[148]采用一锅水热法合成了 CuCe‑SAPO‑34 催化剂。研究发现 Ce 的加入抑制了 CuO 的形成,增加了活性 Cu^{2+} 的数量,从而提高了 SCR 活性。Ce 通过稳定沸石的结构和阻止活性 Cu^{2+} 向非活性 Cu 物种的转变,同时也提高了抗 H_2O 能力。Zhang 等[149]采用浸渍法在 Cu‑SPAO‑34 样品上掺杂 Fe 和 MnCe,提高了 SCR 反应活性。Fe/MnCe/Cu‑SAPO‑34 的水热稳定性优于 Fe/MnCe/Cu‑SSZ‑13,并且还具有较高的抗 SO_2 性能和较宽的活性温度窗口,产生的 N_2O 产物较少。

Li 等[150]采用液相沉积法在 Cu‑SAPO‑18 催化剂表面包覆了不同厚度的 CeO_2 薄膜。CuZ‑Ce 催化剂具有优异的 SCR 活性和稳定性,并且具有较好的抗 H_2O 和 SO_2 性能。CeO_2 薄膜不仅抑制了 CuZ‑Ce 催化剂的酸性位点和铜活性位点上 H_2O 的竞争吸附,还能抑制催化剂活性位点上硫酸盐物种的形成和沉积。Liu 等[151,152]设计合成了 Fe/Beta@CeO_2 和 MoFe/Beta@CeO_2 核壳催化剂(图 3‑15),并考察了其 NH_3‑SCR 催化活性和抗 H_2O、SO_2 性能。研究发现,壳层 CeO_2 薄膜的厚度显著影响催化剂的酸性和氧化还原性能,进而影响了催化剂的催化活性。壳层 CeO_2 薄膜起保护作用,抑制了在水蒸气和 SO_2 存在的条件下活性组分发生烧结以及生成硫酸盐。这样不仅提高了催化剂的抗 SO_2 中毒能力,还促进了催化剂的高温稳定性。

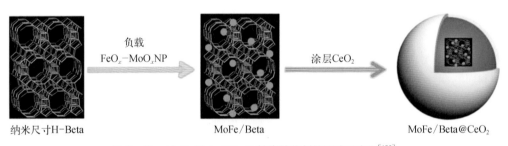

负载
FeO_x‑MoO_xNP

涂层 CeO_2

纳米尺寸H‑Beta   MoFe/Beta   MoFe/Beta@CeO_2

图 3‑15   MoFe/Beta@CeO_2核壳催化剂的形成示意图[152]

Martinovic 等[153]通过固相法合成了 Cu‑SSZ‑13 与 CeO_2‑SnO_2 复合材料,显著提高了 Cu‑SSZ‑13 的抗丙烯中毒能力。离子交换 Cu 是焦炭和碳氢化合物氧化的主要活性物种,活性位点之间的复合作用是防止碳氢化合物中毒的主要原因。

2. Ce 和其他稀土金属改性分子筛催化剂

Chen 等[154,155]设计合成了 Cu‑Ce‑La‑SSZ‑13 和 Cu‑Ce‑La/SSZ‑13@ZSM‑5 多金属分子筛催化剂,其具有较好的 NH_3‑SCR 催化活性和较高的水热稳定性。Ce^{4+} 和 La^{3+} 的引入可以有效地调控 Cu^{2+} 从八元环向更活跃的六元环迁移,从而赋予 Cu‑Ce‑

La-SSZ-13 催化剂以优异的低温 SCR 活性。研究还发现壳相生长过程中核相的溶解诱发了离子迁移效应。二次结晶过程引起了铜离子在催化剂中的迁移和再分布,部分迁移到壳相的铜物种有利于 NH₃ 的吸附和活化。同时还发现,疏水壳层能有效提高核壳 Cu-Ce-La/SSZ-13@ZSM-5 的水热稳定性和耐水性能(图 3-16)。

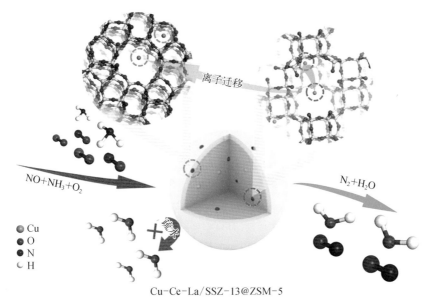

图 3-16　Cu-Ce-La/SSZ-13@ZSM-5 核壳催化剂的制备示意图[155]

Yang 等[156]采用离子交换法合成了 La 掺杂的 Ce-Cu/ZSM-5 催化剂,Ce-Cu-La/ZSM-5 催化剂在较宽的反应温度窗口(200~500 ℃)内表现出较好的 SCR 活性、良好的 N₂ 选择性(>98%)以及抗 SO₂ 和 H₂O 性能。La 的加入可以提高催化剂的氧化还原性能和酸性,有利于氧空位的产生,促进了 NO 向 NO₂ 的氧化,从而有利于快速 SCR 反应过程的进行。

3. 其他稀土金属改性分子筛催化剂

Wang 等[157]采用离子交换法制备 Sm 改性 Cu-SSZ-13 催化剂。水热老化后,Sm 改性的样品仍然保持较高的相对结晶度,具有更多的酸性位点和活性 Cu 物种,从而表现出优异的水热稳定性。这主要归因于 Sm 离子共存可以增强 Cu-SSZ-13 中活性 Cu²⁺ 的稳定性。由于引入的 Sm 阳离子体积较大,很可能定位在 CHA 笼中的离子交换位点上,可在一定程度上抑制水热老化过程中孤立的 Cu²⁺ 聚集成 CuOₓ 团簇。

Zhao 等[158]制备了稀土离子(Ce³⁺、La³⁺、Sm³⁺、Y³⁺、Yb³⁺)改性的富铝 Cu-SSZ-13 催化剂。与 Cu-SSZ-13 相比,改性后的催化剂在 800 ℃ 水热老化后均提高了低温 NO 转化率。

Ming 等[159]在 Mn^{2+} 和 NH_4^+ 共混溶液处理过程中,将 La^{3+}、Ce^{3+}、Sm^{3+} 或 Zr^{4+} 等多种金属阳离子同时掺杂到 Cu-SAPO-18 中,其中 Sm 掺入后最大限度地提高了催化剂的催化活性和水热稳定性。SmMn/Cu-SAPO-18 中含有更多的 Cu^{2+} 位点和酸性位点,是其 NH_3-SCR 活性更高的原因。通过用 Mn^{2+} 或 Sm^{3+} 代替 H^+,降低了 Cu-SAPO-18 的弱酸位,抑制了水解,提高了水热稳定性。

部分分子筛催化剂消除 NO_x 的 NH_3-SCR 活性及其制备方法如表 3-4 所示。

表 3-4　分子筛催化剂消除 NO_x 的 NH_3-SCR 活性及其制备方法

催 化 剂	制备方法	反 应 条 件	活性及温度窗口	相关文献
CuCe-SSZ-13	SSIE	NO=NH_3=200 ppm,O_2=5%,H_2O=8%,GHSV=60 000 h^{-1}	>90% NO_x (200~500 ℃)	[137]
CuCe-SAPO-34	一锅水热法	NO=NH_3=500 ppm,O_2=5%,GHSV=400 000 h^{-1} 低温水热处理:H_2O=10%,70 ℃,16 h	>80% NO_x (180~500 ℃) (175~450 ℃)	[141]
Cu/Ce-SAPO-34	浸渍	NO=NH_3=600 ppm,O_2=5%,GHSV=60 000 h^{-1} 高温水热处理:H_2O=10%,700 ℃,10 h	100% NO_x (175~375 ℃)	[143]
Cu/La-SAPO-34	浸渍	NO=NH_3=600 ppm,O_2=5%,GHSV=60 000 h^{-1} 高温水热处理:H_2O=10%,700 ℃,10 h	>93% NO_x (175~350 ℃)	[143]
CeCu-SSZ-39	离子交换	NO=NH_3=500 ppm,O_2=5% 高温水热处理:H_2O=10%,800 ℃,12 h	>90% NO_x (245~460 ℃) >90% NO_x (245~550 ℃)	[144]
Ce-Cu-SAPO-18	离子交换	NO=NH_3=500 ppm,O_2=14%,H_2O=5%,GHSV=130 000 h^{-1}	>90% NO (200~600 ℃)	[145]
Cu-USY Cu-Ce-USY	浸渍	NO=NH_3=500 ppm,O_2=5%,GHSV=48 000 h^{-1}	~100% NO (200~380 ℃) ~100% NO (160~410 ℃)	[146]
Mn-Ce/Cu-SSZ-13	离子交换	NO=NH_3=500 ppm,O_2=3%,总流量 300 mL/min	>90% NO_x (125~450 ℃)	[147]
CuCe-SAPO-34	一锅水热法	NO=NH_3=500 ppm,O_2=5%,H_2O=5%,GHSV=400 000 h^{-1}	>90% NO_x (225~490 ℃)	[148]
Cu-SAPO-18@CeO_2	液相沉积	NO=NH_3=500 ppm,O_2=5%,H_2O=5%,GHSV=100 000 h^{-1}	>90% NO (300~600 ℃)	[150]
Fe/Beta@CeO_2	自组装	NO=NH_3=500 ppm,O_2=3%,H_2O=5%,GHSV=50 000 h^{-1}	>90% NO_x (225~565 ℃)	[151]
MoFe/Beta@CeO_2	自组装	NO=NH_3=500 ppm,O_2=3%,SO_2=100 ppm,GHSV=50 000 h^{-1}	>90% NO_x (225~600 ℃)	[152]
Cu-Ce-La-SSZ-13	一锅水热法	NO=NH_3=500 ppm,O_2=5%,GHSV=150 000 h^{-1}	>90% NO_x (175~410 ℃)	[154]
Cu-Ce-La/SSZ-13@ZSM-5	自组装	NO=NH_3=500 ppm,O_2=5%,GHSV=150 000 h^{-1} 高温水热处理:H_2O=10%,800 ℃,12 h	>90% NO_x (250~400 ℃)	[155]

催 化 剂	制备方法	反 应 条 件	活性及温度窗口	相关文献
Ce – Cu/ZSM – 5	离子交换	$NO = NH_3 = 500$ ppm, $O_2 = 5\%$, $GHSV = 17\,000\ h^{-1}$	>90% NO_x (200~500 ℃)	[156]
CuSm – SSZ – 13	离子交换	$NO = NH_3 = 0.05$, $O_2 = 5\%$, $H_2O = 2.8\%$, $GHSV = 800\,000\ h^{-1}$	>80% NO_x (225~550 ℃)	[157]
Cu – Y – SSZ – 13	离子交换	$NO = NH_3 = 0.05$, $O_2 = 10\%$, $H_2O = 5\%$, $GHSV = 80\,000\ h^{-1}$ 高温水热处理：$H_2O = 10\%$, 800 ℃, 16 h	>90% NO (160~550 ℃)	[158]
SmMn/Cu – SAPO – 18	离子交换	$NO = 1\,000$ ppm, $NH_3 = 1\,100$ ppm, $O_2 = 5\%$, $H_2O = 10\%$, $GHSV = 30\,000\ h^{-1}$	>90% NO (200~575 ℃)	[159]

综上所述，在分子筛催化剂中引入稀土金属有助于提高催化剂的催化活性、水热稳定性以及抗 H_2O 和 SO_2 性能。为了满足日益严格的排放限制，设计具有高活性且满足实际应用的脱硝催化剂至关重要。发展具有较强水热稳定性、高 N_2 选择性，以及优异的抗 H_2O 和 SO_2 性能的环境友好型稀土基脱硝催化剂，可为打赢蓝天保卫战提供切实可行的脱硝技术支撑。

3.2.2.3　非铈基稀土催化剂

1. 镧基催化剂

Fan 等[160]在 La 基钙钛矿的 A 位离子掺杂 Mn，提升了催化剂的 NH_3 – SCR 脱硝活性和抗水、抗硫性能，活性温度窗口变宽，当温度为 100~300 ℃ 时，NO_x 转化率达到 80%，但并未显著提高 N_2 选择性。La 基钙钛矿掺杂 Mn 以后，提高了 NH_3 吸附量，虽然在催化剂表面形成了更多硫酸盐物种，但掺杂 Mn 加速了硫酸铵物种的分解，使催化剂的抗硫性能得到提高。同样，Zhang 等[161]深入研究了以 Ce、Sr、Fe、V 部分取代 A 位 La 离子或 B 位 Mn 离子的 La – Mn 基钙钛矿的低温 NH_3 – SCR 脱硝性能，结果表明通过部分取代 A 位或 B 位离子，可以对 La – Mn 基钙钛矿的氧化还原性能进行调控，并改变中间活性物种的数量，从而提升脱硝活性。

Shi 等[162]利用 Ce 对 $LaMnO_3$ 钙钛矿催化剂的 A 位或者 B 位离子进行了少量掺杂，研究其在 NH_3 – SCR 脱硝反应中的抗水、抗硫性能。研究表明，对 A 位离子进行少量 Ce 掺杂的 $LaMnO_3$ 钙钛矿有更高的 NO_x 转化率和抗水、抗硫性能，而对 B 位离子进行少量 Ce 掺杂的 $LaMnO_3$ 钙钛矿则更好地提升了催化剂的 N_2 选择性。

2. 其他非铈基稀土元素掺杂改性的氧化物

（1）钬掺杂改性的氧化物

Zhang 等[163]通过浸渍法制备得到一系列 Ho 改性的 Mn/TiO_2 催化剂，并将其应用于

低温 NH_3 - SCR 脱硝反应。温度为 140～220 ℃时，NO_x 转化率达到 100%，这主要是由于引入 Ho 提高了活性组分的分散度，增强了催化剂的氧化还原能力，并且提高了催化剂表面 Mn^{4+} 的浓度和活性氧物种的含量，进而提高了催化剂的活性。Ho 增强了催化剂对 NH_3 分子的吸附和活化能力，并提高了催化剂对 NO 和 NO_2 分子的氧化能力。

（2）钐掺杂改性的氧化物

Liu 等[164]利用 Sm 对 Mn/TiO_2 催化剂进行改性，并将其应用于低温 NH_3 - SCR 脱硝反应。通过浸渍法制备得到的 Mn - Sm/TiO_2 催化剂，当温度为 110～250 ℃时，NO_x 转化率达到 80% 以上。Sm 提高了氧化锰的分散度，增加了催化剂的 Lewis 酸性位点和表面活性氧物种。Sun 等[165]着重从 Sm 与 Mn 不同价态离子之间电子转移的角度，分析 Sm 掺杂或 Sm - Zr 共掺杂 MnO_x - TiO_2 催化剂在 NH_3 - SCR 反应中 N_2 选择性和抗硫性能提高的原因。Sm^{2+} 为 Mn^{4+} 提供电子，抑制了 NH_3 与 Mn^{4+} 之间的电子转移，进一步阻止了 NH_3 在催化剂表面转化为中间物种，最终阻止了 N_2O 产生，提高了 N_2 选择性。

由上述内容可以看出，稀土元素在机动车尾气 SCR 净化技术中可以起到重要作用。无论是稀土氧化物催化剂还是稀土元素改性的分子筛催化剂，引入的稀土金属都有助于提高催化剂的催化活性，提升水热稳定性和抗 H_2O、SO_2 性能。在高活性、低成本的脱硝催化剂设计中，稀土基催化剂因其诸多优点而具有广阔的应用前景。

3.2.3 同时消除 PM 与 NO_x 稀土催化剂的研究

在柴油车尾气污染物的净化过程中，PM 与 NO_x 的消除是最难也是最为重要的环节。PM 和 NO_x 之间存在着"Trade off"关系，一方数量的减少往往会导致另一方的增加。在实际应用中，PM 与 NO_x 污染物的消除分别需要单独的后处理装置。其中，PM 是通过 DPF 捕集来实现消除的，NO_x 则依赖 SCR 后处理技术，两者的有效结合可以达到高效的去除效果。但 DPF + SCR 的后处理装置也存在成本高、体积大等问题。为了解决上述缺点，研究者致力于开发同时消除 PM 和 NO_x 功能的新催化净化技术——选择性催化还原-颗粒过滤器（selective catalytic reduction and particulate filter，SCRPF）。早在 1989 年，Yoshida 就提出了在催化过程中同时消除 PM 和 NO_x 的观点[166]。随后，Cooper 等也发现在有氧气条件下 NO 可在 Pt 催化剂上被氧化为 NO_2，并且 NO_2 可以进一步氧化炭烟颗粒，从而揭示了 NO_2 在降低柴油车 PM 排放中的作用[167]。由此可以证明同时消除柴油机尾气中炭烟颗粒和氮氧化物的想法是可行的。其中，高活性催化剂的设计与开发是研究的重点也是难点。目前，在同时消除柴油车尾气 PM 和 NO_x 的催化剂中，稀土催化剂由于其自身的性能优势引起了人们的关注。

3.2.3.1 铈基氧化物

CeO_2 因具有独特的物理化学特性，被广泛应用于柴油车尾气催化净化领域[168]。

Yoshida 等[166]早期设计的 K/Ce/Cu 催化剂能够促进炭烟的燃烧,提高低温下 NO_x 的还原活性(即 N_2 产量)。Ce-Zr 氧化物作为应用较普遍的汽车三效催化剂,也因其具有较强的氧化还原性和氧存储/释放能力(即氧物种迁移率)被应用于同时消除柴油车尾气的 PM 与 NO_x。Matarrese 等人研究了 Pt、Au、Ru 和 Fe 掺杂的含有 K 的 Ce/Zr 氧化物催化剂在同时去除炭烟和 NO_x 方面的催化潜力。与标准的 LNT 样品 Pt-K/Al$_2$O$_3$ 相比,含 Ru 体系的催化剂虽然表现出更好的炭烟燃烧的性能,但是其 NO_x 还原活性仍然低于传统的 LNT-Pt 基催化剂。在 Ru 基催化剂与 LNT 样品(物理混合物)混合时,他们还发现 NO_x 还原效率能够达到类似于 Pt-K/Al$_2$O$_3$ 的水平[169]。

3.2.3.2　镧基钙钛矿

如上所述,钙钛矿催化剂的催化活性主要归因于 B 位的金属离子。A 位金属对稳定性有很强的影响,其通过与 B 位金属的协同作用提供了改善催化剂性能的可能性。对 A 位和/或 B 位金属离子进行部分取代可能会诱导晶格缺陷和氧空位的产生,从而调整其热稳定性和催化性能[170-172]。上官文峰等人研究了一系列掺杂型钙钛矿与类钙钛矿的催化剂,其可用于同时去除 NO_x 和炭烟颗粒,并取得了较好的成果[173,174]。董国君课题组也制备了 Ba 掺杂 La$_{2-x}$Ba$_x$CuO$_4$,K、Sr、Pr 掺杂 La$_{1-x}$M$_x$MnO$_3$ 催化剂,将其用于同时消除柴油车尾气中的 PM 和 NO_x。其中 Ba^{2+} 的掺杂促进了正交晶系中 Cu^{2+} 向 Cu^{3+} 转变以及四方晶系中氧空位浓度的增加,使其具备更好的氧化还原能力,这决定了它们在同时去除柴油机尾气中的 NO_x 和炭烟颗粒方面具有更好的催化性能。其中,La$_{1.8}$Ba$_{0.2}$CuO$_4$ 催化剂表现出了最好的催化性能,具有 360 ℃ 的 T_i(起燃温度),510 ℃ 的 T_m(最大 CO_2 浓度对应的温度)和最高达 81.4% 的 NO 转化率,此外,K 掺杂的 La$_{1-x}$M$_x$MnO$_3$ 在 Mn 基钙钛矿中活性最佳[57,175,176]。

此外,笔者课题组也较早地研究了不同碱金属取代钙钛矿 A 位的催化剂,其中 K—取代的 Co—、Mn—和 Fe—基钙钛矿氧化物比其他碱金属具有更好的催化活性。La$_{1-x}$K$_x$CoO$_3$ 系列催化剂在松散接触条件下的 T_m 较低(400 ℃),NO 的转化率为 36.1%~39.7%,该结果与表面具有高自由能的小纳米粒子密切相关。这些小纳米粒子有利于反应物分子(O_2 或 NO)的活化,改善了催化剂与炭烟之间的接触。除了碱金属的 A 位取代外,笔者课题组[177]还设计了一系列 La$_{2-x}$Rb$_x$CuO$_{4-y}$ 催化剂,用以同时消除炭烟和 NO_x。结果表明,La$_{2-x}$Rb$_x$CuO$_{4-y}$ 催化剂的催化活性显著提高。催化剂活性的提高与 NO 的吸附量和氧空位浓度有关。同时,La$_{2-x}$Rb$_x$CuO$_{4-y}$ 催化剂中氧物种的高迁移率有助于提高催化活性。然而,催化剂的活性仍受到低表面积的限制。为了解决这一问题,研究者设计了一系列(La$_{1.7}$Rb$_{0.3}$CuO$_4$)x/nm CeO$_2$ 催化剂用以提高比表面积与钙钛矿氧化物的分散度[178]。与单一的 CeO$_2$ 载体和 La$_{1.7}$Rb$_{0.3}$CuO$_4$ 催化剂相比,负载型(La$_{1.7}$Rb$_{0.3}$CuO$_4$)x/nm CeO$_2$ 催化剂的催化活性显著提高。上文中有提到，同时去除炭烟和 NO_x 的机理与 NO_2 辅助去除炭烟的机理相似。如图 3-17 所示，O_2 在催化剂上解离和吸附，形成 O^{2-} 和 O^-。一方面，在炭烟与催化剂良好接触的条件下，炭烟与活性氧发生反应，释放出 CO 和 CO_2。另一方面，炭烟颗粒与催化剂不能直接接触，即催化剂不能直接促进炭烟燃烧。但 NO 很容易被氧化成 NO_2，NO_2 对炭烟的氧化活性远高于 NO 和 O_2。在炭烟与催化剂的松散接触条件下，炭烟与 NO_2 反应也会形成 CO 和 CO_2。但 N_2 不是由炭烟与 NO_2 直接作用产生的。这可能是因为炭烟和 NO_2 的氧化反应更容易转化为 NO 而不是 N_2。

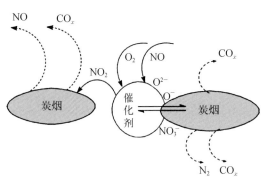

图 3-17 $La_{2-x}Rb_xCuO_{4-y}$ 催化剂同时消除 PM 与 NO_x 的机理图示[177]

Bin 等人[179]制备了 A 位及 B 位掺杂的钙钛矿型 $La_{1-x}K_xCoO_3$ 催化剂和 $LaCo_{1-y}Fe_yO_3$ 催化剂，发现在 A 位引入 K 离子产生了晶格氧空位，增加了 Co 的价态。变价钴离子和相邻的氧空位都是同时还原 NO_x 和炭烟的活性中心。NO 和吸附的分子氧促成了与炭烟的反应，并伴随着 Co 离子的价态转变。由于 La 和 K 都只有一个稳定的价态，分别为 +3 和 +1，因此在 A 位不会发生氧化还原反应。而 B 位掺杂的 $LaCo_{1-y}Fe_yO_3$ 催化剂的催化性能则随 Fe 掺杂量的增加而下降。在这些催化剂中，$La_{0.6}K_{0.4}CoO_3$ 样品表现出最高的催化活性，其炭烟燃烧温度为 283 ℃，NO_x 转化率可达到 41.6%。Pd 掺杂的 $La_{0.5}K_{0.5}Mn_{1-y}Pd_yO_3$ 催化剂也有效地提高了催化剂的活性。当催化剂被 K 掺杂时，A 位的 La^+ 在较低状态下被 K^+ 取代，然后 B 位的 Mn^{3+} 被转变为高价态的 Mn^{4+}。而在催化剂 $La_{0.5}K_{0.5}MnO_3$ 中掺杂 Pd 后，B 位的 Mn^{2+} 和 Mn^{3+} 被 Pd^{2+} 取代，并生成更多的氧空位，以保持催化剂的电中性，进而提高晶格氧的迁移率。钯和钾原子之间的结构效应和协同效应显著提高了催化剂的氧化还原活性，且掺杂钯的催化剂 $La_{0.5}K_{0.5}Mn_{0.97}P_{0.03}O_3$ 的 CO_2 和 N_2 表观活化能（E_a）均低于未掺钯的催化剂 $La_{0.5}K_{0.5}MnO_3$[180]。除以上介绍的工作之外，仍有许多研究工作者致力于同时消除 PM 与 NO_x 的钙钛矿氧化物催化剂的研究[181,182]。

在柴油机尾气的真实气氛中，还原组分较少，不能被充分利用，而氧含量较高虽然有利于炭烟燃烧，但 NO_x 的转化也会受到抑制。因此，在保持良好的炭烟催化活性的同时，很难提高 NO_x 的转化率。为了克服这一困难，在催化剂体系中引入了 NH_3 作为还原组分，这能够提高 NO_x 的转化率[183]。此外，由于炭烟独特的物理化学特性，催化剂的结构对含炭烟的催化体系影响显著。增加催化剂与炭烟的接触面积与活性位点是改变催化剂结构的目的[图 3-18(a)]。目前,三维有序大孔结构是应用效果最好的一种结构,其有序贯通的孔道、均一的大孔有利于炭烟的流通、捕获与活化。

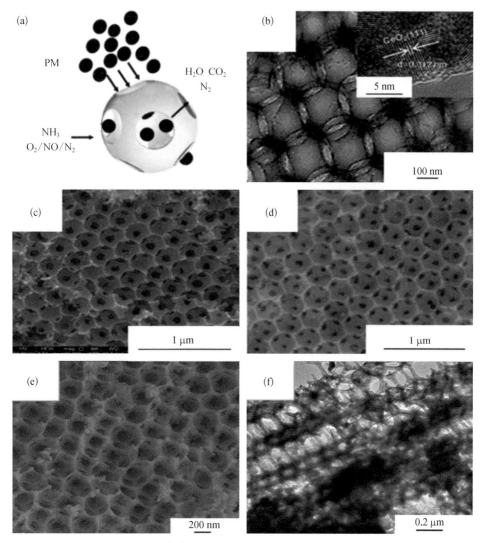

图 3-18　(a) 大孔催化剂机理图[185],(b)~(f) 3DOM 催化剂 SEM 与 TEM 图像：(b) 3DOM Ce$_{0.85}$Fe$_{0.05}$Zr$_{0.1}$O$_2$[185]；(c) 3DOM Ce$_{0.8}$Mn$_{0.1}$Zr$_{0.1}$O$_2$[186]；(d) 3DOM Ce$_{0.7}$Fe$_{0.2}$Ti$_{0.1}$O$_2$[187]；(e) 3DOM LaMnO$_3$[188]；(f) 3DOM LaMnO$_3$[188]

基于以上结论,笔者课题组通过添加还原剂 NH$_3$ 和增加炭烟与催化剂接触位点的方法[184-187]测试了一系列 3DOM Ce-Zr 基氧化物催化剂在同时消除炭烟和 NO$_x$ 方面的催化性能,并取得了显著的成果。这些结果归因于 Ce$_{0.8}$Zr$_{0.2}$O$_2$ 中大量的化学吸附氧物种、优异的低温还原性和丰富的酸中心。对于具有大孔-介孔结构的 Fe 掺杂 Ce-Zr 氧化物材料,添加 Fe 和 Zr 元素可降低炭烟燃烧温度。这是因为铁掺杂的 Ce-Zr-O 中有更多的氧空位。除铁外,掺杂锰、钴和镍的催化剂也被研究。其中 3DOM $Ce_{0.8}Mn_{0.1}Zr_{0.1}O_2$ 催化剂表现出较好的催化性能,其最高 CO_2 浓度对应的温度稳定在 402 ℃,100% NO 转化率的温度窗口为 374~512 ℃,这些结果与 3DOM 结构和高 Ce^{3+}/Ce^{4+} 比率有关。而对于 3DOM Ce-Fe-Ti 材料,3DOM $Ce_{0.7}Fe_{0.2}Ti_{0.1}O_2$ 催化剂具有良好的 N_2 选择性,PM 颗粒燃烧时的 T_m 为 385 ℃,在 281~425 ℃的温度内 NO 的转化率为 100%。这与双重氧化还原循环($Fe^{3+}+Ce^{3+}$═══ $Fe^{2+}+Ce^{4+}$, $Fe^{3+}+Ti^{3+}$═══$Fe^{2+}+Ti^{4+}$)的存在有关,这也说明了 Fe、Ti 和 Ce 之间的协同效应促进了同时去除炭烟和 NO_x 的催化活性。此外,课题组还研究了 3DOM $La_{1-x}K_xMnO_3$ 催化剂。在不掺杂 K 离子的情况下,3DOM $LaMnO_3$ 的 NO 转化率约为 80%,比不加 NH_3 时高 62% 左右。其他掺杂 K 的催化剂的 NO 转化率也比不掺杂 NH_3 的催化剂高 15%~35%。这是因为 NH_3 分子吸附活化后,更有利于与 NO 分子的反应。同时,如图 3-19 所示,催化剂同时消除炭烟与 NO_x 的反应机理也被提出。在炭烟燃烧过程中,催化剂既遵循了活性氧辅助机理也遵循了 NO_2 辅助机理;而脱硝过程中的低温则是遵循 L-H 机理,高温遵循 E-R 机理[188]。如图 3-18[(b)~(f)]所示,上述催化剂均具有有序的大孔结构,易于炭烟转移和扩散到大孔的内孔中,进而充分利用催化剂的活性中心。催化剂与炭烟的

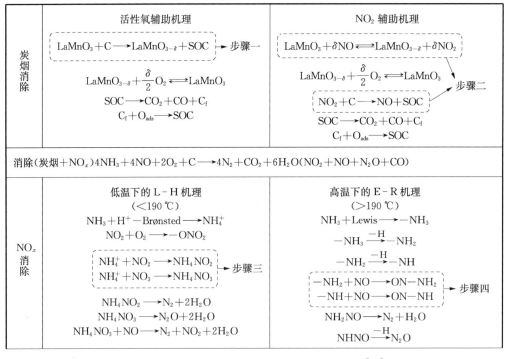

图 3-19　催化剂同时消除炭烟与 NO_x 的反应机理[188]

接触条件在该反应中起着重要作用。从以上结果可以看出，催化剂的活性与 NH_3 的引入、大孔效应以及活性组分之间的协同作用密切相关，且 NH_3 的引入与大孔效应明显提高了催化剂的催化性能。

同时消除 PM 和 NO_x 是柴油机排气污染物催化净化最有前景的技术之一，但也存在一些需要解决的问题，如 PM 的起燃温度高、NO_x 转化为 N_2 的效率低、反应机理尚不清楚等。基于以上讨论，稀土催化剂可以同时消除 PM 和 NO_x，而添加 NH_3 作为还原剂可以提高 NO_x 的转化率。因此，从经济效益和催化性能方面来看，稀土催化剂仍然是同时消除 PM 和 NO_x 的具有实际意义的潜在催化剂。值得注意的是，稀土催化剂的形态结构也是控制所需反应的重要因素，3DOM 结构在此催化反应中表现出积极的作用。

3.2.4　稀土催化剂消除 HC 与 CO 的研究

3.2.4.1　稀土催化剂消除 HC 的研究

柴油机和汽油机尾气中的碳氢化合物（HC）源于燃料（柴油或汽油）不充分燃烧的分解产物（特别是在冷启动阶段），其成分非常复杂，对人体有较大危害，也是产生光化学烟雾污染的成分。相比柴油机和汽油机，以天然气为燃料的机动车在排放方面具有明显的优越性，天然气汽车 PM 排放几乎为零，NO_x、CO 和 HC 的排放也显著较低。然而，甲烷是一种强温室气体，尽管目前国家机动车尾气排放法规中尚未对甲烷的排放提出明确要求，但其未来应受到特别关注。

目前，针对 HC 和甲烷完全氧化反应的常用催化剂集中在以 Pt、Pd 为代表的负载型贵金属[189]，以铜、锰、钴氧化物为代表的过渡金属氧化物[190,191]，以及以氧化铈为代表的稀土金属氧化物[192]。Pt、Pd 等贵金属的活性普遍优于金属氧化物，但贵金属高昂的价格限制了其大规模的批量生产。而过渡金属氧化物和稀土氧化物在耐高温和抗毒化等方面表现优于贵金属。

1. 单一氧化铈催化剂

氧空位和氧迁移率是影响氧化铈储放氧性能的关键因素，对氧化铈的氧化还原性能起着重要作用。由于氧空位的形成能随晶体取向而变化，通过控制 CeO_2 的形貌和特定暴露晶面，可以调节 Ce^{3+}/Ce^{4+} 的相对浓度，进而影响 CeO_2 氧释放/吸收特性，改善催化氧化性能[193-195]。

López 等[196]研究表明，具有特定形貌和暴露晶面的氧化铈[即具有(110)和(100)的纳米棒]的比活性[$mol_{toluene}/(kg_{cat} \cdot h)$]高于纳米立方体一个数量级。氧化铈纳米棒在低至 125 ℃的温度下就表现出甲苯完全氧化的活性，而氧化铈立方体只能在约 250 ℃的温度下才能完全氧化甲苯。López 等认为 HC 氧化活性对催化剂特定暴露晶面的氧空位数量非常敏感,而体相的氧空位对 HC 催化燃烧的作用则相对次要。Mi 等[197]证明,低温时甲苯的催化燃烧过程遵循 MvK 机理,其中非解离吸附氧在 CeO₂ 表面的氧化还原反应是整个反应的速率决定步骤。

纳米 CeO₂ 中氧空位缺陷分布也会改变其在氧化反应中的催化行为,这种缺陷分布可以通过特定的热程序、后处理和调整合成条件来实现[198,199]。Su 等[200]认为表面空位倾向于将吸附的 O₂ 转化为吸附氧物种,而体相氧空位通过其传输效应可提高晶格氧物种的迁移率和活性(图 3-20)。在低温时,吸附氧主要参与甲苯的化学吸附和部分氧化(如氧化为苯酚),而在高温(>200 ℃)时,体相氧空位则促进晶格氧的活化,进而促进芳环的氧化分解。Wang 等通过控制焙烧温度,调控了氧化铈纳米立方体中表面氧空位团簇的大小和密度[201]。活性测试结果表明,表面氧空位团簇的大小和密度与邻二甲苯氧化反应速率之间存在线性关系,具有合适尺寸和结构的氧空位团簇可能比单分散的氧空位更有利于提高甲苯催化氧化的活性[202]。

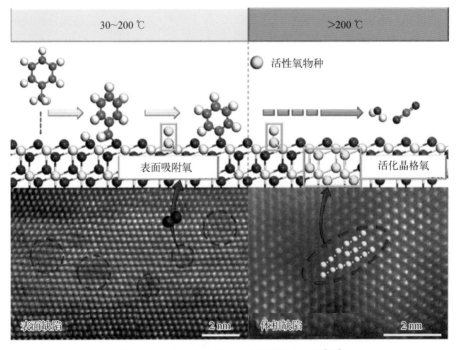

图 3-20　体相氧空位促进表面晶格氧活化[200]

除了以上针对暴露晶面和缺陷的精细调控,多孔结构氧化铈也可调控表面氧空位浓度,以便获得更大的比表面积、更小的平均晶粒尺寸和更高的储氧容量[203,204]。Li 等[205]通过葡萄糖/丙烯酸调节的水热过程,制备了相互连接的介孔花瓣状纳米片组成的三维多级孔 CeO₂ 微球,显著增加了表面氧物种的数量和迁移率,从而提高了其催化氧化活性。与常规 CeO$_2$ 相比,多级孔 CeO$_2$ 微球催化剂进行三氯乙烯催化燃烧时的 T_{10} 和 T_{90} 低至 100 ℃ 和 204 ℃。Hu 等[206]采用水热法制备出由纳米线自组装的分级 CeO$_2$ 微球。与无孔 CeO$_2$ 相比,其具有更大的比表面积、更多的表面氧空位,显著提高了催化剂表面活性氧物种的密度及其氧化还原性能。在 60 000 mL/(g·h)的高空速下,分级 CeO$_2$ 微球的甲苯催化燃烧 T_{90} 低至 210 ℃。Feng 等[207]采用无模板法合成了分别由纳米颗粒(PS)、纳米棒(RS)和小纳米球(HS)自组装而成的 3 种三维分级 CeO$_2$ 纳米球(图 3-21)。这 3 种分级 CeO$_2$ 纳米球在比表面积、孔径、表面组成、氧空位和氧化还原性质方面存在明显差异。其中,HS 表现出最佳的甲苯催化燃烧活性,HS 的 TOF 约为 RS 的 6 倍。Chen 等[208]以金属-有机骨架为前驱体,在 350 ℃ 下热解合成了具有三维穿透介孔结构的 CeO$_2$(Ce-MOF),其在甲苯燃烧方面表现出良好的催化性能,在空速为 20 000 mL/(g·h),甲苯浓度为 1 000 ppm 的条件下,T_{10}、T_{50} 和 T_{90} 分别为 180 ℃、211 ℃ 和 223 ℃,且表现出优异的抗 H$_2$O 失活和温度变化的能力。

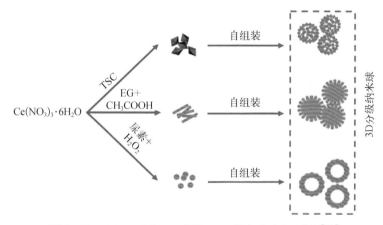

图 3-21　PS、RS 和 HS 分级 CeO$_2$ 纳米球形成示意图[207]

综上所述,纳米尺寸效应对氧化铈的催化性能影响较大,在纳米尺度上对 CeO$_2$ 暴露晶面、形貌和缺陷位进行调控可显著改善其 HC 催化氧化性能。特定形貌纳米稀土氧化物晶体比相应的纳米颗粒晶体具有更大的比表面积和理想的晶面,在催化反应中具有更好的选择性和更高的活性。但是,当温度高于 400 ℃ 时,特定形貌易转变为热稳定性更高、活性更低的(111)暴露晶面的八面体纳米颗粒。因此,如何在机动车尾气高温条件下维持稀土纳米氧化物的特定形貌,仍是一个挑战。

2. 铈基复合氧化物

通过多金属离子间的相互作用,调控 CeO$_2$ 的电子结构和缺陷位,提高其晶格氧的迁移和储放氧性力,这通常使复合氧化物表现出比单一氧化物更高的催化活性和热稳定性。复合氧化物催化剂主要可分为掺杂型氧化物催化剂、复合氧化物催化剂和结构性氧化物催化剂。

掺杂型催化剂是通过在稀土金属氧化物晶格内引入价态可变的过渡金属杂原子而制备的。实验[209]和理论计算[210]结果表明，杂质金属掺杂 CeO_2 会大大降低氧空位缺陷的形成势垒，实现对 CeO_2 结构缺陷和局域电子结构的精准调控，从而获得高活性和高稳定性的新型纳米催化剂，如 CeO_2-CuO_x[211,212]、CeO_2-TiO_x[213]、CeO_2-FeO_x[214]、CeO_2-NiO_x[215] 和 CeO_2-MnO_x[216]。由于多层结构的纳米球、纳米管或笼结构的复合氧化物会暴露更多活性位点，且在调节机械应变方面表现出更好的结构稳定性，因此与本体催化剂相比，它们在性能上更为优越。

Li 等[217]采用水热法制备了具有三维层次结构的花状介孔 Mn 掺杂 CeO_2 微球（图 3-22）。表征结果表明，与普通的 Ce-Mn-O 混合氧化物相比，花状介孔 Mn 掺杂 CeO_2 微球具有更大的比表面积、更高的氧迁移率和更为丰富的表面活性氧物种。Ce-Mn-O 样品中 Mn/(Ce-Mn)的原子比及样品形貌对低温催化燃烧三氯乙烯（TCE）的催化性能有显著影响。

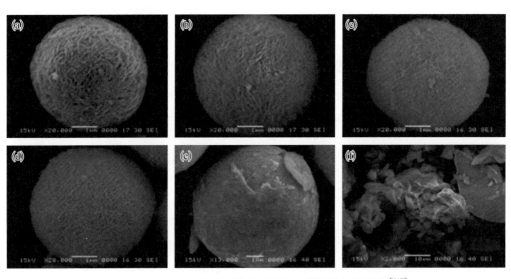

图 3-22　不同 Mn/Ce 原子比的 $CeMnO_x$ 微球的 SEM 图像[217]

Zhao 等[218]采用氧化还原共沉淀法制备了一系列中空层状杨梅微球结构的 Ce_aMnO_x，并应用于催化甲苯燃烧。其中，$Ce_{0.03}MnO_x$ 显示出最优的甲苯催化燃烧性能，其 T_{50} 和 T_{100} 均比 MnO_x 低 25 ℃，且具有高热稳定性和耐水性，即使在 H_2O 的体积分数为 5% 的条件下，其催化活性也没有明显降低。表征结果证实，Ce 的掺杂导致产生了更多的氧空位，并与 Mn 之间形成强相互作用，存在 $Mn^{3+} + Ce^{4+} \rightleftharpoons Mn^{4+} + Ce^{3+}$ 氧化还原循环，促进了氧气的吸附活化。Xiao 等[219]及 Yan 等[220]均采用梯度静电纺丝方法合成了具有空管状结构的纳米管材料,其中 Xiao 等制备的 Mn‐Fe/CeO₂纳米管(图 3‐23)催化氧化丙烷和甲烷的 T_{90} 分别为 382 ℃ 和 411 ℃ 。

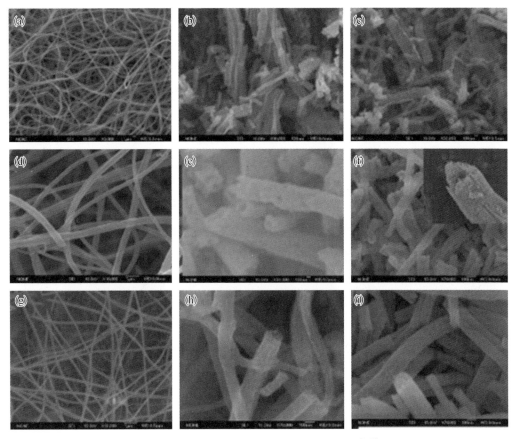

图 3‐23　　Mn‐Fe/CeO₂纳米管的 SEM 图像[219]

Li 等[221]将催化剂活性组分 Co、Ce 与有机配体结合,形成了稳定的金属有机框架结构前驱体,在相对温和的条件下进行焙烧,成功制备出了原子水平混合均匀的 CoCeO$_x$ 复合氧化物,从而避免了因高温烧结所导致的比表面积降低。尽管该催化剂是在温和的条件下制备的,但其具有极高的水热稳定性。X 射线光电子能谱(X-ray photoelectron spectroscopy, XPS)、拉曼光谱以及飞行时间二次离子质谱(time of flight secondary ion mass spectrometry, TOF‐SIMS)的分析结果共同证实,在该 CoCeO$_x$ 复合氧化物中,钴原子成功地在原子级均匀取代 Ce 原子,并且这一过程伴随着缺陷和氧空位的增加。在使用该催化剂时,甲苯氧化的 T_{50} 和 T_{90} 分别为 212 ℃ 和 227 ℃ ,HC 被完全氧化为 CO_2 和 H_2O ,而具有相同钴负载量的 Co₃O₄/CeO₂纳米催化剂则会产生大量的 CO。Yan[222]采用原子层沉积法将 Al^{3+} 掺杂进 CeO₂纳米棒,Al^{3+} 掺杂 CeO₂纳米棒的形状转变温度从 400 ℃ 提高到

700 ℃以上,提高了催化剂的高温稳定性。表征发现,Al^{3+}掺杂形成-Al-O-Ce-O-簇,这不仅抑制了 Ce 离子的表面扩散,且在温度为 500～700 ℃时,抑制了 Ce 的氧化和还原可逆,从而提高了 CeO_2 纳米棒的热稳定性和储放氧性能。

　　钙钛矿具有优异的氧化还原能力、热稳定性以及离子迁移率,有望在不使用贵金属的情况下实现甲烷的完全氧化。Yang 等[223]深入研究了 La 基钙钛矿表面结构性质与催化甲烷燃烧活性的构效关系,通过研究有序大孔结构 $La_{0.8}Sr_{0.2}CoO_3$ 钙钛矿催化剂表面的氧空位、Lewis 酸性位点(缺电子的 Co^{n+})以及两者的协同作用,阐明了其对催化甲烷燃烧反应的影响。Chen 等[224]采用选择性刻蚀法,在 $LaMnO_3$ 钙钛矿表面原位形成 MnO_x,制备了 $MnO_x/LaMnO_3$ 催化剂。酸处理有助于提高 MnO_x 的分散度,使催化剂表面产生更多的 Mn^{4+},这有利于促进低温下 Mn^{4+} 与 Mn^{3+} 之间的氧化还原循环反应以及氧空位的形成。由于氧空位的形成是甲烷燃烧反应的速控步骤,因此该催化剂能够提升甲烷燃烧的催化活性。Ding 等[225]指出,适量的 Ce 掺杂不仅有助于 $La_{1-x}Ce_xMnO_3$ 钙钛矿催化剂在酸处理过程中保持稳定的结构,还能产生更高比例的 Mn^{4+},进而促进甲烷的完全氧化。

　　复合金属氧化物催化剂通常具有优良的热稳定性,但是其低温活性较低。由于对复合氧化物催化剂关键活性位的判定和调控手段不如单一氧化铈那样充分,目前对铈基复合氧化物催化剂在微纳结构方面的认知相对有限。其中,掺杂机制和 CeO_2 的微纳结构对其催化性能的影响还缺乏深入的研究,尤其是针对苯系物等较大分子量的 HC 催化性能的研究还相当缺乏。因此,制备具有不同微纳结构的铈基复合氧化物催化剂,并深入探究这些微纳结构赋予的特定功能,将是一项具有重要科学意义的研究。

3. 稀土材料负载型贵金属催化剂

　　负载型贵金属催化剂(Pt、Pd 和 Ru 等)由于其高效的催化活性,常被用作 HC 催化燃烧催化剂,其中贵金属为活性组分。目前对其催化活性位的认知主要存在两种观点,一种是催化活性源自载体和活性组分之间的协同效应,另一种是贵金属组分与载体之间的界面性质对氧的活化起着关键作用。据报道[226-228],添加 La、Ce 等稀土元素不仅可降低贵金属的用量,提高贵金属的利用率,而且可以稳定催化剂载体和活性中心,延长催化剂的使用寿命。但是稀土氧化物的催化活性和过渡金属氧化物相比并不高,因此研究者试图通过增加稀土材料的纳米尺寸效应[229,230],如合成具有特定形貌或介孔、大孔结构的金属氧化物负载贵金属催化剂,利用其较大的比表面积、规整有序的三维多孔结构、丰富的缺陷位等来提高贵金属纳米颗粒的分散度,从而提高催化剂的活性和稳定性。

　　Dai 团队[231,232]制备了一系列以三维有序大孔结构的稀土氧化物为载体的贵金属催化剂,并将其用于 HC 的催化燃烧。研究结果表明,高比表面积的大孔结构或介孔结构的氧化物载体有利于形成高分散的贵金属纳米颗粒,从而促进其低温氧化活性的大幅提高。Pei 等[233]将 Pt、Ru 双金属纳米颗粒部分嵌入 3DOM $Ce_{0.7}Zr_{0.3}O_2$ 的骨架中,形成了类似于

Pt—O—Ce 的结构,从而提高了 Pt、Ru 纳米颗粒的分散度和稳定性。最近,该团队[234]开发了一种原位熔盐策略来制备 Mn_2O_3 纳米线负载的单原子银催化剂(图 3-24)。由于 CeO_2 表面氧空位形成的氧物种可以有效地迁移到活性位点(即 $Ag-Mn_2O_3$ 的界面),快速补充表面活性晶格氧物种,从而提高了该催化剂的低温催化活性。在 40 000 mL/(g·h) 的空速下,甲苯氧化的 T_{90} 低至 195 ℃。在该温度下进行的 50 h 催化剂稳定性测试中,甲苯的转化率仅下降了 10%。

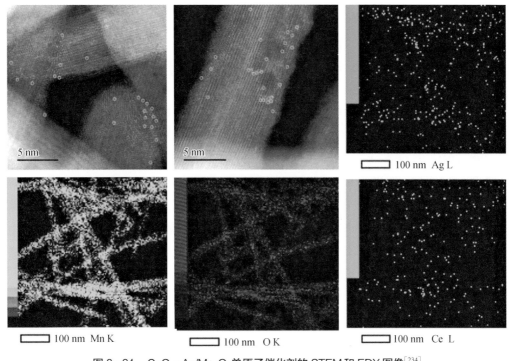

图 3-24　CeO_2-Ag/Mn_2O_3 单原子催化剂的 STEM 和 EDX 图像[234]

　　贵金属催化剂具有催化活性高、抗氧化强、选择性好等优点,但贵金属的抗中毒性能和抗高温烧结性能较差,在柴油机尾气中的应用易受到影响,同时贵金属的引入也使催化剂的成本大幅增加。通过调控稀土氧化物微纳结构获得贵金属单原子催化剂,进一步提高其低温催化氧化 HC 性能、高温热稳定性及最大限度提高贵金属利用率是当前的研究热点。

3.2.4.2　稀土催化剂消除 CO 的研究

　　CO 是大气中分布最广、数量多的污染物之一,主要来源于化石能源的燃烧及汽车尾气的排放。传统的"三效"催化剂(three-way catalyst,TWC)只有在高温条件下才能将

CO完全转化,而汽车尾气中的大部分CO是在冷启动阶段排放的[235]。近年来,随着公众环保和节能减排意识的增强,以及环保法律法规的日益严格,对CO等大气污染物的有效控制已经成为我国环境保护工作的重中之重。因此,开发在低温下具有高活性的CO氧化催化剂,成为提高能源利用效率和减少CO排放量的有效手段。CO完全氧化反应是一种简单的表面双分子反应,在多相催化领域被广泛研究。该反应过程为$CO + 1/2O_2 \longrightarrow CO_2$。

1. 铈基氧化物催化剂

我国稀土保有储量位居全球首位,开发新型高效的稀土基催化剂能够拓展稀土材料的应用领域。将稀土材料应用到"三效"催化剂中,为稀土资源的高效利用开辟了新路径,同时也推动了新型贵金属催化剂的发展,加速了稀土资源优势向经济和社会效益的转化,对我国社会经济的发展具有极其重要的战略意义和价值。

二氧化铈(CeO_2)是应用最为广泛的稀土材料,其具有独特的萤石型立方相晶体结构,晶格常数 $a = 0.541\ 134$ nm。CeO_2晶胞结构中的Ce^{4+}按面心立方点阵分布,O_2^-占据着所有四面体的位置,每个O_2^-与4个Ce^{4+}配位,而每个Ce^{4+}与8个O_2^-相连,因此在结构中存在大量的八面体空位,即使失去了相当一部分晶格氧形成氧空位,CeO_2依然能够保持其原始的晶体结构。此外,Ce最外层的电子数使其具有可变的价态,在富燃条件下,CeO_2能够从晶格中释放氧,Ce由四价被还原成三价。与之相反,在贫燃条件下,Ce从三价被氧化为四价,并储存氧。由此可知,提高CeO_2的可还原性对提高催化剂的活性具有重要意义,这已成为提高催化剂性能的一种有效方法[236,237]。

(1)纯氧化铈

Zhang 等[238,239]用水热法和CTAB软模板法成功制备了不同形貌的CeO_2纳米片、纳米管、纳米棒、纳米线等,系统研究了反应温度、反应时间等条件对CeO_2结构的影响。研究表明,制备方法和条件对纳米CeO_2形貌的影响较大。在此基础上,他们选用碳纳米管作为硬模板[240],用溶剂热法制备了具有中空结构的介孔CeO_2纳米管(图3-25),其在CO催化氧化反应中表现出了较高的催化活性和稳定性,在300 ℃即可以实现CO的完全转化。此外,纳米CeO_2的形貌结构、尺寸、晶面等性质的调控对CO氧化活性的影响也至关重要。文献报道具有规则形貌的纳米CeO_2主要包括棒状、立方块、纳米花、纳米微球等[241],不同形貌的CeO_2暴露的晶面又各不相同。其中,CeO_2纳米棒主要暴露(110)晶面和(100)晶面,纳米立方结构CeO_2主要暴露(100)晶面,CeO_2纳米花和CeO_2纳米微球则主要暴露(111)晶面和(100)晶面,等等[242-244]。Overbury 等[245]通过原位红外、拉曼光谱及同位素示踪等表征手段,研究发现纳米CeO_2催化剂的表面晶格氧活性和迁移能力与其CO氧化活性密切相关,催化剂的活性关系为:纳米棒>立方体>多面体。根据DFT理论计算结果可知[246],CeO_2特征晶面的还原能力为:(110)>(100)>(111)。综上所述,纳米CeO_2的形貌结构差异导致了暴露晶面的稳定性各不相同,这种差异影响了 CeO_2 表面与晶格氧的结合强度以及其还原性能,从而显著影响了 CeO_2 催化剂的 CO 氧化性能。

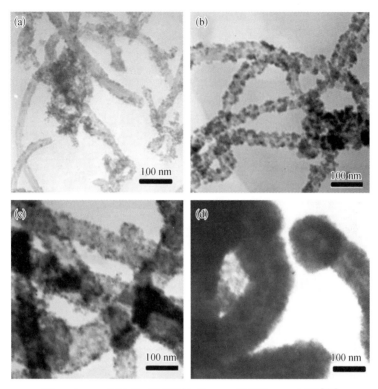

图 3‑25　不同水热时间所制备的 CeO_2 样品的 TEM 图像[241]
(a) 4 h；(b) 8 h；(c) 16 h；(d) 48 h

(2) Ce 基催化剂上 CO 氧化反应机理

CO 氧 化 反 应 机 理 包 括 以 下 三 种[247]：Mars‑van Krevelen(MvK)机 理、Langmuir‑Hinshelwood(L‑H)机理和 Eley‑Rideal(E‑R)机理。

MvK 机理通常指的是 CO 被吸附到催化剂表面后,催化剂的晶格氧对其进行后续氧化,一般情况下,气相氧仅起到补充晶格氧的作用。该反应可分为两步：① 反应气 CO 与催化剂表面的活性氧进行反应,使得 Ce 基催化剂表面被还原,产生氧空位；② 催化剂表面随后被气相中的氧所氧化,氧空位被填充。在整个反应过程中,Ce 基催化剂先被还原后被氧化,因而 MvK 机理也被称为氧化还原机理(redox mechanism)。在稳态情况下,催化剂表面的还原和氧化的速率一致。大部分金属氧化物催化剂的催化氧化碳氢化合物的反应过程均适用于该反应模型[248,249]。CO 氧化连续过程 MvK 机制示意图如图 3‑26 所示,图中包含了关键的反应步骤,包括 CO_2 的形成,氧空位的形成及其解吸过程。

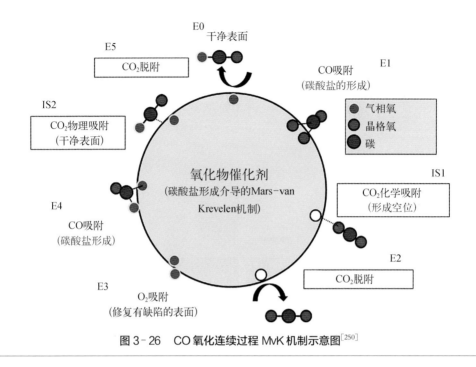

图 3-26　CO 氧化连续过程 MvK 机制示意图[250]

与 MvK 机理不同，一般 L-H 机理则认为 CO 和 O_2 先同时被吸附，之后在催化剂表面发生后续反应。因此，CO 和氧物种的吸附尤为重要，这通常是反应的速控步骤。CO 和 O_2 可被吸附于相同位点（单位点 L-H 模型），或者被吸附在两种不同的活性位点（双位点 L-H 模型）。

E-R 机理则认为，反应发生于表面吸附氧物种和气态反应物之间。该模型的反应控速步骤被认为是吸附态反应物与气相反应物之间的反应过程。根据催化剂活性组分、载体类型以及组成等性质的不同，CO 氧化反应的对应模型也会有所差异。

总体来说，无论是常见的贵金属催化剂还是非贵金属催化剂，它们的 CO 催化氧化过程均符合上述三种反应模型之一。

2. 负载型铈基氧化物催化剂

CeO_2 不仅自身拥有用于催化反应的氧化还原位点，同时也是一种性能优良的催化剂载体，能够提升催化剂活性组分的热稳定性和机械强度，促进活性组分的均匀分布，抑制催化剂使用过程中的烧结现象。此外，当与过渡金属和贵金属作用形成负载型铈基氧化物催化剂时，CeO_2 能够展现出更加优异的性能。CeO_2 还能部分取代贵金属，在金属与载体的界面处形成固体与分子间的强相互作用（SMSI 效应），并与贵金属产生协同催化作用。因此，CeO_2 基负载型催化剂被广泛应用于 CO 氧化的研究中。利用金属与载体间产生的相互作用，可以实现高分散金属的稳定、界面电子的转移等效果，从而达到调控催化活性的目的。

（1）非贵金属催化剂

以过渡金属 Cu、Mn、Co、Ni 等为代表的非贵金属催化剂在 CO 氧化反应中表现出良好的催化活性。其中，最著名的是 1919 年由美国约翰斯·霍普金斯大学和加利福尼亚大学共同发明的铜锰氧化物催化剂，工业上称其为霍加拉特（Hopcalite）催化剂。但该类催化剂在低温环境下催化活性较差，且对水汽敏感，反应过程中遇水容易失活[251]。为了提高催化剂的低温活性、延长催化剂使用寿命，研究者们利用不同种类的氧化物制备了负载型 CuO 催化剂，如 CuO/TiO_2、Cu/Al_2O_3 等[252,253]。目前，CuO/CeO_2 催化剂被广泛应用于 CO 催化氧化的研究中[254]。

Dong 等[255]用不同铈前驱体制备了 CuO-CeO_2 催化剂，并将其用于 CO 氧化。结果表明，Ce^{3+} 经过氧化还原反应（$Cu^{2+} + Ce^{3+} \rightleftharpoons Cu^+ + Ce^{4+}$）更容易形成稳定的 Cu^+ 物种，所制备的 Ce 基催化剂展现出较好的还原性质，由此可知制备条件对 CuO-CeO_2 催化剂的性能影响较大。在复合氧化物方面，Luo 等[256]用水热法制备了具有高比表面积的 CuO-CeO_2、Co_3O_4-CeO_2 催化剂，原位红外研究结果表明 CO 氧化优先发生在 CuO 活性组分与 CeO_2 载体的界面处，这表明 CuO-CeO_2 催化剂的 CO 氧化活性与其还原性能密切相关。Cao 等[257]用简单的无溶剂法制备了一种 CuO_x-ZrO_2-CeO_2（CZC）催化剂，研究发现，Zr 的引入有效缓解了催化剂表面 Cu 物种的团聚，使催化剂产生更多的氧空位和表面 Cu^+ 物种，进一步提高了 CuO_x-CeO_2 的还原性能。此外，还可以利用 Ce 基复合氧化物负载 CuO。Jia 等[258]研究了 $CuO/Ce_{1-x}Cu_xO_{2-\delta}$ 催化剂上的 CO 氧化反应机制，活性物种 CuO 负责 CO 的吸附与活化，而 $Ce_{1-x}Cu_xO_{2-\delta}$ 复合载体则负责提供晶格氧，Cu 和复合载体之间存在明显的协同效应，从而促进 CO 氧化反应。该系列 CuO 催化剂的 CO 氧化的机理为 MvK 机理。研究还发现，提高 CuO/CeO_2 催化剂的还原性能，增强 Cu 和复合载体之间的相互作用，有利于提高 CO 的氧化活性。贾春江课题组深入研究了 CuO 负载在 CeO_2 纳米棒和纳米立方体上所表现出的性质及其对催化活性的影响[259,260]，所制备的催化剂如图 3-27 所示。在此基础上，该课题组利用多种先进的表征技术，深入研究了 CuO/CeO_2 催化剂晶面效应在 CO 氧化反应中的构效关系。研究发现经过高温焙烧处理后，Cu 物种能够保持高度分散的状态，这有助于实现高活性且抗烧结的 CuO 催化剂制备，在催化剂设计方面取得了重要的突破性进展。

综上所述，不同的制备方法和催化剂的组成等对 CO 催化活性的影响较大，主要体现在：在催化剂中形成 Cu^{2+}/Cu 与 Ce^{4+}/Ce^{3+} 的还原电子对，Cu 物种的加入可以调控铈基氧化物催化剂的还原性质，促使催化剂形成大量的表面氧空位[261]，从而使活性位点在界面处稳定存在。

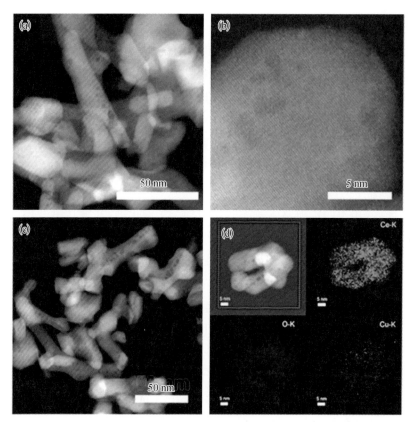

图 3‑27　1CuCe‑800 催化剂的 HAADF‑STEM 图像（a，b），反应后的 1CuCe‑800
催化剂的像差校正 HAADF‑STEM 图像（c）和 EDS 元素分布图（d）[260]

（2）贵金属催化剂

相对于非贵金属催化剂，以 Pt 族元素为活性组分的 TWC 催化剂对汽车尾气中的
CH、CO 和 NO$_x$ 等污染物有较好的净化效果，其良好的低温 CO 氧化性能也一直备受关
注[262]。目前常用的贵金属催化剂主要有铂（Pt）、钯（Pd）、金（Au）、铑（Rh）、钌（Ru）等元
素，但由于贵金属储量有限，价格昂贵，因此工业上通常将贵金属负载在氧化物载体上，以
提高催化剂的稳定性和降低贵金属含量。Wang 等[263]以不同结构的纳米棒、纳米立方体
和纳米八面体 CeO$_2$ 为载体，制备了一系列负载型 RuO$_x$/CeO$_2$ 催化剂，结果表明，纳米棒结
构的 CeO$_2$ 载体（111）晶面上丰富的表面缺陷是形成 Ru^{n+} 物种的关键（图 3‑28），这对
RuO$_x$/CeO$_2$ 催化剂具有良好的室温 CO 氧化活性至关重要。Hensen 等[14]使用原位
FTIR、TEM、EXAFS 等表征手段研究了 Pd/CeO$_2$ 催化剂的物理化学性质及 CO 氧化性能。
通过 DFT 计算发现，与 CeO$_2$ 的（111）晶面相比，Ce—O 结合能更低，在 Pd 立方晶相 CeO$_2$
催化剂上，CO 的氧化是通过 MvK 机理进行的；在 Pd 棒状 CeO$_2$ 催化剂上，CO 的氧化过程是按照 L－H 机理进行的。结果表明，负载于 CeO_2 纳米棒（111）表面的 Pd 催化剂显示出室温 CO 氧化活性。此外，Ye[264] 等用乙二醇还原和静电化学吸附法制备了 Pt－Al_2O_3、Pt－Co_3O_4 和 Pt－CeO_2 等一系列催化剂，结果表明，金属与载体间的 SMSI 效应增强了氧的活化和迁移能力，促进了表面氧空位的形成，使 Pt－CeO_2 催化剂具有更好的低温 CO 氧化活性和甲苯氧化性能。

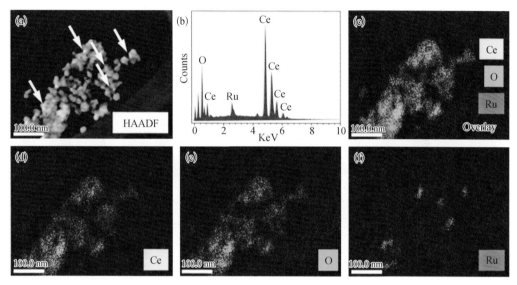

图 3－28　5.0%（质量分数）Ru/CeO_2（八面体）催化剂的 HAADF 图像（a），EDS 元素分布图（b），Ce、O、Ru 的元素分布 [（c）～（f）][263]

自 Haruta 等的研究工作被报道之后，国内外引发了纳米 Au 催化剂研究的热潮[265,266]。Takeda 等[267] 用沉积沉淀法（DP）制备了负载型 Au/CeO_2 催化剂，并将其应用于 CO 氧化反应。通过环境透射电镜（environmental transmission electron microscope，ETEM）分析表明，CO 分子主要吸附在 Au 纳米颗粒表面，使 Au 纳米颗粒呈现多面体形状，主要由（111）晶面和（100）晶面构成。O_2 分子在催化剂表面分解成氧原子或活性氧相关物种，从而诱导 Au 纳米颗粒形成圆形或多面形态。O_2 分子优先在 Au 纳米颗粒与 CeO_2 载体表面的界面上解离，并获得较好的低温活性，Au 纳米颗粒与载体接触界面的增加是提高其活性的主要原因。为了提高小尺寸贵金属纳米颗粒的稳定性，可以将纳米 CeO_2 负载的双金属组分催化剂应用于 CO 氧化反应中，Chen 等[268] 制备了一种 Cu 修饰的 CeO_2 负载的 Pt 亚纳米团簇催化剂（图 3－29）。研究表明，Cu－O－Ce 活性位点中的晶格氧有效锚定 Pt 亚纳米团簇，使在界面处的 CO 吸附强度适中，有利于在室温下表现出优异的 CO 氧化性能。Wang 等[269] 制备了双金属合金 Au－Cu/CeO_2 催化剂，使用 ETEM 可以直接观察到，在原子尺度上 AuCu 合金纳米颗粒在 CO 氧化反应中的结构变化。近年来，随着单原子催化剂的深入研究，

Pt_1/CeO_2作为一种代表性的单原子催化剂引起了人们的广泛关注[270,271]。与传统负载型Pt、Au等贵金属催化剂相比,单原子催化剂在CO氧化等反应中具有诸多优势。

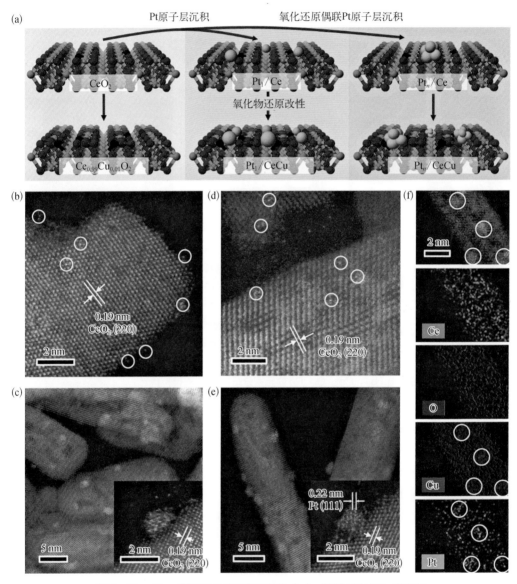

图3-29　Chen等制备的催化剂的结构(a),及其HAADF-STEM
图像[(b)~(e)]与EDS分析(f)[268]

综上所述,在对CeO_2基催化剂的应用研究中发现,其独特的"氧化-还原"性能可以促进其表面氧空位的生成,这对于提高CO氧化、CO-PROX选择氧化等反应的性能是十分有利的。而其他稀土元素的氧化物被认为是非/弱氧化还原性载体,它们不含或仅有少量的氧空位。因此,在未来的稀土催化相关研究中,利用原位表征手段和理论计算探讨催化反应作用机制,深入拓展其他非/弱氧化还原性稀土氧化物在 CO 等多相催化领域中的应用是值得关注的重要问题。

3.3　本章小结与展望

随着我国国民经济的高速增长,汽车等支柱产业以及新能源等新兴产业的快速发展,对资源的合理利用和环境保护提出了更为严格的要求。机动车尾气排放已成为大气污染的主要诱因之一。机动车尾气中的 CO、HC、NO_x、PM 等污染物对人类的生命安全和社会的经济发展构成了极大的威胁。因此,降低和消除机动车尾气污染物是机动车尾气催化净化的关键任务。开展相关研究对于保护环境和促进经济发展具有深远的意义。

大量研究表明,稀土基催化剂对机动车尾气的催化净化具有很高的催化活性,是一类具有广泛应用前景的催化剂。然而,稀土催化材料在机动车尾气催化净化中的应用研究,涉及材料科学、催化科学、环境科学、催化剂反应工程、结构化学、汽车工程学以及相关的分析测试技术等多个学科,需要从多学科、多角度进行交叉研究,以实现技术突破。目前,稀土催化材料在机动车尾气处理方面应重点加强以下研究。

(1) 稀土基催化剂的制备。目前已成功制备出多种形貌及不同金属改性的稀土基催化剂材料,并在柴油机尾气净化中展现出较好的催化活性。但是,大多数制备方法尚不能直接转化为工业化应用。为了实现稀土基催化剂的规模化应用,亟须开发过程简单、耗时短,且性能保持优良的制备方法。同时,还需确保不同合成批次的催化剂物化性能保持一致。

(2) 高活性和高稳定性稀土基催化剂的设计与研发。柴油机尾气组分复杂,涉及的化学反应多样,包括 PM 颗粒、VOCs、CO 的氧化反应、NO 的还原反应、部分水蒸气重整和水煤气转换反应及少量的 SO_2 氧化为 SO_3 并进一步生成硫酸或硫酸盐的反应。目前报道的稀土基催化剂对单一污染物的净化效果显著,但在实际柴油机尾气中的催化活性仍需进一步研究和提升。此外,低温冷启动作为柴油车的常见工况,也需要稀土基氧化物催化剂在低温下保持较高的催化活性。

(3) 稀土基催化剂的反应机理。关于稀土基催化剂催化净化柴油机尾气的反应机理,虽然已取得部分成果,如 MvK 机理、L‐H 机理、E‐R 机理、NO_2 辅助机理等,但鉴于柴油机尾气中化学反应的复杂性,目前仍缺乏有效的表征手段进行原位、动态表征研究。因此,下一步需要开发多种原位光谱联用技术,实现对柴油机尾气中不同污染物催化净化的原位、动态监测,并结合理论计算手段深入研究稀土基催化剂催化净化柴油机尾气污染物的反应机理。

作为稀土资源大国,中国在合理和平衡利用稀土资源方面扮演着重要角色。汽车尾气后处理稀土催化剂主要应用的是高丰度的 La 和 Ce 基稀土催化剂。我国科技工作者应针对当前面临的问题,设计开发出结构合理、性能优异的稀土催化剂,深入研究其催化反应机制。发挥我国稀土资源优势,开发机动车尾气后处理稀土催化剂新产品体系,研制出高活性、高稳定性、成本较低的新型高效稀土催化剂,并加快其在实际生产中的应用,以充分利用其优异性能,为我国环保事业的发展和稀土资源的均衡利用做出重要贡献。

致谢: 感谢科技部重点研发计划项目(2022YFB3504100,2022YFB3506200)国家自然科学基金(U1908204,22072095,22372107)的资助。

参考文献

[1] 中国移动源环境管理年报(2023 年)[R].中华人民共和国生态环境部,2023 - 12 - 07.

[2] 叶松,孙平,刘军恒,等.CeO₂ 的微观结构对颗粒物催化氧化的影响[J].材料研究学报,2017,31(12):955 - 960.

[3] Dai Y Q, Tian J L, Fu W L. Shape manipulation of porous CeO₂ nanofibers: Facile fabrication, growth mechanism and catalytic elimination of soot particulates [J]. Journal of Materials Science, 2019, 54(14): 10141 - 10152.

[4] Aneggi E, Wiater D, de Leitenburg C, et al. Shape-dependent activity of ceria in soot combustion [J]. ACS Catalysis, 2014, 4(1): 172 - 181.

[5] Jian S Q, Yang Y X, Ren W, et al. Kinetic analysis of morphologies and crystal planes of nanostructured CeO₂ catalysts on soot oxidation [J]. Chemical Engineering Science, 2020, 226: 115891.

[6] Bueno-López A. Diesel soot combustion ceria catalysts [J]. Applied Catalysis B: Environmental, 2014, 146: 1 - 11.

[7] Ouyang J, Yang H M. Investigation of the oxygen exchange property and oxygen storage capacity of Ce$_x$Zr$_{1-x}$O₂ nanocrystals [J]. The Journal of Physical Chemistry C, 2009, 113(17): 6921 - 6928.

[8] Mamontov E, Egami T, Brezny R, et al. Lattice defects and oxygen storage capacity of nanocrystalline ceria and ceria-zirconia [J]. The Journal of Physical Chemistry B, 2000, 104(47): 11110 - 11116.

[9] Shinjoh H. Rare earth metals for automotive exhaust catalysts [J]. Journal of Alloys and Compounds, 2006, 408: 1061 - 1064.

[10] Yang Z Z, Hu W, Zhang N, et al. Facile synthesis of ceria-zirconia solid solutions with cubic-tetragonal interfaces and their enhanced catalytic performance in diesel soot oxidation [J]. Journal of Catalysis, 2019, 377: 98 - 109.

[11] Liu P, Liang X L, Dang Y L, et al. Effects of Zr substitution on soot combustion over cubic fluorite-structured nanoceria: Soot-ceria contact and interfacial oxygen evolution [J]. Journal of Environmental Sciences, 2021, 101: 293 - 303.

[12] Zhang G Z, Zhao Z, Liu J, et al. Three dimensionally ordered macroporous Ce$_{1-x}$Zr$_x$O₂ solid solutions for diesel soot combustion [J]. Chemical Communications, 2010, 46(3): 457 - 459.

［13］Huang H，Liu J H，Sun P，et al. Effects of Mn-doped ceria oxygen-storage material on oxidation activity of diesel soot［J］. RSC Advances，2017，7(12)：7406 - 7412.

［14］He J S，Yao P，Qiu J，et al. Enhancement effect of oxygen mobility over $Ce_{0.5}Zr_{0.5}O_2$ catalysts doped by multivalent metal oxides for soot combustion［J］. Fuel，2021，286：119359.

［15］Lin X T，Li S J，He H，et al. Evolution of oxygen vacancies in MnO_x - CeO_2 mixed oxides for soot oxidation［J］. Applied Catalysis B：Environmental，2018，223：91 - 102.

［16］Sudarsanam P，Hillary B，Deepa D K，et al. Highly efficient cerium dioxide nanocube-based catalysts for low temperature diesel soot oxidation：The cooperative effect of cerium- and cobalt-oxides［J］. Catalysis Science & Technology，2015，5(7)：3496 - 3500.

［17］Mori K，Jida H，Kuwahara Y，et al. CoO_x-decorated CeO_2 heterostructures：Effects of morphology on their catalytic properties in diesel soot combustion［J］. Nanoscale，2020，12(3)：1779 - 1789.

［18］Jin B F，Wu X D，Weng D，et al. Roles of cobalt and cerium species in three-dimensionally ordered macroporous $Co_xCe_{1-x}O_\delta$ catalysts for the catalytic oxidation of diesel soot［J］. Journal of Colloid and Interface Science，2018，532：579 - 587.

［19］Zhai G J，Wang J G，Chen Z M，et al. Highly enhanced soot oxidation activity over 3DOM Co_3O_4 - CeO_2 catalysts by synergistic promoting effect［J］. Journal of Hazardous Materials，2019，363：214 - 226.

［20］Muroyama H，Hano S，Matsui T，et al. Catalytic soot combustion over CeO_2-based oxides［J］. Catalysis Today，2010，153(3/4)：133 - 135.

［21］Cousin R，Capelle S，Abi-Aad E，et al. Copper-vanadium-cerium oxide catalysts for carbon black oxidation［J］. Applied Catalysis B：Environmental，2007，70(1 - 4)：247 - 253.

［22］Neelapala S D，Dasari H. Catalytic soot oxidation activity of Cr-doped ceria（$Ce_{1-x}Cr_xO_{2-\delta}$）synthesized by sol-gel method with organic additives［J］. Materials Science for Energy Technologies，2018，1(2)：155 - 159.

［23］Sellers-Antón B，Bailón-García E，Cardenas-Arenas A，et al. Enhancement of the generation and transfer of active oxygen in Ni/CeO_2 catalysts for soot combustion by controlling the Ni-ceria contact and the three-dimensional structure［J］. Environmental Science & Technology，2020，54(4)：2439 - 2447.

［24］Zhang H L，Yuan S D，Wang J L，et al. Effects of contact model and NO_x on soot oxidation activity over Pt/MnO_x - CeO_2 and the reaction mechanisms［J］. Chemical Engineering Journal，2017，327：1066 - 1076.

［25］Zhang H L，Li S S，Lin Q J，et al. Study on hydrothermal deactivation of Pt/MnO_x - CeO_2 for NO_x-assisted soot oxidation：Redox property，surface nitrates，and oxygen vacancies［J］. Environmental Science and Pollution Research International，2018，25(16)：16061 - 16070.

［26］Xiong J，Wei Y C，Zhang Y L，et al. Synergetic effect of K sites and Pt nanoclusters in an ordered hierarchical porous Pt - $KMnO_x/Ce_{0.25}Zr_{0.75}O_2$ catalyst for boosting soot oxidation［J］. ACS Catalysis，2020，10(13)：7123 - 7135.

［27］Wei Y C，Jiao J Q，Zhang X D，et al. Catalysts of self-assembled $Pt@CeO_{2-\delta}$-rich core-shell nanoparticles on 3D ordered macroporous $Ce_{1-x}Zr_xO_2$ for soot oxidation：Nanostructure-dependent catalytic activity［J］. Nanoscale，2017，9(13)：4558 - 4571.

［28］Jin B F，Wei Y C，Zhao Z，et al. Effects of Au - Ce strong interactions on catalytic activity of $Au/CeO_2/3DOM Al_2O_3$ catalyst for soot combustion under loose contact conditions［J］. Chinese Journal of Catalysis，2016，37(6)：923 - 933.

［29］Deng X L，Li M X，Zhang J，et al. Constructing nano-structure on silver/ceria-zirconia towards highly active and stable catalyst for soot oxidation［J］. Chemical Engineering Journal，2017，313：

544－555.

[30] Zou G C，Fan Z Y，Yao X，et al. Catalytic performance of Ag/Co-Ce composite oxides during soot combustion in O_2 and NO_x：Insights into the effects of silver [J]. Chinese Journal of Catalysis，2017，38(3)：564－572.

[31] Homsi D，Aouad S，El Nakat J，et al. Carbon black and propylene oxidation over $Ru/Ce_x Zr_{1-x} O_2$ catalysts [J]. Catalysis Communications，2011，12(8)：776－780.

[32] Kurnatowska M，Mista W，Mazur P，et al. Nanocrystalline $Ce_{1-x} Ru_x O_2$-microstructure，stability and activity in CO and soot oxidation [J]. Applied Catalysis B：Environmental，2014，148：123－135.

[33] 亨德森.稀土元素地球化学[M].田丰,施炀,译.北京：地质出版社,1989.

[34] Galdeano N F，Carrascull A L，Ponzi M I，et al. Catalytic combustion of particulate matter catalysts of alkaline nitrates supported on Hydrous zirconium [J]. Thermochimica Acta，2004，421(1/2)：117－121.

[35] Milt V G，Pissarello M L，Miró E E，et al. Abatement of diesel-exhaust pollutants：NO_x storage and soot combustion on $K/La_2 O_3$ catalysts [J]. Applied Catalysis B：Environmental，2003，41(4)：397－414.

[36] Sánchez B S，Querini C A，Miró E E. NO_x adsorption and diesel soot combustion over $La_2 O_3$ supported catalysts containing K，Rh and Pt [J]. Applied Catalysis A：General，2009，366(1)：166－175.

[37] Peralta M A，Zanuttini M S，Ulla M A，et al. Diesel soot and NO_x abatement on $K/La_2 O_3$ catalyst：Influence of K precursor on soot combustion [J]. Applied Catalysis A：General，2011，399(1－2)：161－171.

[38] Wu Q Q，Xiong J，Mei X L，et al. Efficient catalysts of $La_2 O_3$ nanorod-supported Pt nanoparticles for soot oxidation：The role of $La_2 O_3$-{110}facets [J]. Industrial & Engineering Chemistry Research，2019，58(17)：7074－7084.

[39] Wu Q Q，Xiong J，Zhang Y L，et al. Interaction-induced self-assembly of $Au@La_2 O_3$ core-shell nanoparticles on $La_2 O_2 CO_3$ nanorods with enhanced catalytic activity and stability for soot oxidation [J]. ACS Catalysis，2019，9(4)：3700－3715.

[40] Peña M A，Fierro J L G. Chemical structures and performance of perovskite oxides [J]. Chemical Reviews，2001，101(7)：1981－2018.

[41] Dhal G C，Mohan D，Prasad R. Preparation and application of effective different catalysts for simultaneous control of diesel soot and NO_x emissions：An overview [J]. Catalysis Science & Technology，2017，7(9)：1803－1825.

[42] Royer S，Duprez D，Can F，et al. Perovskites as substitutes of noble metals for heterogeneous catalysis：Dream or reality [J]. Chemical Reviews，2014，114(20)：10292－10368.

[43] Libby W F. Promising catalyst for auto exhaust [J]. Science，1971，171(3970)：499－500.

[44] Fan Q，Zhang S，Sun L Y，et al. Catalytic oxidation of diesel soot particulates over $Ag/LaCoO_3$ perovskite oxides in air and NO_x[J]. Chinese Journal of Catalysis，2016，37(3)：428－435.

[45] Li Z Q，Meng M，Zha Y Q，et al. Highly efficient multifunctional dually-substituted perovskite catalysts $La_{1-x} K_x Co_{1-y} Cu y O_{3-\delta}$ used for soot combustion，NO_x storage and simultaneous NO_x－soot removal [J]. Applied Catalysis B：Environmental，2012，121：65－74.

[46] Liang H，Mou Y M，Zhang H W，et al. Sulfur resistance and soot combustion for $La_{0.8} K_{0.2} Co_{1-y} Mn_y O_3$ catalyst [J]. Catalysis Today，2017，281：477－481.

[47] Da Y M，Zeng L R，Wang C Y，et al. Catalytic oxidation of diesel soot particulates over Pt substituted $LaMn_{1-x} Pt_x O_3$ perovskite oxides [J]. Catalysis Today，2019，327：73－80.

[48] Xu J F，Liu J，Zhao Z，et al. Easy synthesis of three-dimensionally ordered macroporous

$La_{1-x}K_xCoO_3$ catalysts and their high activities for the catalytic combustion of soot [J]. Journal of Catalysis, 2011, 282(1): 1 - 12.

[49] Zhao M J, Liu J X, Liu J, et al. Fabrication of $La_{1-x}Ca_xFeO_3$ perovskite-type oxides with macromesoporous structure *via* a dual-template method for highly efficient soot combustion [J]. Journal of Rare Earths, 2020, 38(4): 369 - 375.

[50] Querini C A, Cornaglia L M, Ulla M A, et al. Catalytic combustion of diesel soot on Co, K/MgO catalysts. Effect of the potassium loading on activity and stability [J]. Applied Catalysis B: Environmental, 1999, 20(3): 165 - 177.

[51] Oi-Uchisawa J, Wang S D, Nanba T, et al. Improvement of Pt catalyst for soot oxidation using mixed oxide as a support [J]. Applied Catalysis B: Environmental, 2003, 44(3): 207 - 215.

[52] Wei Y C, Liu J, Zhao Z, et al. Highly active catalysts of gold nanoparticles supported on three-dimensionally ordered macroporous $LaFeO_3$ for soot oxidation [J]. Angewandte Chemie (International Ed), 2011, 50(10): 2326 - 2329.

[53] Lee C M, Jeon Y, Hata S, et al. Three-dimensional arrangements of perovskite-type oxide nano-fiber webs for effective soot oxidation [J]. Applied Catalysis B: Environmental, 2016, 191: 157 - 164.

[54] Fang F, Feng N J, Wang L, et al. Fabrication of perovskite-type macro/mesoporous $La_{1-x}K_xFeO_{3-\delta}$ nanotubes as an efficient catalyst for soot combustion [J]. Applied Catalysis B: Environmental, 2018, 236: 184 - 194.

[55] Mei X L, Xiong J, Wei Y C, et al. High-efficient non-noble metal catalysts of 3D ordered macroporous perovskite-type $La_2NiB'O_6$ for soot combustion: Insight into the synergistic effect of binary Ni and B' sites [J]. Applied Catalysis B: Environmental, 2020, 275: 119108.

[56] Zhao H, Li H C, Gu Y W, et al. $La_2O_2CO_3$-Induced phase composition oscillation in La - Cu mixed oxides during repeated catalytic soot combustion [J]. Catalysis Science & Technology, 2019, 9(18): 5100 - 5110.

[57] Mao L, Yan Y Y, Zhao X T, et al. Comparative study on removal of NO_x and soot with a-site substituted La_2NiO_4 perovskite-like by different valence cation [J]. Catalysis Letters, 2019, 149(4): 1087 - 1099.

[58] Zou G C, Chen M X, Shangguan W F. Promotion effects of $LaCoO_3$ formation on the catalytic performance of Co - La oxides for soot combustion in air [J]. Catalysis Communications, 2014, 51: 68 - 71.

[59] Feng N J, Chen C, Meng J, et al. K - Mn supported on three-dimensionally ordered macroporous $La_{0.8}Ce_{0.2}FeO_3$ catalysts for the catalytic combustion of soot [J]. Applied Surface Science, 2017, 399: 114 - 122.

[60] Fang F, Zhao P, Feng N J, et al. Construction of a hollow structure in $La_{0.9}K_{0.1}CoO_{3-\delta}$ nanofibers *via* grain size control by Sr substitution with an enhanced catalytic performance for soot removal [J]. Catalysis Science & Technology, 2019, 9(18): 4938 - 4951.

[61] Zeng L R, Cui L, Wang C Y, et al. *In-situ* modified the surface of Pt-doped perovskite catalyst for soot oxidation [J]. Journal of Hazardous Materials, 2020, 383: 121210.

[62] Sun J C, Zhao Z, Li Y Z, et al. Synthesis and catalytic performance of macroporous $La_{1-x}Ce_xCoO_3$ perovskite oxide catalysts with high oxygen mobility for catalytic combustion of soot [J]. Journal of Rare Earths, 2020, 38(6): 584 - 593.

[63] Zhao P, Fang F, Feng N J, et al. Self-templating construction of mesopores on three-dimensionally ordered macroporous $La_{0.5}Sr_{0.5}MnO_3$ perovskite with enhanced performance for soot combustion [J]. Catalysis Science & Technology, 2019, 9(8): 1835 - 1846.

[64] Dinamarca R, Garcia X, Jimenez R, et al. Effect of A-site deficiency in $LaMn_{0.9}Co_{0.1}O_3$ perovskites

on their catalytic performance for soot combustion [J]. Materials Research Bulletin, 2016, 81: 134 – 141.

[65] Feng N J, Chen C, Meng J, et al. Constructing a three-dimensionally ordered macroporous LaCrO$_3$ composite oxide *via* cerium substitution for enhanced soot abatement [J]. Catalysis Science & Technology, 2017, 7(11): 2204 – 2212.

[66] Feng N J, Meng J, Wu Y, et al. KNO$_3$ supported on three-dimensionally ordered macroporous La$_{0.8}$Ce$_{0.2}$Mn$_{1-x}$Fe$_x$O$_3$ for soot removal [J]. Catalysis Science & Technology, 2016, 6(9): 2930 –2941.

[67] Tran Q N, Martinovic F, Ceretti M, et al. Co-doped LaAlO$_3$ perovskite oxide for NO$_x$-assisted soot oxidation [J]. Applied Catalysis A: General, 2020, 589: 117304.

[68] Feng N J, Wu Y, Meng J, et al. Catalytic combustion of soot over Ce and Co substituted three-dimensionally ordered macroporous La$_{1-x}$Ce$_x$Fe$_{1-y}$Co$_y$O$_3$ perovskite catalysts [J]. RSC Advances, 2015, 5(111): 91609 – 91618.

[69] Mei X L, Xiong J, Wei Y C, et al. Three-dimensional ordered macroporous perovskite-type La$_{1-x}$K$_x$NiO$_3$ catalysts with enhanced catalytic activity for soot combustion: The effect of K-substitution [J]. Chinese Journal of Catalysis, 2019, 40(5): 722 – 732.

[70] Sellers-Antón B, Bailón-García E, Davó-Quiñonero A, et al. PrO$_x$ nanoparticles: Active and stable catalysts for soot combustion [J]. Applied Surface Science, 2021, 563: 150183.

[71] Alcalde-Santiago V, Bailón-García E, Davó-Quiñonero A, et al. Three-dimensionally ordered macroporous PrO$_x$: An improved alternative to ceria catalysts for soot combustion [J]. Applied Catalysis B: Environmental, 2019, 248: 567 – 572.

[72] Guillén-Hurtado N, García-García A, Bueno-López A. Active oxygen by Ce – Pr mixed oxide nanoparticles outperform diesel soot combustion Pt catalysts [J]. Applied Catalysis B: Environmental, 2015, 174: 60 – 66.

[73] Guillén-Hurtado N, Giménez-Mañogil J, Martínez-Munuera J C, et al. Study of Ce/Pr ratio in ceria-praseodymia catalysts for soot combustion under different atmospheres [J]. Applied Catalysis A: General, 2020, 590: 117339.

[74] Rico-Pérez V, Aneggi E, Bueno-López A, et al. Synergic effect of Cu/Ce$_{0.5}$Pr$_{0.5}$O$_{2-\delta}$ and Ce$_{0.5}$Pr$_{0.5}$O$_{2-\delta}$ in soot combustion [J]. Applied Catalysis B: Environmental, 2016, 197: 95 – 104.

[75] Patil S S, Dasari H P, Dasari H. Effect of Nd-doping on soot oxidation activity of Ceria-based nanoparticles synthesized by glycine nitrate process [J]. Nano-Structures & Nano-Objects, 2019, 20: 100388.

[76] Małecka M A, Kępiński L, Mióta W. Structure evolution of nanocrystalline CeO$_2$ and CeLnO$_x$ mixed oxides (Ln = Pr, Tb, Lu) in O$_2$ and H$_2$ atmosphere and their catalytic activity in soot combustion [J]. Applied Catalysis B: Environmental, 2007, 74(3 – 4): 290 – 298.

[77] Vinodkumar T, Prashanth Kumar J K, Reddy B M. Supported nano-sized Ce$_{0.8}$Eu$_{0.2}$O$_{2-\delta}$ solid solution catalysts for diesel soot and benzylamine oxidations [J]. Journal of Chemical Sciences, 2021, 133 (3): 68.

[78] Sudarsanam P, Kuntaiah K, Reddy B M. Promising ceria-*Samaria*-based nano-oxides for low temperature soot oxidation: A combined study of structure-activity properties [J]. New Journal of Chemistry, 2014, 38(12): 5991 – 6001.

[79] Durgasri D N, Vinodkumar T, Lin F J, et al. Gadolinium doped cerium oxide for soot oxidation: Influence of interfacial metal-support interactions [J]. Applied Surface Science, 2014, 314: 592 – 598.

[80] Vasylkiv O, Sakka Y, Skorokhod V V. Nano-blast synthesis of nano-size CeO$_2$ – Gd$_2$O$_3$ powders [J]. Journal of the American Ceramic Society, 2006, 89(6): 1822 – 1826.

[81] Fornasiero P，Dimonte R，Rao G R，et al. Rh-loaded CeO_2 - ZrO_2 solid-solutions as highly efficient oxygen exchangers：Dependence of the reduction behavior and the oxygen storage capacity on the structural-properties [J]. Journal of Catalysis，1995，151(1)：168 - 177.

[82] Liu J，Zhao Z，Xu C M，et al. Synthesis of nanopowder Ce - Zr - Pr oxide solid solutions and their catalytic performances for soot combustion [J]. Catalysis Communications，2007，8(3)：220 - 224.

[83] Dulgheru P，Sullivan J A. Rare earth (La，Nd，Pr) doped ceria zirconia solid solutions for soot combustion [J]. Topics in Catalysis，2013，56(1)：504 - 510.

[84] Mira J G，Pérez V R，Bueno-López A. Effect of the CeZrNd mixed oxide synthesis method in the catalytic combustion of soot [J]. Catalysis Today，2015，253：77 - 82.

[85] Aneggi E，de Leitenburg C，Dolcetti G，et al. Promotional effect of rare earths and transition metals in the combustion of diesel soot over CeO_2 and CeO_2 - ZrO_2 [J]. Catalysis Today，2006，114(1)：40 - 47.

[86] Chen Y J，Du C，Lang Y，et al. Carboxyl-modified colloidal crystal templates for the synthesis of three-dimensionally ordered macroporous $SmMn_2O_5$ mullite and its application in NO_x -assisted soot combustion [J]. Catalysis Science & Technology，2018，8(22)：5955 - 5962.

[87] Feng Z J，Liu Q H，Chen Y J，et al. Macroporous $SmMn_2O_5$ mullite for NO_x -assisted soot combustion [J]. Catalysis Science & Technology，2017，7(4)：838 - 847.

[88] Chen Y J，Shen G R，Lang Y，et al. Promoting soot combustion efficiency by strengthening the adsorption of NO_x on the 3DOM mullite catalyst [J]. Journal of Catalysis，2020，384：96 - 105.

[89] Jin B F，Zhao B H，Liu S，et al. $SmMn_2O_5$ catalysts modified with silver for soot oxidation：Dispersion of silver and distortion of mullite [J]. Applied Catalysis B：Environmental，2020，273：119058.

[90] Wang Z P，Zhu H J，Ai L J，et al. Catalytic combustion of soot particulates over rare-earth substituted $Ln_2Sn_2O_7$ pyrochlores (Ln = La，Nd and Sm) [J]. Journal of Colloid and Interface Science，2016，478：209 - 216.

[91] Rabl A，Eyre N. An estimate of regional and global O_3 damage from precursor NO_x and VOC emissions [J]. Environment International，1998，24(8)：835 - 850.

[92] 章凌，段宏昌，谭争国，等.用于柴油车尾气消除反应(NH_3 - SCR)的八元环沸石分子筛研究进展[J].高等学校化学学报，2020，41(1)：19 - 27.

[93] 王艳，李兆强.含稀土 NH_3 - SCR 脱硝催化剂研究进展[J].稀土，2016，37：120 - 128.

[94] Zhou J，Guo R T，Zhang X F，et al. Cerium oxide-based catalysts for low-temperature selective catalytic reduction of NO_x with NH_3：A review [J]. Energy & Fuels，2021，35(4)：2981 - 2998.

[95] Wang L Y，Yu X H，Wei Y C，et al. Research advances of rare earth catalysts for catalytic purification of vehicle exhausts - Commemorating the 100th anniversary of the birth of Academician Guangxian Xu [J]. Journal of Rare Earths，2021，39(10)：1151 - 1180.

[96] 沈岳松，祝社民，沈晓冬.选择性催化还原脱硝催化材料研究进展[J].中国材料进展，2019，38(12)：1125 - 1134.

[97] Han L P，Cai S X，Gao M，et al. Selective catalytic reduction of NO_x with NH_3 by using novel catalysts：State of the art and future prospects [J]. Chemical Reviews，2019，119(19)：10916 - 10976.

[98] Zhou J，Guo R T，Zhang X F，et al. Cerium oxide-based catalysts for low-temperature selective catalytic reduction of NO_x with NH_3：A review [J]. Energy & Fuels，2021，35(4)：2981 - 2998.

[99] Zhang L，Pierce J，Leung V L，et al. Characterization of ceria's interaction with NO_x and NH_3 [J]. The Journal of Physical Chemistry C，2013，117(16)：8282 - 8289.

[100] Yi T，Zhang Y B，Li J W，et al. Promotional effect of H_3PO_4 on ceria catalyst for selective catalytic reduction of NO by NH_3 [J]. Chinese Journal of Catalysis，2016，37(2)：300 - 307.

[101] Xie R Y, Ma L, Sun K, et al. Catalytic performance and mechanistic evaluation of sulfated CeO_2 cubes for selective catalytic reduction of NO_x with ammonia [J]. Journal of Hazardous Materials, 2021, 420: 126545.

[102] Ji J W, Jing M Z, Wang X W, et al. Activating low-temperature NH_3-SCR catalyst by breaking the strong interface between acid and redox sites: A case of model $Ce_2(SO_4)_3$-CeO_2 study [J]. Journal of Catalysis, 2021, 399: 212-223.

[103] Ke Y, Huang W J, Li S C, et al. Surface acidity enhancement of CeO_2 catalysts *via* modification with a heteropoly acid for the selective catalytic reduction of NO with ammonia [J]. Catalysis Science & Technology, 2019, 9(20): 5774-5785.

[104] Sun X, Guo R T, Liu S W, et al. The promoted performance of CeO_2 catalyst for NH_3-SCR reaction by NH_3 treatment [J]. Applied Surface Science, 2018, 462: 187-193.

[105] Zhou Y H, Ren S, Yang J, et al. Effect of oxygen vacancies on improving NO oxidation over CeO_2 {111} and {100} facets for fast SCR reaction [J]. Journal of Environmental Chemical Engineering, 2021, 9(5): 106218.

[106] Zhang L, Li L L, Cao Y, et al. Getting insight into the influence of SO_2 on TiO_2/CeO_2 for the selective catalytic reduction of NO by NH_3 [J]. Applied Catalysis B: Environmental, 2015, 165: 589-598.

[107] Yao X J, Chen L, Cao J, et al. Morphology and crystal-plane effects of CeO_2 on TiO_2/CeO_2 catalysts during NH_3-SCR reaction [J]. Industrial & Engineering Chemistry Research, 2018, 57(37): 12407-12419.

[108] Cheng K, Song W Y, Cheng Y, et al. Selective catalytic reduction over size-tunable rutile TiO_2 nanorod microsphere-supported CeO_2 catalysts [J]. Catalysis Science & Technology, 2016, 6(12): 4478-4490.

[109] Xu C, Liu J, Zhao Z, et al. NH_3-SCR denitration catalyst performance over vanadium-titanium with the addition of Ce and Sb [J]. Journal of Environmental Sciences, 2015, 31: 74-80.

[110] Zeng Y Q, Wang Y N, Hongmanorom P, et al. Active sites adjustable phosphorus promoted CeO_2/TiO_2 catalysts for selective catalytic reduction of NO_x by NH_3 [J]. Chemical Engineering Journal, 2021, 409: 128242.

[111] 张先龙,张新成,胡晓芮,等.Ce_xMn/TiO_{2-y}催化剂低温 NH_3-SCR 脱硝性能[J].环境化学,2021,40(2): 632-641.

[112] Fang X, Liu Y J, Cheng Y, et al. Mechanism of Ce-modified birnessite-MnO_2 in promoting SO_2 poisoning resistance for low-temperature NH_3-SCR [J]. ACS Catalysis, 2021, 11(7): 4125-4135.

[113] Li X D, Han Z T, Wang X X, et al. Acid treatment of ZrO_2-supported CeO_2 catalysts for NH_3-SCR of NO: Influence on surface acidity and reaction mechanism [J]. Journal of the Chinese Taiwan Institute of Chemical Engineers, 2022, 132: 104144.

[114] Zhang Q L, Fan J, Ning P, et al. *In situ* DRIFTS investigation of NH_3-SCR reaction over $CeO_2/$zirconium phosphate catalyst [J]. Applied Surface Science, 2018, 435: 1037-1045.

[115] Hu X L, Chen J X, Qu W Y, et al. Sulfur-resistant ceria-based low-temperature SCR catalysts with the non-bulk electronic states of ceria [J]. Environmental Science & Technology, 2021, 55(8): 5435-5441.

[116] Asif B, Zeeshan M, Iftekhar S, et al. Promoted three-way catalytic activity of the Co_3O_4/TiO_2 catalyst by doping of CeO_2 under real engine operating conditions [J]. Atmospheric Pollution Research, 2021, 12(7): 101088.

[117] Li P, Xin Y, Li Q, et al. Ce-Ti amorphous oxides for selective catalytic reduction of NO with NH_3: Confirmation of Ce-O-Ti active sites [J]. Environmental Science & Technology, 2012, 46

(17)：9600 - 9605.

[118] Zhang Z P, Li R M, Wang M J, et al. Two steps synthesis of CeTiO$_x$ oxides nanotube catalyst： Enhanced activity, resistance of SO$_2$ and H$_2$O for low temperature NH$_3$ - SCR of NO$_x$ [J]. Applied Catalysis B：Environmental, 2021, 282：119542.

[119] Mosrati J, Atia H, Eckelt R, et al. Ta and Mo oxides supported on CeO$_2$ - TiO$_2$ for the selective catalytic reduction of NO$_x$ with NH$_3$ at low temperature [J]. Journal of Catalysis, 2021, 395： 325 - 339.

[120] Tan H S, Ma S B, Zhao X Y, et al. Excellent low-temperature NH$_3$ - SCR of NO activity and resistance to H$_2$O and SO$_2$ over W$_a$CeO$_x$ (a = 0.06, 0.12, 0.18, 0.24) catalysts：Key role of acidity derived from tungsten addition [J]. Applied Catalysis A：General, 2021, 627：118374.

[121] Xiong Z B, Li Z Z, Li C X, et al. Green synthesis of Tungsten-doped CeO$_2$ catalyst for selective catalytic reduction of NO$_x$ with NH$_3$ using starch bio-template [J]. Applied Surface Science, 2021, 536：147719.

[122] Liu B, Liu J, Ma S C, et al. Mechanistic study of selective catalytic reduction of NO with NH$_3$ on W-doped CeO$_2$ catalysts：Unraveling the catalytic cycle and the role of oxygen vacancy [J]. The Journal of Physical Chemistry C, 2016, 120(4)：2271 - 2283.

[123] Liu K, He H, Yu Y B, et al. Quantitative study of the NH$_3$ - SCR pathway and the active site distribution over CeWOx at low temperatures [J]. Journal of Catalysis, 2019, 369：372 - 381.

[124] Yang C, Yang J, Jiao Q R, et al. Promotion effect and mechanism of MnO$_x$ doped CeO$_2$ nano-catalyst for NH$_3$- SCR [J]. Ceramics International, 2020, 46(4)：4394 - 4401.

[125] Lin F, Wang Q L, Zhang J C, et al. Mechanism and kinetics study on low-temperature NH$_3$ - SCR over manganese-cerium composite oxide catalysts [J]. Industrial & Engineering Chemistry Research, 2019, 58(51)：22763 - 22770.

[126] Song W Y, Liu J, Zheng H L, et al. A mechanistic DFT study of low temperature SCR of NO with NH$_3$ on MnCe$_{1-x}$O$_2$(111) [J]. Catalysis Science & Technology, 2016, 6(7)：2120 - 2128.

[127] Liu J X, Zhao Z, Xu C M, et al. Structure, synthesis, and catalytic properties of nanosize cerium-zirconium-based solid solutions in environmental catalysis [J]. Chinese Journal of Catalysis, 2019, 40(10)：1438 - 1487.

[128] Cai S X, Zhang D S, Zhang L, et al. Comparative study of 3D ordered macroporous Ce$_{0.75}$Zr$_{0.2}$M$_{0.05}$O$_{2-\delta}$ (M = Fe, Cu, Mn, Co) for selective catalytic reduction of NO with NH$_3$ [J]. Catalysis Science & Technology, 2014, 4(1)：93 - 101.

[129] Yu J, Si Z C, Chen L, et al. Selective catalytic reduction of NO$_x$ by ammonia over phosphate-containing Ce$_{0.75}$Zr$_{0.25}$O$_2$ solids [J]. Applied Catalysis B：Environmental, 2015, 163：223 - 232.

[130] Li F, Zhang Y B, Xiao D H, et al. Hydrothermal method prepared Ce - P - O catalyst for the selective catalytic reduction of NO with NH$_3$ in a broad temperature range [J]. ChemCatChem, 2010, 2(11)：1416 - 1419.

[131] Li F, Xiao D H, Zhang Y B, et al. A novel Ce - P - O catalyst for the selective catalytic reduction of NO with NH$_3$ [J]. Chinese Journal of Catalysis, 2010, 31(8)：938 - 942.

[132] Han L P, Gao M, Feng C, et al. Fe$_2$O$_3$ - CeO$_2$ @Al$_2$O$_3$ nanoarrays on Al-mesh as SO$_2$-tolerant monolith catalysts for NO$_x$ reduction by NH$_3$ [J]. Environmental Science & Technology, 2019, 53 (10)：5946 - 5956.

[133] Wang B, Wang M X, Han L N, et al. Improved activity and SO$_2$ resistance by Sm-modulated redox of MnCeSmTiO$_x$ mesoporous amorphous oxides for low-temperature NH$_3$ - SCR of NO [J]. ACS Catalysis, 2020, 10(16)：9034 - 9045.

[134] Xin Y, Li Q, Zhang Z L. Zeolitic materials for DeNO$_x$ selective catalytic reduction [J].

ChemCatChem，2018，10(1)：29 – 41.

[135] Ye X W，Schmidt J E，Wang R P，et al. Deactivation of Cu-exchanged automotive-emission NH_3 – SCR catalysts elucidated with nanoscale resolution using scanning transmission X-ray microscopy [J]. Angewandte Chemie (International Ed)，2020，59(36)：15610 – 15617.

[136] Shan Y L，Du J P，Zhang Y，et al. Selective catalytic reduction of NO_x with NH_3：Opportunities and challenges of Cu-based small-pore zeolites [J]. National Science Review，2021，8 (10)：nwab010.

[137] Usui T，Liu Z D，Ibe S，et al. Improve the hydrothermal stability of Cu – SSZ – 13 zeolite catalyst by loading a small amount of Ce [J]. ACS Catalysis，2018，8(10)：9165 – 9173.

[138] Wang Y，Li Z Q，Ding Z Y，et al. Effect of ion-exchange sequences on catalytic performance of cerium-modified Cu – SSZ – 13 catalysts for NH_3 – SCR [J]. Catalysts，2021，11(8)：997.

[139] Deng D，Deng S J，He D D，et al. A comparative study of hydrothermal aging effect on cerium and lanthanum doped Cu/SSZ – 13 catalysts for NH_3 – SCR [J]. Journal of Rare Earths，2021，39(8)：969 – 978.

[140] Wang A Y，Chen Y，Walter E D，et al. Unraveling the mysterious failure of Cu/SAPO – 34 selective catalytic reduction catalysts [J]. Nature Communications，2019，10(1)：1137.

[141] Guan B，Jiang H，Peng X S，et al. Promotional effect and mechanism of the modification of Ce on the enhanced NH_3 – SCR efficiency and the low temperature hydrothermal stability over Cu/SAPO – 34 catalysts [J]. Applied Catalysis A：General，2021，617：118110.

[142] Wang Q Y，Shen M Q，Wang J Q，et al. Nature of cerium on improving low-temperature hydrothermal stability of SAPO – 34 [J]. Journal of Rare Earths，2021，39(5)：548 – 557.

[143] Fan J，Ning P，Wang Y C，et al. Significant promoting effect of Ce or La on the hydrothermal stability of Cu – SAPO – 34 catalyst for NH_3 – SCR reaction [J]. Chemical Engineering Journal，2019，369：908 – 919.

[144] Wang Y，Li G G，Zhang S Q，et al. Promoting effect of Ce and Mn addition on Cu – SSZ – 39 zeolites for NH_3 – SCR reaction：Activity，hydrothermal stability，and mechanism study [J]. Chemical Engineering Journal，2020，393：124782.

[145] Han S，Cheng J，Ye Q，et al. Ce doping to Cu – SAPO – 18：Enhanced catalytic performance for the NH_3 – SCR of NO in simulated diesel exhaust [J]. Microporous and Mesoporous Materials，2019，276：133 – 146.

[146] Zhou J M，Zhao C W，Lin J S，et al. Promotional effects of cerium modification of Cu – USY catalysts on the low-temperature activity of NH_3 – SCR [J]. Catalysis Communications，2018，114：60 – 64.

[147] Liu Q L，Fu Z C，Ma L，et al. MnO_x – CeO_2 supported on Cu – SSZ – 13：A novel SCR catalyst in a wide temperature range [J]. Applied Catalysis A：General，2017，547：146 – 154.

[148] Niu C，Shi X Y，Liu K，et al. A novel one-pot synthesized CuCe – SAPO – 34 catalyst with high NH_3-SCR activity and H_2O resistance [J]. Catalysis Communications，2016，81：20 – 23.

[149] Zhang D，Yang R T. NH_3 – SCR of NO over one-pot Cu – SAPO – 34 catalyst：Performance enhancement by doping Fe and MnCe and insight into N_2O formation [J]. Applied Catalysis A：General，2017，543：247 – 256.

[150] Li Y H，Song W Y，Liu J，et al. The protection of CeO_2 thin film on Cu – SAPO – 18 catalyst for highly stable catalytic NH_3 – SCR performance [J]. Chemical Engineering Journal，2017，330：926 – 935.

[151] Liu J X，Liu J，Zhao Z，et al. Fe – Beta@CeO_2 core-shell catalyst with tunable shell thickness for selective catalytic reduction of NO_x with NH_3[J]. AIChE Journal，2017，63(10)：4430 – 4441.

[152] Liu J X, Du Y H, Liu J, et al. Design of MoFe/Beta@CeO$_2$ catalysts with a core-shell structure and their catalytic performances for the selective catalytic reduction of NO with NH$_3$ [J]. Applied Catalysis B: Environmental, 2017, 203: 704 - 714.

[153] Martinovic F, Deorsola F A, Armandi M, et al. Composite Cu - SSZ - 13 and CeO$_2$ - SnO$_2$ for enhanced NH$_3$ - SCR resistance towards hydrocarbon deactivation [J]. Applied Catalysis B: Environmental, 2021, 282: 119536.

[154] Chen Z, Guo L, Qu H, et al. Controllable positions of Cu^{2+} to enhance low-temperature SCR activity on novel Cu - Ce - La - SSZ - 13 by a simple one-pot method [J]. Chemical Communications, 2020, 56(15): 2360 - 2363.

[155] Chen Z Q, Liu L, Qu H X, et al. Migration of cations and shell functionalization for Cu - Ce - La/SSZ - 13 @ ZSM - 5: The contribution to activity and hydrothermal stability in the selective catalytic reduction reaction [J]. Journal of Catalysis, 2020, 392: 217 - 230.

[156] Yang J, Li Z F, Yang C L, et al. Significant promoting effect of La doping on the wide temperature NH$_3$ - SCR performance of Ce and Cu modified ZSM - 5 catalysts [J]. Journal of Solid State Chemistry, 2022, 305: 122700.

[157] Wang Y J, Shi X Y, Shan Y L, et al. Hydrothermal stability enhancement of Al-rich Cu - SSZ - 13 for NH$_3$ selective catalytic reduction reaction by ion exchange with cerium and samarium [J]. Industrial & Engineering Chemistry Research, 2020, 59(14): 6416 - 6423.

[158] Zhao Z C, Yu R, Shi C, et al. Rare-earth ion exchanged Cu - SSZ - 13 zeolite from organotemplate-free synthesis with enhanced hydrothermal stability in NH$_3$ - SCR of NO$_x$ [J]. Catalysis Science & Technology, 2019, 9(1): 241 - 251.

[159] Ming S J, Zhang S T, Qin K W, et al. Promoting effect of post-synthesis treatment strategy on NH$_3$ - SCR performance and hydrothermal stability of Cu - SAPO - 18 [J]. Microporous and Mesoporous Materials, 2021, 328: 111496.

[160] Fan A D, Jing Y, Guo J X, et al. Investigation of Mn doped perovskite La - Mn oxides for NH$_3$ - SCR activity and SO$_2$/H$_2$O resistance [J]. Fuel, 2022, 310: 122237.

[161] Zhang R D, Yang W, Luo N, et al. Low-temperature NH$_3$ - SCR of NO by lanthanum manganite perovskites: Effect of A-/ B-site substitution and TiO$_2$/CeO$_2$ support [J]. Applied Catalysis B: Environmental, 2014, 146: 94 - 104.

[162] Shi X K, Guo J X, Shen T, et al. Enhancement of Ce doped La - Mn oxides for the selective catalytic reduction of NO$_x$ with NH$_3$ and SO$_2$ and/or H$_2$O resistance [J]. Chemical Engineering Journal, 2021, 421: 129995.

[163] Zhang Y P, Wu P, Li G B, et al. Improved activity of Ho-modified Mn/Ti catalysts for the selective catalytic reduction of NO with NH$_3$ [J]. Environmental Science and Pollution Research International, 2020, 27(21): 26954 - 26964.

[164] Liu L J, Xu K, Su S, et al. Efficient Sm modified Mn/TiO$_2$ catalysts for selective catalytic reduction of NO with NH$_3$ at low temperature [J]. Applied Catalysis A: General, 2020, 592: 117413.

[165] Sun C Z, Liu H, Chen W, et al. Insights into the Sm/Zr co-doping effects on N$_2$ selectivity and SO$_2$ resistance of a MnO$_x$ - TiO$_2$ catalyst for the NH$_3$ - SCR reaction [J]. Chemical Engineering Journal, 2018, 347: 27 - 40.

[166] Yoshida K, Makino S, Sumiya S, et al. Simultaneous reduction of NO$_x$ and particulate emissions from diesel engine exhaust [J]. SAE Transactions, 1989: 1994 - 2005.

[167] Cooper B J, Thoss J E. Role of NO in diesel particulate emission control [J]. SAE Transactions, 1989: 612 - 624.

[168] Wu X D, Lin F, Weng D, et al. Simultaneous removal of soot and NO over thermal stable Cu - Ce -

Al mixed oxides [J]. Catalysis Communications, 2008, 9(14): 2428 - 2432.

[169] Matarrese R, Morandi S, Castoldi L, et al. Removal of NO_x and soot over Ce/Zr/K/Me (Me = Fe, Pt, Ru, Au) oxide catalysts [J]. Applied Catalysis B: Environmental, 2017, 201: 318 - 330.

[170] Liu J, Zhao Z, Xu C M, et al. Simultaneous removal of NO_x and diesel soot over nanometer Ln - Na - Cu - O perovskite-like complex oxide catalysts [J]. Applied Catalysis B: Environmental, 2008, 78(1 - 2): 61 - 72.

[171] Urán L, Gallego J, Ruiz W, et al. Monitoring intermediate species formation by DRIFT during the simultaneous removal of soot and NO_x over $LaAgMnO_3$ catalyst [J]. Applied Catalysis A: General, 2019, 588: 117280.

[172] Wang L, Yu X, Wei Y, et al. Research advances of rare earth catalysts for catalytic purification of vehicle exhausts - Commemorating the 100th anniversary of the birth of Academician Guangxian Xu [J]. Journal of Rare Earths, 2021, 39(10): 1151 - 1180.

[173] Teraoka Y, Nakano K, Kagawa S, et al. Simultaneous removal of nitrogen oxides and diesel soot particulates catalyzed by perovskite-type oxides [J]. Applied Catalysis B: Environmental, 1995, 5 (3): L181 - L185.

[174] Pei M X, Lin H, Shangguan W F, et al. Simultaneous catalytic removal of NO_x and diesel PM over $La_{0.9}K_{0.1}CoO_3$ catalyst assisted by plasma [J]. Journal of Environmental Sciences (China), 2005, 17 (2): 220 - 223.

[175] Mao L, Zhao X T, Xiao Y H, et al. The effect of the structure and oxygen defects on the simultaneous removal of NO_x and soot by $La_{2-x}Ba_xCuO_4$ [J]. New Journal of Chemistry, 2019, 43 (10): 4196 - 4204.

[176] Zhao H R, Sun L S, Fu M C, et al. Effect of A-site substitution on the simultaneous catalytic removal of NO_x and soot by $LaMnO_3$ perovskites [J]. New Journal of Chemistry, 2019, 43(29): 11684 - 11691.

[177] Liu J, Zhao Z, Xu C M, et al. The structures, adsorption characteristics of La - Rb - Cu - O perovskite-like complex oxides, and their catalytic performances for the simultaneous removal of nitrogen oxides and diesel soot [J]. The Journal of Physical Chemistry C, 2008, 112(15): 5930 - 5941.

[178] Liu J, Zhao Z, Xu C M, et al. Simultaneous removal of soot and NO_x over the $(La_{1.7}Rb_{0.3}CuO_4)_x$/$nmCeO_2$ nanocomposite catalysts [J]. Industrial & Engineering Chemistry Research, 2010, 49(7): 3112 - 3119.

[179] Bin F, Song C L, Lv G, et al. $La_{1-x}K_xCoO_3$ and $LaCo_{1-y}Fe_yO_3$ perovskite oxides: Preparation, characterization, and catalytic performance in the simultaneous removal of NO_x and diesel soot [J]. Industrial & Engineering Chemistry Research, 2011, 50(11): 6660 - 6667.

[180] Yang L, Hu J N, Zhang C, et al. Mechanism of Pd and K co-doping to enhance the simultaneous removal of NO_x and soot over $LaMnO_3$ [J]. Catalysis Science & Technology, 2020, 10(17): 6013 - 6024.

[181] Urán L, Gallego J, Li W Y, et al. Effect of catalyst preparation for the simultaneous removal of soot and NO_x [J]. Applied Catalysis A: General, 2019, 569: 157 - 169.

[182] Urán L, Gallego J, Ruiz W, et al. Monitoring intermediate species formation by DRIFT during the simultaneous removal of soot and NO_x over $LaAgMnO_3$ catalyst [J]. Applied Catalysis A: General, 2019, 588: 117280.

[183] Davies C, Thompson K, Cooper A, et al. Simultaneous removal of NO_x and soot particulate from diesel exhaust by *in situ* catalytic generation and utilisation of N_2O [J]. Applied Catalysis B: Environmental, 2018, 239: 10 - 15.

[184] Cheng Y, Song W Y, Liu J, et al. Simultaneous removal of PM and NO$_x$ over highly efficient 3DOM W/Ce$_{0.8}$Zr$_{0.2}$O$_2$ catalysts [J]. RSC Advances, 2017, 7(89): 56509 - 56518.

[185] Cheng Y, Song W Y, Liu J, et al. Simultaneous NO$_x$ and particulate matter removal from diesel exhaust by hierarchical Fe-doped Ce - Zr oxide [J]. ACS Catalysis, 2017, 7(6): 3883 - 3892.

[186] Cheng Y, Liu J, Zhao Z, et al. Highly efficient and simultaneously catalytic removal of PM and NO$_x$ from diesel engines with 3DOM Ce$_{0.8}$M$_{0.1}$Zr$_{0.1}$O$_2$ (M = Mn, Co, Ni) catalysts [J]. Chemical Engineering Science, 2017, 167: 219 - 228.

[187] Cheng Y, Liu J, Zhao Z, et al. A new 3DOM Ce - Fe - Ti material for simultaneously catalytic removal of PM and NO$_x$ from diesel engines [J]. Journal of Hazardous Materials, 2018, 342: 317 - 325.

[188] Li R J, Zheng H L, Li D, et al. 3DOM Mn-based perovskite catalysts modified by potassium: Facile synthesis and excellent catalytic performance for simultaneous catalytic elimination of soot and NO$_x$ from diesel engines [J]. The Journal of Physical Chemistry C, 2021, 125(46): 25545 - 25564.

[189] Kylhammar L, Carlsson P A, Skoglundh M. Sulfur promoted low-temperature oxidation of methane over ceria supported platinum catalysts [J]. Journal of Catalysis, 2011, 284(1): 50 - 59.

[190] Águila G, Gracia F, Cortés J, et al. Effect of copper species and the presence of reaction products on the activity of methane oxidation on supported CuO catalysts [J]. Applied Catalysis B: Environmental, 2008, 77(3 - 4): 325 - 338.

[191] Zhu Z Z, Lu G Z, Zhang Z G, et al. Highly active and stable Co$_3$O$_4$/ZSM - 5 catalyst for propane oxidation: Effect of the preparation method [J]. ACS Catalysis, 2013, 3(6): 1154 - 1164.

[192] Colussi S, Fornasiero P, Trovarelli A. Structure-activity relationship in Pd/CeO$_2$ methane oxidation catalysts [J]. Chinese Journal of Catalysis, 2020, 41(6): 938 - 950.

[193] Eliseeva S V, Bünzli J C G. Rare earths: Jewels for functional materials of the future [J]. New Journal of Chemistry, 2011, 35(6): 1165 - 1176.

[194] Gorte R J. Ceria in catalysis: From automotive applications to the water-gas shift reaction [J]. AIChE Journal, 2010, 56(5): 1126 - 1135.

[195] Song S Y, Wang X, Zhang H J. CeO$_2$-encapsulated noble metal nanocatalysts: Enhanced activity and stability for catalytic application [J]. NPG Asia Materials, 2015, 7(5): e179.

[196] López J M, Gilbank A L, García T, et al. The prevalence of surface oxygen vacancies over the mobility of bulk oxygen in nanostructured ceria for the total toluene oxidation [J]. Applied Catalysis B: Environmental, 2015, 174: 403 - 412.

[197] Mi R L, Li D, Hu Z, et al. Morphology effects of CeO$_2$ nanomaterials on the catalytic combustion of toluene: A combined kinetics and diffuse reflectance infrared Fourier transform spectroscopy study [J]. ACS Catalysis, 2021, 11(13): 7876 - 7889.

[198] Liu X W, Zhou K B, Wang L, et al. Oxygen vacancy clusters promoting reducibility and activity of ceria nanorods [J]. Journal of the American Chemical Society, 2009, 131(9): 3140 - 3141.

[199] Sun Y F, Liu Q H, Gao S, et al. Pits confined in ultrathin cerium (Ⅳ) oxide for studying catalytic centers in carbon monoxide oxidation [J]. Nature Communications, 2013, 4: 2899.

[200] Su Z A, Yang W H, Wang C Z, et al. Roles of oxygen vacancies in the bulk and surface of CeO$_2$ for toluene catalytic combustion [J]. Environmental Science & Technology, 2020, 54(19): 12684 - 12692.

[201] Wang L, Yu Y B, He H, et al. Oxygen vacancy clusters essential for the catalytic activity of CeO$_2$ nanocubes for o-xylene oxidation [J]. Scientific Reports, 2017, 7(1): 12845.

[202] Liu X W, Zhou K B, Wang L, et al. Oxygen vacancy clusters promoting reducibility and activity of ceria nanorods [J]. Journal of the American Chemical Society, 2009, 131(9): 3140 - 3141.

[203] Chen G Z, Rosei F, Ma D L. Template engaged synthesis of hollow ceria-based composites [J]. Nanoscale, 2015, 7(13): 5578 - 5591.

[204] Voskanyan A A, Chan K Y, Li C Y V. Colloidal solution combustion synthesis: Toward mass production of a crystalline uniform mesoporous CeO_2 catalyst with tunable porosity [J]. Chemistry of Materials, 2016, 28(8): 2768 - 2775.

[205] Li H F, Lu G Z, Dai Q G, et al. Hierarchical organization and catalytic activity of high-surface-area mesoporous ceria microspheres prepared *via* hydrothermal routes [J]. ACS Applied Materials & Interfaces, 2010, 2(3): 838 - 846.

[206] Hu F Y, Chen J J, Peng Y, et al. Novel nanowire self-assembled hierarchical CeO_2 microspheres for low temperature toluene catalytic combustion [J]. Chemical Engineering Journal, 2018, 331: 425 - 434.

[207] Feng Z T, Zhang M Y, Ren Q M, et al. Design of 3-dimensionally self-assembled CeO_2 hierarchical nanosphere as high efficiency catalysts for toluene oxidation [J]. Chemical Engineering Journal, 2019, 369: 18 - 25.

[208] Chen X, Chen X, Yu E Q, et al. *In situ* pyrolysis of Ce - MOF to prepare CeO_2 catalyst with obviously improved catalytic performance for toluene combustion [J]. Chemical Engineering Journal, 2018, 344: 469 - 479.

[209] Yang P, Yang S S, Shi Z N, et al. Deep oxidation of chlorinated VOCs over CeO_2-based transition metal mixed oxide catalysts [J]. Applied Catalysis B: Environmental, 2015, 162: 227 - 235.

[210] Wang J, Gong X Q. A DFT + U study of V, Cr and Mn doped CeO_2 (111) [J]. Applied Surface Science, 2018, 428: 377 - 384.

[211] Luo Y J, Wang K C, Xu Y X, et al. The role of Cu species in electrospun CuO - CeO_2 nanofibers for total benzene oxidation [J]. New Journal of Chemistry, 2015, 39(2): 1001 - 1005.

[212] He C, Yu Y K, Yue L, et al. Low-temperature removal of toluene and propanal over highly active mesoporous $CuCeO_x$ catalysts synthesized *via* a simple self-precipitation protocol [J]. Applied Catalysis B: Environmental, 2014, 147: 156 - 166.

[213] Shi Z N, Yang P, Tao F, et al. New insight into the structure of CeO_2 - TiO_2 mixed oxides and their excellent catalytic performances for 1, 2-dichloroethane oxidation [J]. Chemical Engineering Journal, 2016, 295: 99 - 108.

[214] Wang W, Zhu Q, Dai Q G, et al. Fe doped CeO_2 nanosheets for catalytic oxidation of 1, 2-dichloroethane: Effect of preparation method [J]. Chemical Engineering Journal, 2017, 307: 1037 -1046.

[215] Ding Y Q, Wu Q Q, Lin B, et al. Superior catalytic activity of a Pd catalyst in methane combustion by fine-tuning the phase of ceria-zirconia support [J]. Applied Catalysis B: Environmental, 2020, 266: 118631.

[216] Hu F Y, Chen J J, Zhao S, et al. Toluene catalytic combustion over copper modified $Mn_{0.5}Ce_{0.5}O_x$ solid solution sponge-like structures [J]. Applied Catalysis A: General, 2017, 540: 57 - 67.

[217] Li H F, Lu G Z, Dai Q G, et al. Efficient low-temperature catalytic combustion of trichloroethylene over flower-like mesoporous Mn-doped CeO_2 microspheres [J]. Applied Catalysis B: Environmental, 2011, 102(3 - 4): 475 - 483.

[218] Zhao L L, Zhang Z P, Li Y S, et al. Synthesis of Ce_aMnO_x hollow microsphere with hierarchical structure and its excellent catalytic performance for toluene combustion [J]. Applied Catalysis B: Environmental, 2019, 245: 502 - 512.

[219] Xiao Y H, Zhao W T, Zhang K, et al. Facile synthesis of Mn - Fe/CeO_2 nanotubes by gradient electrospinning and their excellent catalytic performance for propane and methane oxidation [J].

Dalton Transactions，2017，46(48)：16967-16972.

[220] Yan D F，Mo S P，Sun Y H，et al. Morphology-activity correlation of electrospun CeO_2 for toluene catalytic combustion [J]. Chemosphere，2020，247：125860.

[221] Li Y X，Han W，Wang R X，et al. Performance of an aliovalent-substituted $CoCeO_x$ catalyst from bimetallic MOF for VOC oxidation in air [J]. Applied Catalysis B：Environmental，2020，275：119121.

[222] Yan H M，Liu Z Q，Yang S Z，et al. Stable and catalytically active shape-engineered cerium oxide nanorods by controlled doping of aluminum cations [J]. ACS Applied Materials & Interfaces，2020，12(33)：37774-37783.

[223] Yang J，Hu S Y，Shi L M，et al. Oxygen vacancies and lewis acid sites synergistically promoted catalytic methane combustion over perovskite oxides [J]. Environmental Science & Technology，2021，55(13)：9243-9254.

[224] Chen H W，Li J P，Cui W，et al. Precise fabrication of surface-reconstructed $LaMnO_3$ perovskite with enhanced catalytic performance in CH_4 oxidation [J]. Applied Surface Science，2020，505：144112.

[225] Ding J C，Ran R，Jia J B，et al. Highly effective La-deficient $La_{1-x}Ce_xMnO_3$ mixed oxides for the complete oxidation of methane [J]. Progress in Natural Science：Materials International，2021，31(3)：373-378.

[226] Jones J，Xiong H F，DeLaRiva A T，et al. Thermally stable single-atom platinum-on-ceria catalysts *via* atom trapping [J]. Science，2016，353(6295)：150-154.

[227] Kinnunen N M，Suvanto M，Moreno M A，et al. Methane oxidation on alumina supported palladium catalysts：Effect of Pd precursor and solvent [J]. Applied Catalysis A：General，2009，370(1-2)：78-87.

[228] Jones J，Xiong H F，DeLaRiva A T，et al. Thermally stable single-atom platinum-on-ceria catalysts *via* atom trapping [J]. Science，2016，353(6295)：150-154.

[229] Liu Y X，Dai H X，Deng J G，et al. Au/3DOM $La_{0.6}Sr_{0.4}MnO_3$：Highly active nanocatalysts for the oxidation of carbon monoxide and toluene [J]. Journal of Catalysis，2013，305：146-153.

[230] Yoon K，Yang Y，Lu P，et al. A highly reactive and sinter-resistant catalytic system based on platinum nanoparticles embedded in the inner surfaces of CeO_2 hollow fibers [J]. Angewandte Chemie (International Ed)，2012，51(38)：9543-9546.

[231] Arandiyan H，Dai H X，Ji K M，et al. Pt nanoparticles embedded in colloidal crystal template derived 3D ordered macroporous $Ce_{0.6}Zr_{0.3}Y_{0.1}O_2$：Highly efficient catalysts for methane combustion [J]. ACS Catalysis，2015，5(3)：1781-1793.

[232] Yang H G，Deng J G，Liu Y X，et al. Preparation and catalytic performance of Ag，Au，Pd or Pt nanoparticles supported on 3DOM $CeO_2-Al_2O_3$ for toluene oxidation [J]. Journal of Molecular Catalysis A：Chemical，2016，414：9-18.

[233] Pei W B，Dai L Y，Liu Y X，et al. PtRu nanoparticles partially embedded in the 3DOM $Ce_{0.7}Zr_{0.3}O_2$ skeleton：Active and stable catalysts for toluene combustion [J]. Journal of Catalysis，2020，385：274-288.

[234] Zhang Y，Liu Y X，Xie S H，et al. Supported ceria-modified silver catalysts with high activity and stability for toluene removal [J]. Environment International，2019，128：335-342.

[235] Roberts A，Brooks R，Shipway P. Internal combustion engine cold-start efficiency：A review of the problem，causes and potential solutions [J]. Energy Conversion and Management，2014，82：327-350.

[236] Kim K，Yoo J D，Lee S，et al. A simple descriptor to rapidly screen CO oxidation activity on rare-

earth metal-doped CeO$_2$: From experiment to first-principles [J]. ACS Applied Materials & Interfaces, 2017, 9(18): 15449 – 15458.

[237] Liu J X, Su Y Q, Filot I A W, et al. A linear scaling relation for CO oxidation on CeO$_2$-supported Pd [J]. Journal of the American Chemical Society, 2018, 140(13): 4580 – 4587.

[238] Pan C S, Zhang D S, Shi L Y. CTAB assisted hydrothermal synthesis, controlled conversion and CO oxidation properties of CeO$_2$ nanoplates, nanotubes, and nanorods [J]. Journal of Solid State Chemistry, 2008, 181(6): 1298 – 1306.

[239] Pan C S, Zhang D S, Shi L Y, et al. Template-free synthesis, controlled conversion, and CO oxidation properties of CeO$_2$ nanorods, nanotubes, nanowires, and nanocubes [J]. European Journal of Inorganic Chemistry, 2008, 2008(15): 2429 – 2436.

[240] Zhang D S, Pan C S, Shi L Y, et al. A highly reactive catalyst for CO oxidation: CeO$_2$ nanotubes synthesized using carbon nanotubes as removable templates [J]. Microporous and Mesoporous Materials, 2009, 117(1/2): 193 – 200.

[241] Zhang X D, Hou F L, Yang Y, et al. A facile synthesis for cauliflower like CeO$_2$ catalysts from Ce – BTC precursor and their catalytic performance for CO oxidation [J]. Applied Surface Science, 2017, 423: 771 – 779.

[242] Nolan M, Parker S C, Watson G W. The electronic structure of oxygen vacancy defects at the low index surfaces of ceria [J]. Surface Science, 2005, 595(1 – 3): 223 – 232.

[243] Zhou K B, Wang X, Sun X M, et al. Enhanced catalytic activity of ceria nanorods from well-defined reactive crystal planes [J]. Journal of Catalysis, 2005, 229(1): 206 – 212.

[244] Mai H X, Sun L D, Zhang Y W, et al. Shape-selective synthesis and oxygen storage behavior of ceria nanopolyhedra, nanorods, and nanocubes [J]. The Journal of Physical Chemistry B, 2005, 109 (51): 24380 – 24385.

[245] Wu Z L, Li M J, Overbury S H. On the structure dependence of CO oxidation over CeO$_2$ nanocrystals with well-defined surface planes [J]. Journal of Catalysis, 2012, 285(1): 61 – 73.

[246] Nolan M, Fearon J E, Watson G W. Oxygen vacancy formation and migration in ceria [J]. Solid State Ionics, 2006, 177(35 – 36): 3069 – 3074.

[247] Spezzati G, Benavidez A D, DeLaRiva A T, et al. CO oxidation by Pd supported on CeO$_2$(100) and CeO$_2$(111) facets [J]. Applied Catalysis B: Environmental, 2019, 243: 36 – 46.

[248] Schlexer P, Widmann D, Behm R J, et al. CO oxidation on a Au/TiO$_2$ nanoparticle catalyst *via* the Au-assisted Mars-van Krevelen mechanism [J]. ACS Catalysis, 2018, 8(7): 6513 – 6525.

[249] Kropp T, Mavrikakis M. Brønsted-Evans-Polanyi relation for CO oxidation on metal oxides following the Mars-van Krevelen mechanism [J]. Journal of Catalysis, 2019, 377: 577 – 581.

[250] Kim K, Han J W. Mechanistic study for enhanced CO oxidation activity on (Mn, Fe) Co-doped CeO$_2$(111) [J]. Catalysis Today, 2017, 293: 82 – 88.

[251] Hutchings G J, Mirzaei A A, Joyner R W, et al. Ambient temperature CO oxidation using copper manganese oxide catalysts prepared by coprecipitation: Effect of ageing on catalyst performance [J]. Catalysis Letters, 1996, 42(1): 21 – 24.

[252] Huang J, Wang S R, Zhao Y Q, et al. Synthesis and characterization of CuO/TiO$_2$ catalysts for low-temperature CO oxidation [J]. Catalysis Communications, 2006, 7(12): 1029 – 1034.

[253] Shiau C Y, Ma M W, Chuang C S. CO oxidation over CeO$_2$-promoted Cu/γ – Al$_2$O$_3$ catalyst: Effect of preparation method [J]. Applied Catalysis A: General, 2006, 301(1): 89 – 95.

[254] Moreno M, Bergamini L, Baronetti G T, et al. Mechanism of CO oxidation over CuO/CeO$_2$ catalysts [J]. International Journal of Hydrogen Energy, 2010, 35(11): 5918 – 5924.

[255] Qi L, Yu Q, Dai Y, et al. Influence of cerium precursors on the structure and reducibility of

mesoporous CuO‑CeO₂ catalysts for CO oxidation [J]. Applied Catalysis B: Environmental, 2012, 119: 308 - 320.

[256] Luo J Y, Meng M, Zha Y Q, et al. Identification of the active sites for CO and C_3H_8 total oxidation over nanostructured CuO‑CeO₂ and Co₃O₄‑CeO₂ catalysts [J]. The Journal of Physical Chemistry C, 2008, 112(23): 8694 - 8701.

[257] Liu B L, Li Y Z, Qing S J, et al. Engineering CuO_x‑ZrO₂‑CeO₂ nanocatalysts with abundant surface Cu species and oxygen vacancies toward high catalytic performance in CO oxidation and 4-nitrophenol reduction [J]. CrystEngComm, 2020, 22(23): 4005 - 4013.

[258] Jia A P, Hu G S, Meng L, et al. CO oxidation over $CuO/Ce_{1-x}Cu_xO_{2-\delta}$ and $Ce_{1-x}Cu_xO_{2-\delta}$ catalysts: Synergetic effects and kinetic study [J]. Journal of Catalysis, 2012, 289: 199 - 209.

[259] Yu W Z, Wang W W, Li S Q, et al. Construction of active site in a sintered copper-ceria nanorod catalyst [J]. Journal of the American Chemical Society, 2019, 141(44): 17548 - 17557.

[260] May Y A, Wang W W, Yan H, et al. Insights into facet-dependent reactivity of CuO‑CeO₂ nanocubes and nanorods as catalysts for CO oxidation reaction [J]. Chinese Journal of Catalysis, 2020, 41(6): 1017 - 1027.

[261] Martínez-Arias A, Fernández-García M, Gálvez O, et al. Comparative study on redox properties and catalytic behavior for CO oxidation of CuO/CeO₂ and CuO/ZrCeO₄ catalysts [J]. Journal of Catalysis, 2000, 195(1): 207 - 216.

[262] Nie L, Mei D H, Xiong H F, et al. Activation of surface lattice oxygen in single-atom Pt/CeO₂ for low-temperature CO oxidation [J]. Science, 2017, 358(6369): 1419 - 1423.

[263] Li J H, Liu Z Q, Cullen D A, et al. Distribution and valence state of Ru species on CeO₂ supports: Support shape effect and its influence on CO oxidation [J]. ACS Catalysis, 2019, 9(12): 11088 - 11103.

[264] Zhang Q, Mo S P, Li J Q, et al. *In situ* DRIFT spectroscopy insights into the reaction mechanism of CO and toluene co-oxidation over Pt-based catalysts [J]. Catalysis Science & Technology, 2019, 9(17): 4538 - 4551.

[265] Carrettin S, Concepción P, Corma A, et al. Nanocrystalline CeO₂ increases the activity of Au for CO oxidation by two orders of magnitude [J]. Angewandte Chemie (International Ed), 2004, 43 (19): 2538 - 2540.

[266] Lee Y J, He G H, Akey A J, et al. Raman analysis of mode softening in nanoparticle $CeO_{2-\delta}$ and Au‑$CeO_{2-\delta}$ during CO oxidation [J]. Journal of the American Chemical Society, 2011, 133(33): 12952 - 12955.

[267] Uchiyama T, Yoshida H, Kuwauchi Y, et al. Systematic morphology changes of gold nanoparticles supported on CeO₂ during CO oxidation [J]. Angewandte Chemie (International Ed), 2011, 50 (43): 10157 - 10160.

[268] Liu X, Jia S F, Yang M, et al. Activation of subnanometric Pt on Cu-modified CeO₂ *via* redox-coupled atomic layer deposition for CO oxidation [J]. Nature Communications, 2020, 11: 4240.

[269] Luo L L, Chen S Y, Xu Q, et al. Dynamic atom clusters on AuCu nanoparticle surface during CO oxidation [J]. Journal of the American Chemical Society, 2020, 142(8): 4022 - 4027.

[270] Lu Y, Zhou S, Kuo C T, et al. Unraveling the intermediate reaction complexes and critical role of support-derived oxygen atoms in CO oxidation on single-atom Pt/CeO₂[J]. ACS Catalysis, 2021, 11 (14): 8701 - 8715.

[271] Qiao B T, Wang A Q, Yang X F, et al. Single-atom catalysis of CO oxidation using Pt_1/FeO_x[J]. Nature Chemistry, 2011, 3(8): 634 - 641.

MOLECULAR SCIENCES

Chapter 4

用于小分子转化反应的
稀土多相催化材料

郭　毓，张亚文 *

北京分子科学国家研究中心，稀土材料化学及应用国家重点实验室，北京大学-香港大学稀土材料和生物无机化学联合实验室，北京大学化学与分子工程学院

多相催化材料在工业生产和能源转化中具有广泛而重要的应用[1]。一般而言,酸碱位点和氧化还原位点是多相催化材料活化及转化反应物分子不可或缺的活性位点。而稀土氧化物具有强碱性、高温稳定性、高配位数和部分可变价性等特性,可以很好地修饰催化剂表面的碱性位点和氧化还原性位点,因此被广泛用作多相催化剂的载体和助剂。

对稀土氧化物而言,其本征碱性位点为氧离子位点 O^{2-},随着 O^{2-} 配位不饱和程度的增大,稀土氧化物的碱性强度增大;随着稀土元素核电荷的增加,阳离子半径逐渐减小,稀土氧化物的碱性减弱。除 Sc、Nd、Pr 和 Ce 外,其他稀土元素的碱性随原子序数的增加而单调降低,La_2O_3 的碱性最强。Sc 由于处于第四周期,其 3d 电子对有效核电荷数的影响与 4f 电子不同,而 Nd、Pr 和 Ce 的氧化物的化学组成为 REO_2 而非 RE_2O_3,因此并不遵循原子序数与碱性强度的线性变化关系。所有稀土氧化物中,CeO_2 的碱性最低。CO_2 程序升温脱附(CO_2 temperature programmed desorption,CO_2-TPD)可用于检测材料表面不同强度碱性位点的比例。Sato 等人将稀土氧化物置于不同温度下进行热处理,并用于 CO_2-TPD 的测试[2],发现经过 1 000 ℃ 热处理的稀土氧化物,其 CO_2 脱附温度与稀土阳离子半径之间存在一定的线性关系。如图 4-1 所

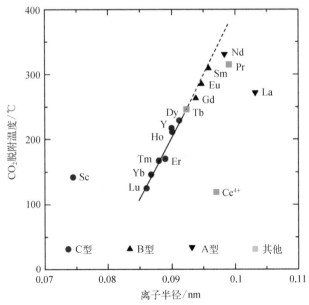

图 4-1 经 1 000 ℃ 热处理的稀土氧化物的 CO_2 脱附温度与稀土阳离子半径之间的线性关系[2]

A 型指六方相,B 型指单斜相,C 型指立方相和立方铁锰矿相

示,稀土氧化物的 CO_2 脱附温度随稀土阳离子半径的增大而升高,说明其碱性逐渐增强。Choudhary 等人测试了 La_2O_3、CeO_2、Sm_2O_3、Eu_2O_3 和 Yb_2O_3 等 5 种稀土氧化物的 CO_2-TPD 曲线[3],发现 CeO_2 和 Yb_2O_3 在 $50 \sim 150\ ℃$ 脱附的 CO_2 比例最高,Sm_2O_3 和 Eu_2O_3 在 $150 \sim 300\ ℃$ 脱附比例最高,La_2O_3 在 $300\ ℃$ 以上脱附比例最高。CO_2 脱附温度越低,说明碱性位点的强度越低。碱性位点一般可分为弱碱性位点、中等强度碱性位点和强碱性位点,但三种位点的划分在不同的工作中不尽相同,大体上可以用 $50 \sim 150\ ℃$、$150 \sim 300\ ℃$ 和 $300\ ℃$ 以上作为三种碱性位点的温度区间。因此,在 5 种稀土氧化物中,La_2O_3 表面的强碱性位点比例最高,而 CeO_2 和 Yb_2O_3 的弱碱性位点比例更高。

由于稀土氧化物的碱性主要由氧离子来体现,而不同相态的稀土氧化物氧离子的配位情况不同,因此稀土氧化物的碱性与其相态有一定关系。常温常压下稀土氧化物主要呈现 4 种相态[4],如表 4-1 所示,室温下,轻稀土元素 La_2O_3 和 Nd_2O_3 为六方相(H),CeO_2 为立方萤石相(C_F),Pr_6O_{11} 为六方和立方萤石的混相($H + C_F$);中稀土元素和重稀土元素主要为单斜相(M),Tb_4O_7 为单斜和立方萤石的混相($M + C_F$),Sc_2O_3 为立方铁锰矿相(C)。当稀土阳离子为四价时,稀土氧化物(如 CeO_2、PrO_2 和 TbO_2)均为立方萤石相,而当稀土阳离子为三价和四价的混合价态时,立方萤石相中会出现氧缺陷,例如 Pr_6O_{11} 和 Tb_4O_7 分别为六方相和单斜相与立方萤石相的混相。立方铁锰矿相与立方萤石相相比,每个亚晶胞含有两个氧缺陷,其晶胞由 8 个亚晶胞有序构成[5]。部分稀土氧化物在高温条件下会发生相态的改变,其中具有混相的 Pr_6O_{11} 和 Tb_4O_7 经 $1\,000\ ℃$ 热处理,氧缺陷消失,完全变为立方萤石相,而重稀土元素中的 Dy_2O_3 至 Lu_2O_3 由单斜相转变为立方铁锰矿相[2]。对于 $1\,000\ ℃$ 热处理后的稀土氧化物,单斜相中稀土元素的碱性强于立方铁锰矿相重稀土元素的碱性,而且稀土氧化物碱性和稀土阳离子半径之间存在线性关系。六方相的 La_2O_3、Nb_2O_3 和立方萤石相的 CeO_2、Pr_6O_{11} 及 Tb_4O_7 则不遵循此线性关系。

表 4-1　部分稀土氧化物在室温及经 $1\,000\ ℃$ 热处理后的相态分布[2]

稀土氧化物	相态	
	室温	$1\,000\ ℃$ 热处理
La_2O_3	H	H
CeO_2	C_F	C_F
Pr_6O_{11}	$H + C_F$	C_F
Nd_2O_3	H	H
Sm_2O_3	M	M
Eu_2O_3	M	M
Gd_2O_3	M	M
Tb_4O_7	$M + C_F$	C_F

稀土氧化物	相　　态	
	室温	1 000 ℃热处理
Dy_2O_3	M	C
Ho_2O_3	M	C
Y_2O_3	M	C
Er_2O_3	M	C
Tm_2O_3	M	C
Yb_2O_3	M	C
Lu_2O_3	M	C
Sc_2O_3	C	C

此外,稀土材料的氧化还原性主要体现在几种可变价的元素中,包括 Ce($+4/+3$)、Pr($+4/+3$)、Eu($+3/+2$)、Tb($+4/+3$)等,氧化还原性使这些元素可以直接参与到反应物或中间体的得失电子过程中。其他稀土元素虽然没有氧化还原性,但由于稀土元素的半径普遍较大,其配位数高达 9 或 10,因此本身的吸附能力较强,而且可以与其他活性组分形成多种晶体结构,并允许晶体结构中存在高浓度的缺陷位点,因此仍然可以促进反应物的活化与转化。

CH_4、CO_2、NO_x 和 CO 等小分子的转化涉及可再生能源的开发和利用、大气环境综合治理和工艺流程优化等多个领域,对于人类社会的可持续发展具有重要意义。其中,CO_2 和 NO_x 为酸性气体,CH_4 中 C—H 键的断裂需要碱性位点和氧化还原性位点的协同效应,CO 中 C=O 键的活化需要在氧化还原性位点上进行,因此稀土元素可以有效地作为催化剂主体或催化助剂进行小分子的吸附、活化与转化[6,7]。本章将对稀土元素在 CH_4 的活化转化、CO_2 还原、NO_x 还原和 CO 氧化反应中的应用进行简要概述,以期系统性地理解稀土元素的催化作用机制,为高效稀土催化剂的设计和稀土资源的有效开发利用提供理论指导。

4.1　甲烷的活化

煤炭资源的日渐消耗以及随之而来的温室效应等环境问题,使得人类对清洁能源的需求日益增长。地球上的天然气和页岩气储备丰富,甲烷作为其中的主要组分,在解决当前的能源危机和环境问题上拥有巨大潜力[8]。除了作为直接能量来源使用外,甲烷可以转化为多种高附加值的化学品,如甲醇、乙烯、高碳烷烃等。但甲烷的 C—H 键键能很高,对

C—H 键的活化和官能化在工业应用上面临着重大的技术挑战[9]。稀土元素的强碱性和部分稀土的氧化还原性可有效促进 C—H 键的断裂,因此稀土催化剂在甲烷的活化与转化反应中有着广泛的应用。

4.1.1　甲烷氧化偶联制乙烯

当前工业上利用甲烷的主要方式是通过蒸汽重整将甲烷转化为合成气($CO + H_2$),由合成气再通过费托合成得到液体燃料。这种非直接的转化方式使工艺流程复杂化,而且在热力学上受限,因此甲烷的直接转化是人们的主要研究目标。甲烷氧化偶联反应(oxidative coupling of methane,OCM)($2CH_4 + O_2 \longrightarrow C_2H_4 + 2H_2O$, $\Delta H_{298\,K} = -280\ kJ/mol$)可以将甲烷直接转化为乙烯,后者是全球年使用量超过 1.4 亿吨的重要化学品,因此该反应对于甲烷的有效利用和乙烯的高效合成都具有重要意义[10]。

OCM 反应首先需将 CH_4 的 C—H 键断开并产生 $\cdot CH_3$ 自由基,剩余的 $\cdot H$ 与表面活性氧位点结合产生羟基,羟基脱水并产生氧空位。而两个 $\cdot CH_3$ 自由基在气相中结合为 C_2H_6,然后在催化剂表面脱氢产生 C_2H_4。此外,由于 C—H 键键能很高(约为 434 kJ/mol)[11],反应需在高温(650~900 ℃)下进行[12]。因此,OCM 反应要求催化剂同时拥有碱性位点、表面活性氧物种和具有热稳定性的特点,目前活性最高的催化剂为 TiO_2 掺杂的 $Mn/Na_2WO_4/SiO_2$。

La_2O_3 是碱性最强的稀土氧化物,作为 OCM 催化剂或助剂也得到了广泛研究[13-16]。Huang 等制备了暴露(110)和(101)晶面的 La_2O_3 纳米棒[13],500 ℃ 时甲烷转化率达到 30%,C_2 产物选择性达 40%,而仅暴露(110)晶面的 La_2O_3 纳米颗粒在此温度下几乎无 C_2 产物产生,这表明 OCM 反应为结构敏感反应。La_2O_3 纳米棒和纳米颗粒相比,CH_3 在(101)晶面上比在(110)晶面上的吸附更强,从而 CH_4 的 C—H 键活化所需能量减少,反应更加有利。本质上,纳米棒的高活性和选择性来源于更强的表面碱性位点和更多的缺电子氧物种(O^- 和 O_2^-),因为缺电子氧物种有利于 C_2 产物的生成[17],而晶格氧(O^{2-})会导致 $\cdot CH_3$ 自由基和 C_2 物种的过氧化而生成完全氧化产物——CO_2。

从增大缺电子氧物种的比例进而提高 C_2 产物选择性的角度出发,Song 等人和 Ferreira 等人向 La_2O_3 中分别非等价掺杂 Sr[14]和 Ce 元素[15],而 Xu 等人利用 $Ln_2Ce_2O_7$ 烧绿石结构中存在的本征氧空位来增加催化剂表面缺电子程度[18]。Sr 的离子半径(0.118 nm)比 La 离子(0.103 nm)稍大,将 Sr 单分散地掺入 La_2O_3 中会使晶格间距变大,导致 La_2O_3 电子特性的改变[14],表面缺电子氧物种增多。而 Ce 元素可在 +3 与 +4 价之间可逆变换,将 Ce 元素掺入 La_2O_3 可显著提高催化剂的氧空位浓度[15],产生更多的缺电子氧物种 O^- 和 O_2^-。此外,具有特定元素比例的 $A_2B_2O_7$ 烧绿石结构,其氧离子根据化学环境不同可以分为两类($A_2B_2O_6O'$),六个氧(O)分别与两个 A 位离子和两个 B 位离子配位,而另一个氧(O')与四个 A 位离子配位。这种烧绿石结构与 AO_2 的立方萤石结构相比,存在一个本征的氧空位,因此氧离子的迁移率增大。

当烧绿石结构中的 A 位和 B 位离子半径之比 $r_{A^{3+}}/r_{B^{4+}}$ 低于 1.46 时,烧绿石结构不能稳定存在,会转变为缺陷立方萤石相[19],使氧离子迁移率进一步增加。将 Ce 作为 B 位离子,La、Pr、Sm 和 Y 等镧系元素作为 A 位离子都能得到缺陷立方萤石相,其中的氧离子迁移率大大提升[18],可产生更高比例的缺电子氧物种。此外,将 La 作为 A 位离子,将 Ti、Zr 和 Ce 分别作为 B 位离子[19],随着 $r_{A^{3+}}/r_{B^{4+}}$ 的比例逐渐减小,相态将由 $La_2Ti_2O_7$ 的单斜相层状钙钛矿结构变为 $La_2Zr_2O_7$ 的立方相烧绿石结构及 $La_2Ce_2O_7$ 的缺陷立方萤石结构。三种材料的 CH_4 转化率和 C_2 产物选择性依次递增,如图 4-2 所示,这是由于表面缺电子氧物种(O_2^-)的含量逐渐增加。一方面,由于钙钛矿结构中没有氧空位存在,$La_2Ti_2O_7$ 的 O_2^- 主要来自 O_2 分子在表面上的直接吸附,而 $La_2Zr_2O_7$ 和 $La_2Ce_2O_7$ 结构中本身存在一定

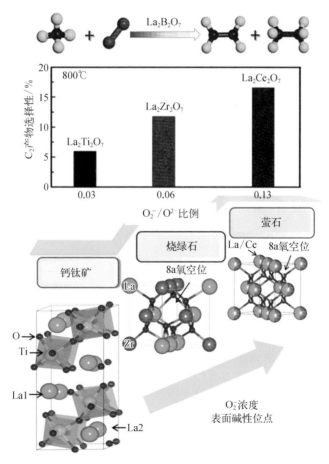

图 4-2　不同相态的 $La_2Ti_2O_7$、$La_2Zr_2O_7$ 及 $La_2Ce_2O_7$ 的 C_2 产物选择性与 O_2^- 浓度之间的关系[19]

氧空位,因此 O_2^- 可以通过活化进入氧空位的氧物种而产生,进而转移到表面参与 CH_4 的活化。另一方面,$La_2Ce_2O_7$ 表面存在高比例的中等强度碱性位点,这种碱性位点更有利于甲烷选择性转化为 C_2 物种,因此催化剂在低温区(低于 750 ℃)表现出优于 $Mn/Na_2WO_4/SiO_2$ 的活性和选择性。

La_2O_3 在反应中会与完全氧化产物 CO_2 结合产生 $La_2O_2CO_3$ 中间体,该中间体一直被认为是降低 OCM 反应活性的碳酸盐物种[20,21],而完全氧化产物 CO_2 也被认为是 La_2O_3 催化 OCM 反应的毒化剂。Chu 等人利用密度泛函理论(density functional theory,DFT)和 CCSD(T)的方法计算了 CO_2 与 La_2O_3 上的晶格氧位点形成 $La_2O_2CO_3$ 的过程[22],发现 CO_2 在 La_2O_3 上的化学吸附能为 -145 kJ/mol,其通过化学吸附形成 $La_2O_2CO_3$ 在热力学上极为有利,如图 4-3 所示。而 $La_2O_2CO_3$ 中双齿碳酸根取代了 La_2O_3 的桥连氧原子,并与两个 La 分别形成 La—O 键。由于双齿碳酸根中的桥连氧原子比原来 La_2O_3 的桥连氧原子所带负电荷少,La 位点的碱性减弱。此外,CH_4 在 $La_2O_2CO_3$ 上的活化能比 La_2O_3 高 53 kJ/mol,因此 La 位点碱性的减弱导致对 CH_4 的活化能力降低。相反地,Hou 等人通过水热法直接合成了暴露(110)、(210)及(120)晶面的 $La_2O_2CO_3$ 纳米棒[23],得到了高于相似形貌的 La_2O_3 的 C_2 产物选择性。在该体系中由于碳酸根的存在导致对 CH_4 活化能力减弱,La 位点并不是反应的活性位点,但碳酸根物种可以促进活性位点的分离,从而避免产物的过度氧化,提高反应选择性。

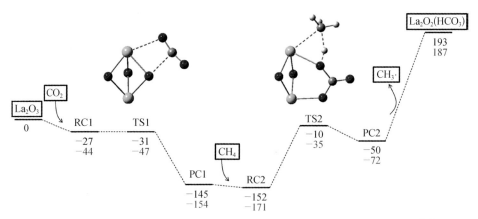

图 4-3   完全氧化产物 CO_2 对 CH_4 在 La_2O_3 表面发生 C—H 键活化的抑制作用[22]

RC 表示反应复合物,TS 表示过渡态,IM 表示中间物;黑色数值表示 B3LYP/Avdz 计算结果,红色数值表示 CCSD(T)/Avtz 计算结果,其单位为 kJ/mol;蓝色、红色、灰色和白色小球分别表示 La、O、C 和 H 原子

此外,La 作为助剂也被加入 $Mn/Na_2WO_4/SiO_2$ 中使催化剂选择性进一步提升。$Mn/Na_2WO_4/SiO_2$ 中尖晶石相的 Na_2WO_4 为主要活性组分,层状排列的 WO_4 四面体对于 C_2 产

物选择性有重要影响[24]。La 的掺杂可以增大 WO_4 四面体的分散度,使表面氧物种比例提高[25],从而增加气相的反应物氧气分子到表面的转移,提高 C_2 产物选择性。除 La 外,也可以向该体系中加入其他稀土元素(Ce、Sm)、碱金属(Li)、碱土金属(Mg)以及过渡金属(Cr、Mn、Co、Ni、Cu、Zn)等助剂[26]。Gu 等人发现助剂的 OCM 活性和 C_2 产物选择性与其还原电势紧密相关[26]。还原电势更正的元素可以释放更多氧原子给活性中心 W,使 W 的电子密度降低,从而更有利于断裂 C—H 键产生 $\cdot CH_3$ 自由基,提高 CH_4 转化率。但助剂更高的还原电势也会造成 $\cdot CH_3$ 自由基的深度氧化,从而降低 C_2 产物的选择性。相比于 Cu、Cr 和 Ce 等还原电势更正的助剂,La 在牺牲部分 CH_4 转化率的情况下可以提高 C_2 产物选择性,而 Mn 元素可以达到最高的 CH_4 转化率和中等的 C_2 产物选择性,因此 Mn 在 Mn/Na_2WO_4/SiO_2 复合体系中的作用仍是不可替代的。

4.1.2　甲烷的二氧化碳干法重整

甲烷和二氧化碳是两种主要的温室气体,通过干法重整(CO$_2$ dry reforming of methane,DRM)($CO_2 + CH_4 \longrightarrow 2CO + 2H_2$, $\Delta H_{298\ K} = 247$ kJ/mol)可以将二者转化为合成气(CO+H_2),且 H_2/CO 接近 1,适用于生产长链烃类和含氧化合物[27],在环境和经济方面都有广阔的应用前景。工业上广泛使用的是 Ni 基催化剂,但反应的高温条件会使 Ni 活性组分发生烧结[28],且甲烷分解反应($CH_4 \longrightarrow C + 2H_2$, $\Delta H_{298\ K} = 75$ kJ/mol)和 Boudouard 反应($2CO \longrightarrow CO_2 + C$, $\Delta H_{298\ K} = -171$ kJ/mol)等副反应会在催化剂表面产生大量积炭[29],使催化剂活性大大降低。

Boudouard 反应为放热反应,因此在高温下反应程度较低,高温反应中产生的积炭更多来源于甲烷的分解反应。积炭形貌多样,包括无定形碳、碳聚合物、碳纳米管、石墨烯碳、壳状石墨碳和碳纤维等,但其本质可分为 C_α 和 C_β 两大类[30,31]。C_α 指无定形碳,由单原子的碳与金属中心相连,这类碳可以在 100 ℃被 CO_2 氧化并进入气相(逆 Boudouard 反应)。而 C_β 含有碳链、碳六元环等结构,难以通过反应气化,还会包覆或溶入 Ni 晶粒中,进一步诱导碳须的形成,该类碳须不仅会阻塞催化剂的孔道结构和整个反应器,还可能会造成催化裂化。因此,具有高活性和稳定性的 DRM 催化剂需要通过合理的设计合成来抑制积炭产生。大量实验表明 Ni 晶粒尺寸是影响积炭程度的主要因素,为了减小 Ni 晶粒尺寸并防止其团聚[32],可采取的措施包括加入助剂、使用具有限域效应的载体、改变合成方法,以及增强金属-载体相互作用。除限制晶粒尺寸外,增强催化剂的碱性可以促进 CO_2 与积炭之间的反应使其气化,具有氧化还原性的助剂也可以有效防止积炭。因此,具有强碱性和部分具有氧化还原性的稀土金属被广泛掺入 DRM 催化体系中,用于改善催化剂的活性和稳定性。

La、Ce、Er 和 Yb 等多种稀土元素都作为助剂被掺入 Ni/Al_2O_3 催化剂中[33-38]。La_2O_3 可以降低载体的酸性,抑制甲烷分解产生积炭,并促进 CO_2 的化学吸附,进而促进积炭与

CO_2反应而被气化[33]。此外，La_2O_3分散在Ni/Al_2O_3中也可以抑制Ni晶粒的长大[37]。CeO_2除了增强碱性外，还可以被甲烷分解产生的H_2还原而产生富电子的氧空位，电子转移到$Ni^0 - CeO_2$界面[37,38]，可以增加Ni位点的电子密度，抑制Ni的d轨道与CH_4中C—H键的σ轨道的配位，从而降低积炭的可能性。Yb和Er等其他非氧化还原性稀土助剂也起到增加碱性和分散活性位点的作用[34,35]。

　　在传统的浸渍法和溶胶-凝胶法制备负载型催化剂的过程中，稀土助剂一般通过加入混合前驱体溶液的方式掺入催化体系，这对助剂在催化剂中的分散性控制较差。相对地，（类）钙钛矿和六铝酸盐等具有特定化学组成的载体本身也可以作为活性金属的来源[32,39]，这样稀土助剂就可以作为ABO_3和A_2BO_4等结构中的A位离子，或$M_I(M_{II})_yAl_{12-y}O_{19-\delta}$中的$M_I$离子分散于催化剂中。图4-4为钙钛矿结构$LaNiO_3$、类钙钛矿结构$La_2NiO_4$和六铝酸盐$LaNiAl_{11}O_{19}$的晶体结构示意图。La在其中的作用与$La_2O_2CO_3$的形成和分解相关。Wu等人测试了4种$LaBO_3$（B=Co、Ni、Fe、Cr）钙钛矿催化剂的DRM活性[40]，其活性顺序为$LaCoO_3 > LaNiO_3 > LaFeO_3 > LaCrO_3$，其中$LaCoO_3$和$LaNiO_3$分解为Co、Ni和$La_2O_3$。反应在$Co/Ni - La_2O_3$界面发生，$CH_4$在Co/Ni位点活化分解，而$CO_2$吸附在$La_2O_3$上产生$La_2O_2CO_3$，该中间体与Co/Ni位点上的碳物种反应而产生CO，从而很大程度上避免了积炭的产生[41]。其具体过程[42,43]为

$$CH_4 + Ni^0 \longrightarrow C - Ni^0 + 2H_2$$

$$CO_2 + La_2O_3 \longrightarrow La_2O_2CO_3$$

$$C - Ni^0 + La_2O_2CO_3 \longrightarrow 2CO + Ni^0 + La_2O_3$$

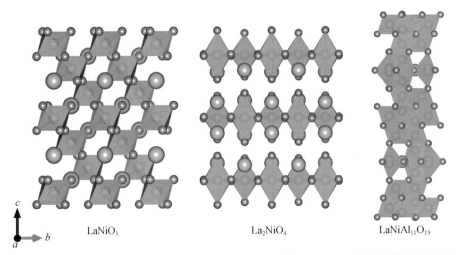

LaNiO₃　　　　La₂NiO₄　　　　LaNiAl₁₁O₁₉

图4-4　钙钛矿结构$LaNiO_3$、类钙钛矿结构La_2NiO_4和六铝酸盐$LaNiAl_{11}O_{19}$的晶体结构示意图（粉色和绿色小球分别表示O原子和La原子，蓝色多面体表示Ni或Ni/Al的配位环境）

钙钛矿结构(ABO_3)中 A 位离子取代会对催化剂的 DRM 活性产生不同影响[44,45]。A 位离子的尺寸和价态都会影响 B 位离子与晶格氧的成键,进而改变晶格氧在 C—H 键活化过程中的活性。Goldwasser 等人利用离子半径较小的 Nd 和 Sm 取代 A 位 La 离子[44],使钙钛矿的结构稳定性降低,得到钙钛矿和焦绿石的混合结构,晶格氧的活性提高,DRM 反应中的 CO 选择性提高。Fung 等人利用 DFT 对拥有不同 A 位离子的钙钛矿结构进行了 CH_4 中 C—H 键活化能力的分析[45],发现拥有同族 A 位离子的催化剂活性相近,但不同氧化态(如 + 2 和 + 3 价)的 A 位离子活性差别很大,因为不同氧化态的 A 位离子导致了 B 位离子的氧化还原性和晶格氧活性的改变。

类钙钛矿结构(A_2BO_4)由钙钛矿层(ABO_3)和盐岩层(AO)1∶1 交替堆积而形成[46],如图 4-4 所示,这种结构中需要半径较大的 A 位离子,因此稀土元素居多。Guo 等人对钙钛矿型 $LaNiO_3$ 和类钙钛矿型 La_2NiO_4 进行 DRM 活性比较[47],发现后者的活性和稳定性更高,这是由于 La_2NiO_4 在灼烧后转变为更加单一的钙钛矿结构,而且由于 La-O 盐岩层的分离,La_2NiO_4 的 NiO_6 八面体呈二维排列,Ni 晶粒尺寸更小,从而减少了积炭,提高了催化剂的活性和稳定性。

六铝酸盐($MAl_{12}O_{19}$)是一种热稳定性很高的结构,由于在高温条件下仍可保持高比表面积,且化学组成多变,因此很适合催化 DRM 反应[48,49]。该结构是由互成镜像的尖晶石结构单元和镜面交替堆积而形成的层状结构,在此结构中掺入另一种金属阳离子,则其化学组成变为 $M_I(M_{II})_yAl_{12-y}O_{19-\delta}$。对于应用于 DRM 反应的六铝酸盐催化剂,$M_{II}$ 为 Ni 离子,而 M_I 为 La 离子、Ca 离子或 Sr 离子,其中 Ni 取代晶格中的 Al 离子,而 La 离子、Ca 离子或 Sr 离子位于尖晶石单元之间的镜面周围,如图 4-4 所示。实验表明,这种结构在 1 200 ℃ 还原气氛中灼烧可以产生高度分散的 Ni^0 纳米颗粒[49],对 DRM 反应表现出高活性和高稳定性。

4.1.3　甲烷固体氧化物燃料电池

除传统的热催化反应外,近年来蓬勃发展的燃料电池技术也为甲烷的清洁利用带来了可能。甲烷固体氧化物燃料电池(solid oxide fuel cell,SOFC)是将甲烷直接作为燃料,将其化学能转化为电能的装置[50]。相比于聚合物电解质膜燃料电池(polymer electrolyte membrane fuel cell,PEMFC),甲烷不需要经过单独的重整反应来产生燃料电池可用的燃料,而是在燃料电池内部进行重整反应,因此可大幅提升能量利用效率[51]。

SOFC 的阳极发生氧还原反应,还原产物 O^{2-} 在 Zr 基电解质中扩散到阴极,将阴极的燃料氧化。传统的 SOFC 采用 Ni 基阴极材料,其催化活性高,且电导率高[52]。但和 Ni 基催化剂在热催化反应中的表现一样,积炭是导致燃料电池活性降低的主要原因。此外,燃料气中的少量 H_2S 也会导致 Ni 阴极中毒而失活,而且 Ni 基材料容易被氧化剂重新氧化,破坏电池的稳定性。因此,发展抗积炭、抗硫化和具有氧化还原稳定性的阴极电极材料是开发甲烷 SOFC 的核心问题[50]。金属氧化物不具备积炭问题,而且具有电子离子混合导电性,因此是一种很好的阴极材料选择。对氧化物阴极材料的要求包括：① 良好的催化活性；② 良好的导电性；③ 具备阴离子缺陷，从而增强氧离子的扩散系数；④ 良好的表面氧交换动力学；⑤ 还原条件下的结构稳定性；⑥ 可制成多孔阴极薄膜；⑦ 与固体电解质的良好相容性。对于不同化学组成和结构的氧化物，其电子和离子传导性不同，因而活性存在差异。稀土元素因其高配位数和灵活的配位能力，能够作为多种氧化物的主要结构组分或掺杂元素，而且具有较高的离子或电子导电性，在甲烷及其他烃类 SOFC 的开发中扮演着重要角色。

稀土元素作为主要结构组分的氧化物包括萤石（AO_2）[53,54]、烧绿石（$A_2B_2O_7$）[55]和钙钛矿（ABO_3、A_2BO_4）[56-58]等结构，而在 Sr、Ba 作为主要结构组分的钨青铜（ABO_3）[59]和双钙钛矿（$A_2B_2O_6$）[60]结构中，由于稀土离子和 Sr^{2+} 的离子半径相近，因此被广泛掺杂在这些结构中，作为电子供体取代部分 Sr 离子的位置。萤石结构的 CeO_2 在阴极的还原条件下，可由 +4 价还原到 +3 价，从而产生电子导电性，其他阳离子（如 Gd 和 Sm）掺杂的 CeO_2 的导电性进一步增强[53,54]。钙钛矿型阴极材料由稀土阳离子作为 A 位离子，第四周期的过渡金属阳离子作为 B 位离子，钙钛矿结构中可以容纳大量氧空位，而且 B 位离子通常可变价，因此该结构具有良好的导电性[58]。钙钛矿阴极材料在甲烷 SOFC 中应用最为广泛，而且可以与其他结构做成混合氧化物阴极材料，以进一步提升性能。Shin 等人制备了 Mn、Fe 掺杂的氧化铈和 Mn、Fe 基钙钛矿的混合材料 $Ce_{0.6}Mn_{0.3}Fe_{0.1}O_2$ - $La_{0.6}Sr_{0.4}Fe_{0.9}Mn_{0.1}O_3$，如图 4-5 所示，其中

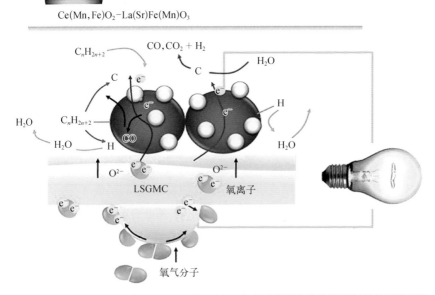

图 4-5　$Ce_{0.6}Mn_{0.3}Fe_{0.1}O_2$ - $La_{0.6}Sr_{0.4}Fe_{0.9}Mn_{0.1}O_3$ 复合氧化物作为阴极材料的甲烷固体氧化物燃料电池[57]（LSGMC 指 $La_{0.8}Sr_{0.2}Ga_{0.8}Mg_{0.15}Co_{0.05}O_3$ 电解质）

$La_{0.6}Sr_{0.4}Fe_{0.9}Mn_{0.1}O_3$ 在高氧分压下表现出高空穴传导率,而 $Ce_{0.6}Mn_{0.3}Fe_{0.1}O_2$ 在低氧分压下表现出高电子传导率[57],因此这种阴极材料对氧分压的依赖很小,在反应中总是可以通过高传导率来降低阻抗,从而提高燃料电池的功率密度。

烧绿石结构氧化物可以看作萤石结构氧化物去掉 1/8 氧离子之后的结构。Zhao 等人在传统的 Ni 基阴极材料上覆盖了组成为 $La_2Ce_2O_7$ 和 $La_{1.95}Sm_{0.05}Ce_2O_7$ 的质子传导层[61],这种质子传导材料对水的吸附能力很强,因此促进了阴极材料的甲烷重整反应,有效提高了 Ni 基阴极材料的催化活性和稳定性。其中,$La_{1.95}Sm_{0.05}Ce_2O_7$ 比 $La_2Ce_2O_7$ 的活性提升效果更明显,这是由于 Sm 离子和 Ce 离子的半径非常匹配,因此掺杂材料的离子传导率进一步提高。

4.2　二氧化碳的还原

CO_2 是造成温室效应的最主要气体成分,对温室效应的影响占所有气体的 9%~26%。目前存在多种治理大气中的 CO_2 的方案,其中一种方法是将 CO_2 还原为高附加值产物,该方法不仅可以降低大气中的 CO_2 浓度,还能产生经济效益,因此具有广阔的应用前景[1]。CO_2 的还原产物包括 CH_4、CH_3OH、$HCOOH$、CH_3OCH_3、C_{2+} 等,对于热催化反应而言,要得到 CH_3OH 及高碳烃一般需要在高温高压下进行[62],因此要求催化剂拥有良好的热稳定性。用 H_2 还原 CO_2 来得到各种还原产物的反应,均涉及催化剂表面 CO_2 的活化和 CO_2 与解离的 H 原子或表面羟基发生反应的过程[63],因此催化剂的活性位点与 CO_2 分子以及 H_2 分子的相互作用是获得高 CO_2 转化率和高产物选择性的必要条件。碱金属 Ni、Co 和贵金属 Ru、Pd 等均具有很好的 H_2 解离能力,而 CO_2 为 Lewis 酸性气体,需要一定的电子给体或碱性位点来活化 CO_2 分子[6],因此 Ni、Ru、Pd 等组分常常分散在具有一定碱性位点的载体上,进而协同催化 CO_2 的加氢还原反应。CeO_2 作为载体可以直接参与 CO_2 的活化过程,而其他稀土元素作为助剂可以起到分散活性组分和修饰催化剂的碱性位点的作用。

4.2.1　CO_2 加氢产 CH_4

金属态 Ni 对 H_2 的解离能力很强,因此具有将 CO_2 深度还原为 CH_4 的能力($CO_2 + 4H_2 \longrightarrow CH_4 + 2H_2O$, $\Delta H_{298\,K} = -165$ kJ/mol)。La 作为助剂加入 Ni/CeO_2 或 Ni/MgO-Al_2O_3 中,可有效提高 Ni 的分散度,并提高催化剂的中等碱性位点的比例[64]。此外,La 助剂也会影响 Ni 组分的氧化态。Wierzbicki 等人利用原位 X 射线吸收技术研究了反应条件下 Ni 氧化态的动态变化[65]。将还原后的 $Ni_{40}La_2$ 催化剂接连在 300 ℃ 的 H_2/He 和 $CO_2/$

He 气氛下处理,发现气氛切换为 CO_2/He 之后 Ni K 边的边前峰强度有明显的降低,而白线强度会明显增高。相比之下未掺 La 的 Ni 样品则没有这种变化,说明掺入 La 之后 Ni 组分会积极与 CO_2 发生反应,而且由于与 CO_2 的反应,Ni 会被氧化为 NiO,当混合反应气 $CO_2/H_2/He$ 通入之后,NiO 相又会重新还原为 Ni^0。因此,掺入 La 会增加 Ni 组分对 CO_2 的化学吸附,导致 Ni 组分的氧化态发生变化,催化剂的氧化还原性也相应增强。La 助剂相比 K 助剂等碱金属元素,其低温 CO_2 甲烷化的活性更高。Hu 等人利用时空分辨的漫反射傅里叶变换红外光谱[66],发现 K 助剂可以提高 Ni/ZrO_2 催化剂的 CO_2 的吸附能力,但由于掺入 K 之后反应的主要中间体变为活性较低的甲酰基和双齿碳酸根,因此低温(250 ℃)下难以被 H_2 还原。而 La 助剂增强了 Ni 的氧化还原能力,并仍然保持 Ni/ZrO_2 催化剂原有的高活性甲酸盐($^*HCOO$)反应路径,因此可以提高 H_2 的利用效率,促进吸附的 CO_2 在低温下快速转化为 CH_4。

不同的稀土助剂则由于碱性和氧化还原性的不同,对催化剂的低温 CO_2 甲烷化催化活性和选择性的提升能力存在差异。Ahmad 和 Xu 等人均进行了 Ni/Al_2O_3 基催化剂掺杂不同稀土元素助剂的甲烷化反应测试[67,68],Pr 助剂在两个体系中均有最高的提升能力。Ahmad 等人将商用 $\gamma\text{-}Al_2O_3$ 先后浸渍于稀土助剂和 Ni 的前驱体溶液中[67],掺 Pr 体系的高甲烷化活性被归因于 $\gamma\text{-}Al_2O_3$ 载体表面的 Pr 基保护层抑制了晶粒的进一步生长,保持了较高的比表面积。Xu 等人利用自组装的方法制备了负载在介孔 Al_2O_3 上的 Ni 基催化剂[68],稀土助剂取代了部分 Ni 位点,对催化剂的动力学测试表明掺 Pr 体系的表观活化能最低,说明 Pr 助剂低温下的高甲烷化活性来源于对 CO_2 的高活化能力。分别而言,La 具有促进 CO_2 的解离吸附和增强 Ni 组分的氧化还原性两种功能[69],Ce 具有增强表面碱性和提高氧空位浓度的能力[70],Pr 也具有变价性质,在催化剂中存在 Pr_2O_3 和 PrO_2 两种形式,可以促进氧空位的形成,进而提高低温下的 CO_2 活化能力。

4.2.2　CO_2 加氢产 CH_3OH

由于甲醇制烯烃技术(methanol to olefins, MTO)等工艺的蓬勃发展,甲醇可以作为工业制造的原料得到高效利用[71],因此 CO_2 加氢制甲醇是一条前景广阔的转化路径。用于 CO_2 制甲醇($CO_2 + 3H_2 \longrightarrow CH_3OH + H_2O$, $\Delta H_{298\,K} = -131\ kJ/mol$)的催化剂主要为 Cu 基和 Pd 基催化剂,其中 $Cu/ZnO/Al_2O_3$ 是已经商业化的高活性制甲醇催化剂[72]。早在 1998 年,Gotti 等人发现在 Cu/SiO_2 催化剂中加入 Ca 和 La 等碱性助剂可以显著提高催化剂的 CO_2 转化率和甲醇选择性[73],这是由于碱性助剂和 Cu 颗粒有充分接触,从而有利于提高 Cu 颗粒表面的 CO_2 覆盖度和高活性中间体甲酸盐的稳定性。$Cu\text{-}LaO_x$ 界面的重要性在其他 Cu 基 CO_2 加氢制甲醇催化剂中也得到充分的强调[74-76]。Guo 等人在 Cu/ZrO_2

中掺入 5% 的 La 得到的催化剂具有优化的甲醇选择性[74]，而且甲醇选择性与强碱性位点的比例成正比。La 的掺杂不仅导致部分 Zr^{4+} 被 La^{3+} 取代并形成 $La_2Zr_2O_7$ 相，而且 Cu 的表面积随着 La 掺杂量的增加呈现先增加后减小的火山形变化。反应为双功能机理，H_2 在 Cu 位点上发生活化解离，而 CO_2 吸附在 ZrO_2 上产生甲酸盐($HCOO^*$)中间体，强碱性位点的增多有助于甲酸盐($HCOO^*$)中间体加氢形成甲氧基($^*OCH_3$)和甲醇物种，而非解离产生 CO。Chen 等人为了抑制 Cu 位点在高温条件下的团聚，将 LaO_x 嵌入 SBA‐15 骨架中，然后将 Cu 纳米颗粒高分散性地负载在 SBA‐15 上[75]，在 Cu‐LaO_x 界面处，La 会将少量电子转移给 Cu^{2+} 使之变成 $Cu^{\delta+}$，从而产生较强的金属‐载体相互作用。这样的金属‐载体界面更有利于形成甲酸盐($HCOO^*$)而非羧酸盐($^*COOH$)中间体，如图 4‐6 所示，两种中间体前者是选择性转化为甲氧基($^*OCH_3$)和甲醇的高活性中间体，而后者通过分解可产生 CO，因此 Cu‐LaO_x 界面有利于甲醇选择性的提高。

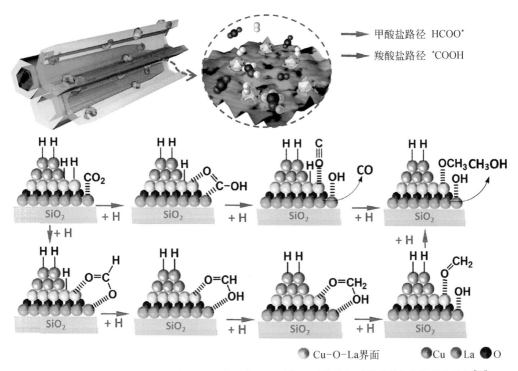

图 4‐6　Cu‐LaO_x 界面由于金属‐载体相互作用导致的甲酸盐路径对羧酸盐路径的优先选择[75]

掺入不同助剂会带来不同强度和分布的碱性位点，后者对甲醇选择性起到关键影响。Gao 等人向 Cu/Zn/Al 体系中掺入 Mn、La、Ce、Zr 和 Y 五种助剂，发现催化剂表面不同强度的碱性位点比例各不相同[77]，如图 4‐7 所示。其中，弱碱性位点(α 位点)主要为表面羟基，中等强度碱性位点(β 位点)为金属氧对(如 Zn‐O、Al‐O，以及助剂氧对)，强碱性位点（γ 位点）为配位不饱和的氧离子[78]，而五种催化剂表面强碱性位点的比例由低到高为 Mn＜La＜Ce＜Y＜Zr，这一顺序与催化剂的甲醇选择性顺序一致。其原因为，弱碱性位点上吸附的碳酸氢根（$^*HCO_3$）不稳定，容易脱附产生 CO_2，而中等强度碱性位点和强碱性位点上吸附的甲酸根（$^*HCOO$）可以发生逐步加氢产生 $^*H_2COO$，$^*H_2COOH$ 和 $^*H_2CO$。对于吸附在强碱性位点上的 $^*H_2CO$，由于 C 原子在强碱性位点上的强成键作用，其 C＝O 可以被原子 H 活化，从而进一步氢化产生甲醇。而对于中等强度碱性位点上的 $^*H_2CO$，C＝O 难以被活化，$^*H_2CO$ 容易脱氢产生 CO。因此，对双功能机理的 CO_2 制甲醇反应而言，强碱性位点更有利于反应选择性的提高，具有强碱性的稀土元素无疑是起积极效应的。而 Zr 作为助剂对选择性的提升大于稀土助剂，这是因为 Zr^{4+} 取代晶格中的 Al^{3+} 会造成更高的静电荷，从而产生更高比例的强碱性位点。

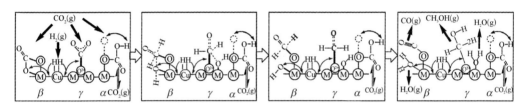

图 4-7　催化剂表面不同强度碱性位点在 CO_2 转化为 CH_3OH 过程中的反应路径[77]

4.3　氮氧化物的还原

汽车尾气以及固定污染源产生的氮氧化物是造成酸雨、光化学烟雾和臭氧空洞等环境污染的重要原因之一。NO_x 主要产生于三个途径[79]：① 高温环境下，助燃空气中的 N_2 解离并与氧原子结合产生 NO 和 NO_2；② 燃料中的 N 源经过燃烧产生 NO_x；③ 生产硝酸或其他塑料和染料等含氮化学品的尾气中含有 NO_x。最有效的消除 NO_x 的方法是从源头控制原料及燃料中的 N 含量，如使用含 N 量较低的 2 号燃油取代含 N 量较高的 6 号燃油，以及对烟道气利用助燃空气进行再循环等[80]。对于尾气中的 NO_x，则需要通过后处理的方式尽可能将其消除，目前应用前景较大的两种反应为 NH_3 的选择性还原和 NO_x 的存储及还原过程。

4.3.1　NH_3 的选择性还原

NH_3 的选择性还原（NH_3 selective catalytic reduction，NH_3-SCR）（$4NO + 4NH_3 + O_2 \longrightarrow 4N_2 + 6H_2O$，$2NO_2 + 4NH_3 + O_2 \longrightarrow 3N_2 + 6H_2O$）是一种有效消除氮氧化物的后处

理方式,其中,NH$_3$/空气或 NH$_3$/水蒸气被加入尾气中,混合气通过催化剂,则尾气中的氮氧化物被催化剂还原。NH$_3$-SCR 催化剂的种类很多,主要包括 V 基氧化物[81]、Ce 基氧化物[82]以及分子筛[83,84]、金属有机骨架(metal organometallic framework, MOF)[85,86]等催化剂。V$_2$O$_5$/TiO$_2$是工业上使用最广泛的催化剂,但该催化剂的温度窗口有限,且元素 V 的生物毒性是不可避免的。在 V 基催化剂中,两类相邻的 V 位点被视为反应的活性位点[87,88]:具有 Brønsted 酸性的 V^{5+}—OH 位点和具有氧化还原性的 V^{5+}=O 位点。NH$_3$吸附在 V^{5+}—OH 位点上,然后被邻近的 V^{5+}=O 位点活化,活化的 NH$_3$与 NO 反应产生 NH$_2$NO 中间体,后者分解产生 N$_2$和 H$_2$O。此过程中 V^{5+}=O 位点被 NH$_3$还原为 V^{4+}—OH,之后被 O$_2$重新氧化。由此可见,Brønsted 酸性位点和氧化还原位点在 NH$_3$-SCR 催化剂中是不可或缺的。为了开发绿色的高效催化剂,Ce 基氧化物、分子筛和 MOF 等材料得到广泛研究,而稀土元素在其中的应用主要包括 CeO$_2$基质和其他稀土助剂。

得益于高的储放氧性能和优越的氧化还原性,CeO$_2$可以作为 NO$_x$还原的活性组分,但 NH$_3$分子在高温下会在纯 CeO$_2$表面上发生非选择性氧化,导致 NO$_x$的转化率和 N$_2$的选择性降低[7],因此 CeO$_2$中经常引入另一组分,对 NO$_x$的还原产生协同效应[89,90]。Qi 等人将 CeO$_2$-MnO$_x$混合氧化物用于催化 NH$_3$-SCR 反应[91],发现加入 40% 的 MnO$_x$可以使 NO 的转化率达到最大,混合氧化物表面的反应历程与 V 基催化剂相似。Iwasaki 等人对 CeO$_2$-WO$_3$混合体系中各组分的作用分别进行研究[92],发现 WO$_3$以单斜相晶粒的形式分散在 CeO$_2$中,该位点具有强酸性,并取代了 CeO$_2$的弱碱性羟基位点,CeO$_2$由于与 WO$_3$的充分接触产生更多的氧化还原中心,而酸性位点和氧化还原位点的充分混合也使协同效应进一步提升。

为了实现 CeO$_2$基催化剂在实际汽车尾气 NO$_x$后处理中的应用,除了 NO$_x$转化率的提高之外,还要具备水热稳定性[93]和抗硫化[94]等特征。由于汽车内燃机会产生大量水汽,而用于处理汽车尾气的催化剂常处于高达 800 ℃的环境中[95],因此催化材料的水热稳定性直接关系到催化剂的使用寿命。由于 Ce-Zr 固溶体的热稳定性很好,因此 CeO$_2$-WO$_3$-ZrO$_2$混合氧化物相比 CeO$_2$和 CeO$_2$-WO$_3$,其热稳定性可以显著提高[96]。将 CeO$_2$-WO$_3$-ZrO$_2$在 850 ℃水蒸气中陈化 16 h,该催化剂对 NO$_x$的转化率仍可达到未陈化时的 80%。尽管陈化过程会导致 70%～80% 的催化剂表面积和 NH$_3$吸附能力的丧失,但由于陈化过程中形成了新相 Ce$_4$W$_9$O$_{33}$,酸性位点和氧化还原位点得以保留,而形成的 Ce-Zr 固溶体也可以增加 CeO$_2$基质的氧化还原性。此外,尾气中的 SO$_2$会强烈吸附在催化剂表面,导致其寿命降低甚至失活。Kang 等人在 CeO$_2$-WO$_3$中加入 Fe$_2$O$_3$,在存在 SO$_2$的情况下,Fe$_2$O$_3$会与之反应而形成 Fe$_2$(SO$_4$)$_3$,避免了 CeO$_2$与 SO$_2$反应产生稳定的 Ce$_2$(SO$_4$)$_3$物种,有效增强了催化剂的抗硫化能力[97]。

分子筛和 MOF 等骨架结构催化剂为活性位点的负载和分散提供了良好的介质[83]。

Cu 离子交换的 SSZ - 13 是 NH₃ - SCR 的一种商业催化剂,该催化剂可以在很宽的温度范围内达到 90%~100% 的 NO$_x$ 转化率[98],而且具有很好的水热稳定性,即使在高温水蒸气下陈化之后,仍然可以保留 80% 的转化率[99]。SSZ - 13 具有菱沸石(chabazite,CHA)结构,其中的八元环孔径只有 3.8 Å,离子交换之后 Cu 离子主要位于沸石结构的六元环之外。实验发现该催化剂在低温条件下的活性中心是 Cu²⁺ - Cu⁺ 离子对[100,101],因此提高 Cu 的负载量是提高低温催化活性的关键。通过降低 Si/Al 比等方式可以提高沸石骨架中的离子交换位点比例,但催化剂的水热稳定性随之降低[102],因此催化活性和水热稳定性无法兼顾。在 Cu 离子交换之前,对 SSZ - 13 进行稀土离子的交换,发现质量分数为 1.3% 的 Y 离子会占据离子交换位点[103],可有效提高催化剂的水热稳定性和反应活性,这是由于沸石骨架中引入 Y 离子可以保护骨架中具有 Brønsted 酸性的 Al 位点,并使 Cu 离子优先占据六元环而非八元环,避免了 Cu 离子在水热条件下从六元环迁移到八元环并产生 Cu(OH)⁺ 物种和 CuO$_x$ 团聚。此外,由于三价稀土离子的强极化能力,沸石骨架中的 Si - O - Al 和 Si - O - Si 键角和局域电荷密度会发生改变,从而 +2 价的 Cu 离子得以稳定。此外,Ce 离子掺入 Cu - SSZ - 13[104] 和 Cu - SAPO - 18[105] 等 Cu 离子交换的沸石结构中也可以显著提高催化活性和稳定性。向 Cu - SSZ - 13 中掺入质量分数为 0.2%~0.4% 的 Ce 离子[104],如图 4 - 8 所示,这些极少量的 Ce 离子占据离子交换位点,可以填补缺陷并稳定骨架结构,使 Cu 的负载量和 Brønsted 酸性位点的比例大大提高。Cu - SAPO - 18 是 AEI 型沸石,与 CHA 型沸石相近,质量分数为 1.24% 的 Ce 离子掺杂可以显著提高催化剂的氧化还原能力[105],以及 Cu²⁺ 位点和酸性位点的比例,促进 NO 的吸附和活化,加快 NO$_x$ 物种和 NH₃ 的反应。

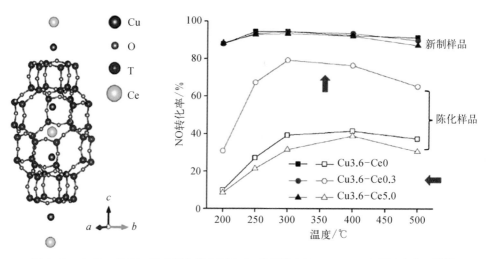

图 4 - 8   向 Cu - SSZ - 13 中掺入极少量的 Ce 离子带来的 NH₃ - SCR 活性大幅提升[104]

4.3.2　NO$_x$的存储及还原

另一种消除 NO$_x$ 的反应为存储及还原(NO$_x$ storage and reduction，NSR)过程，这类反应对于处理贫燃机产生的 NO$_x$ 非常有效。由于贫燃机在高于计量比的空气/燃料比环境下工作，因此产生的 NO$_x$ 不易被还原，而 NH$_3$ - SCR 过程需要引入 NH$_3$ 气，这会使贫燃机的尾气复杂化，反而增加了尾气的处理难度[106]，因此 NSR 过程是一种可行性更高的方式。传统的 NSR 催化剂由三部分组成[107]：贵金属活性组分(Pt、Pd、Rh)，存储 NO$_x$ 的碱金属和碱土金属，以及具有高比表面积的载体(Al$_2$O$_3$ 等)。NO 首先被贵金属位点氧化为 NO$_2$，在贫燃条件下以亚硝酸盐或硝酸盐的形式储存在碱金属或碱土金属中，亚硝酸盐或硝酸盐在富燃条件下分解并还原为 N$_2$。为了降低贵金属的用量和工业催化剂的成本，贵金属活性组分可以被贱金属 Co 所代替[108]。Co 基钙钛矿结构相比于 Co 基氧化物，其氧化还原性更好[109]，而且具有良好的稳定性[110]。稀土元素常作为这类钙钛矿 NSR 催化剂的 A 位离子。但钙钛矿结构的比表面积不大，为了增大暴露的活性位点的比例，通常将钙钛矿分散在高比表面积的载体上[111]。He 等人发现，K/LaCoO$_3$/ZrTiO$_4$ 相比 K/Pt/ZrTiO$_4$，将 NO 氧化为 NO$_2$ 的能力更强[112]，因此有更好的 NO$_x$ 存储能力。直接将 LaCoO$_3$ 加入 K/Pt/Al$_2$O$_3$ 体系中也可以增强 NSR 活性[111]，加入钙钛矿之后，由于 Pt 和 LaCoO$_3$ 之间的强相互作用，亚硝酸盐中间体可以在更低的温度下转化为硝酸盐。由于硝酸盐更加稳定，更有利于 NO$_x$ 的存储，因此 K/Pt/LaCoO$_3$/Al$_2$O$_3$ 表面的活性更高。Ye 等人为了进一步增大钙钛矿的比表面积，将介孔分子筛 SBA - 15 作为骨架制备了介孔的 LaCoO$_3$，从而无需其他载体的 K/LaCoO$_3$ 也能达到高反应性[110]。

此外，Cu/CeO$_2$ 由于出色的氧化还原性能也被应用在 NSR 反应中，向 CeO$_2$ 中掺杂其他元素会改变载体的酸碱特性，从而影响 NO$_x$ 被氧化形成的中间体的稳定性。Bueno - López 等人发现，当掺杂元素的酸性更强时，NO$_x$ 被氧化形成的中间体稳定性更差[113]，如 Zr - CeO$_2$；当其碱性更强时，NO$_x$ 的中间体稳定性增强，如 Nd、Pr、La 等。稳定性更强的中间体更有利于 NO$_x$ 的存储，从而提升 NSR 的整体活性。将 Cu/CeO$_2$ 与传统的 Pt - BaO/CeO$_2$ 催化剂混合后[114]，Cu/CeO$_2$ 不仅可以提高 NO$_x$ 氧化的活性，加快 NO$_x$ 的存储速率，而且在富燃条件下，可以通过水汽迁移反应将 CO 转化为还原性更强的 H$_2$。这有助于促进低温下 NO$_x$ 氧化产物的还原，从而提高催化剂对 N$_2$ 的选择性。

4.4　一氧化碳的氧化

CO 氧化反应($2CO + O_2 \longrightarrow 2CO_2$，$\Delta H_{298\,K} = -588$ kJ/mol)是三效催化装置的基本反

应步骤[115],同时也是多相催化中重要的模型反应[116]。CeO_2在CO氧化反应中具有广泛的应用,其暴露的晶面[117,118]和表面结构[119]等特性对CO氧化活性的影响已得到深入的研究与分析。由于Ce元素的变价性质,催化剂表面的晶格氧和氧空位都会参与到反应中[120],并遵循Mars-van Krevelen机制[121]。不同暴露晶面的CeO_2纳米颗粒可以通过水热法控制合成,包括暴露(111)晶面和(100)晶面的纳米多面体,暴露(110)晶面和(100)晶面的纳米棒,暴露(100)晶面的纳米立方体等。不同的晶面表现出不同的储氧能力和CO氧化活性,其顺序为(110)＞(100)＞(111)[122],说明CO氧化反应为结构敏感反应。Wu等人利用原位红外、拉曼光谱和同位素标记技术研究了CO氧化过程中CO与CeO_2表面的相互作用和反应机制[118],发现拥有(110)晶面和(100)晶面的纳米棒和纳米立方体比暴露(111)晶面的纳米八面体活性更高。产生晶面依赖性的原因是不同晶面上氧空位形成能以及低配位位点和缺陷位点的比例不同。

向CeO_2中掺入其他离子,尤其是离子半径差距较小的三价稀土离子,可以进一步调控CeO_2的催化性能[123-125]。Patil等人发现,向CeO_2中掺入三价的La^{3+}和Nd^{3+},会产生更多的氧缺陷,带来明显的晶格膨胀[123]。Hernandez等人向CeO_2中掺入10%的Eu^{3+},得到Ce-Eu固溶体,氧空位的稳定性和CO氧化活性达到最大[124]。Ke等人系统性地制备了从La到Lu的稀土元素掺杂的CeO_2纳米线,并发现稀土离子的半径通过两种机制影响CO的氧化活性[125]。首先,CO氧化有两种路径,分别为晶格氧直接氧化和碳酸盐中间体转化。对于前者,氧空位的形成能随着掺杂元素周围晶格错位程度的增大而增大,对于后者,表面碳酸盐的覆盖度随着掺杂元素离子势的增大而增加,因此掺杂元素的半径直接影响了CO的氧化活性,氧化活性从La-CeO_2至Nd-CeO_2逐渐增大,从Sm-CeO_2至Lu-CeO_2逐渐降低,Nd-CeO_2表现出最高的氧化活性。

非等价离子的掺杂会引起CeO_2氧空位浓度和表面物种吸附构型的极大改变。Yeriskin等人利用DFT+U计算了CO在La-CeO_2的(110)晶面和(111)晶面的吸附构型[126,127]。La^{3+}掺杂导致形成$[La^{3+}-O^-]$和一个氧空位,氧空位会将Ce^{4+}还原为Ce^{3+}。CO在(110)晶面上吸附相对较弱,形成单齿或双齿碳酸盐,而在(111)晶面上会发生强吸附进而直接产生CO_2物种,但两种晶面上的吸附均比未掺杂CeO_2表面吸附更强。Hu等人对掺杂体系的电子结构进行计算[128],发现La^{3+}掺入CeO_2会在其价带顶产生一个空穴,如图4-9所示,价带顶具有一定的不对称性,自旋向上的电子少于向下的电子。移除一个氧原子会使剩余的电子填充该空穴以使能量降低。La^{3+}掺杂的CeO_2在价带顶所形成的空穴较为离域化,因此即使氧原子在远离空穴的位点被移除,电子也可以较快地填充该空穴,从而形成一个氧空位进而导致一个Ce^{4+}被还原为Ce^{3+},以及一个电子与空穴的复合,而不是两个Ce^{4+}被还原。在其他低价掺杂体系,如Na-MgO中,两个Ce^{4+}被还原更容易发生。

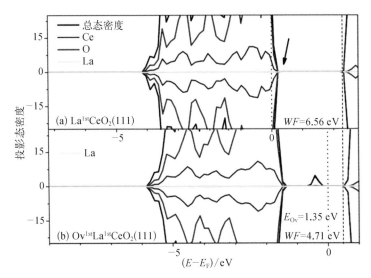

图 4-9 （a）La^{3+} 掺杂的 CeO$_2$（111）晶面的投影态密度；（b）La^{3+} 掺杂的 CeO$_2$（111）晶面，最顶层 O 中接近 La 的位置放置一个氧空位的投影态密度[128]。 虚线表示价带底，点线表示费米能级

CeO$_2$ 作为活性载体来负载过渡金属和贵金属组分，是目前活性最高的一类 CO 氧化催化剂[116]。CeO$_2$ 与金属组分之间的充分接触通常会导致产生金属-载体相互作用，表现为界面处的电荷迁移和物质运输[129]。CeO$_2$ 表面上的非缺陷位点和氧空位都可以成为金属颗粒的吸附位点[130]，前者使金属原子荷正电，后者使之荷负电。计量比表面的 Ce 原子，其 f 态未被填充且位于费米能级上方，故 Ce 原子为电子受体。还原态表面的 Ce 原子，其 f 态部分被填充且恰好位于费米能级下方，故 Ce 原子为电子给体。除此之外，CeO$_2$ 型负载催化剂表面常发生氢溢流[131]和氧反向溢流[132,133]等物质运输过程，这些过程会改变 CeO$_2$ 表面的羟基浓度和金属颗粒的氧配位数，从而改变负载体系的 CO 氧化活性。Nie 等人将 CeO$_2$ 负载的单原子 Pt 在 750 ℃ 水蒸气下活化处理[116]，将 CO 完全氧化的温度从 320 ℃ 降到 148 ℃，极大提高了催化剂的活性和稳定性。该催化剂的活性位点为 Pt^{2+} - O$_{lattice}$[H]，是在高温水汽处理下由 H$_2$O 分子填充 CeO$_2$ 表面的氧空位而形成的。CO 与 O$_{lattice}$[H]发生反应，形成 CO$_2$ 脱附之后，表面剩余的 OO[H]物种可以与第二个 CO 分子反应，这一步骤可以显著降低 CO 的活化能垒，从而使 CO 氧化活性显著提高。Vayssilov 等人通过共振光电子能谱探测到 Pt/CeO$_2$ 催化剂表面由于氧反向溢流所导致的 CeO$_2$ 表面的还原[132]，这些迁移的活性氧原子可以与金属颗粒表面强吸附的 CO 物种发生反应，从而避免催化剂被 CO 毒化。

4.5 本章小结与展望

稀土元素因其强碱性和氧化还原性的特性，对小分子如 CH$_4$、CO$_2$、NO$_x$ 及 CO 的吸附与活化展现出优良的催化性能。此外，由于稀土氧化物具有丰富的配位数和在高温下的结构稳定性，它们能够被加入多种催化体系中作为助剂，有效提高活性组分的分散度。考虑到稀土元素在我国储备较丰富，将其应用于工业多相催化材料中制备高活性、高稳定性的催化剂，具有极为广阔的应用前景和深远的战略意义。

诚然，稀土催化剂的研究仍然存在诸多问题。尽管 Ce 基催化剂和 La 助剂的活性调控与反应机制已经有了大量的研究工作，但其他稀土元素在催化反应中的应用比较有限，而且通常采用依次替换稀土元素筛选其活性的方法得到最优组成，缺乏理论指导，得到的最优组成往往也无法给出机理性解释，因而无法将稀土元素的化学本质与其催化性能有效关联起来。此外，催化剂的碱性主要取决于氧离子的配位数和氧缺陷的浓度，除 La、Ce 之外的稀土材料，对其氧缺陷浓度的精细调控研究较少。而稀土元素由于 f 电子之间存在强关联作用，在理论计算中难以准确计算，从电子结构出发的对稀土材料表界面结构的模拟和反应路径的计算不能对实际催化剂设计给出合理的指导建议，因此也增加了稀土催化剂理性设计的难度。

为了提高稀土元素在多相催化剂中的利用率和催化效率，首先需要建立稀土催化剂的反应机理模型，通过先进的原位表征技术结合理论模拟的方式对特定催化位点与反应物及中间体的作用方式进行探究，找出决定催化性能的关键因素，由此寻找可进一步提升反应性的催化剂元素组成、相态组成、表界面结构和缺陷浓度。为了实现对稀土催化剂的组成和结构的精确控制，需要建立有效的合成方法，可以借助原子层沉积、光化学合成等先进合成技术或将金属有机骨架和分子筛等结构作为前驱体的方式，可控地合成具有特定形貌、特定组成以及一定缺陷浓度的稀土催化剂，从原子尺度调控其催化性能，使稀土材料在多相催化中的优势得到充分发挥。

参考文献

[1] Kondratenko E V，Mul G，Baltrusaitis J，et al. Status and perspectives of CO₂ conversion into fuels and chemicals by catalytic，photocatalytic and electrocatalytic processes [J]. Energy & Environmental Science，2013，6(11)：3112‑3135.

[2] Sato S，Takahashi R，Kobune M，et al. Basic properties of rare earth oxides [J]. Applied Catalysis A：General，2009，356(1)：57‑63.

[3] Choudhary V. Acidity/basicity of rare-earth oxides and their catalytic activity in oxidative coupling of methane to C2-hydrocarbons [J]. Journal of Catalysis，1991，130(2)：411‑422.

[4] Adachi Gy G Y，Imanaka N. The binary rare earth oxides [J]. Chemical Reviews，1998，98(4)：1479‑1514.

[5] Segawa M，Sato S，Kobune M，et al. Vapor-phase catalytic reactions of alcohols over bixbyite indium oxide [J]. Journal of Molecular Catalysis A：Chemical，2009，310(1/2)：166‑173.

[6] Tumuluri U，Rother G，Wu Z L. Fundamental understanding of the interaction of acid gases with CeO₂：From surface science to practical catalysis [J]. Industrial & Engineering Chemistry Research，

2016，55(14)：3909 - 3919.

［ 7 ］ Zhang L，Pierce J，Leung V L，et al. Characterization of ceria's interaction with NO_x and NH_3［J］. The Journal of Physical Chemistry C，2013，117(16)：8282 - 8289.

［ 8 ］ Geng J B，Ji Q，Fan Y. How regional natural gas markets have reacted to oil price shocks before and since the shale gas revolution：A multi-scale perspective［J］. Journal of Natural Gas Science and Engineering，2016，36：734 - 746.

［ 9 ］ Schwach P，Pan X L，Bao X H. Direct conversion of methane to value-added chemicals over heterogeneous catalysts：Challenges and prospects［J］. Chemical Reviews，2017，117(13)：8497 - 8520.

［10］ Spallina V，Velarde I C，Jimenez J A M，et al. Techno-economic assessment of different routes for olefins production through the oxidative coupling of methane（OCM）：Advances in benchmark technologies［J］. Energy Conversion and Management，2017，154：244 - 261.

［11］ McFarland E. Unconventional chemistry for unconventional natural gas［J］. Science，2012，338 (6105)：340 - 342.

［12］ Zavyalova U，Holena M，Schlögl R，et al. Statistical analysis of past catalytic data on oxidative methane coupling for new insights into the composition of high-performance catalysts［J］. ChemCatChem，2011，3(12)：1935 - 1947.

［13］ Huang P，Zhao Y H，Zhang J，et al. Exploiting shape effects of La_2O_3 nanocatalysts for oxidative coupling of methane reaction［J］. Nanoscale，2013，5(22)：10844 - 10848.

［14］ Song J J，Sun Y N，Ba R B，et al. Monodisperse $Sr - La_2O_3$ hybrid nanofibers for oxidative coupling of methane to synthesize C_2 hydrocarbons［J］. Nanoscale，2015，7(6)：2260 - 2264.

［15］ Ferreira V J，Tavares P，Figueiredo J L，et al. Ce-Doped La_2O_3 based catalyst for the oxidative coupling of methane［J］. Catalysis Communications，2013，42：50 - 53.

［16］ Liu Z B，Ho Li J P，Vovk E，et al. Online kinetics study of oxidative coupling of methane over La_2O_3 for methane activation：What is behind the distinguished light-off temperatures? ［J］. ACS Catalysis，2018，8(12)：11761 - 11772.

［17］ Wolf E E. Methane to light hydrocarbons via oxidative methane coupling：Lessons from the past to search for a selective heterogeneous catalyst［J］. The Journal of Physical Chemistry Letters，2014，5 (6)：986 - 988.

［18］ Xu J W，Peng L，Fang X Z，et al. Developing reactive catalysts for low temperature oxidative coupling of methane：On the factors deciding the reaction performance of $Ln_2Ce_2O_7$ with different rare earth A sites［J］. Applied Catalysis A：General，2018，552：117 - 128.

［19］ Xu J W，Zhang Y，Xu X L，et al. Constructing $La_2B_2O_7$（B = Ti，Zr，Ce）compounds with three typical crystalline phases for the oxidative coupling of methane：The effect of phase structures， superoxide anions，and alkalinity on the reactivity［J］. ACS Catalysis，2019，9(5)：4030 - 4045.

［20］ Choudhary V R，Mulla S A R，Rane V H. Surface basicity and acidity of alkaline earth-promoted La_2O_3 catalysts and their performance in oxidative coupling of methane［J］. Journal of Chemical Technology & Biotechnology，1998，72(2)：125 - 130.

［21］ Campbell K D，Zhang H，Lunsford J H. Methane activation by the lanthanide oxides［J］. The Journal of Physical Chemistry，1988，92(3)：750 - 753.

［22］ Chu C Q，Zhao Y H，Li S G，et al. CO_2 chemisorption and its effect on methane activation in La_2O_3- catalyzed oxidative coupling of methane［J］. The Journal of Physical Chemistry C，2016，120(5)： 2737 - 2746.

［23］ Hou Y H，Han W C，Xia W S，et al. Structure sensitivity of $La_2O_2CO_3$ catalysts in the oxidative coupling of methane［J］. ACS Catalysis，2015，5(3)：1663 - 1674.

[24] Wang P W, Zhao G F, Wang Y, et al. MnTiO₃-driven low-temperature oxidative coupling of methane over TiO₂-doped Mn₂O₃-Na₂WO₄/SiO₂ catalyst [J]. Science Advances, 2017, 3(6): e1603180.

[25] Wu J J, Zhang H L, Qin S, et al. La-promoted Na₂WO₄/Mn/SiO₂ catalysts for the oxidative conversion of methane simultaneously to ethylene and carbon monoxide [J]. Applied Catalysis A: General, 2007, 323: 126 - 134.

[26] Gu S, Oh H S, Choi J W, et al. Effects of metal or metal oxide additives on oxidative coupling of methane using Na₂WO₄/SiO₂ catalysts: Reducibility of metal additives to manipulate the catalytic activity [J]. Applied Catalysis A: General, 2018, 562: 114 - 119.

[27] Wang S B, Lu G Q, Millar G J. Carbon dioxide reforming of methane to produce synthesis gas over metal-supported catalysts: state of the art [J]. Energy & Fuels, 1996, 10(4): 896 - 904.

[28] Kawi S, Kathiraser Y, Ni J, et al. Progress in synthesis of highly active and stable nickel-based catalysts for carbon dioxide reforming of methane [J]. ChemSusChem, 2015, 8(21): 3556 - 3575.

[29] Tomishige K, Yamazaki O, Chen Y G, et al. Development of ultra-stable Ni catalysts for CO₂ reforming of methane [J]. Catalysis Today, 1998, 45(1/2/3/4): 35 - 39.

[30] Trimm D L. Coke formation and minimisation during steam reforming reactions [J]. Catalysis Today, 1997, 37(3): 233 - 238.

[31] Trimm D L. Catalysts for the control of coking during steam reforming [J]. Catalysis Today, 1999, 49(1/2/3): 3 - 10.

[32] Liu C J, Ye J Y, Jiang J J, et al. Progresses in the preparation of coke resistant Ni-based catalyst for steam and CO₂ reforming of methane [J]. ChemCatChem, 2011, 3(3): 529 - 541.

[33] Zhang L, Wang X G, Chen C J, et al. Investigation of mesoporous NiAl₂O₄/MOₓ (M = La, Ce, Ca, Mg)-γ-Al₂O₃ nanocomposites for dry reforming of methane [J]. RSC Advances, 2017, 7(53): 33143 - 33154.

[34] Amin M H, Tardio J, Bhargava S K. An investigation on the role of ytterbium in ytterbium promoted γ-alumina-supported nickel catalysts for dry reforming of methane [J]. International Journal of Hydrogen Energy, 2013, 38(33): 14223 - 14231.

[35] Amin M H, Putla S, Bee Abd Hamid S, et al. Understanding the role of lanthanide promoters on the structure-activity of nanosized Ni/γ-Al₂O₃ catalysts in carbon dioxide reforming of methane [J]. Applied Catalysis A: General, 2015, 492: 160 - 168.

[36] Oemar U, Kathiraser Y, Mo L, et al. CO₂ reforming of methane over highly active La-promoted Ni supported on SBA - 15 catalysts: Mechanism and kinetic modelling [J]. Catalysis Science & Technology, 2016, 6(4): 1173 - 1186.

[37] Yang R Q, Xing C, Lv C X, et al. Promotional effect of La₂O₃ and CeO₂ on Ni/γ-Al₂O₃ catalysts for CO₂ reforming of CH₄ [J]. Applied Catalysis A: General, 2010, 385(1/2): 92 - 100.

[38] Li X Y, Zhao Z J, Zeng L, et al. On the role of Ce in CO₂ adsorption and activation over lanthanum species [J]. Chemical Science, 2018, 9(14): 3426 - 3437.

[39] Pakhare D, Spivey J. A review of dry (CO₂) reforming of methane over noble metal catalysts [J]. Chemical Society Reviews, 2014, 43(22): 7813 - 7837.

[40] Wu Y Y, Kawaguchi O, Matsuda T. Catalytic reforming of methane with carbon dioxide on LaBO₃ (B = Co, Ni, Fe, Cr) catalysts [J]. Bulletin of the Chemical Society of Japan, 1998, 71(3): 563 - 572.

[41] Gallego G S, Mondragón F, Barrault J, et al. CO₂ reforming of CH₄ over La - Ni based perovskite precursors [J]. Applied Catalysis A: General, 2006, 311: 164 - 171.

[42] Zhang Z L, Verykios X E. Carbon dioxide reforming of methane to synthesis gas over Ni/La₂O₃

catalysts [J]. Applied Catalysis A: General, 1996, 138(1): 109 - 133.

[43] Valderrama G, Kiennemann A, Goldwasser M R. Dry reforming of CH_4 over solid solutions of $LaNi_{1-x}Co_xO_3$ [J]. Catalysis Today, 2008, 133/134/135: 142 - 148.

[44] Goldwasser M R, Rivas M E, Pietri E, et al. Perovskites as catalysts precursors: CO_2 reforming of CH_4 on $Ln_{1-x}Ca_xRu_{0.8}Ni_{0.2}O_3$ (Ln = La, Sm, Nd) [J]. Applied Catalysis A: General, 2003, 255(1): 45 - 57.

[45] Fung V, Polo-Garzon F, Wu Z L, et al. Exploring perovskites for methane activation from first principles [J]. Catalysis Science & Technology, 2018, 8(3): 702 - 709.

[46] Song X, Dong X L, Yin S L, et al. Effects of Fe partial substitution of $La_2NiO_4/LaNiO_3$ catalyst precursors prepared by wet impregnation method for the dry reforming of methane [J]. Applied Catalysis A: General, 2016, 526: 132 - 138.

[47] Guo J J, Lou H, Zhu Y H, et al. La-based perovskite precursors preparation and its catalytic activity for CO_2 reforming of CH_4 [J]. Materials Letters, 2003, 57(28): 4450 - 4455.

[48] Ikkour K, Sellam D, Kiennemann A, et al. Activity of Ni substituted Ca-La-hexaaluminate catalyst in dry reforming of methane [J]. Catalysis Letters, 2009, 132(1): 213 - 217.

[49] Roussière T, Schelkle K M, Titlbach S, et al. Structure-activity relationships of nickel-hexaaluminates in reforming reactions Part Ⅰ: Controlling nickel nanoparticle growth and phase formation [J]. ChemCatChem, 2014, 6(5): 1438 - 1446.

[50] Wang W, Su C, Wu Y Z, et al. Progress in solid oxide fuel cells with nickel-based anodes operating on methane and related fuels [J]. Chemical Reviews, 2013, 113(10): 8104 - 8151.

[51] Ge X M, Chan S H, Liu Q L, et al. Solid oxide fuel cell anode materials for direct hydrocarbon utilization [J]. Advanced Energy Materials, 2012, 2(10): 1156 - 1181.

[52] Jiang S P, Chan S H. A review of anode materials development in solid oxide fuel cells [J]. Journal of Materials Science, 2004, 39(14): 4405 - 4439.

[53] Murray E P, Tsai T, Barnett S A. A direct-methane fuel cell with a ceria-based anode [J]. Nature, 1999, 400: 649 - 651.

[54] Park S, Vohs J M, Gorte R J. Direct oxidation of hydrocarbons in a solid-oxide fuel cell [J]. Nature, 2000, 404: 265 - 267.

[55] Porat O, Heremans C, Tuller H L. Phase stability and electrical conductivity in $Gd_2Ti_2O_7$-$Gd_2Mo_2O_7$ solid solutions [J]. Journal of the American Ceramic Society, 1997, 80(9): 2278 - 2284.

[56] Yang C H, Yang Z B, Jin C, et al. Sulfur-tolerant redox-reversible anode material for direct hydrocarbon solid oxide fuel cells [J]. Advanced Materials, 2012, 24(11): 1439 - 1443.

[57] Shin T H, Ida S, Ishihara T. Doped CeO_2 - $LaFeO_3$ composite oxide as an active anode for direct hydrocarbon-type solid oxide fuel cells [J]. Journal of the American Chemical Society, 2011, 133(48): 19399 - 19407.

[58] Tao S W, Irvine J T S. A redox-stable efficient anode for solid-oxide fuel cells [J]. Nature Materials, 2003, 2(5): 320 - 323.

[59] Slater P. Synthesis and electrical characterisation of the tetragonal tungsten bronze type phases, (Ba/Sr/Ca/La) $O_6M_xNb_{1-x}O_{3-\delta}$ (M = Mg, Ni, Mn, Cr, Fe, In, Sn): Evaluation as potential anode materials for solid oxide fuel cells [J]. Solid State Ionics, 1999, 124(1/2): 61 - 72.

[60] Huang Y H, Dass R I, Xing Z L, et al. Double perovskites as anode materials for solid-oxide fuel cells [J]. Science, 2006, 312(5771): 254 - 257.

[61] Zhao J, Xu X Y, Zhou W, et al. Proton-conducting La-doped ceria-based internal reforming layer for direct methane solid oxide fuel cells [J]. ACS Applied Materials & Interfaces, 2017, 9(39): 33758 - 33765.

［62］ Wang W, Wang S P, Ma X B, et al. Recent advances in catalytic hydrogenation of carbon dioxide [J]. Chemical Society Reviews, 2011, 40(7): 3703 – 3727.

［63］ Cheng D J, Negreiros F R, Aprà E, et al. Computational approaches to the chemical conversion of carbon dioxide [J]. ChemSusChem, 2013, 6(6): 944 – 965.

［64］ Zhang L J, Bian L, Zhu Z T, et al. La-promoted Ni/Mg – Al catalysts with highly enhanced low-temperature CO_2 methanation performance [J]. International Journal of Hydrogen Energy, 2018, 43 (4): 2197 – 2206.

［65］ Wierzbicki D, Baran R, Dębek R, et al. Examination of the influence of La promotion on Ni state in hydrotalcite-derived catalysts under CO_2 methanation reaction conditions: Operando X-ray absorption and emission spectroscopy investigation [J]. Applied Catalysis B: Environmental, 2018, 232: 409 – 419.

［66］ Hu L J, Urakawa A. Continuous CO_2 capture and reduction in one process: CO_2 methanation over unpromoted and promoted Ni/ZrO_2 [J]. Journal of CO_2 Utilization, 2018, 25: 323 – 329.

［67］ Ahmad W, Younis M N, Shawabkeh R, et al. Synthesis of lanthanide series (La, Ce, Pr, Eu & Gd) promoted $Ni/\gamma – Al_2O_3$ catalysts for methanation of CO_2 at low temperature under atmospheric pressure [J]. Catalysis Communications, 2017, 100: 121 – 126.

［68］ Xu L L, Wang F G, Chen M D, et al. CO_2 methanation over rare earth doped Ni based mesoporous catalysts with intensified low-temperature activity [J]. International Journal of Hydrogen Energy, 2017, 42(23): 15523 – 15539.

［69］ Li X C, Wu M, Lai Z H, et al. Studies on nickel-based catalysts for carbon dioxide reforming of methane [J]. Applied Catalysis A: General, 2005, 290(1/2): 81 – 86.

［70］ Gallego G S, Marín J G, Batiot-Dupeyrat C, et al. Influence of Pr and Ce in dry methane reforming catalysts produced from $La_{1-x}A_xNiO_{3-\delta}$ perovskites [J]. Applied Catalysis A: General, 2009, 369 (1/2): 97 – 103.

［71］ Xu S T, Zhi Y C, Han J F, et al. Advances in catalysis for methanol-to-olefins conversion [M]// Advances in Catalysis. Amsterdam: Elsevier, 2017: 37 – 122.

［72］ Behrens M, Studt F, Kasatkin I, et al. The active site of methanol synthesis over $Cu/ZnO/Al_2O_3$ industrial catalysts [J]. Science, 2012, 336(6083): 893 – 897.

［73］ Gotti A, Prins R. Basic metal oxides as cocatalysts for Cu/SiO_2 catalysts in the conversion of synthesis gas to methanol [J]. Journal of Catalysis, 1998, 178(2): 511 – 519.

［74］ Guo X M, Mao D S, Lu G Z, et al. The influence of La doping on the catalytic behavior of Cu/ZrO_2 for methanol synthesis from CO_2 hydrogenation [J]. Journal of Molecular Catalysis A: Chemical, 2011, 345(1/2): 60 – 68.

［75］ Chen K, Fang H H, Wu S, et al. CO_2 hydrogenation to methanol over Cu catalysts supported on La-modified SBA – 15: The crucial role of $Cu – LaO_x$ interfaces [J]. Applied Catalysis B: Environmental, 2019, 251: 119 – 129.

［76］ Zhan H J, Wu Z Q, Zhao N, et al. Structural properties and catalytic performance of the La Cu Zn mixed oxides for CO_2 hydrogenation to methanol [J]. Journal of Rare Earths, 2018, 36(3): 273 – 280.

［77］ Gao P, Li F, Zhao N, et al. Influence of modifier (Mn, La, Ce, Zr and Y) on the performance of Cu/Zn/Al catalysts via hydrotalcite-like precursors for CO_2 hydrogenation to methanol [J]. Applied Catalysis A: General, 2013, 468: 442 – 452.

［78］ Wu G D, Wang X L, Wei W, et al. Fluorine-modified Mg – Al mixed oxides: A solid base with variable basic sites and tunable basicity [J]. Applied Catalysis A: General, 2010, 377 (1/2): 107 – 113.

[79] Liu Y, Zhao J, Lee J M. Conventional and new materials for selective catalytic reduction (SCR) of NO$_x$ [J]. ChemCatChem, 2018, 10(7): 1499 – 1511.

[80] Fu M F, Li C T, Lu P, et al. A review on selective catalytic reduction of NO$_x$ by supported catalysts at 100 – 300 ℃—Catalysts, mechanism, kinetics [J]. Catalysis Science & Technology, 2014, 4(1): 14 – 25.

[81] Phil H H, Reddy M P, Kumar P A, et al. SO$_2$ resistant antimony promoted V$_2$O$_5$/TiO$_2$ catalyst for NH$_3$ – SCR of NO$_x$ at low temperatures [J]. Applied Catalysis B: Environmental, 2008, 78(3/4): 301 – 308.

[82] Liu Z M, Zhang S X, Li J H, et al. Promoting effect of MoO$_3$ on the NO$_x$ reduction by NH$_3$ over CeO$_2$/TiO$_2$ catalyst studied with *in situ* DRIFTS [J]. Applied Catalysis B: Environmental, 2014, 144: 90 – 95.

[83] Fickel D W, D'Addio E, Lauterbach J A, et al. The ammonia selective catalytic reduction activity of copper-exchanged small-pore zeolites [J]. Applied Catalysis B: Environmental, 2011, 102(3/4): 441 – 448.

[84] Ma L, Cheng Y S, Cavataio G, et al. *In situ* DRIFTS and temperature-programmed technology study on NH$_3$ – SCR of NO over Cu – SSZ – 13 and Cu – SAPO – 34 catalysts [J]. Applied Catalysis B: Environmental, 2014, 156/157: 428 – 437.

[85] Zhang M H, Huang X W, Chen Y F. DFT insights into the adsorption of NH$_3$ – SCR related small gases in Mn – MOF – 74 [J]. Physical Chemistry Chemical Physics: PCCP, 2016, 18(41): 28854 – 28863.

[86] Jiang H X, Zhou J L, Wang C X, et al. Effect of cosolvent and temperature on the structures and properties of Cu – MOF – 74 in low-temperature NH$_3$ – SCR [J]. Industrial & Engineering Chemistry Research, 2017, 56(13): 3542 – 3550.

[87] Topsøe N Y. Mechanism of the selective catalytic reduction of nitric oxide by ammonia elucidated by *in situ* on-line Fourier transform infrared spectroscopy [J]. Science, 1994, 265(5176): 1217 – 1219.

[88] Dumesic J A, Topsøe N Y, Topsøe H, et al. Kinetics of selective catalytic reduction of nitric oxide by ammonia over vanadia/titania [J]. Journal of Catalysis, 1996, 163(2): 409 – 417.

[89] Shinjoh H. Rare earth metals for automotive exhaust catalysts [J]. Journal of Alloys and Compounds, 2006, 408/409/410/411/412: 1061 – 1064.

[90] Zhang L, Sun J F, Li L L, et al. Selective catalytic reduction of NO by NH$_3$ on CeO$_2$ – MO$_x$ (M = Ti, Si, and Al) dual composite catalysts: Impact of surface acidity [J]. Industrial & Engineering Chemistry Research, 2018, 57(2): 490 – 497.

[91] Qi G, Yang R T, Chang R. MnO$_x$ – CeO$_2$ mixed oxides prepared by co-precipitation for selective catalytic reduction of NO with NH$_3$ at low temperatures [J]. Applied Catalysis B: Environmental, 2004, 51(2): 93 – 106.

[92] Iwasaki M, Dohmae K, Nagai Y, et al. Experimental assessment of the bifunctional NH$_3$ – SCR pathway and the structural and acid-base properties of WO$_3$ dispersed on CeO$_2$ catalysts [J]. Journal of Catalysis, 2018, 359: 55 – 67.

[93] Liu F D, Asakura K, He H, et al. Influence of calcination temperature on iron titanate catalyst for the selective catalytic reduction of NO$_x$ with NH$_3$ [J]. Catalysis Today, 2011, 164(1): 520 – 527.

[94] Liu C X, Chen L, Li J H, et al. Enhancement of activity and sulfur resistance of CeO$_2$ supported on TiO$_2$ – SiO$_2$ for the selective catalytic reduction of NO by NH$_3$ [J]. Environmental Science & Technology, 2012, 46(11): 6182 – 6189.

[95] Rohart E, Kröcher O, Casapu M, et al. Acidic zirconia mixed oxides for NH 3 – SCR catalysts for PC and HD applications [C]// SAE Technical Paper, 2011 – 01 – 1327.

[96] Liu J J, Shi X Y, Shan Y L, et al. Hydrothermal stability of CeO$_2$-WO$_3$-ZrO$_2$ mixed oxides for selective catalytic reduction of NO$_x$ by NH$_3$[J]. Environmental Science & Technology, 2018, 52(20): 11769-11777.

[97] Kang L, Han L P, He J B, et al. Improved NO$_x$ reduction in the presence of SO$_2$ by using Fe$_2$O$_3$-promoted halloysite-supported CeO$_2$-WO$_3$ catalysts [J]. Environmental Science & Technology, 2019, 53(2): 938-945.

[98] Kwak J H, Tonkyn R G, Kim D H, et al. Excellent activity and selectivity of Cu-SSZ-13 in the selective catalytic reduction of NO$_x$ with NH$_3$[J]. Journal of Catalysis, 2010, 275(2): 187-190.

[99] Beale A M, Gao F, Lezcano-Gonzalez I, et al. Recent advances in automotive catalysis for NO$_x$ emission control by small-pore microporous materials [J]. Chemical Society Reviews, 2015, 44(20): 7371-7405.

[100] Paolucci C, Parekh A A, Khurana I, et al. Catalysis in a cage: Condition-dependent speciation and dynamics of exchanged Cu cations in SSZ-13 zeolites [J]. Journal of the American Chemical Society, 2016, 138(18): 6028-6048.

[101] Gao F, Mei D H, Wang Y L, et al. Selective catalytic reduction over Cu/SSZ-13: Linking *Homo-* and heterogeneous catalysis [J]. Journal of the American Chemical Society, 2017, 139(13): 4935-4942.

[102] Zhao Z C, Yu R, Zhao R R, et al. Cu-exchanged Al-rich SSZ-13 zeolite from organotemplate-free synthesis as NH$_3$-SCR catalyst: Effects of Na$^+$ ions on the activity and hydrothermal stability [J]. Applied Catalysis B: Environmental, 2017, 217: 421-428.

[103] Zhao Z C, Yu R, Shi C, et al. Rare-earth ion exchanged Cu-SSZ-13 zeolite from organotemplate-free synthesis with enhanced hydrothermal stability in NH$_3$-SCR of NO$_x$[J]. Catalysis Science & Technology, 2019, 9(1): 241-251.

[104] Usui T, Liu Z D, Ibe S, et al. Improve the hydrothermal stability of Cu-SSZ-13 zeolite catalyst by loading a small amount of Ce [J]. ACS Catalysis, 2018, 8(10): 9165-9173.

[105] Han S, Cheng J, Ye Q, et al. Ce doping to Cu-SAPO-18: Enhanced catalytic performance for the NH$_3$-SCR of NO in simulated diesel exhaust [J]. Microporous and Mesoporous Materials, 2019, 276: 133-146.

[106] Liu G, Gao P X. A review of NO$_x$ storage/reduction catalysts: Mechanism, materials and degradation studies [J]. Catalysis Science & Technology, 2011, 1(4): 552-568.

[107] Roy S, Baiker A. NO$_x$ storage-reduction catalysis: From mechanism and materials properties to storage-reduction performance [J]. Chemical Reviews, 2009, 109(9): 4054-4091.

[108] Vijay R, Sakurai H, Snively C M, et al. Mechanistic investigation of co containing NO$_x$ traps [J]. Topics in Catalysis, 2009, 52(10): 1388-1399.

[109] Peng Y, Si W Z, Luo J M, et al. Surface tuning of La$_{0.5}$Sr$_{0.5}$CoO$_3$ perovskite catalysts by acetic acid for NO$_x$ storage and reduction [J]. Environmental Science & Technology, 2016, 50(12): 6442-6448.

[110] Ye J S, Yu Y F, Meng M, et al. Highly efficient NO$_x$ purification in alternating lean/rich atmospheres over non-platinic mesoporous perovskite-based catalyst K/LaCoO$_3$[J]. Catalysis Science & Technology, 2013, 3(8): 1915-1918.

[111] Wen W, Wang X Y, Jin S, et al. LaCoO$_3$ perovskite in Pt/LaCoO$_3$/K/Al$_2$O$_3$ for the improvement of NO$_x$ storage and reduction performances [J]. RSC Advances, 2016, 6(78): 74046-74052.

[112] He X X, Meng M, He J J, et al. A potential substitution of noble metal Pt by perovskite LaCoO$_3$ in ZrTiO4 supported lean-burn NO$_x$ trap catalysts [J]. Catalysis Communications, 2010, 12(3): 165-168.

[113] Bueno-López A, Lozano-Castelló D, Anderson J A. NO$_x$ storage and reduction over copper-based catalysts. Part 2: Ce$_{0.8}$ M$_{0.2}$ O$_\delta$ supports (M = Zr, La, Ce, Pr or Nd) [J]. Applied Catalysis B: Environmental, 2016, 198: 234 – 242.

[114] Kim B S, Kim P S, Bae J, et al. Synergistic effect of Cu/CeO$_2$ and Pt – BaO/CeO$_2$ catalysts for a low-temperature lean NO$_x$ trap [J]. Environmental Science & Technology, 2019, 53(5): 2900 –2907.

[115] Kim G. Ceria-promoted three-way catalysts for auto exhaust emission control [J]. Industrial & Engineering Chemistry Product Research and Development, 1982, 21(2): 267 – 274.

[116] Nie L, Mei D H, Xiong H F, et al. Activation of surface lattice oxygen in single-atom Pt/CeO$_2$ for low-temperature CO oxidation [J]. Science, 2017, 358(6369): 1419 – 1423.

[117] Aneggi E, Llorca J, Boaro M, et al. Surface-structure sensitivity of CO oxidation over polycrystalline ceria powders [J]. Journal of Catalysis, 2005, 234(1): 88 – 95.

[118] Wu Z L, Li M J, Overbury S H. On the structure dependence of CO oxidation over CeO$_2$ nanocrystals with well-defined surface planes [J]. Journal of Catalysis, 2012, 285(1): 61 – 73.

[119] Ke J, Zhu W, Jiang Y Y, et al. Strong local coordination structure effects on subnanometer PtO$_x$ clusters over CeO$_2$ nanowires probed by low-temperature CO oxidation [J]. ACS Catalysis, 2015, 5 (9): 5164 – 5173.

[120] Wu Z L, Li M J, Howe J, et al. Probing defect sites on CeO$_2$ nanocrystals with well-defined surface planes by Raman spectroscopy and O$_2$ adsorption [J]. Langmuir: the ACS Journal of Surfaces and Colloids, 2010, 26(21): 16595 – 16606.

[121] Kim H Y, Henkelman G. CO oxidation at the interface of Au nanoclusters and the stepped-CeO$_2$ (111) surface by the mars-van Krevelen mechanism [J]. The Journal of Physical Chemistry Letters, 2013, 4(1): 216 – 221.

[122] Mai H X, Sun L D, Zhang Y W, et al. Shape-selective synthesis and oxygen storage behavior of ceria nanopolyhedra, nanorods, and nanocubes [J]. The Journal of Physical Chemistry B, 2005, 109 (51): 24380 – 24385.

[123] Patil S, Seal S, Guo Y, et al. Role of trivalent La and Nd dopants in lattice distortion and oxygen vacancy generation in cerium oxide nanoparticles [J]. Applied Physics Letters, 2006, 88 (24): 243110.

[124] Hernández W Y, Centeno M A, Romero-Sarria F, et al. Synthesis and characterization of Ce$_{1-x}$ Eu$_x$ O$_{2-x/2}$ mixed oxides and their catalytic activities for CO oxidation [J]. The Journal of Physical Chemistry C, 2009, 113(14): 5629 – 5635.

[125] Ke J, Xiao J W, Zhu W, et al. Dopant-induced modification of active site structure and surface bonding mode for high-performance nanocatalysts: CO oxidation on capping-free (110)-oriented CeO$_2$: Ln (Ln = La – Lu) nanowires [J]. Journal of the American Chemical Society, 2013, 135 (40): 15191 – 15200.

[126] Yeriskin I, Nolan M. Effect of La doping on CO adsorption at ceria surfaces [J]. The Journal of Chemical Physics, 2009, 131(24): 244702.

[127] Yeriskin I, Nolan M. Doping of ceria surfaces with lanthanum: A DFT + U study [J]. Journal of Physics Condensed Matter: an Institute of Physics Journal, 2010, 22(13): 135004.

[128] Hu Z P, Metiu H. Effect of dopants on the energy of oxygen-vacancy formation at the surface of ceria: Local or global? [J]. The Journal of Physical Chemistry C, 2011, 115(36): 17898 – 17909.

[129] Guo Y, Zhang Y W. Metal clusters dispersed on oxide supports: Preparation methods and metal-support interactions [J]. Topics in Catalysis, 2018, 61(9): 855 – 874.

[130] Liu Z P, Jenkins S J, King D A. Origin and activity of oxidized gold in water-gas-shift catalysis [J]. Physical Review Letters, 2005, 94(19): 196102.

[131] Guo Y，Mei S，Yuan K，et al. Low-temperature CO_2 methanation over CeO_2-supported Ru single atoms，nanoclusters，and nanoparticles competitively tuned by strong metal-support interactions and H-spillover effect [J]. ACS Catalysis，2018，8(7)：6203 - 6215.

[132] Vayssilov G N，Lykhach Y，Migani A，et al. Support nanostructure boosts oxygen transfer to catalytically active platinum nanoparticles [J]. Nature Materials，2011，10(4)：310 - 315.

[133] Lykhach Y，Figueroba A，Camellone M F，et al. Reactivity of atomically dispersed Pt^{2+} species towards H_2：Model $Pt-CeO_2$ fuel cell catalyst [J]. Physical Chemistry Chemical Physics，2016，18 (11)：7672 - 7679.

Chapter 5

CeO₂纳米材料的表面调控及其在多相催化中的应用

李　静[1]，曹方贤[2]，苟王燕[3]，瞿永泉[3]

[1]聊城大学化学化工学院
[2]昆明理工大学环境科学与工程学院
[3]西北工业大学化学化工学院

铈作为地球上储量最丰富的稀土元素之一，其氧化物二氧化铈（CeO_2）在固体氧化物燃料电池、紫外吸收剂、发光材料、玻璃抛光剂、催化剂、陶瓷以及汽车尾气净化等领域具有广泛的工业应用[1-13]。近年来，随着纳米材料合成与表征技术的不断突破和创新，研究发现纳米 CeO_2 不仅具有传统纳米材料的特性，还保留了稀土氧化物的独特性质。但不同形貌和结构的纳米 CeO_2 表面性质存在显著差异，这种多变的表面特性正是促使 CeO_2 作为催化剂、活性组分及添加剂在工业中具有广泛应用的主要因素。因此，近年来科研工作者们一直致力于调节和优化纳米 CeO_2 的表面特性。尺寸均匀、化学组成可控以及特定纳米形态的合成与应用已成为当前 CeO_2 研究的主要趋势。压力、温度、表面活性剂、添加剂等合成因素，以及化学掺杂和各种后处理技术，均可有效调控 CeO_2 表面性质，这些方法在 CeO_2 纳米材料的表面性质调控中具有重要的作用。

5.1 CeO_2简介

5.1.1 晶体结构

化学计量 CeO_2 的晶体结构为萤石结构，具有面心立方晶胞和 $Fm-3m$ 空间群。在这种结构中，Ce 原子占据面心立方结构的八个顶点和六个面的中心，O 原子则处于 Ce 原子构成的四面体间隙之中。大量研究表明，晶体结构中有三个低米勒指数的晶面，即稳定的 (111) 晶面、较稳定的 (110) 晶面和处于高能状态的 (100) 晶面[图 5-1(a)~(c)]。当 CeO_2 颗粒尺寸达到纳米尺度时，其氧缺陷的形成能显著降低，从而导致非化学计量 CeO_{2-x}（$0 < x \leqslant 0.5$）纳米材料的产生[1]，同时形成氧空位[图 5-1(d)(e)]。虽然非化学计量 CeO_{2-x} 仍然保持萤石结构，但氧原子的离去驱使两个残留的电子固定于两个铈阳离子中，并将铈阳离子从 Ce^{4+} 还原为 Ce^{3+}。然而，通常条件下两个铈阳离子和缺失的氧原子的精确空间位置无法确定[14-16]，且由于 Ce^{3+} 的尺寸大于 Ce^{4+}，氧空位的形成还会引发晶格畸变，从而进一步影响 CeO_2 晶体结构表面和体相上的电荷分布[16]。

5.1.2 表面性质

稀土元素 Ce 的外层电子结构为 $4f^1 5d^1 6s^2$，具有三价和四价两种稳定价态，由于其标准还原电位较低，容易实现 Ce^{3+} 和 Ce^{4+} 离子之间的相互转换。如方程（5-1）所示，Ce^{4+} 在

转变为 Ce^{3+} 的同时可释放出 O_2，而在由 Ce^{3+} 转变为 Ce^{4+} 的同时则可将 O_2 以晶格氧的形态储存在 CeO_2 晶体中。Ce^{3+}/Ce^{4+} 氧化还原对这种存储和释放氧的能力被称为 CeO_2 的储氧能力（oxygen storage capacity，OSC）。

$$CeO_2 \rightleftharpoons CeO_{2-x} + x/2O_2 \qquad (5-1)$$

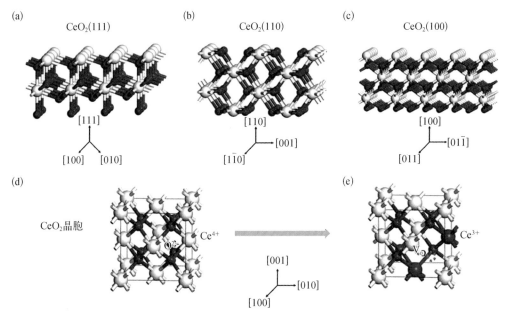

图 5-1 CeO_2 纳米晶格三种晶面的原子排列〔（a）~（c）〕，化学计量 CeO_2 的晶体结构（d）和具有一个氧空位伴随两个 Ce^{3+} 生成的非化学计量 CeO_{2-x} 晶体结构（e）

除存在可逆 Ce^{3+}/Ce^{4+} 氧化还原对之外，CeO_2 表面还具有很强的路易斯（Lewis）酸碱性能。大量研究表明，CeO_2 表面可以吸附能够接受电子的 CO_2，表现出很强的给电子的 Lewis 碱性。同时，CeO_2 表面还可以吸附吡咯，表现出强的吸电子的 Lewis 酸性。这种 Lewis 酸性主要来源于 Ce^{3+} 的存在，而 Ce^{3+} 相邻的晶格氧则构成了 Lewis 碱性位点[17]。然而，相比于强度较大的碱性，CeO_2 表面的酸性强度较弱。

CeO_2 纳米材料表面性质主要取决于如何有效地进行 Ce^{3+}/Ce^{4+} 氧化还原循环[18]，而不同氧化态之间能否实现快速转换很大程度上又取决于 Ce^{3+}/Ce^{4+} 的比例和氧空位的浓度。因此，已经有许多相关研究通过合成方法、化学掺杂和 CeO_2 后处理等策略调控表面 Ce^{3+} 和氧空位浓度[2,4,19]。

OSC 值可以用于定量评估 CeO_2 纳米材料进行 Ce^{3+}/Ce^{4+} 氧化还原循环的快慢。通过还原剂（如 CO、H_2、烃）的程序升温还原和氧化剂（如 O_2、NO）的再氧化可以得到 CeO_2 在特定温度下的 OSC 值[20-25]。表面 Ce^{3+} 含量可以通过 XPS 分析技术定量研究其化学状态获得。氧空位的浓度可以通过 CeO₂ 的拉曼光谱进行分析，CeO₂ 的拉曼光谱在 460～600 cm⁻¹ 处具有两个特征的 CeO₂ 谱带，其中，460 cm⁻¹ 左右处的谱带归因于萤石型结构的 F_{2g} 振动模式，而约 600 cm⁻¹ 处的谱带则是由内在氧空位存在造成的[18,26]。因此，这两个峰积分面积的比率可以定性地比较不同 CeO₂ 纳米材料之间的氧空位浓度。此外，CeO₂ 纳米结构的表面氧空位浓度 N 也可以根据拉曼光谱计算出的晶粒尺寸计算，如式（5-4）[27]所示：

$$d_{\mathrm{g}} = \frac{51.8}{\Gamma - 5} \tag{5-2}$$

$$L = \sqrt[3]{\left(\frac{\alpha}{2d_{\mathrm{g}}}\right)^2 \left[(d_{\mathrm{g}} - 2\alpha)^3 + 42 d_{\mathrm{g}}^2 \alpha\right]} \tag{5-3}$$

$$N = 3/(4\pi L^3) \tag{5-4}$$

式中，Γ 为 CeO₂ 在 460 cm⁻¹ 左右处强拉曼峰的半峰宽，cm⁻¹；d_{g} 为从拉曼光谱计算出的 CeO₂ 晶粒尺寸，nm；L 为计算出的两个晶格缺陷的平均距离，nm；α 为 CeO₂ 单元晶格的半径，$\alpha = 0.34$ nm。

5.2　纳米 CeO₂的表面调控

纳米材料具有一定的独特性，特别是当纳米材料的粒径减小到 1～10 nm 甚至亚纳米或单原子尺寸范围时，由于材料表面物理化学性质发生了显著变化，从而对反应的催化活性、选择性和稳定性都有很强的影响。虽然目前尚未彻底理解纳米尺寸效应的根源问题，但大量研究已经证明尺寸可控的纳米材料在其催化各类反应中具有重要作用[28-34]。一般来说，具有小尺寸的纳米材料能够提供更高的催化活性和更好的化学选择性。而且，纳米材料的形貌在其表面化学和表面活性位点电子结构的调节中具有同等的重要性。目前，对 CeO₂ 纳米材料的表面性质调控，包括比表面积、表面 Ce³⁺ 含量和氧空位浓度，一般通过在合成过程中进行元素掺杂、形貌控制及晶面选择性暴露等方法实现。而对于已经形成的特定 CeO₂ 纳米结构，则可以通过各种物理和化学处理方法进行表面改性，如不同温度、气氛和压力下的高温退火工艺、电子束（electron beam，EB）辐照、表面分子修饰等。

5.2.1　合成方法调控

纳米 CeO₂ 的制备方法一般有固相法、气相法和液相法。其中应用最广泛的是液相法，该方法合成的产物尺寸均匀且成分单一，这既能克服固相合成法中产物颗粒尺寸大与分散不均匀的缺点，又能弥补气相合成过程中使用昂贵的设备、产量低和不宜大量生产的不足。但液相反应受各向生长同性的限制，必须采用特殊的方法控制产物的形貌和尺寸。目前，合成纳米 CeO_2 经济实用性较高的液相法主要有水热合成、溶剂热合成、模板辅助合成、溶胶-凝胶法、微乳液法等。其中，水热合成法操作简单、无需添加剂且经济实用，近年来受到广泛的关注。

然而，在水热合成过程中，由于 CeO_2 各个晶面的表面自由能不同，导致各个晶面的生长速率不同，这就为纳米 CeO_2 不同晶面的选择性生长提供了可能。大量的研究表明，水热反应条件（温度、压力等）、碱的浓度和铈盐的阴离子等因素都会影响 CeO_2 纳米结构的形貌及表面性质。如最近笔者所在的研究小组在无表面活性剂存在的情况下，采用低压水热法合成了一种多孔 CeO_2 纳米棒（PN-CeO_2）[18]。该方法涉及两步水热过程（图 5-2）。第一步水热中 1.2 atm① 左右的低压环境是形成 $Ce(OH)_3$/CeO_2 纳米棒前驱体的关键。在随后较高温度（>160 ℃）下的水热过程中，前驱体纳米棒中的 $Ce(OH)_3$ 相能够顺利脱水并被氧化进而形成多孔 CeO_2 纳米棒。在经历脱水、氧化和结构重组等水热过程后，前驱体纳米棒的稳定性确保了其初始棒状结构的完整性。

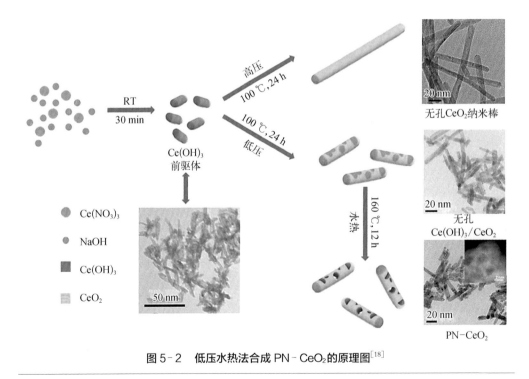

图 5-2　低压水热法合成 PN-CeO_2 的原理图[18]

---

① 1 标准大气压(atm) = 101.325 千帕(kPa)。

5.2.2　物理调控

EB 辐照是一种特殊的物理改性方法,可以使 CeO₂ 表面产生更多的缺陷[35]。而且通过改变 CeO₂ 纳米颗粒表面 EB 照射剂量能够连续地改变其表面化学状态和组成,高剂量照射可以产生更多的表面 Ce³⁺ 物种并增加表面缺陷的浓度(图 5-3)。

(b) p - CeO₂、30 kGy - CeO₂ 和 90 kGy - CeO₂ 纳米结构中 Ce⁴⁺ 和 Ce³⁺ 的浓度,以及化学计量比: $x = [O]/[Ce]$, $x' = [O\ 1s]/[Ce\ 3d]$

样　品	Ce⁴⁺	Ce³⁺	$x = [O]/[Ce]$	$x' = [O\ 1s]/[Ce\ 3d]$
p - CeO₂	0.734 6	0.265 3	1.867 1	2.049 2
30 kGy - CeO₂	0.707 0	0.292 1	1.862 2	1.811 8
90 kGy - CeO₂	0.641 1	0.358 8	1.820 5	1.751 7

图 5-3　EB 辐照表面规律[35]

(a) EB 辐照后导致 CeO₂ 晶体结构变化形成 Ce(Ⅲ)和氧空位的示意图模型;(b) p - CeO₂、30 kGy - CeO₂、90 kGy - CeO₂ 纳米结构的表面性质变化

5.2.3　化学调控

改变水热过程中的合成压力和反应容器中的氧气分压,是实现 CeO₂ 纳米棒表面性质可控调节的一种有效策略[18,36]。改变合成压力和氧气分压仅对纳米棒的长度与直径比有轻微的影响,并不会影响基本的棒状形貌[图 5-4(a)～(f)]。如表 5-1 所示,CeO₂ 纳米棒的表面 Ce³⁺ 含量、比表面积和 OSC 值等表面性质随着总合成压力和氧分压的改变规律性变化。在 5.0 atm 和较低氧分压的环境下合成的 CeO₂ 纳米棒具有最高的氧空位浓度、最高的表面 Ce³⁺ 含量和最大的 OSC 值[36]。CeO₂ 纳米棒的生长机制通常被认为是由各向异性棒状 Ce(OH)₃ 核的形成以及随后核的溶解和重结晶过程组成的[37,38]。由于在 5.0 atm 下 Ce(OH)₃ 核具有最大的溶解与重结晶速率以及适当的 O₂ 溶解度,从而使获得的 CeO₂ 纳米棒具有最佳的表面性质。所以,压力在调节 CeO₂ 纳米棒的表面结构缺陷和表面 Ce³⁺ 比例方面具有重要的作用。

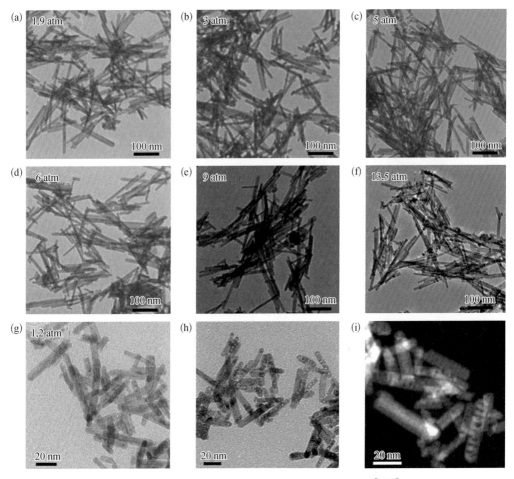

图 5-4　不同压力下合成的 CeO₂纳米棒的 TEM 图像[18,36]

（a）~（f）1.9 atm、3.0 atm、5.0 atm、6.0 atm、9.0 atm、13.5 atm；（g）~（i）1.2 atm，（g）非多孔纳米棒前驱体及 PN-CeO₂，（h）PN-CeO₂-160，（i）PN-CeO₂-160 的暗场

表 5-1　不同压力下合成的 CeO₂纳米棒的结构特征[18,36]

样　　品	Ce^{3+} 含量/%	BET 比表面积/(m^2/g)	OSC/[($\mu mol \cdot O_2$)/g]
1.9 atm	17.6	93.4	167.9
3.0 atm	21.5	106.2	211.9
5.0 atm	23.4	105.6	280.8
6.0 atm	22.3	98.9	238.1
9.0 atm	17.7	96.8	183.9
13.5 atm	16.4	92.7	181.2
PN-CeO₂-160	32.8	144.0	900.2

此外,当合成压力进一步下降到 1.2 atm 左右时,第一步水热法产生了由 41.5% Ce(OH)₃ 和 58.5% 立方萤石 CeO₂ 组成的棒状前驱体,其直径约为 8 nm,长度约为 60 nm[图 5 - 4(g)]。在 160 ℃ 下对这种 Ce(OH)₃/CeO₂ 混合物纳米棒进行第二次水热处理时产生了新形貌的多孔 CeO₂ 纳米棒(PN - CeO₂)。PN - CeO₂ 具有非常大的比表面积(144 m²/g)和非常高的表面 Ce³⁺ 含量(32.8%)。更值得一提的是,PN - CeO₂ 的静态 OSC 值高达 900.2(μmol·O₂)/g,这比报道的其他纳米氧化铈的 OSC 值高出四倍以上。此外,在保持主体棒状结构不变的情况下,PN - CeO₂ 的表面性质还可以通过第二步的水热温度进一步调节。对于在 160 ℃、180 ℃ 和 200 ℃ 下合成的 PN - CeO₂,多孔纳米棒具有相似的比表面积,但其表面 Ce³⁺ 含量和氧空位浓度随着水热温度的升高略有降低。

在不同气氛下对已形成特定结构的纳米 CeO₂ 进行后处理也可以改变其表面性质。Shehata 等人对铒掺杂的 CeO₂ 纳米粒子进行还原处理,使得表面 Ce³⁺ 含量和氧空位浓度增加[39]。而且,其上转换和下转换效率获得明显提高。通过控制热处理的气氛和压力可以有效地调控 CeO₂ 纳米颗粒和纳米棒表面的缺陷数量,这种活化方法可以明显调控 CeO₂ 表面 Ce³⁺ 浓度和 Ce 原子的配位环境[40]。低压处理会产生具有较高表面 Ce³⁺ 含量的 CeO₂,而常压处理 CeO₂ 会产生的表面 Ce³⁺ 含量相对较低,但仍然高于未进行处理的 CeO₂。

通过原位和非原位热退火处理也可实现 CeO₂ 纳米棒特定结构和表面性质的调控[41]。通过 TEM 观察发现两种不同类型的氧缺陷:无序的小氧缺陷和小的空位簇。两者都增加了合成后 CeO₂ 纳米棒的晶格应变和膨胀。此外,在纳米棒内,热处理引发缺陷簇中的氧迁移,进而形成多面体纳米腔。CeO₂ 纳米棒表面纳米腔的进一步演变导致氧空位的聚集。然而,通常使用的高温处理方法具有破坏性,CeO₂ 纳米结构在高温下比较脆弱,容易出现明显的烧结和相应的比表面积下降及表面活性位点的屏蔽等问题。

通过湿法化学氧化还原蚀刻的后处理方法[43]也可以实现 CeO₂ 表面性质调节及其形态修饰。最近,笔者所在研究小组报道了一种简便的湿法化学方法来调控 CeO₂ 纳米棒的表面性质[44]。在该工作中,抗坏血酸(ascorbic acid, AA)和过氧化氢(H₂O₂)分别被用作还原剂和氧化剂,用于 CeO₂ 纳米棒的表面 Ce³⁺ 和 Ce⁴⁺ 物种氧化还原反应。使用 AA 和 H₂O₂ 对 CeO₂ 纳米棒交替进行氧化还原蚀刻处理,其表面结构不仅从光滑变得粗糙,而且表面性质还具有连续可调控性(图 5 - 5)。化学蚀刻工艺并没有破坏 CeO₂ 纳米棒的萤石结构和棒状形貌[图 5 - 5(e)],但 CeO₂ 纳米棒的表面性质却可以通过化学氧化还原蚀刻的循环次数进行有效控制。在处理 1 个、4 个和 8 个蚀刻循环后,纳米棒的比表面积分别增加到 115.1 m²/g、126.4 m²/g 和 128.3 m²/g [图 5 - 5(f)]。拉曼光谱还表明,增加化学氧化还原循环次数导致表面氧空位的浓度增加[图 5 - 5(g)]。XPS 光谱结果同样表明,CeO₂ 纳米棒的表面 Ce³⁺ 含量随着化学氧化还原蚀刻循环次数的增加而持续升高[图 5 - 5(h)],这与 TEM 观察到的形态变化以及其拉曼光谱中特征峰的变化是一致的。因此,这种化学蚀刻工艺是一种简便的调控 CeO₂ 表面性质的方法。

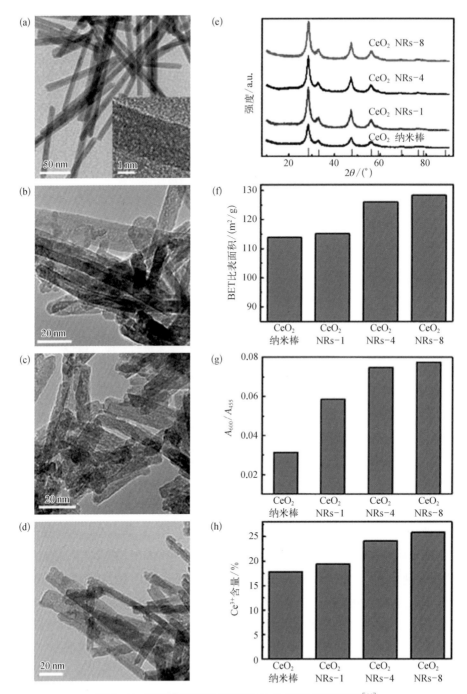

图5-5　湿法化学氧化还原蚀刻 CeO₂纳米棒表面规律[44]

(a) 合成的 CeO₂纳米棒(插图：CeO₂纳米棒的 HRTEM 图像)；(b～d) 合成的 CeO₂纳米棒经过不同
刻蚀循环[1 个(b)、4 个(c)和 8 个(d)]的氧化还原处理的 TEM 图像；(e) 合成的 CeO₂纳米棒与经过不同刻
蚀循环(1 个、4 个和 8 个)化学还原氧化的 CeO₂纳米棒的 XRD 图谱；(f) 比表面积变化规律；(g) CeO₂纳米
棒拉曼峰455 cm⁻¹和 600 cm⁻¹面积比；(h) XPS 分析表面的 Ce³⁺含量

CeO₂纳米材料可以模拟多种天然酶的催化活性,如超氧化物歧化酶(superoxide dismutase,SOD)、过氧化物酶、过氧化氢酶和氧化酶等,其可用于临床诊断、生物传感、药物输送,以及用作抗氧化应激的抗氧化剂[45-49]。CeO₂纳米材料具有人工纳米酶活性主要源于它们良好的 Ce^{3+}/Ce^{4+} 可逆循环[45-49]及其生物相容性和无毒性的特征[50,51]。由于纳米 CeO₂的表面缺陷通常是其催化的主要活性位点,所以 CeO₂纳米材料表面性质可以显著影响它们作为人工模拟酶的性能[45]。最近,研究发现无机离子磷酸根离子(PO_4^{3-})可有效调节 CeO₂纳米颗粒的 SOD 和过氧化氢酶活性[52]。随着反应环境中磷酸根离子浓度的增加,磷酸根离子强烈地吸附在铈(一种硬 Lewis 酸)的表面上,CeO₂的 SOD 样活性逐渐受到抑制,而过氧化氢酶样活性增强[图 5-6(a)(b)]。该发现为调节 SOD 催化产

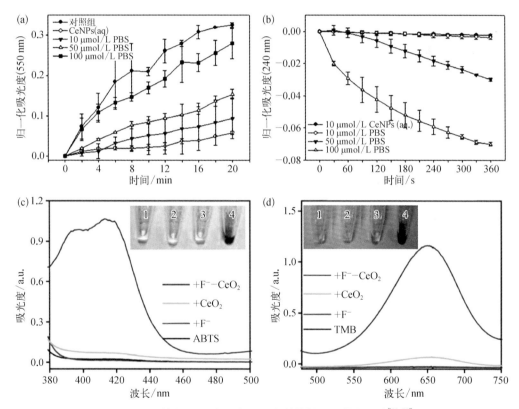

图 5-6　纳米 CeO₂表面离子吸附对其模拟酶活性的影响[52,53]

　　(a)(b)不同浓度磷酸盐处理对 CeO₂纳米颗粒抗氧化活性的影响。CeO₂纳米颗粒经过不同浓度磷酸盐缓冲液(10 μmol/L、50 μmol/L 和 100 μmol/L)处理后,材料的 SOD 模拟酶活性(a)和过氧化氢模拟酶活性(b)均随着磷酸缓冲液浓度的变化出现明显改变。(c)(d)氟离子吸附对 CeO₂纳米颗粒的氧化模拟酶活性影响。分别以 ABTS(c)和 TMB(d)为底物进行 CeO₂纳米颗粒的氧化模拟酶活性研究。紫外光谱结果显示,氟离子修饰后的 CeO₂纳米颗粒的氧化模拟酶活性出现显著增强。内插图:1—底物;2—底物 + F⁻;3—底物 + CeO₂;4—底物 + CeO₂-F

生 H_2O_2 与过氧化氢酶催化 H_2O_2 分解之间的平衡提供了重要的思路。类似地,纳米 CeO_2 的氧化酶模拟活性也受到人工酶表面性质的显著影响。与未处理的对照组相比,氟化物处理后 CeO_2 纳米颗粒表面电荷的交替使其氧化酶样的活性增强超过 100 倍[图 5-6(c)(d)][53]。

5.3　催化性能

5.3.1　CO 活化

工业上生产氢气通常是通过天然气、烃或醇等化石燃料的热重整,再辅以水煤气变换法获得纯度较高的氢气。尽管如此,获得的富氢气体中仍含有 0.5%～2%(体积分数)的 CO,而 CO 残留物会使大多数金属基催化剂中毒,所以必须将 CO 的含量降至不超过 10 ppm 的痕量水平。CeO_2 由于具有可逆的氧化还原化学性质、较高的 OSC 和良好的耐热性,无论是作为添加剂还是催化剂的活性组分,其在催化氧化 CO 方面都展现出巨大的应用潜力。

CeO_2 催化 CO 氧化反应通常遵循 MvK 机制。具体来说,先在表面 Ce^{3+} 顶部吸附 CO,通过晶格氧活化 CO 以形成中间体 COO^*,接着 CO_2 脱附并伴随着氧空位的形成,随后氧空位被氧气填充以活化,如此循环往复[64]。由此可知,CeO_2 对 CO 氧化的催化活性主要由其表面性质决定。一般来说,比表面积、表面 Ce^{3+} 含量、氧空位浓度是影响纳米 CeO_2 催化氧化 CO 性能的主要因素。因此,获取具有高比表面积、大表面缺陷浓度、高晶格氧迁移率、低氧空位形成能的 CeO_2 基催化剂,才能从根本上提高其催化氧化 CO 的能力。

纳米 CeO_2 暴露晶面对其催化氧化 CO 的活性同样具有显著影响[18,64-67]。Overbury 等人通过原位漫反射红外傅里叶变换光谱(diffuse reflectance infrared fourier transform spectroscopy,DRIFTS)技术研究了不同形貌的 CeO_2 催化氧化 CO 的构效关系(图 5-7)[64]。CO 氧化活性表现出明显的表面依赖性:纳米棒＞纳米立方体＞八面体。表面氧空位形成能的差异以及各种晶面上的低配位位点和缺陷位点的数量被认为是 CO 氧化活性具有表面依赖性的根本原因。CeO_2(110)晶面因具有低氧空位形成能和高晶格氧迁移率等特点,使得 CeO_2 纳米棒具有最高的 CO 氧化催化活性[64]。同样,在 CeO_2 催化的 Deacon 反应(用于将 HCl 转化为 Cl_2 的气相氧化)中也观察到类似的表面依赖性[68-70]。在各种形态的纳米 CeO_2 中,CeO_2 纳米棒都表现出最高的催化活性和最佳的 Deacon 氧化稳定性[70]。

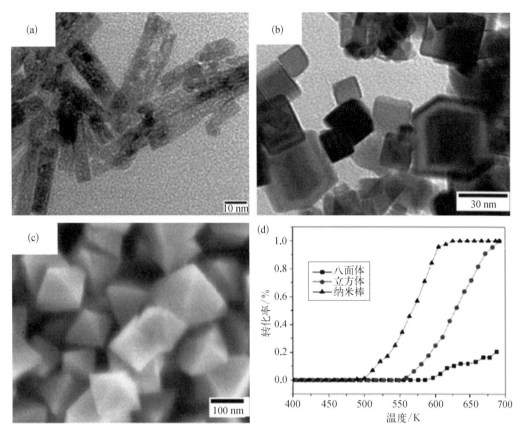

图 5-7　（a）CeO₂ 纳米棒的 TEM 图像；（b）CeO₂ 纳米立方体的 TEM 图像；（c）CO 氧化至673 K后 CeO₂ 纳米八面体的 SEM 图像；（d）CeO₂ 纳米棒、立方体和八面体氧化 CO 的活性曲线[64]

　　最近，笔者所在的研究小组报道的具有丰富的表面缺陷的多孔 CeO₂ 纳米棒（PN-CeO₂，合成方法见图 5-2）对 CO 氧化具有很高的催化活性[18]。如图 5-8(a)所示，与其他纳米结构的 CeO₂ 相比，PN-CeO₂ 显著提高了氧化 CO 的活性和耐久性。PN-CeO₂ 良好的 CO 氧化性能可归因于其具有丰富的表面 Ce³⁺ 物种和表面缺陷以及最大 OSC 值。通过氧化还原化学蚀刻方法[44]或压力法[36]调节的 CeO₂ 纳米棒的催化性能也具有相同的活性趋势。如图 5-8(c)所示，经处理的 CeO₂ 纳米棒随着氧化还原蚀刻循环次数的增加，其比表面积、氧空位和表面 Ce³⁺ 浓度也持续增加，这为 CO 氧化提供了更高的催化活性。所有结果一致表明，比表面积、结构缺陷数量、Ce³⁺ 含量与 CO 催化氧化性能之间存在强烈的相关性。此外，CeO₂ 纳米结构中 Ce 位点的配位数越低，其氧化 CO 的活化能越低，越利于 CO 的活化[71]。

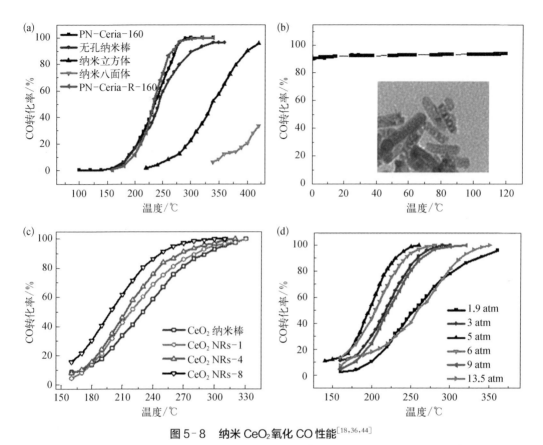

图 5-8　纳米 CeO₂ 氧化 CO 性能[18,36,44]

（a）不同纳米结构；（b）PN-CeO₂ 稳定性；（c）不同次数氧化还原蚀刻循环处理的纳米棒；（d）不同压力合成的纳米棒

5.3.2　H₂ 活化

DFT 计算表明，CeO_2(110) 和 CeO_2(111) 表面氢物种的吸附能分别为 -150.8 kJ/mol 和 -128.3 kJ/mol，而且 CeO_2(111) 具有较低的活化能（0.2 eV）和高放热性（-2.82 eV），可以有效活化 H_2[72]。因此，H_2 分子可以在 CeO_2 表面吸附并有效活化。2007 年年初，研究发现纯 CeO_2 纳米颗粒具有催化苯甲酸氢化成苯甲醛的能力，但催化稳定性非常差[73]。分析表明，快速失活的主要原因是 CeO_2 纳米颗粒表面上焦炭的形成，但当时并未对 CeO_2 催化苯甲酸加氢的机理进行详细研究[73,74]。

最近，国外学者报道了纯 CeO_2 纳米粒子在炔烃部分氢化成烯烃时具有高催化活性和化学选择性[75]。以常压条件下气相丙炔选择性加氢为例[76]，在 523 K 下对氢化条件进行优化，当 H_2 和 C_3H_4 比例为 30∶1、接触时间为 0.21 s 时，丙炔的转化率高达 96%，对丙烯的选择性为 91%。H_2 分压的增加与氢化活性和化学选择性正相关。然而，反应温度进一步地升高或降低都会导致催化活性降低。丙烯的化学选择性通常随着反应温度的升高而降低。进一步研究表明,CeO₂催化剂在反应条件下突变的表面性质对于理解它们的氢化性能是至关重要的。丙炔转化率强烈依赖 CeO₂ 的煅烧温度[图 5 - 9(a)],而煅烧温度对丙烯的化学选择性也有一定的影响。这种催化现象可归因于 CeO₂ 颗粒表面积的减少和煅烧温度的增加。当 CeO₂ 用 H₂/He 预处理时,氢化活性和选择性都显著降低,这说明 CeO₂ 催化剂的表面还原能力对催化性能有重要影响。

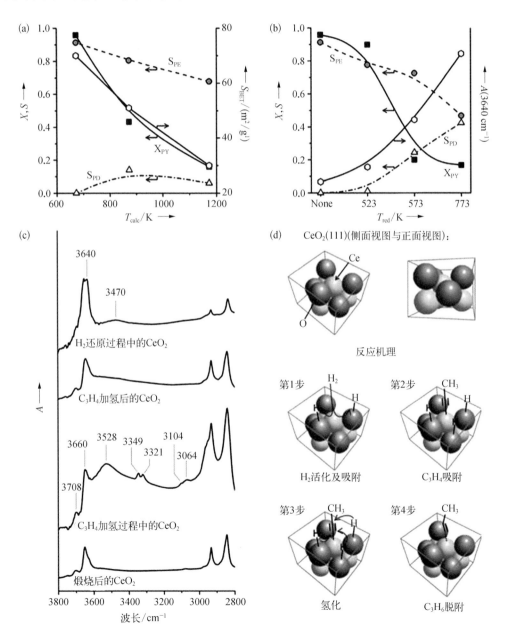

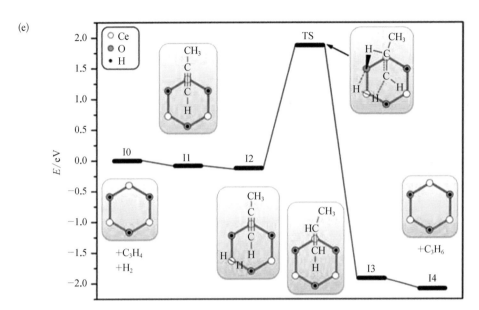

图 5-9　丙烯（X_{PY}）在 1 bar 条件下的转化率以及对丙烯（S_{PE}）和丙二烯（S_{PD}）的选择性随煅烧温度（a）和 CeO₂ 还原温度（b）的变化（反应条件：H_2/C_3H_4 为 30∶1，T = 523 K，t = 0.21 s）；（c）在 523 K 下，CeO₂ 催化丙炔加氢前、加氢中、加氢后以及 H_2 还原时的 DRIFT 光谱；（d）CeO₂（111）的侧面视图与正面视图，描绘了所提出的反应机理；（e）丙烯选择性加氢总反应能量分布图，为了清晰起见，完全羟基化的 CeO₂（111）表面用灰色六边形表示。过渡态（TS）的能量已通过零点振动能（ZPVE）进行了校正[75,78]

　　红外光谱结果证明具体的催化机理可能如下：在第 1 步中，氢分子在 CeO₂ 的表面氧上被活化，结果形成两个表面 OH 基团[图 5-9(d)]；接下来，CeO₂ 的强表面酸性和碱性位点可以将丙炔在 Ce 和另一个 OH 基团顶部解离成甲基乙酰基（CH₃—C≡C），活化的氢物质进一步将甲基乙酰基氢化成丙烯（第 3 步）；最后，丙烯的解吸恢复了 CeO₂ 的表面性质（第 4 步）。综上可知，CeO₂ 催化剂的比表面积和氧化态决定了它们对炔烃氢化成烯烃的催化活性和化学选择性。CeO₂ 催化剂被还原产生高浓度的氧空位并减小了炔烃解离的可用表面位点，从而导致催化活性降低。表面氧物种对于进行下一步氢化的活性氢物种的稳定性也是至关重要的。具有低缺陷位的 CeO₂ 催化剂更有利于炔烃氢化成烯烃。因此，与具有（100）晶面的 CeO₂ 纳米立方体相比，（111）晶面主导的 CeO₂ 的催化性能更高[77]。

　　DFT 计算研究表明，炔烃的氢化遵循协同路径[图 5-9(e)][78]。高比例的 H_2 和 C_3H_4 使 CeO₂ 表面完全羟基化。H_2 和 C_3H_4 都可以吸附在 Ce³⁺ 的顶部。在该反应路径中，吸附的 H_2 分子、来自未吸附炔烃的两个 C 原子和一个 OH 基团形成六元环结构作为过渡态。计算出的活化能为 1.88 eV，证明在此研究中的计算条件下，所提出的协同路径是合理的。特别值得注意的是，该氢化机理是基于 CeO₂ 催化剂表面高氢覆盖度提出的。

通常，由于 CeO₂ 使 H₂ 解离的分解能力（在晶格 Ce⁴⁺ 和 O²⁻ 之间）较低，其催化氢化需要较高的温度。而且，由于—C≡C—H 要先在催化剂表面发生解离，底物仅限于末端具有 C≡C 键的炔烃。最近的报道表明，具有可控表面性质的 PN-CeO₂ 催化剂在温和条件下具有很高的烯烃和炔烃加氢催化活性（图 5-10）[17]。与文献相比，其优势体现在三个方面：(1) PN-CeO₂ 催化剂具有非常高的表面缺陷浓度；(2) 炔烃和烯烃都可以还原成烷烃；(3) 反应条件（$T = 100\ ℃$ 和 $p_{H_2} = 1.0\ \text{MPa}$）比文献中报道的要温和得多。DFT 计算和对照实验表明，丰富的表面缺陷对于通过氧空位附近两个相邻的表面还原 Ce 原子构建新的表面 Lewis 酸性中心是至关重要的。由于表面缺陷的丰富性和独特的几何电子构型，类似于分子均相受阻 Lewis 酸碱对（FLP），"固定的"表面晶格氧作为 Lewis 碱和构建的 Lewis 酸具有足够接近但独立的可能性。DFT 计算结果还表明，H₂ 在 FLP 位点上具有非常低的活化能（0.17 eV），极易发生解离［图 5-10(c)］。

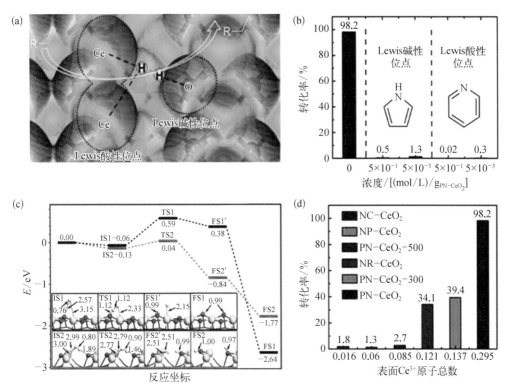

图 5-10　（a）CeO₂ 表面形成的 Lewis 酸碱对催化位点示意图；（b）分子 Lewis 碱或 Lewis 酸对 PN-CeO₂ 催化苯乙烯加氢活性的影响；（c）理想 CeO₂（110）（黑色线）和带有两个氧空穴的 CeO₂（110）（红色曲线）上 H₂ 离解的能量分布图，初始态（IS）、过渡态（TS）和最终态（FS）的优化结构用键距（Å）标记，零能量基准对应气相中 H₂ 的总能量和对应洁净 CeO₂ 表面的总能量；（d）表面 Ce³⁺ 原子总数对苯乙烯加氢反应的影响[17]

在催化过程中,加入分子 Lewis 酸或 Lewis 碱捕获催化剂表面的碱性位点或酸性位点,其催化活性都呈现急剧降低的趋势,这证实了 PN‑CeO$_2$ 表面 Lewis 酸性和 Lewis 碱性位点的共存对于苯乙烯氢化的必要性[图 5‑10(b)]。吡啶或吡咯分子吸附在 PN‑CeO$_2$ 的表面,导致相邻 Ce^{3+} 与晶格氧形成表面 FLP 位点的可能性降低。图 5‑10(d) 显示了苯乙烯的转化效率与各种 CeO$_2$ 催化剂表面 Ce^{3+} 原子总量的关系,清楚地证明了表面缺陷对于构建表面 FLP 活性位点及调控氢化能力的重要性。

此外,由(110)平面覆盖的 CeO$_2$ 纳米棒也可以通过使用 N$_2$H$_4$ 作为还原剂来有效且选择性地催化硝基芳烃的氢化[79]。与(100)和(111)平面相比,CeO$_2$ 的(110)晶面显示出更高的氢化催化活性。理论研究表明,(110)晶面上的氧空位比(111)和(100)晶面更容易形成,因此,(110)晶面上的表面还原反应在能量上更有利[79]。

5.3.3　CO$_2$催化转化

虽然物理化学捕集和催化转化可以有效减少 CO$_2$ 的排放并实现其再利用,但由于 CO$_2$ 的化学惰性和较高的键能,使用 CO$_2$ 作为 Cl 结构单元仍面临许多基础理论和技术的挑战。由于 CeO$_2$ 独特的 Ce^{3+}/Ce^{4+} 可逆氧化还原循环使得其可以有效地吸附和活化 CO$_2$ 分子,并进一步通过各种技术(如气相反应、液相反应以及光电催化)将 CO$_2$ 转化为有用的化学品。通常,具有丰富表面缺陷的 CeO$_2$ 催化剂可以增强其对 CO$_2$ 转化的活性。

与其他过渡金属氧化物(ZrO$_2$、CaO、MgO、TiO$_2$ 等)相比[80],CeO$_2$ 表面同时具有酸和碱的性质,可以有效地活化氨基、羟基和 CO$_2$,使其在环状氨基甲酸酯和环脲的合成中表现出巨大的应用潜力。方案一提出了几种通过二醇、氨基醇和二胺合成酯类和环脲的路径。以环脲的形成为例,如方案二所示,其中主要包含四个步骤:(1) 一个乙二胺分子和两个 CO$_2$ 分子在 CeO$_2$ 表面共吸附并活化转化为氨基甲酸酯中间体;(2) 通过释放一个 CO$_2$ 分子,氨基甲酸酯中间体转化为胺类中间体;(3) 胺基亲核加成转化为 2‑咪唑烷酮;(4) 2‑咪唑烷酮解吸附和 CeO$_2$ 的再生。其中,第 3 步被认为是速率决定步骤。

方案一：　将 CO$_2$ 分别从二醇类、氨基醇类和二胺类物质转化为环状碳酸酯、环状氨基甲酸酯和环脲[80]

方案二：在 CeO₂上合成环碳酸酯、环氨基甲酸酯和环脲的反应机理[80]

　　醇类和 CO_2 为原料合成有机碳酸酯，特别是碳酸二甲酯（DMC），由于热力学的限制，即使在高温高压下其合成也普遍存在转化率较低（<10%）和化学选择性较差（60%～90%）的现象[81]。为了克服上述问题，一般会加入各种脱水剂去除产生的水，同时采用流动装置收集产生的 DMC。Tomishige 的研究小组[82-84]系统地研究了 CeO_2 在脱水剂存在下直接合成 DMC 的催化活性。CeO_2 作为串联催化剂，不仅可以将二醇催化转化为环状碳酸酯，还可以通过催化腈类水解成酰胺来促进水的去除[85]。催化机理如下：（1）在 CeO_2 表面，通过羟基与 Lewis 酸性 Ce 位点的相互作用吸附二醇，随后形成表面铈醇盐物种；（2）将 CO_2 插入 Ce—O 键中，形成表面烷基碳酸酯物种；（3）碳酸盐物种中羰基上的碳被其他羟基亲核进攻，形成产物和水并恢复表面活性位点；（4）通过 CeO_2 催化腈类水解去除水[59]。

　　CeO_2 作为催化醇类和 CO_2 合成碳酸酯的有效多相催化剂，其催化的构效关系表明 CeO_2 表面性质对催化活性和选择性的影响。CeO_2 的形貌、晶面、酸碱位点和 DMC 的产率密切相关[86]。此外，CeO_2 也被用于合成其他有机碳酸盐，如碳酸二乙酯（DEC）、环状碳酸酯等[87,88]。CeO_2 表面碱性位点和缺陷位的存在是 CO_2 有效活化的关键因素。最近报道表明，在富缺陷的 CeO_2 表面构建的受阻 Lewis 酸碱对活性位，可以实现 CO_2 的有效活化；并且进一步与 Ce^{3+} 催化烯烃环氧化产生的环氧化合物反应，实现了一步从烯烃和 CO_2 转化为环状碳酸酯。表面氧缺陷富集的 CeO_2，通过提供更多的 Lewis 酸碱对位点来有效活化 CO_2 进行环加成反应，并削弱 Ce^{3+} 活性位上生成环氧化物的吸附来抑制副反应的发生，从而提高催化烯烃和 CO_2 串联转化为环状碳酸酯反应的活性和选择性[88]。

5.3.4　CO$_2$还原

通过热催化和光催化将 CO$_2$ 催化还原成烃燃料（如甲烷、甲醇和 CO）是回收和利用 CO$_2$ 的另一种有效方法。与其他金属氧化物相比，CeO$_2$ 具有氧化还原能力，且具有较高的氧扩散率、易于调节的晶面和可控的带隙，这些性质都使得其可以有效地还原 CO$_2$。此外，通过对 CeO$_2$ 表面进行处理产生更多缺陷可以增强可见光吸收，这有利于提高其光催化活性。但是，缺陷可以捕获光生电荷，引入太多缺陷也可能会降低光催化效率。因此，表面性能可调的 CeO$_2$ 在 CO$_2$ 的催化转化方面具有很大的应用前景。

通过使用钐掺杂的 CeO$_2$ 作为催化剂，在高温（超过 800 ℃）下已经实现了用水将 CO$_2$ 热还原为氢气和 CO[89]。通过使用这种方法，可以实现 CO$_2$ 快速热转化成合成气（H$_2$ 和 CO）或甲烷等有用燃料原料。然而，由于化学选择性较差，吸热步骤的高能耗和催化剂的热塌陷，高温下的热还原对于实际应用是不利的。因此，太阳能热还原被认为是更有效和实用的方法。最近，Steinfeld 等人设计了一个太阳能空腔-接收器反应堆，在太阳光的照射下，非化学计量的 CeO$_2$ 催化剂可以实现 CO$_2$ 和 H$_2$O 热化学解离[90]。

在温和条件下将 CO$_2$ 光催化转化为有价值的烃类化合物亦是一种有效的方法[91-96]。为了克服生成 CO 的能垒，在半导体表面通过有效活化 CO$_2$ 形成弯曲 CO$_2^{·-}$ 中间体被认为是最重要的步骤，其次是 C—O 键的还原离解。与 DMC 的合成相似，CeO$_2$ 表面的氧空位和酸-碱性对 CO$_2$ 吸附、扩散非常重要[92]。实验结果表明，表面氧空位的减少和亲电子物质的增强能够减弱 CO$_2$ 的活化、抑制高能电子的迁移，并终止 CO$_2$ 的光还原。然而，由于表面缺陷的电荷俘获性质，非常高的表面缺陷浓度可能减少光生电荷的扩散。此外，CeO$_2$ 对 CO$_2$ 还原的光催化活性也取决于 CeO$_2$ 的晶面[95]。

然而，由于 CeO$_2$ 的带隙大约为 3.2 eV，光吸收限制于波长小于 360 nm 的紫外光和蓝光范围。因此，较宽的带隙限制了 CeO$_2$ 的光催化作用，但由于可循环 Ce^{3+}/Ce^{4+} 对和 OSC 的存在，CeO$_2$ 通常以助催化剂、添加剂的形式促进电子-空穴分离和氧的迁移[5,35]。通过控制形态、掺杂元素和后处理来增加表面缺陷可以明显地缩小带隙，以扩大其光吸收，并增加可进行 CO$_2$ 吸附的活性位点。

5.3.5　其他

CeO$_2$ 作为多功能氧化物在有机催化反应中同样引起了相当大的关注，如水解、脱水、还原、氧化、加成、取代、开环和偶联反应。CeO$_2$ 的表面酸碱特征和可逆氧化还原特性均对多种有机反应的活性和选择性具有良好的调节作用。例如，表面 Ce^{3+} 和氧空位可以作为水解和氧化反应的催化活性位点，表面 Lewis 碱性位点和氧空位可以调节电子转移及表面活性中心的电子密度，这可以进一步影响它们对还原和偶联反应的催化能力。

水解反应和脱水反应对有机合成和工业生产非常重要,工业生产中通常需要借助各种均相 Lewis 酸催化剂催化水解和脱水反应。因此,表面 Lewis 酸的量和强度的可控性对于调控反应活性是非常重要的。对于非均相 Lewis 酸催化剂,Lewis 酸位点很容易因水解过程中非均相催化剂表面上水的化学解离而发生变化,这种不可逆转的过程导致其催化活性快速消失。最近的研究表明,特定方法合成的 CeO₂ 是一种在水解反应中具有良好耐水性的催化剂[97]。在水热条件或高温下,水和 CeO₂ 之间的相互作用形成被质子和氢氧化物覆盖的 CeO₂ 表面。这种不可逆的过程完全改变了 CeO₂ 表面的酸碱性质。研究反应机理表明,位于 CeO₂ 催化剂 Lewis 酸性位点顶部的缔合吸附水质子化 4 - 甲基- 1,3 -二噁烷,从而在表面形成吸附的缩醛,并留下第二个水分子缔合吸附的活性位点。第二水分子在 CeO₂催化剂的表面 Lewis 酸性位点被活化,然后将表面缩醛水解成 1,3 - 丁二醇。同时,表面活性相 Lewis 酸性位点可再次用于下一次水解,其中 CeO₂ 的(111)面是用于水解的活性晶面。

腈类水解成酰胺是另一种重要的水解反应。通常,这种转化由强酸或强碱催化。然而,这些催化剂总是诱导酰胺过度水解成羧酸,并在催化剂表面中和后形成盐[98]。金属基均相和非均相催化剂还受到如反应条件、高成本和难以从反应体系中分离产物等限制。相反,表面改性的 CeO₂ 能够选择性催化 2 -氰基吡啶水解,使其在低温(30~100 ℃)下产生相应的酰胺。CeO₂ 表面低配位的铈物种或氧空位被认为是催化活性相[99]。如所提出的催化机理所示,水解反应始于水分子在 CeO₂ 表面氧空位上的解离,以产生 H$^{\delta+}$ 和 OH$^{\delta-}$。通过环上 N 原子与表面 Lewis 酸性铈位点之间的弱相互作用,腈可以吸附在 CeO₂ 表面,形成腈- CeO₂ 复合物。随后,OH$^{\delta-}$ 加成到吸附的配合物的腈碳原子上,得到最终的酰胺,该步骤被认为是决速步。产物的最终解吸附伴随着表面活性位点的再生。从催化机理出发,对CeO₂ 催化剂进行后处理以产生更多的表面缺陷可以进一步促进腈水解的催化活性。当腈类化合物的 CN 基团的 α - C 相邻位置存在杂原子(N 或 O)时,水解反应的速率显著高于其他常见的腈类[101]。

CeO₂ 凭借其优越的氧化还原能力和良好的 OSC 被认为是最有发展前景的氧化催化剂之一。通常,CeO₂ 的氧化还原能力在超过 200 ℃的温度下表现更为突出[101]。最近,许多研究已经证明,通过控制它们的形貌、晶面或外来元素的化学掺杂,可以使 CeO₂ 催化剂在低温(甚至低于 100 ℃)下具有催化氧化活性。

由油酸包覆的高度规则的 CeO₂ 纳米立方体可以将甲苯氧化成苯甲醛,并且具有高度的选择性[102]。由于 C—H 键的键能很高,该反应在多相催化方面仍是一个巨大的挑战。表面油酸的存在不仅能够稳定 CeO₂ 的{100}晶面,而且促进了有机反应物在水介质中向 CeO₂ 纳米立方体表面接近。具有高度规则表面的 CeO₂ 纳米立方体表面光滑,表面形态均匀,CeO₂催化剂仅产生一种活性氧,从而导致甲苯完全氧化成苯甲醛(图 5 - 11)[102]。

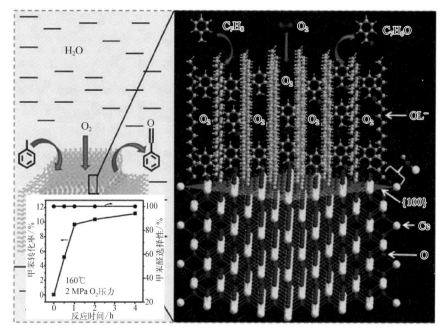

图 5-11   被油酸包覆的高度规则的 CeO₂ 纳米管催化氧化甲苯成苯甲醛[102]

烃的卤化是化学工业中的重要过程。在有氧条件下,纳米 CeO₂ 也可以有效地催化芳烃卤化反应[103]。如图 5-12(a)所示,芳烃的 C—H 键可以通过 CeO₂ 催化剂有效活化,并在有氧条件下被有机或无机卤素化合物卤化。可能的反应机理如图 5-12(b)所示。首先,CeO₂ 的表面碱性物质活化卤素化合物以产生阴离子卤化物,然后在 CeO₂ 的表面氧化还原位点产生卤素自由基。当两个基团与二卤素物质相互作用时,产物可以通过亲电子芳族取代获得。CeO₂-卤素中间体的形成也是可能的。因此,CeO₂ 催化剂的表面性质对催化活性也很重要。结晶尺寸较小的 CeO₂ 纳米颗粒具有较高的催化活性,表明大的比表面积和丰富的表面缺陷有助于氧化反应的进行。晶面取向对于芳烃的催化氧化卤化也非常重要,其中 CeO₂ 纳米棒的催化性能最佳。

同时,使用小分子修饰多相催化剂表面形成新的催化活性位点也可以显著改变纳米 CeO₂ 催化效率和化学选择性[104]。最近的一项研究显示,利用吡啶及其衍生物作为有机改性剂,在 CeO₂ 纳米颗粒表面构建了一种新型的电荷转移复合物作为混合界面基本位点。在该方法中,CeO₂ 的表面 Lewis 酸性位点为有机改性剂提供吸附位点。缺陷丰富的 CeO₂ 表面具有相邻表面 Lewis 酸性和 Lewis 碱性位点的结构特征。当有机改性剂存在 Lewis 碱性官能团时,表面改性产生新的 Lewis 碱构型,其由两个碱基组成,碱基分别来自有机改性剂和邻近的表面 Lewis 碱。与单独的 CeO₂ 相比,用 2-氰基吡啶改性后的 CeO₂ 对丙烯腈的氢甲氧基化反应活性明显增强,并且具有非常高的选择性。但这种催化现象仅在

CeO₂ 和吡啶改性剂的络合物上被观察到，表明 CeO₂ 独特的酸碱性质对于形成新的表面催化活性位点具有非常重要的作用。

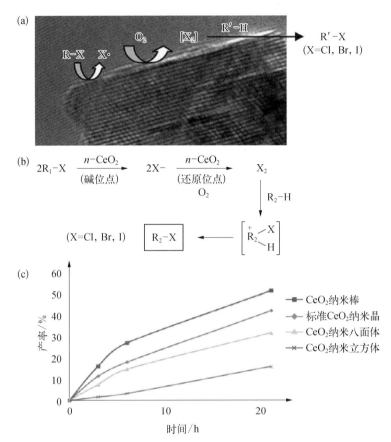

图 5-12　（a）纳米晶 CeO₂ 活化芳烃的氧化卤化反应；（b）纳米晶 CeO₂ 催化剂氧化活化芳烃与有机卤化物可能的反应机理；（c）在 140 ℃下，在氧气（6 bar，0.9 mmol）存在下，使用 1.2 mmol CeO₂ 催化 1，3，5-三甲氧基苯（0.62 mmol）在 1-溴-3-氯丙烷中的卤化反应过程[103]

此外，纯 CeO₂ 纳米结构也已被探索用于许多其他有机催化。酯与醇的酯交换通常由均相质子酸、Lewis 酸和碱性催化剂催化。CeO₂ 凭借其表面共存的酸性和碱性特性已被开发用于酯的无溶剂酯交换[105]，而且其表面丰富缺陷位的存在也使其对腈和醇合成酯的反应表现出良好的催化活性[106]。

5.4　本章小结与展望

本章重点介绍了纳米 CeO₂ 的表面调控及其在实际催化应用中的最新研究进展。作为氧化还原化学的驱动力,表面 Ce^{3+} 和 Ce^{4+} 之间的可逆循环促进了 CeO_2 的催化活性,并导致表面氧空位的形成和独特的表面酸碱特征。这些 CeO_2 特有的表面性质与其催化性能密切相关。因此,CeO_2 纳米材料表面性质的精准可控性变得极其重要。CeO_2 纳米结构的表面性质可通过改变合成条件、各种后处理和小分子修饰等方法进行有效的调节。此外,化学氧化还原蚀刻、合成压力以及反应容器中 O_2 的分压也可以在较大的范围内对 CeO_2 纳米棒的表面性质进行精准调节。通过 CeO_2 表面化学性质的精准调控,可以有效地控制各种催化反应的催化活性和化学选择性。从上述研究结果可以看出,CeO_2 催化剂在 CO 活化、H_2 活化、CO_2 催化转化和有机合成等方面具有良好的应用前景。

本节概述证明,具有独特表面性质的 CeO_2 纳米材料是一种调节催化反应选择性和活性甚至探索新催化现象的有效工具。尽管取得了一些重大进展,但对 CeO_2 表面化学的深入理解问题还未完全解决。为了进一步深入理解其表面特性,揭示 CeO_2 在分子和原子水平上的催化机制,并寻求更实际的催化应用,还有许多关键问题需要解决。

(1) 表面缺陷空间分布的识别。表面缺陷的位置和浓度均显著影响 CeO_2 材料的催化活性位点的空间和电子结构。目前,通过各种表征技术(如 XPS、拉曼光谱)可以检测表面缺陷的浓度。然而,这些缺陷的空间结构尚难以确定。缺陷位点可能位于表面、次表面甚至体相中,它们会以各种方式影响表/界面活性位点的电子结构。表面缺陷之间的距离也显著影响固体催化剂的催化活性。因此,催化剂表面缺陷的空间分布对于特定催化反应的重要性不言而喻。由于缺乏足够的技术和合成策略来操纵具有明确定义的缺陷位点,因此该未知问题尚未得到充分探索。

(2) CeO_2 表面性质调节的精确可控性。CeO_2 纳米材料的表面组成和电子结构比我们预想的更为复杂。因此,在表面调控之前,对 CeO_2 表面进行原子水平的"观察"是非常重要的。然而,在暴露于环境条件之后,湿化学法合成的 CeO_2 表面上的残留离子和表面吸附的气体分子(如 H_2O、CO_2)难以除去。它们的存在都增加了表面性质调控的不确定性。实现先进催化所需的表面催化配置也是开发精确识别表面物质和精确控制表面化学技术的另一个重要目标。

(3) 表征条件和理论方法的限制。通常,纳米结构的催化剂主要使用湿化学法合成,它们的组成/结构可能不如预期的那样完美。在实际催化条件下,纳米催化剂可能经历表面重建。然而,由于原位表征技术的限制,对它们相关的催化行为的准确理解还没有得到很好地认识。同时,大多数当前的理论计算都是基于简化的模型来模拟催化剂表面,并未考虑催化剂的实际反应环境和复杂的表面状态,也没有考虑实际催化条件下 CeO_2 的表面动态重构。这些因素都极大地限制了我们对 CeO_2 催化性能与其纳米结构之间关联性的准确理解。

参考文献

［1］ Paier J，Penschke C，Sauer J. Oxygen defects and surface chemistry of ceria：Quantum chemical studies compared to experiment ［J］. Chemical Reviews，2013，113(6)：3949－3985.

［2］ Montini T，Melchionna M，Monai M，et al. Fundamentals and catalytic applications of CeO₂-based materials ［J］. Chemical Reviews，2016，116(10)：5987－6041.

［3］ Beckers J，Rothenberg G. Sustainable selective oxidations using ceria-based materials ［J］. Green Chemistry，2010，12(6)：939－948.

［4］ Sun C W，Li H，Chen L Q. Nanostructured ceria-based materials：Synthesis，properties，and applications ［J］. Energy & Environmental Science，2012，5(9)：8475－8505.

［5］ Wu K，Sun L D，Yan C H. Recent progress in well-controlled synthesis of ceria-based nanocatalysts towards enhanced catalytic performance ［J］. Advanced Energy Materials，2016，6(17)：1600501.

［6］ Vivier L，Duprez D. Ceria-based solid catalysts for organic chemistry ［J］. ChemSusChem，2010，3(6)：654－678.

［7］ Gorte R J. Ceria in catalysis：From automotive applications to the water-gas shift reaction ［J］. AIChE Journal，2010，56(5)：1126－1135.

［8］ Mogensen M，Sammes N M，Tompsett G A. Physical，chemical and electrochemical properties of pure and doped ceria ［J］. Solid State Ionics，2000，129(1/2/3/4)：63－94.

［9］ Huang W X，Gao Y X. Morphology-dependent surface chemistry and catalysis of CeO₂ nanocrystals ［J］. Catalysis Science & Technology，2014，4(11)：3772－3784.

［10］ Zhang D S，Du X J，Shi L Y，et al. Shape-controlled synthesis and catalytic application of ceria nanomaterials ［J］. Dalton Transactions，2012，41(48)：14455－14475.

［11］ Trovarelli A. Catalytic properties of ceria and CeO₂-containing materials ［J］. Catalysis Reviews，1996，38(4)：439－520.

［12］ Huang W X. Oxide nanocrystal model catalysts ［J］. Accounts of Chemical Research，2016，49(3)：520－527.

［13］ Sun C W，Stimming U. Recent anode advances in solid oxide fuel cells ［J］. Journal of Power Sources，2007，171(2)：247－260.

［14］ Jerratsch J F，Shao X，Nilius N，et al. Electron localization in defective ceria films：A study with scanning-tunneling microscopy and density-functional theory ［J］. Physical Review Letters，2011，106(24)：246801.

［15］ Campbell C T，Peden C H F. Oxygen vacancies and catalysis on ceria surfaces ［J］. Science，2005，309(5735)：713－714.

［16］ Sheldon B W，Shenoy V B. Space charge induced surface stresses：Implications in ceria and other ionic solids ［J］. Physical Review Letters，2011，106(21)：216104.

［17］ Zhang S，Huang Z Q，Ma Y Y，et al. Solid frustrated-Lewis-pair catalysts constructed by regulations on surface defects of porous nanorods of CeO₂［J］. Nature Communications，2017，8：15266.

［18］ Li J，Zhang Z Y，Tian Z M，et al. Low pressure induced porous nanorods of ceria with high reducibility and large oxygen storage capacity：Synthesis and catalytic applications ［J］. Journal of Materials Chemistry A，2014，2(39)：16459－16466.

［19］ Yuan Q，Duan H H，Li L L，et al. Controlled synthesis and assembly of ceria-based nanomaterials ［J］. Journal of Colloid and Interface Science，2009，335(2)：151－167.

［20］ Madier Y，Descorme C，Le Govic A M，et al. Oxygen mobility in CeO₂ and Ce$_x$Zr$_{(1-x)}$O₂ compounds：study by CO transient oxidation and ^{18}O/^{16}O isotopic exchange ［J］. The Journal of

Physical Chemistry B, 1999, 103(50): 10999 – 11006.

[21] Fornasiero P, Dimonte R, Rao G R, et al. Rh-loaded CeO₂ - ZrO₂ solid-solutions as highly efficient oxygen exchangers: Dependence of the reduction behavior and the oxygen storage capacity on the structural-properties [J]. Journal of Catalysis, 1995, 151(1): 168 – 177.

[22] Murota T, Hasegawa T, Aozasa S, et al. Production method of cerium oxide with high storage capacity of oxygen and its mechanism [J]. Journal of Alloys and Compounds, 1993, 193(1/2): 298 – 299.

[23] Miki T, Ogawa T, Haneda M, et al. Enhanced oxygen storage capacity of cerium oxides in cerium dioxide/lanthanum sesquioxide/alumina containing precious metals [J]. The Journal of Physical Chemistry, 1990, 94(16): 6464 – 6467.

[24] Maillet T, Madier Y, Taha R, et al. Spillover of oxygen species in the steam reforming of propane on ceria-containing catalysts [M]//Studies in Surface Science and Catalysis. Amsterdam: Elsevier, 1997: 267 – 275.

[25] Cho B K. Chemical modification of catalyst support for enhancement of transient catalytic activity: Nitric oxide reduction by carbon monoxide over rhodium [J]. Journal of Catalysis, 1991, 131(1): 74 – 87.

[26] Henderson M A, Perkins C L, Engelhard M H, et al. Redox properties of water on the oxidized and reduced surfaces of CeO₂ (111) [J]. Surface Science, 2003, 526(1/2): 1 – 18.

[27] Deori K, Gupta D, Saha B, et al. Design of 3-dimensionally self-assembled CeO₂ nanocube as a breakthrough catalyst for efficient alkylarene oxidation in water [J]. ACS Catalysis, 2014, 4(9): 3169 – 3179.

[28] Yang X F, Wang A Q, Qiao B T, et al. Single-atom catalysts: A new frontier in heterogeneous catalysis [J]. Accounts of Chemical Research, 2013, 46(8): 1740 – 1748.

[29] Yang M, Li S, Wang Y, et al. Catalytically active Au - O(OH)ₓ-species stabilized by alkali ions on zeolites and mesoporous oxides [J]. Science, 2014, 346(6216): 1498 – 1501.

[30] Liang S X, Hao C, Shi Y T. The power of single-atom catalysis [J]. ChemCatChem, 2015, 7(17): 2559 – 2567.

[31] Henry C R. Surface studies of supported model catalysts [J]. Surface Science Reports, 1998, 31(7/8): 231 – 325.

[32] Polshettiwar V, Varma R S. Green chemistry by nano-catalysis [J]. Green Chemistry, 2010, 12(5): 743 – 754.

[33] Nørskov J K, Bligaard T, Hvolbaek B, et al. The nature of the active site in heterogeneous metal catalysis [J]. Chemical Society Reviews, 2008, 37(10): 2163 – 2171.

[34] Schauermann S, Nilius N, Shaikhutdinov S, et al. Nanoparticles for heterogeneous catalysis: New mechanistic insights [J]. Accounts of Chemical Research, 2013, 46(8): 1673 – 1681.

[35] Khan M M, Ali Ansari S, Pradhan D, et al. Defect-induced band gap narrowed CeO₂ nanostructures for visible light activities [J]. Industrial & Engineering Chemistry Research, 2014, 53(23): 9754 – 9763.

[36] Li J, Zhang Z Y, Gao W, et al. Pressure regulations on the surface properties of CeO₂ nanorods and their catalytic activity for CO oxidation and nitrile hydrolysis reactions [J]. ACS Applied Materials & Interfaces, 2016, 8(35): 22988 – 22996.

[37] Yan L, Yu R B, Chen J, et al. Template-free hydrothermal synthesis of CeO₂ nano-octahedrons and nanorods: Investigation of the morphology evolution [J]. Crystal Growth & Design, 2008, 8(5): 1474 – 1477.

[38] Lin F, Hoang D T, Tsung C K, et al. Catalystic properties of Pt cluster-decorated CO₂ nanostructures

[J]. Nano Research，2014(1)：61 - 71.

[39] Shehata N，Meehan K，Hudait M，et al. Study of optical and structural characteristics of ceria nanoparticles doped with negative and positive association lanthanide elements [J]. Journal of Nanomaterials，2014，2014(1)：401498.

[40] Lawrence N J，Brewer J R，Wang L，et al. Defect engineering in cubic cerium oxide nanostructures for catalytic oxidation [J]. Nano Letters，2011，11(7)：2666 - 2671.

[41] Sakthivel T S，Reid D L，Bhatta U M，et al. Engineering of nanoscale defect patterns in CeO₂ nanorods *via ex situ* and *in situ* annealing [J]. Nanoscale，2015，7(12)：5169 - 5177.

[42] Mamontov E，Egami T，Brezny R，et al. Lattice defects and oxygen storage capacity of nanocrystalline ceria and ceria-zirconia [J]. The Journal of Physical Chemistry B，2000，104(47)：11110 - 11116.

[43] Wang Y J，Dong H，Lyu G M，et al. Engineering the defect state and reducibility of ceria based nanoparticles for improved anti-oxidation performance [J]. Nanoscale，2015，7(33)：13981 - 13990.

[44] Gao W，Zhang Z Y，Li J，et al. Surface engineering on CeO₂ nanorods by chemical redox etching and their enhanced catalytic activity for CO oxidation [J]. Nanoscale，2015，7(27)：11686 - 11691.

[45] Heckert E G，Karakoti A S，Seal S，et al. The role of cerium redox state in the SOD mimetic activity of nanoceria [J]. Biomaterials，2008，29(18)：2705 - 2709.

[46] Heckman K L，DeCoteau W，Estevez A，et al. Custom cerium oxide nanoparticles protect against a free radical mediated autoimmune degenerative disease in the brain [J]. ACS Nano，2013，7(12)：10582 - 10596.

[47] Karakoti A，Singh S，Dowding J M，et al. Redox-active radical scavenging nanomaterials [J]. Chemical Society Reviews，2010，39(11)：4422 - 4432.

[48] Das S，Dowding J M，Klump K E，et al. Cerium oxide nanoparticles：Applications and prospects in nanomedicine [J]. Nanomedicine，2013，8(9)：1483 - 1508.

[49] Wu X W，Zhang Y，Lu Y C，et al. Synergistic and targeted drug delivery based on nano-CeO₂ capped with galactose functionalized pillar[5]arene *via* host-guest interactions [J]. Journal of Materials Chemistry B，2017，5(19)：3483 - 3487.

[50] Xia T，Kovochich M，Liong M，et al. Comparison of the mechanism of toxicity of zinc oxide and cerium oxide nanoparticles based on dissolution and oxidative stress properties [J]. ACS Nano，2008，2(10)：2121 - 2134.

[51] Pierscionek B K，Li Y B，Yasseen A A，et al. Nanoceria have no genotoxic effect on human lens epithelial cells [J]. Nanotechnology，2010，21(3)：035102.

[52] Singh S，Dosani T，Karakoti A S，et al. A phosphate-dependent shift in redox state of cerium oxide nanoparticles and its effects on catalytic properties [J]. Biomaterials，2011，32(28)：6745 - 6753.

[53] Liu B W，Huang Z C，Liu J W. Boosting the oxidase mimicking activity of nanoceria by fluoride capping：Rivaling protein enzymes and ultrasensitive F(-) detection [J]. Nanoscale，2016，8(28)：13562 - 13567.

[54] Song S Y，Wang X，Zhang H J. CeO₂-encapsulated noble metal nanocatalysts：Enhanced activity and stability for catalytic application [J]. NPG Asia Materials，2015，7(5)：e179.

[55] Liu K，Wang A Q，Zhang T. Recent advances in preferential oxidation of CO reaction over platinum group metal catalysts [J]. ACS Catalysis，2012，2(6)：1165 - 1178.

[56] Chen S L，Luo L F，Jiang Z Q，et al. Size-dependent reaction pathways of low-temperature CO oxidation on Au/CeO₂ catalysts [J]. ACS Catalysis，2015，5(3)：1653 - 1662.

[57] Hu Z，Liu X F，Meng D M，et al. Effect of ceria crystal plane on the physicochemical and catalytic properties of Pd/ceria for CO and propane oxidation [J]. ACS Catalysis，2016，6(4)：2265 -

2279.

[58] Gao Y X, Wang W D, Chang S J, et al. Morphology effect of CeO_2 support in the preparation, metal-support interaction, and catalytic performance of Pt/CeO_2 catalysts [J]. ChemCatChem, 2013, 5(12): 3610 - 3620.

[59] An K, Alayoglu S, Musselwhite N, et al. Enhanced CO oxidation rates at the interface of mesoporous oxides and Pt nanoparticles [J]. Journal of the American Chemical Society, 2013, 135(44): 16689 - 16696.

[60] Zhong S L, Zhang L F, Wang L, et al. Uniform and porous $Ce_{1-x}Zn_xO_{2-\delta}$ solid solution nanodisks: Preparation and their CO oxidation activity [J]. The Journal of Physical Chemistry C, 2012, 116(24): 13127 - 13132.

[61] Qin J W, Lu J F, Cao M H, et al. Synthesis of porous CuO - CeO_2 nanospheres with an enhanced low-temperature CO oxidation activity [J]. Nanoscale, 2010, 2(12): 2739 - 2743.

[62] Li J, Zhu P F, Zhou R X. Effect of the preparation method on the performance of CuO - MnO_x - CeO_2 catalysts for selective oxidation of CO in H2-rich streams [J]. Journal of Power Sources, 2011, 196(22): 9590 - 9598.

[63] Kempaiah D M, Yin S, Sato T. A facile and quick solvothermal synthesis of 3D microflower CeO_2 and $Gd: CeO_2$ under subcritical and supercritical conditions for catalytic applications [J]. CrystEngComm, 2011, 13(3): 741 - 746.

[64] Wu Z L, Li M J, Overbury S H. On the structure dependence of CO oxidation over CeO_2 nanocrystals with well-defined surface planes [J]. Journal of Catalysis, 2012, 285(1): 61 - 73.

[65] Ho C, Yu J C, Kwong T, et al. Morphology-controllable synthesis of mesoporous CeO_2 nano- and microstructures [J]. Chemistry of Materials, 2005, 17(17): 4514 - 4522.

[66] Pan C S, Zhang D S, Shi L Y, et al. Template-free synthesis, controlled conversion, and CO oxidation properties of CeO_2 nanorods, nanotubes, nanowires, and nanocubes [J]. European Journal of Inorganic Chemistry, 2008, 2008(15): 2429 - 2436.

[67] Yang Z J, Wei J J, Yang H X, et al. Mesoporous CeO_2 hollow spheres prepared by Ostwald ripening and their environmental applications [J]. European Journal of Inorganic Chemistry, 2010, 2010(21): 3354 - 3359.

[68] Amrute A P, Mondelli C, Moser M, et al. Performance, structure, and mechanism of CeO_2 in HCl oxidation to Cl_2 [J]. Journal of Catalysis, 2012, 286: 287 - 297.

[69] Farra R, Eichelbaum M, Schlögl R, et al. Do observations on surface coverage-reactivity correlations always describe the true catalytic process? A case study on ceria [J]. Journal of Catalysis, 2013, 297: 119 - 127.

[70] Li C W, Sun Y, Djerdj I, et al. Shape-controlled CeO_2 nanoparticles: Stability and activity in the catalyzed HCl oxidation reaction [J]. ACS Catalysis, 2017, 7(10): 6453 - 6463.

[71] Sun Y F, Liu Q H, Gao S, et al. Pits confined in ultrathin cerium (IV) oxide for studying catalytic centers in carbon monoxide oxidation [J]. Nature Communications, 2013, 4: 2899.

[72] Vicario G, Balducci G, Fabris S, et al. Interaction of hydrogen with cerium oxide surfaces: A quantum mechanical computational study [J]. The Journal of Physical Chemistry B, 2006, 110(39): 19380 - 19385.

[73] Chong M B, Cheng D G, Liu L, et al. Deactivation of CeO_2 catalyst in the hydrogenation of benzoic acid to benzaldehyde [J]. Catalysis Letters, 2007, 114(3): 198 - 201.

[74] Cheng D G, Chong M, Chen F, et al. A review on the research of powdering-resistance of galvannealed steel sheets e [J]. Catalysis Letters, 2007, 120 (2): 82 - 85.

[75] Vilé G, Bridier B, Wichert J, et al. Ceria in hydrogenation catalysis: High selectivity in the

conversion of alkynes to olefins [J]. Angewandte Chemie (International Ed in English), 2012, 51 (34): 8620 - 8623.

[76] Kumar P, Kumar A, Joshi C, et al. Heterostructured nanocomposite tin phthalocyanine@mesoporous ceria (SnPc@CeO₂) for photoreduction of CO₂ in visible light [J]. RSC Advances, 2015, 5(53): 42414 - 42421.

[77] Vilé G, Colussi S, Krumeich F, et al. Opposite face sensitivity of CeO₂ in hydrogenation and oxidation catalysis [J]. Angewandte Chemie (International Ed in English), 2014, 53(45): 12069 - 12072.

[78] García-Melchor M, Bellarosa L, López N. Unique reaction path in heterogeneous catalysis: The concerted semi-hydrogenation of propyne to propene on CeO₂ [J]. ACS Catalysis, 2014, 4(11): 4015 -4020.

[79] Zhu H Z, Lu Y M, Fan F J, et al. Selective hydrogenation of nitroaromatics by ceria nanorods [J]. Nanoscale, 2013, 5(16): 7219 - 7223.

[80] Tamura M, Honda M, Nakagawa Y, et al. Direct conversion of CO₂ with diols, aminoalcohols and diamines to cyclic carbonates, cyclic carbamates and cyclic ureas using heterogeneous catalysts [J]. Journal of Chemical Technology & Biotechnology, 2014, 89(1): 19 - 33.

[81] Santos B A V, Pereira C S M, Silva V M T M, et al. Kinetic study for the direct synthesis of dimethyl carbonate from methanol and CO₂ over CeO₂ at high pressure conditions [J]. Applied Catalysis A: General, 2013, 455: 219 - 226.

[82] Honda M, Tamura M, Nakagawa Y, et al. Catalytic CO₂ conversion to organic carbonates with alcohols in combination with dehydration system [J]. Catalysis Science & Technology, 2014, 4(9): 2830 - 2845.

[83] Honda M, Kuno S, Sonehara S, et al. Tandem carboxylation-hydration reaction system from methanol, CO₂ and benzonitrile to dimethyl carbonate and benzamide catalyzed by CeO₂ [J]. ChemCatChem, 2011, 3(2): 365 - 370.

[84] Honda M, Tamura M, Nakagawa Y, et al. Ceria-catalyzed conversion of carbon dioxide into dimethyl carbonate with 2-cyanopyridine [J]. ChemSusChem, 2013, 6(8): 1341 - 1344.

[85] Honda M, Tamura M, Nakao K, et al. Direct cyclic carbonate synthesis from CO₂ and diol over carboxylation/hydration cascade catalyst of CeO₂ with 2-cyanopyridine [J]. ACS Catalysis, 2014, 4 (6): 1893 - 1896.

[86] Wang S P, Zhao L F, Wang W, et al. Morphology control of ceria nanocrystals for catalytic conversion of CO₂ with methanol [J]. Nanoscale, 2013, 5(12): 5582 - 5588.

[87] Chang S J, Li M, Hua Q, et al. Shape-dependent interplay between oxygen vacancies and Ag - CeO₂ interaction in Ag/CeO₂ catalysts and their influence on the catalytic activity [J]. Journal of Catalysis, 2012, 293: 195 - 204.

[88] Zhang S, Xia Z M, Zou Y, et al. Interfacial frustrated lewis pairs of CeO₂ activate CO₂ for selective tandem transformation of olefins and CO₂ into cyclic carbonates [J]. Journal of the American Chemical Society, 2019, 141(29): 11353 - 11357.

[89] Chueh W C, Haile S M. Ceria as a thermochemical reaction medium for selectively generating syngas or methane from H₂O and CO₂ [J]. ChemSusChem, 2009, 2(8): 735 - 739.

[90] Chueh W C, Falter C, Abbott M, et al. High-flux solar-driven thermochemical dissociation of CO₂ and H₂O using nonstoichiometric ceria [J]. Science, 2010, 330(6012): 1797 - 1801.

[91] Wang Y G, Li B, Zhang C L, et al. Ordered mesoporous CeO₂ - TiO₂ composites: Highly efficient photocatalysts for the reduction of CO₂ with H₂O under simulated solar irradiation [J]. Applied Catalysis B: Environmental, 2013, 130/131: 277 - 284.

[92] Jiang D, Wang W Z, Gao E P, et al. Highly selective defect-mediated photochemical CO₂ conversion over fluorite ceria under ambient conditions [J]. Chemical Communications, 2014, 50(16): 2005 - 2007.

[93] Jiao J Q, Wei Y C, Zhao Z, et al. Photocatalysts of 3D ordered macroporous TiO₂-supported CeO₂ nanolayers: Design, preparation, and their catalytic performances for the reduction of CO₂ with H₂O under simulated solar irradiation [J]. Industrial & Engineering Chemistry Research, 2014, 53(44): 17345 - 17354.

[94] Yang X F, Kattel S, Senanayake S D, et al. Low pressure CO₂ hydrogenation to methanol over gold nanoparticles activated on a CeO(x)/TiO₂ interface [J]. Journal of the American Chemical Society, 2015, 137(32): 10104 - 10107.

[95] Li P, Zhou Y, Zhao Z Y, et al. Hexahedron prism-anchored octahedronal CeO₂: Crystal facet-based homojunction promoting efficient solar fuel synthesis [J]. Journal of the American Chemical Society, 2015, 137(30): 9547 - 9550.

[96] Primo A, Marino T, Corma A, et al. Efficient visible-light photocatalytic water splitting by minute amounts of gold supported on nanoparticulate CeO₂ obtained by a biopolymer templating method [J]. Journal of the American Chemical Society, 2011, 133(18): 6930 - 6933.

[97] Wang Y Q, Wang H B, Xu Y. Texture segmentation using vector-valued Chan-Vese model driven by local histogram [J]. Computers & Electrical Engineering, 2013, 39(5): 1506 - 1515.

[98] Westfahl J C, Gresham T L. Vinylidene cyanide. VI. the aluminum chloride catalyzed reaction with t-alkanes [J]. Journal of the American Chemical Society, 1955, 77(4): 936 - 939.

[99] Tamura M, Satsuma A, Shimizu K I. CeO₂-catalyzed nitrile hydration to amide: Reaction mechanism and active sites [J]. Catalysis Science & Technology, 2013, 3(5): 1386 - 1393.

[100] Tamura M, Sawabe K, Tomishige K, et al. Substrate-specific heterogeneous catalysis of CeO₂ by entropic effects via multiple interactions [J]. ACS Catalysis, 2015, 5(1): 20 - 26.

[101] Liu J J, Wu X P, Zou S H, et al. Origin of the high activity of mesoporous CeO₂ supported monomeric VOₓ for low-temperature gas-phase selective oxidative dehydrogenation of benzyl alcohol: Role As an electronic "hole" [J]. The Journal of Physical Chemistry C, 2014, 118(43): 24950 - 24958.

[102] Lv J G, Shen Y, Peng L M, et al. Exclusively selective oxidation of toluene to benzaldehyde on ceria nanocubes by molecular oxygen [J]. Chemical Communications, 2010, 46(32): 5909 - 5911.

[103] Leyva-Pérez A, Cómbita-Merchán D, Cabrero-Antonino J R, et al. Oxyhalogenation of activated arenes with nanocrystalline ceria [J]. ACS Catalysis, 2013, 3(2): 250 - 258.

[104] Tamura M, Kishi R, Nakagawa Y, et al. Self-assembled hybrid metal oxide base catalysts prepared by simply mixing with organic modifiers [J]. Nature Communications, 2015, 6: 8580.

[105] Tamura M, Hakim Siddiki S M A, Shimizu K I. CeO₂ as a versatile and reusable catalyst for transesterification of esters with alcohols under solvent-free conditions [J]. Green Chemistry, 2013, 15(6): 1641 - 1646.

[106] Zhang Z X, Wang Y H, Lu J M, et al. Conversion of isobutene and formaldehyde to diol using praseodymium-doped CeO₂ catalyst [J]. ACS Catalysis, 2016, 6(12): 8248 - 8254.

Chapter 6

高附加值稀土
材料的应用

王启舜，宋术岩，张洪杰

（中国科学院长春应用化学研究所稀土资源利用国家重点实验室）

6.1 概述

稀土(rare earth)被誉为"工业维生素",因其具有丰富的光、电、磁、热、催化等性质,成为重要的战略资源。稀土元素包含原子序数为 57 至 71 的 15 种镧系元素,以及与镧系元素化学性质相似、通常与镧系元素共生的钪(Sc)和钇(Y)两种元素。根据稀土元素外电子层结构的不同,这 17 种稀土元素通常被划分为轻稀土和重稀土两大类,其中轻稀土有镧、铈、镨、钕、钷、钐、铕;重稀土有钆、铽、镝、钬、铒、铥、镱、镥、钪、钇。

稀土元素独特的物理化学性质主要源于其独特的 4f 和 5d 外电子层结构。随着稀土元素原子核每增加一个质子,相应地就会有一个电子填充到外层的 4f 轨道中。与 6s、5s 和 5p 轨道相比,4f 轨道对核电荷的屏蔽作用较大。因此,在所有稀土元素中,尽管原子序数不同,但其原子半径的差异并不显著。这种相近的原子半径使得稀土元素能够以任意比例在其他稀土基材料中进行掺杂,这是稀土材料性质具有多样性的根本原因之一。[1,2]

稀土元素在地壳中的丰度相对较高,但其空间分布极不均匀。我国的稀土资源储量位居世界前列,是世界上稀土资源最丰富的国家之一。显然,我国并非世界上唯一拥有稀土的国家,但却承担了世界稀土供应的重要角色。2008—2011 年,我国稀土产量占全球总产量的95%以上。在这一时期,我国生产了全球 95%的稀土原材料、97%的稀土氧化物、90%的稀土金属合金、75%的钕铁硼磁体和 60%的钐钴磁体。2012 年开始,中国稀土产量占全球总产量的比例下降至 90%以下。尽管如此,近年来中国的产量仍然占据全球的绝大多数。除中国外,美国和澳大利亚也是主要的稀土生产国(图 6-1)。[3]2023 年全球稀土矿产量约为 35

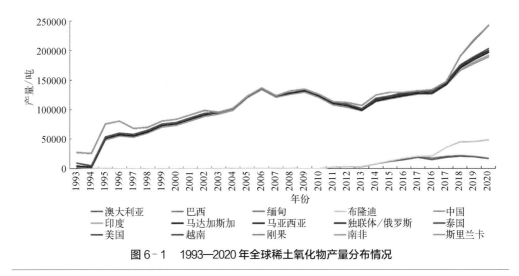

图 6-1 1993—2020 年全球稀土氧化物产量分布情况

万吨,其中中国产量为 24 万吨;美国产量为 4.3 万吨;缅甸产量为 3.8 万吨,相比 2022 年增加了两倍多,成为第三大稀土生产国;澳大利亚产量保持在 1.8 万吨,位居第四。

我国从战略上高度重视对稀土开发和应用,稀土产业已成为我国在国际上具有显著影响力和重要话语权的领域之一。从整个稀土产业链的产品来看,世界上超过 90% 的稀土精矿来自我国,这使我国成为全球最大的稀土原材料供应国和消费国。尽管我国拥有世界先进的稀土分离提纯技术,但在稀土应用技术方面与发达国家相比仍存在较大差距,尤其是在稀土功能性材料的关键元器件等生产应用技术上,这种技术不足限制了我国稀土应用产业的发展。目前,我国约 70% 的稀土企业主要从事冶炼和分离工作,而在高端稀土应用产品上的研发投入显得不足。稀土产品市场呈现低端产品过剩、高端产品短缺的特点。有高端技术附加值的稀土功能材料,其原料成本在销售价格中所占比例相对较小。例如,日本在稀土镍氢电池、稀土永磁材料和发光材料领域的产品,在质量和性能方面均优于我国的产品,其经济效益也更为显著。在我国加速从稀土资源大国加速迈向稀土产业强国的过程中,中国稀土集团于 2021 年 12 月成立,作为稀土"国家队",通过兼并重组和淘汰落后产能,致力于实现资源的市场优化配置和产业的集约发展。

装备制造处于工业的核心地位,是支撑国民经济发展的主导产业,也是实现工业化和现代化的关键。《中国制造 2025》规划了十大重点工程,相关产业发展对稀土材料的质量性能和保障能力等提出了更高的要求。《稀土行业发展规划(2016—2020 年)》提出,要加快发展高性能稀土磁性、储氢、晶体、发光、高频等新材料,提升稀土关键材料和零部件的保障能力,培育稀土在航空航天、轨道交通、海洋工程、工业机器人、高档数控机床、医疗器械等领域的应用,发挥稀土材料在未来社会发展中数字化、智能化、网络化建设的支撑作用。未来将以稀土永磁材料、稀土金属结构材料、稀土激光材料等为发展重点,加快研发型材加工和高效合成等新材料制备关键技术和装备,加强基础研究和体系建设,以突破高端装备制造技术瓶颈。在《"十四五"原材料工业发展规划》中,稀土产业被明确为技术创新重点方向,涉及新技术研发、技术工程化、产业化应用等多个细分领域。

近年来,稀土在永磁、发光、储氢、抛光、催化等领域的应用愈发凸显。特别是在磁学和光学相关的先进材料中,尚未发现高效的稀土替代材料,稀土元素在这些材料中的作用是不可替代的。含有稀土的功能材料已广泛应用于高新技术产业和国防军工等重要领域,预计未来其作用将更为显著。稀土已成为推动战略性新兴产业快速发展的重要支撑。随着这些产业的持续发展,未来对稀土新材料的需求将继续保持快速增长的态势。

6.2　稀土永磁材料

磁性是物质的一种普遍属性,与电子和原子核的运动状态紧密相关,可表现为抗磁性、顺磁性、铁磁性和反铁磁性等多种磁学性质。稀土元素有 7 个 4f 电子轨道,除 Sc、Y、La 和 Lu 之外的稀土元素都存在孤对电子,因此它们展现出丰富的磁学性质。铁磁性的产生 使较多的原子由于交换作用,电子自旋成同向,自旋磁矩自发形成相同取向。这种现象只 出现在晶态结构中。稀土永磁材料是稀土金属与过渡族金属形成的具有铁磁性的合金,经 特定的工艺加工制成的永磁材料。[4,5]

自 1966 年发现第一种稀土永磁材料以来,已有三代稀土永磁材料被广泛应用于各个 领域。这些材料因其优异的性能,被广泛应用于电子信息、汽车工业、医疗设备、能源交通 等多个领域。稀土永磁材料是支撑新能源等战略性新兴产业发展的核心材料之一,也是目 前消费量最大、增速最快的应用领域之一。在国内,稀土永磁材料的消费量占比超过 40%,在全球消费量中的占比也超过了 20%。目前,钕铁硼材料占据了整个稀土磁性材料 市场份额的 98.8%,而钐钴永磁材料和铁氮永磁材料则占 1.2%。新能源汽车的发展是稀 土永磁行业高速增长的强劲动力。随着新能源和节能环保等产业的发展,新能源汽车和风 力发电等领域预计将带来超过 10 万吨/年的高性能钕铁硼需求。[3]

6.2.1　稀土永磁材料的历史

稀土永磁材料按开发应用的时间顺序可分为三代:第一代稀土永磁材料($SmCo_5$),第 二代稀土永磁材料(Sm_2Co_{17})和第三代钕铁硼永磁材料($Nd_2Fe_{14}B$)。

1966 年,美国 Wright-Patterson 空军基地材料实验室的 Karl J. Strnat 在稀土-钴合 金中发现极高的磁能积,进而开发出了第一代钐钴永磁材料($SmCo_5$),$SmCo_5$ 永磁体具有 $18\sim25$ MGOe 的磁能积(图 6-2)。1972 年,Strnat 与戴顿大学的 Alden Ray 合作,进一步 发展出了第二代钐钴永磁材料(Sm_2Co_{17})。通过添加铁、铜和锆等元素,Sm_2Co_{17} 永磁体的 磁能积提高到了 33 MGOe。此外,Sm_2Co_{17} 永磁材料还拥有卓越的热稳定性,其使用温度 可达 550 ℃。

钐钴永磁体具有耐高温、耐腐蚀、抗去磁能力强等特性,但其价格相对较高。钐钴永磁 体的制造不仅需要使用稀土元素钐,而且还需要较为稀缺且昂贵的钴,这限制了其广泛应 用,其主要被用于制造那些工作环境复杂或性能要求较高的产品。以 Sm_2Co_{17} 为主的钐钴 永磁体在军工、航空航天等领域依然占据着牢固的地位。

1982 年,日本住友特殊金属公司(Sumitomo Special Metals)的 Masato Sagawa 发现了 钕铁硼形成的四方晶系晶体,其具有比钐钴磁铁更高的磁能积。这种材料即钕铁硼磁铁, 也常被称为“钕磁铁”(图 6-3)。住友特殊金属公司利用粉末冶金法生产钕铁硼磁铁。几 乎同时,美国通用汽车公司(General Motors)的 John Croat 研发出了旋喷熔炼法用于生产 钕铁硼磁铁。中国科学院也在这一时期成功研制出了钕铁硼稀土永磁材料。从 20 世纪 80 年代中期开始,钕铁硼磁铁进入了产业化应用阶段。[6-8]

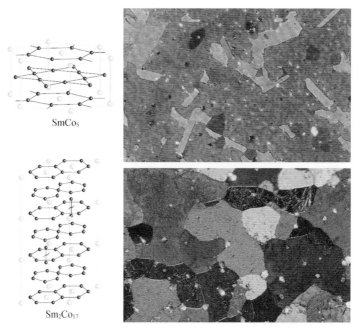

SmCo₅

Sm₂Co₁₇

图6-2   第一代和第二代钐钴永磁体的晶体结构和晶相

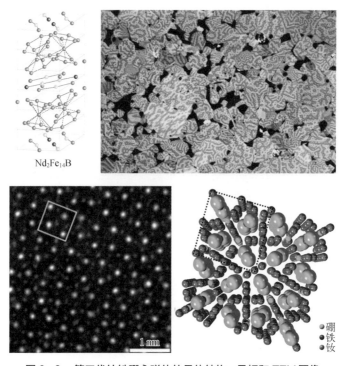

Nd₂Fe₁₄B

1 nm

硼
铁
钕

图6-3   第三代钕铁硼永磁体的晶体结构、晶相和 TEM 图像

第三代钕铁硼永磁材料目前仍是世界上磁性最强的商品化永磁材料,其最大磁能积比第一、二代钐钴永磁材料的更高。钕铁硼永磁的热稳定性较钐钴较差,且易氧化,因此需要进行表面防护处理。但在常温下,钕铁硼永磁的磁性能比钐钴高,抗去磁能力强,且价格适中。因此,钕铁硼永磁迅速实现了工业化生产,并很快在许多领域取代了钐钴永磁,广泛应用于能源、交通、机械、医疗、计算机、家电等多个领域。

钕铁硼永磁体还可分为黏结钕铁硼磁体和烧结钕铁硼磁体。麦格昆磁公司(Magnequench)拥有的钕铁硼磁快淬磁粉的成分及制备工艺专利在过期前未向其他制造商授予专利许可,因此对黏结钕铁硼磁粉市场拥有绝对控制权。黏结钕铁硼磁体的磁性能和机械强度相对较低,应用范围受到较大限制,不如烧结钕铁硼磁体广泛(图6-4)。近年来,热压(热变形)钕铁硼磁体再次引起人们的高度关注,一方面因为它为开发各向异性双相复合纳米晶永磁材料开辟了新的途径,另一方面得益于自2011年以来稀土原料(特别是铽、镝)价格的飙升。在同等内禀矫顽力条件下,热压(热变形)磁体的镝含量比烧结磁体低2%~3%(质量分数),因此热压钕铁硼的加工成本劣势可以被降低镝含量的成本节约所抵消。

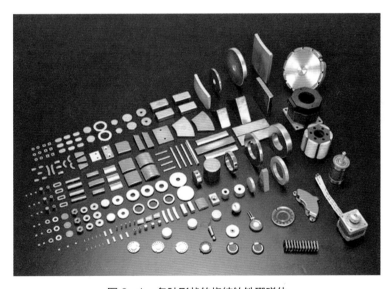

图6-4　各种形状的烧结钕铁硼磁体

近年来,钕铁硼永磁的耐热性和抗腐蚀性等性能得到提升,成为目前性价比极高的稀土永磁材料之一。钕铁硼永磁材料已广泛应用于电子信息、汽车工业、医疗设备、能源交通等多个领域。钕铁硼材料也是支撑绿色能源等战略性新兴产业的核心材料,对构建完整的低碳减排绿色产业链具有长远的战略意义。

目前,正在积极开发和寻找的第四代稀土永磁材料中,RE-Fe-N系和RE-Fe-C系永磁材料均展现出良好的应用前景。[9]

6.2.2   稀土永磁材料的应用

稀土永磁电机在新能源汽车、工程机械、家电、电子设备等领域有着广泛的应用。直驱式永磁风力发电机用于风力发电,而稀土磁体还广泛应用于医疗、工业、仪器以及磁悬浮列车等众多领域。[10-12]

1. 新能源汽车

新能源汽车包括混合动力汽车(hybrid electric vehicle,HEV)、插电式混合动力汽车(plug-in hybrid electric vehicle,PHEV)、增程式电动汽车(extended-range electric vehicles,EREV)、纯电动汽车(battery electric vehicle,BEV),以及已小规模投放市场进行实验测试的燃料电池汽车(fuel cell electric vehicle,FCEV)等。混合动力汽车同时具备两种动力来源,即传统的内燃机与电机。通过低速工况下只使用电机驱动汽车和特殊的变速器,使得动力系统中的汽油机能够根据整车的运行状况进行调控,从而使发动机保持在高效率区间内工作。结合制动时动能回收对电池充电等手段,可有效降低油耗与尾气排放,节能环保效益显著。

在混合动力汽车的基础上增加充电装置,并加大电池,就成了插电式混合动力汽车,在市区低速、短途范围内行驶,插电式混合动力汽车可以完全依赖电力形式,实现零排放。只有在电池耗尽或高速行驶等情况下,才需要使用内燃机。增程式电动汽车完全使用电力驱动,内燃机仅用于带动发电机对电池充电。纯电动汽车和燃料电池汽车则完全摒弃了内燃机,依靠电池供电带动电机进行低速和高速行驶。

新能源汽车通常需要配备电机,尤其是除混合动力汽车外,其他类型的电动汽车均需要依靠电机进行高速行驶,对电机的性能有着极高的要求,并且往往配备多台电机。目前,电动汽车使用的电机主要有交流异步电机和永磁同步电机两种。交流异步电机转子使用励磁线圈,有电力消耗。而永磁同步电机使用钕铁硼永磁体作为转子,不需要电力维持磁场,技术上更为先进。永磁同步电机需要克服钕铁硼永磁材料的退磁问题,因此其散热设计和电机控制算法较为重要。永磁同步电机的物料成本比感应电机高约70%,稀土永磁体是永磁同步电机的核心材料之一,占电机物料成本的2/3左右。

永磁同步电机具有功率密度高、调速范围广、转换效率高的优势。在同体积下,永磁电机的功率更大,对于空间局促的电动汽车尤为重要。永磁同步电机调速范围广、起步扭矩大,可以省去汽车变速箱和减速器直接驱动车轴,这样节省了更多的空间。永磁电机转子不需要励磁线圈,转换效率更高,同时取消减速器提升了机械传动效率,进一步降低了车辆的能耗。小体积的永磁电机甚至可以直接集成到汽车轮毂中,实现汽车空间的利用最大化。目前,除个别旧款电动车应用感应电机或感应电机与永磁同步电机组合,主流车型均仅采用永磁同步电机,特别是在国内生产的车型,包括比亚迪、吉利、奇瑞、五菱、北汽等自主品牌,蔚来、小鹏、小米等新势力品牌,以及特斯拉、大众等外资品牌。

永磁同步电机的磁体成本较高,且每辆新能源汽车通常需要使用 1～4 台电机,每台稀土永磁同步电机需使用烧结钕铁硼磁体 1～3 kg。纯电动汽车需要更为强劲的电机,对钕铁硼永磁材料需求更大。中国、欧洲和北美是新能源汽车的三大主要市场。国际能源署数据显示,2022 年全球新能源汽车销量为 1 031 万辆,首次突破 1 000 万辆,同时保有量达到 2 600 万辆、新车渗透率达到 14%;2023 年销量接近 1 400 万辆,渗透率突破 18%。2016—2022 年全球电动汽车品牌份额变化趋势如图 6 - 5 所示。我国统计的 2023 年新能源汽车销量为 829.2 万辆,同比增长 33.5%,市场占有率达到 31.6%,连续 9 年位居全球第一;出口 120.3 万辆,同比增长 77.6%。预计到 2030 年,全球新能源车型保有量将达到 3.8 亿辆,带来可达百万吨级的钕铁硼需求量。因此,新能源汽车将拉动永磁材料的长期需求。

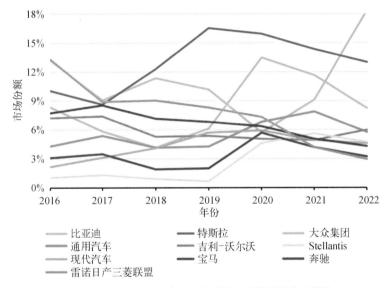

图 6 - 5　2016—2022 年全球电动汽车品牌份额变化趋势

注:电动汽车销售项目的市场份额(包括电池、电动和插电式混合动力汽车)。

除了用于驱动的电机,汽车内部还大量使用了包含钕铁硼磁体的微特电机。每辆汽车中有多达几十个部位会用到永磁电机,如电动调节座椅、电动天窗和门窗、电动后视镜、雨刷器以及各类电磁阀等。此外,汽车的电动助力转向系统(electric power steering,EPS)也用到了稀土永磁体。

2. 工程机械

稀土永磁同步电机除了在新能源汽车领域有着广泛的应用,也在电梯生产、起重机械、采油泵等机械领域得到了应用(图 6 - 6),并受益于扭矩大、体积小、重量轻、传动效率高、使用寿命长、功率因数高等优点。稀土直驱永磁电机无需传统的内燃机、感应电机配套减速箱、传递机构,这有利于简化工程机械结构,降低运行中的能耗,并减轻维护的压力。

图6-6   稀土永磁电机

由稀土永磁同步电机直接驱动的无齿轮曳引电梯,能显著提高电梯曳引系统的安全性和可靠性。高性能稀土永磁钕铁硼每年的需求量在5 000吨左右,并且呈现出逐年递增的趋势。我国已成为全球最大的电梯制造国。使用稀土直驱永磁电机的起重机械,相较于传统起重机械,结构更加简单轻巧,可靠性更高,维护成本更低,同时也能降低噪声。直驱式螺杆采油泵取消了传统采油泵的皮带传动机械部分,改为利用立式空心轴高效永磁电机直接驱动螺杆,从而简化了结构,提高了节能效果。

3. 家用电器

我国已成为全球家电生产基地,家电业产值已超过1.5万亿元。随着家电产品数量的增加,节能减排和智能化成为家电行业的发展趋势。传统的定频空调由于压缩机工作模式单一,只能通过不断地启停来调节室内温度,容易造成室温忽冷忽热,不仅降低了舒适度,还消耗了较多的电能。相比之下,采用变频控制技术的变频空调,可以根据环境温度自动选择运转方式,在低转速、低能耗状态下连续运作,实现较小的温差波动,达到舒适的控温效果。稀土永磁体是变频空调的重要磁体材料,平均每台稀土永磁变频电机使用钕铁硼磁体约100克。除变频空调外,洗衣机和冰箱等家电也受益于变频技术,它们降低了产品噪声、提升了性能,并实现了更低的能耗。

电动工具,尤其是手持式电动工具,基本要求包括外形小巧、重量轻以及功率大等。为了满足这些要求,近年来在电动工具上不断采用新材料、新工艺和新技术。镁合金和锂离子电池的应用显著减轻了工具的重量;在电机方面,体积小、效率高的稀土永磁电机成为发展趋势,其市场增长速度非常快。钕铁硼永磁电机在电动工具中具有以下优点:空载转速较低，从而降低了空载噪声；机械性能提高，使得工具可以实现更小的体积和重量。

4. 电子设备、手持和可穿戴设备

电声器件，如音响和耳机，是我国钕铁硼消费量较大的行业之一。由于钕铁硼价格不断上涨，目前普通音箱所使用的磁体多数仍旧使用铁氧体磁材，只有耳机、高端音箱和特殊设计需求（如嵌入式）才会使用钕铁硼磁体。钕铁硼永磁体音箱在相同输出功率和音质下相比铁氧体设备可以显著减小尺寸和重量。

电子计算机的硬盘和光盘驱动器部分都需要高性能的烧结和黏结永磁材料（图 6-7）。由于网络流媒体的兴起和闪存、硬盘价格的大幅下降，光驱作为大容量存储介质的应用场合变窄，产量显著下降。2011 年，硬盘驱动器的出货量总计为 6.3 亿台，使用了烧结钕铁硼磁体 6 300 吨、黏结钕铁硼磁体 1 300 吨。尽管机械硬盘的产量受到固态硬盘（solid state drive，SSD）的冲击，但机械硬盘在每 GB 单价和稳定性方面仍具有一定优势。随着技术水平的提升，磁盘记录密度不断增大，而对其体积的要求却日益减小，因此，高性能稀土永磁材料仍然是不可或缺的关键材料。2023 年，全球 HDD 机械硬盘的出货量约为 1.3 亿台，有显著下降，但以容量计算仍呈持续上升趋势。在未来的一段时间内，大容量机械硬盘在数据中心和监控领域仍将保持稳定的市场需求。

图 6-7　磁性材料应用于硬盘驱动器的盘片和磁头

智能手机对稀土永磁体的需求主要包括手机震动马达和手机微型电声元件两部分（图 6-8）。全球智能手机的出货量一度达到 15 亿台/年，2023 年有所下降，但仍超过 11 亿台。

图 6-8　线性马达（包含钕磁铁），已广泛用于游戏手柄、智能手机以及可穿戴设备

尽管每台手机对永磁体的用量较少，仅为克级，但受消费电子类产品短更新周期的驱动，每年成品钕铁硼磁体的需求量仍超过 4 000 吨。预计未来可穿戴设备和虚拟现实设备将迅速发展，它们对稀土永磁体的需求将与智能手机类似。一旦这些新兴设备的需求爆发，它们的市场规模将可与智能手机相媲美。

5. 风力发电

风力发电是一种可再生新型清洁能源，其发电成本与传统火力发电最为接近，综合优势明显，已被各国普遍接受和应用。风力发电依靠自然风力，不消耗化石燃料，不产生碳排放，且不受煤炭进口价格波动的影响，因此发电成本相对稳定。

风电机组的核心是风力发电机(图 6-9)，主要分为交流励磁双馈式异步风力发电机和直驱式永磁风力发电机两种。直驱式永磁风力发电机结构简单，不需要齿轮箱减速，因此运行可靠、发电效率高，成为未来风电机组的发展趋势。钕铁硼材料作为风力发电机的重要励磁元件，大量使用钕铁硼永磁材料。

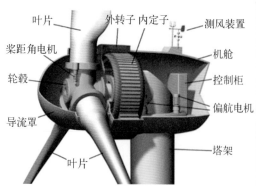

图 6-9　风力发电机结构和风力农场

我国的风电发电总装机容量在 2010 年首次超过美国，位居世界第一。尽管受到稀土原材料价格上涨的推动，钕铁硼磁体的售价提高，这降低了直驱风力发电机的市场竞争力，但目前直驱风力发电机仍占有约 40% 的市场份额。每年装机容量基本保持在约 1 800 万千瓦的水平，使用烧结钕铁硼磁体约 3 000 吨。在直驱风力发电机领域，我国提供的烧结钕铁硼磁体占全球市场份额超过 90%。

6. 磁悬浮列车

磁悬浮列车利用车载磁体与轨道磁体间产生的作用力，产生向上的悬浮力，使列车脱离轨道运行。由于车辆不与轨道接触，因此大大降低了摩擦阻力，具有节能减排的优势，也有利于提升车辆运行速度。

国防科技大学与中国中车唐山机车车辆有限公司自主研发了"长定子永磁直线同步牵引 + 永磁电磁混合悬浮"技术方案，该方案利用车载磁体与轨道磁体间产生的排斥力和吸引力共同作用，从而产生向上的悬浮力，使列车脱离轨道运行。2018 年 7 月，时速 160 公里的新型磁悬浮列车工程样车在国防科技大学磁悬浮试验线运行试验成功。该列车技术方案在国际上是首次采用，与我国现在投入运营的长沙、北京中低速磁悬浮交通相比，悬浮功耗降低 20%，牵引效率提高 10% 以上，综合技术性能达到国际先进水平。[13]

较广为人知的上海磁悬浮示范线路是目前唯一商业运营的高速磁悬浮线路，该线路采用德国技术，利用列车和轨道间布置的电磁铁的吸引力作用悬浮。然而，这种悬浮方式需要消耗较多的电能。我国目前正在研发具有完全自主知识产权的时速 600 公里磁悬浮项目（图 6 - 10），该项目采用成熟的常导技术和具有我国特色的永磁电磁混合悬浮技术组合的技术方案，样车已于 2019 年 5 月下线。[14]

图 6 - 10　中车四方时速 600 公里磁悬浮样车

7. 其他领域的应用

磁选领域是磁体的传统应用领域之一。尽管部分低档设备仍在使用铁氧体磁体，但在高档磁选设备中，钕铁硼磁体无法被替代。在核磁共振成像领域，过去的永磁式 RMI - CT 设备采用了铁氧体永磁磁体，磁体重达 26～50 吨。然而，随着技术的发展，现在采用了最新的钕铁硼永磁材料，每台核磁共振成像仪只需要 0.5～3 吨的钕铁硼永磁体，而其磁场强度却提高了一倍，图像清晰度也得到了显著提升（图 6 - 11）。

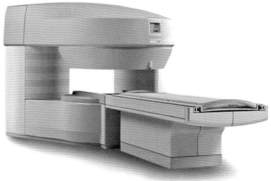

图 6‑11   用于成像的永磁磁共振磁体和永磁 MRI 设备

在航空航天、军工等高科技领域,对磁体的性能和工作环境要求极高的应用领域也使用稀土永磁体。这些应用领域需要超高速、超低速、超高精度、超高效、超高功率密度、低噪声等高性能磁体。例如,在军工领域的磁推力器、航天航空的磁谱仪等设备中,都需要使用钕铁硼磁体。[15]

1995 年,华裔科学家丁肇中提出利用强磁场对通过磁谱仪的带电粒子施加洛伦兹力,根据粒子偏转的路径探测反物质和暗物质,即"阿尔法磁谱仪"。第一代阿尔法磁谱仪于 1998 年升空进行测试,其永磁体核心部件由中国科学院电工研究所设计制造,使用的是 2 吨重的钕铁硼永磁材料,磁场强度为 0.14 T。第二代阿尔法磁谱仪于 2011 年安装到国际空间站上,继续沿用了永磁体设计,其对反物质和暗物质的观测已取得阶段性进展(图 6‑12)。在这些高科技领域,需要高性能的稀土永磁体,对稀土的价格和成本不敏感,但技术要求极高。[16,17]

图 6‑12   第二代阿尔法磁谱仪和我国制造的环形永磁体

6.2.3　稀土永磁材料的发展方向

商用的钕铁硼黏结磁体通常是各向同性的,其优势在于易于加工,但强度较弱,性能较低,磁粉的最大磁能积不超过 16 MGOe,这限制了其应用范围,难以满足高端需求。此外,钕铁硼磁粉的局限性还在于,它更适合用于制作压缩黏结磁体,而不太适合用于制造其他类型的黏结磁体,如橡胶柔性磁体和尼龙注射磁体。压缩黏结磁体只是黏结磁体中的一部分,更为广阔的黏结磁体市场有待开发。

高矫顽力烧结钕铁硼磁体需要使用较为昂贵的稀土元素铽和镝,这使得其成本相较于钐钴磁体并不具有优势。因此,需要研究和开发不含或少含重稀土元素的高矫顽力和高使用温度的钕铁硼烧结磁体。主要的研究思路是通过调控钕铁硼材料的微结构,如细化钕铁硼主相晶粒尺寸和调控晶界相,来影响其磁硬化机制,从而提高其矫顽力和温度特性。

开发具有高磁能积、耐高温、耐腐蚀、抗去磁能力强、低成本的永磁材料一直是稀土永磁的发展方向。这包括探索具有高饱和磁化强度、高磁晶各向异性、高居里温度的稀土-过渡族金属间化合物的新相,以及研究可以调节稀土合金电子结构和晶场作用的新效应,以及实现高矫顽力的新途径,从而开发性能更为优异的新型稀土永磁材料。

稀土铁氮型永磁材料是第四代稀土永磁材料,也是唯一内禀磁性可与钕铁硼媲美的新材料,且其居里温度和抗腐蚀能力都强于钕铁硼。我国是研发这一新材料的开创者,已经取得了包括美国、日本和欧洲的发明专利。我国已经开发出旨在生产最大磁能积高达 40 MGOe 的高性能各向异性稀土铁氮磁粉的产业化技术,并开发制造了不同类型的稀土铁氮黏结磁体,重点是高性能柔性磁体和各向异性注射磁体,这些产品是目前钕铁硼不能制造而市场急需的更新换代产品。

6.3　稀土光学材料

随着稀土应用研究的不断深入,稀土在光学材料的应用范围日益扩大。稀土在发光材料,尤其是荧光材料中有着非常重要甚至不可或缺的作用,主要应用的稀土包括钇(Y)、铕(Eu)、铽(Tb)、铈(Ce)、镝(Dy)、钆(Gd)等。稀土发光材料是信息显示、照明光源、光电器件等领域的关键材料之一。稀土镧(La)是光学玻璃的重要添加成分。除了稀土发光材料和光学玻璃,稀土元素在光功能陶瓷(如激发和闪烁陶瓷)、激光晶体、激光玻璃、闪烁晶体等材料中也发挥着越来越重要的作用。[18]

6.3.1　稀土发光材料

稀土离子具有未充满的 4f 电子层,因此具有丰富的光谱支项,数目可达上千种之多。

稀土离子的能级跃迁可以产生不同波长的发射光谱,使得稀土离子在光谱学领域占有极其重要的地位,被誉为"发光宝库"。[19]

1. 稀土荧光粉

稀土荧光粉可应用于三基色节能灯、发光二极管半导体照明(lighting emitting diode,LED)及稀土有机发光二极管照明(organic light emitting diode,OLED)领域(图6-13),将来会迎来持续增长。预测未来几年,在照明显示领域占据主导地位的主要是稀土三基色荧光粉、LED荧光粉和长余辉粉。远期的照明市场将由LED和OLED照明主导、直流和交流驱动,LED荧光粉在2017年以后呈现迅速增加的态势。

图6-13　节能荧光灯与LED球泡灯

稀土荧光粉使用的稀土材料包括高纯的氧化钇(Y_2O_3)、氧化铕(Eu_2O_3)、氧化铈(CeO_2)、氧化铽(Tb_4O_7)及氧化镧(La_2O_3)等,稀土氧化物在稀土发光材料中的质量占比为40%~50%。目前全球80%以上的稀土发光材料由中国和日本生产,其中,自2007年起,我国稀土荧光粉产量一直占全球的50%以上,并逐年增加,2011年更是达到了61.5%,我国已成为稀土发光材料世界第一大生产和消费大国。

对于半导体白光LED来说,"荧光转换技术"是已实际应用的产生白光的主要途径(图6-14)。这种技术使用发射黄光,或者绿色和红色的无机稀土发光材料与发射蓝光的InGaN半导体管芯封装组成白光LED;或者使用发射红、绿、蓝三基色光的无机稀土发光材料与发射紫光的GaN半导体管芯封装组成白光LED。荧光转换技术具有简单、低成本等优点,而稀土发光材料是半导体白光LED器件的核心和关键材料。目前,大量商业白光LED所采用的主要是蓝光LED芯片 + YAG黄色荧光粉的荧光转化技术,其中所使用的荧光粉为稀土发光材料 $Y_3A_5O_{12}:Ce^{3+}$(YAG:Ce),其发射光谱呈现Ce^{3+}的特征宽的双峰发射,主要由黄色可见光组成,光谱分布单一,缺乏绿色和红色可见光部分,导致此类白光LED器件显色指数($Ra<80$)远低于传统白炽灯($Ra\sim100$),无法满足普通照明和某些特种

照明需求,如医用或艺术品等高显色领域。在 LED 荧光粉市场中,低端市场主要是铝酸盐体系 $Y_3Al_5O_{12}:Ce$ 黄粉、$Lu_3Al_5O_{12}:Ce$ 绿粉,而高端市场主要是氮化物 $(Sr,Ca)_2Si_5N_8:Eu$、$(Sr,Ca)AlSiN_3:Eu$ 红粉和氮氧化物绿粉。

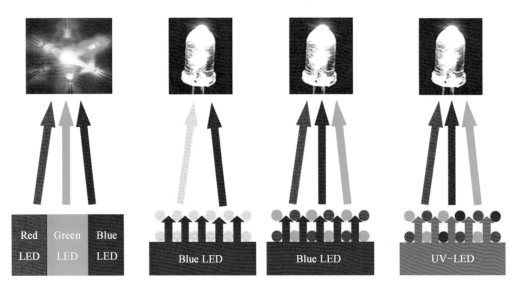

图 6‑14　白光 LED 实现方法

与传统照明光源如荧光灯对无机荧光粉的要求不同,荧光转换白光 LED 器件要求稀土发光材料在半导体 GaN 或 InGaN 芯片所发出的紫光或蓝光区域有优良的吸收和下转换发光性能。具有极大应用前景的氮化物/氮氧化物荧光粉的制备需要高温苛刻环境,荧光粉制备过程中晶粒生长发育动力学、热力学条件和历程尚不清楚,多晶荧光粉的尺寸生长调控困难,制备非团聚型大粒径、高光效的氮化物荧光粉是业界共性难题。因此,需研究硅基氮化物基质的离子迁移、成核过程、择优生长取向及定向生长情况,开发出高结晶度、高光效白光 LED 用新型氮化物/氮氧化物荧光粉晶粒的可控制备技术。稀土离子在氧化物、铝酸盐、硅酸盐、磷酸盐、硫化物、氮化物等体系中的光谱性质已经有了系统研究,探索出的系列新型高效绿色、黄色和红色稀土发光材料主要集中在 YAG 类荧光粉、硅酸盐荧光粉、硫(氧)化物荧光粉和氮(氧)化物荧光粉。

稀土元素丰富的 4f 电子和跃迁模式在农用转光膜的开发中具有天然的优势。目前,农膜用转光剂主要分为两类:一类是以硫化物为基质的稀土无机转光剂,另一类是以有机高分子配合物为主的稀土有机配合物转光剂。然而,发射光谱与叶绿素吸收光谱相吻合的光转换材料及其相应的光转换农膜尚未见报道。虽有关于用于改善农作物光照条件的农用荧光灯和光转换农膜的报道,但存在许多问题,仍然无法达到实际应用的目的。仍需解决的问题包括转光剂的化学稳定性、与农膜的相容性、荧光寿命等,最重要的是转光剂发射光谱与植物吸收光谱的匹配性,同时还要考虑材料的成本。如果转光荧光材料能够在农膜中得到应用,这将是稀土荧光材料一个量值较大的应用领域,不仅可以提高农作物的产量,也将为稀土荧光材料开辟新的应用领域。

2. 稀土长余辉发光材料

长余辉材料(图 6-15)的研究重点在于稀土元素掺杂的长余辉材料,尤其是碱土铝酸盐和硅酸盐体系。然而,稀土离子在长余辉材料中的作用机理尚不十分明确。目前,已知性能最佳的绿色长余辉材料是 $SrAl_2O_4:Eu^{2+},Dy^{3+}$,蓝色长余辉材料是 $CaAl_2O_4:Eu^{2+},Nd^{3+}$。然而,目前商品化的红色长余辉材料仍然采用的是硫化物体系,其中已知最好的红色长余辉粉末材料为 $Y_2O_2S:Eu,Mg,Ti$,但其余辉时间仅有 5 小时。寻找一种性能更优的红色长余辉材料是当前长余辉材料研究中的一个亟待解决的问题。已有文献报道了 Eu^{2+} 掺杂的铝酸锶体系和 Pr^{3+} 掺杂的钛酸钙体系作为红色长余辉材料的研究。[20]

图 6-15　稀土长余辉发光材料和稀土长余辉夜光纤维

交流白光 LED 技术是白光 LED 发展的重要方向之一。在交流白光 LED 使用的稀土发光材料研究方面,研究人员关注材料本征陷阱和引入的外部陷阱中心的形成机制及其调控手段,探讨不同温度下材料中能量俘获中心与发光中心之间的能量传递规律及其对发光寿命的影响,并通过利用荧光粉的发光寿命来解决交流 LED 器件的频闪问题。

钙钛矿(perovskite)是一类具有分子通式 ABO_3 的多元氧化物。稀土掺杂的钙钛矿材料具有独特的发光性能。中国科学院福建物质结构研究所的陈学元团队通过三相溶剂热法合成了单分散、充电式、白光 LED 激发的 $ZnGa_2O_4:Cr^{3+}$ 长余辉纳米材料;此外,他们还基于稀土纳米晶的辐射能量传递敏化钙钛矿量子点上转换发光,实现了在低功率近红外半导体激光器激发下,全无机钙钛矿量子点在可见波段的全光谱高效上转换发光调控,从而实现了对长余辉和全无机钙钛矿量子点发光材料光学性能的调控。这些稀土发光材料在物联网、夜视探测、生物成像、光控释药、太阳能电池、超容量光储存等领域具有潜在的应用价值。[21]

长余辉玻璃是稀土长余辉材料领域的又一重要进展,它可用于制造三维存储器件。中国科学院长春应用化学研究所发明了一种具有光激励长余辉现象的稀土发光玻璃。这种材料在新型存储器件的制备、高能射线探测及影像存储等领域都具有广泛的应用潜力。

3. 稀土配合物发光材料

稀土配合物具有色纯度高、激发态寿命长、量子产率高、发射谱线丰富等优势,可应用于电致发光、光波导放大、固体激光器、生物标记和防伪等多个领域。稀土配合物电致发光材料在未来的照明和显示领域拥有广阔的产业前景。从理论上讲,稀土配合物是理想的电致发光材料。作为一种特殊的磷光材料,稀土电致发光材料比目前的研究热点——效率最高的铱等贵金属磷光材料更早被关注。然而,稀土配合物同样存在光热稳定性较差、可加工性不佳等问题,这些缺点限制了其器件化及更广泛的应用。目前,稀土 OLED 材料的效率和寿命尚不能满足商业应用的需求。未来,仍需开发高效的稀土配合物电致发光材料,并深入研究稀土配合物的能级分布对载流子注入、传输及分布的影响,主客体材料间的能量传递,配体与中心离子间的能量传递及损耗,以及三重态激子的猝灭机制。[22]

4. 稀土发光材料的发展方向

近些年,一些新类型和具有独特性能的稀土发光材料不断被开发和研究,如稀土纳米发光材料、稀土上转换发光材料和稀土钙钛矿发光材料,以及对温度、压力等外界环境敏感的稀土发光材料等。

稀土纳米发光荧光材料在生物分析检测、生物成像、生物标记、光动力/热力学治疗、药物传递等生物医学领域展现出巨大的潜力。纳米技术与分子生物学的交叉融合推动了稀土纳米发光材料的快速发展。然而,稀土纳米发光材料目前仍处于研究阶段,缺乏简便、成本低廉且低温条件下合成高质量水溶性稀土氟化物纳米晶的方法。迄今为止,尚未出现理想的表面改性方法,以制备既具有良好的生物相容性又具有高荧光强度的纳米晶。相关的稀土材料也尚未获得美国食品药品监督管理局(FDA)的批准,因此还不能用于临床应用。

上转换发光(upconversion luminescence,UCL)是一种低能量光子激发的过程,它通过连续的多光子吸收和能量转移,最终发射出高能量光子,例如可将红外光转换为波长更短的可见光。稀土上转换发光纳米材料(upconversion nanoparticles,UCNPs)具有发射谱带窄、寿命长、反斯托克斯(anti - Stokes)位移大(达几百纳米)等优势,且光稳定性好、无闪烁。稀土上转换发光材料可用于红外/远红外光-电信号的倍增、高效光-光转换。稀土离子与金属离子之间的能量转移,如 Er/Yb、Tm/Yb、Tb/Yb、Tb/Er/Yb、Tm/Er/Yb 等,可用于太阳能电池领域的能量转移过程。稀土上转换发光纳米材料使用的近红外光具有更深的光穿透深度和更高的空间分辨率,以及对生物组织无背景荧光等优点,可用于生物成像(图 6 - 16)。需要特别指出的是,只需使用低功率密度($1\sim10^3$ W/cm²)的连续激光器即可激发,这与需要高功率密度($10^6 \sim 10^9$ W/cm^2)脉冲激光器激发的双光子上转换发光相比,更具普适性。相较于生物标记和荧光成像的进展,稀土上转换纳米发光材料在生物医疗和能源领域的应用仍处于起步阶段。[23]

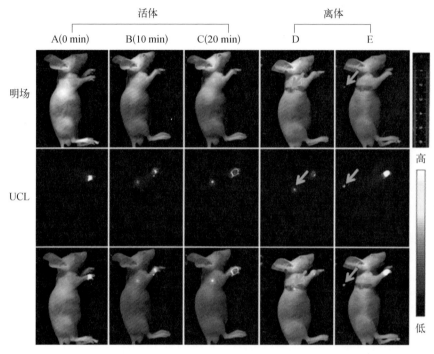

图 6‑16　注射 NaYF$_4$:Yb, Tm@Fe$_x$O$_y$ 纳米材料的 UCL 活体成像图

6.3.2　镧系光学玻璃

稀土玻璃主要是指含有稀土氧化物的硼酸盐和硅酸盐系统的光学玻璃,将重元素添加到玻璃中可以提高折射率。稀土元素,尤其是镧,在光学玻璃中是不可或缺的,并且可以替代铅、锑、钡、放射性元素等有毒有害元素。

光学玻璃要求高度透明、均匀、高折射率、无色散,稀土元素(镧、钇、钇等元素)对玻璃的光学特性会产生很大的影响,因而稀土元素在光学玻璃中不可或缺。稀土元素在光学玻璃中的应用始于 19 世纪末,最初使用 CeO$_2$ 作为玻璃的脱色剂。1925 年,美国的 G.N. Morey 开始研究稀土硼酸盐玻璃;1938 年,美国柯达公司(Kodak)首次制造出了掺镧钍的光学玻璃,其具有高折射率(高于当时的含钡玻璃)和低色散特性,扩大了光学玻璃的光学常数范围,但这种玻璃有一定的放射性,在之后,柯达又开发出了不含放射性元素的含镧光学玻璃。

稀土光学玻璃中以环保化镧系光学玻璃为代表，其广泛应用于高级照相机镜头、广角镜头、变焦距镜头、远摄镜头、电影电视镜头、缩微和制版镜头及高级显微镜镜头等；也用于制造透镜、棱镜、滤光镜、反射镜和窗口等光学元件（图6-17）。因此稀土光学玻璃主要应用于高端电子产品，从整体形势来看，未来镧系玻璃市场仍然会呈现较快增长态势。稀土光学玻璃的制造需要高纯稀土氧化物。

图 6-17　镧系光学玻璃镜片

我国自1958年开始研究稀土光学玻璃，目前低端牌号已占有较大市场份额，成都光明的光学玻璃产销量已居世界首位。但在部分玻璃高端牌号，如超低软化点玻璃、激光玻璃、红外玻璃、石英玻璃等特殊功能玻璃，其玻璃成型技术，尤其是超薄板玻璃成型和稀土低软化点玻璃的非球面精密模压成型方面，与德国的肖特，日本的豪雅、小原、光硝子等公司相比，仍存在较大差距。未来，稀土光学玻璃仍待开发各种具有极高折射率（大于2.0）、极低阿贝数（小于50）的玻璃牌号；具有较低软化温度（低至300℃左右）的光学玻璃材料，以提高光学元件精密模压的性能，简化生产工序，提高玻璃利用率；提升高折射率玻璃蓝光和紫外光的透过率；改善玻璃的光学、化学稳定性能，以提高其加工性能和防表面破坏的长期稳定性；降低玻璃成本。

6.3.3　光学功能晶体、玻璃、陶瓷

稀土掺杂钇铝石榴石（yttrium aluminum garnet，YAG）是一类非常重要的激光晶体材料（图6-18），是可见-近红外频段固体激光器的核心。固体激光器具有结构简单、工作稳定、耐受温度范围广、易于调制的优势，广泛应用于军事、工业和民生领域，具有重要意义。稀土掺杂的硅酸盐、卤化物等材料也可以作为激光晶体材料。同时，La、Lu、Y等稀土元素也是激光晶体基质的重要组分。

图 6-18　大尺寸 Ce:YAG 晶体和 Nd:YAG 激光晶体

将单晶直径缩小到数毫米甚至微米级，同时具有较高的长径比，即可得到单晶光纤，其作为核心的第三代激光器的有效利用系数比其他固体激光器高2～3倍。而正在开发的多

功能稀土激光晶体材料同时具有二阶或三阶非线性光学功能,能够倍频产生紫外激光,可用作生产先进制程芯片的光刻机光源。

Ce 掺杂稀土硅(铝)酸盐材料可作为闪烁晶体用于探测 X 射线、γ 射线和 α 粒子、电子、中子等高能粒子。闪烁晶体在高能物理、核物理、天文探测方面研究有广泛应用,也可用于医疗诊断、工业探伤和物质分析。目前大尺寸稀土卤化物闪烁晶体的无缺陷稳定生长仍有一定困难,高光产额、短余辉等新型稀土卤化物闪烁晶体材料也正在开发。

稀土材料在激光玻璃、着色感光玻璃、光敏微晶玻璃、旋光玻璃、光致变色玻璃、红外玻璃、有色玻璃、防辐射及耐辐射玻璃等多种新型光功能玻璃中都起着十分重要的应用。1963 年,中国科学院长春光学精密机械研究所成功研制出掺钕激光玻璃,并研制出钕玻璃激光器。1964 年后,中国科学院上海光学精密机械研究所重点研制高能量、高功率激光玻璃,并成为我国激光玻璃生产的重要基地,先后研制出具有优良激光性能(高增益、高量子效率、低非线性折射率、低损耗系数)和较好的机械性能并具有很强的抗热冲击能力的硅酸盐钕玻璃和磷酸盐钕玻璃。这些玻璃已成功应用于我国惯性约束聚变(inertial confinement fusion,ICF)大型激光装置神光Ⅰ-Ⅲ的原型装置,使我国成为继美国、日本、德国和俄罗斯等国家之后,能够制备用于 ICF 激光钕玻璃的国家。

通过玻璃的受控晶化,可以形成由特定纳米相和玻璃基体构成的透明陶瓷复合材料。这种陶瓷复合材料内部避免了杂质和气孔的存在,从而减少了光的吸收和散射,因而可以制备出透明陶瓷。透明陶瓷在光通信、激光、固态三维显示和太阳能电池等领域都具有广阔的应用前景。含有稀土的透明激光陶瓷可用于作为激光介质,如(Dy^{2+},U^{3+},Ho^{3+}):CaF、$Nd: Yttralox$、$Nd: YAG$、$Nd: Y_2O_3$、$Yb^{3+}: Y_2O_3$、$Nd^{3+}: Lu_2O_3$、$Yb^{3+}: YSAG$、$Yb^{3+}: Sc_2O_3$ 等稀土复合陶瓷已成功应用于激光领域。惯性约束核聚变使用的短波长(351 nm)激光也应用到稀土透明激光陶瓷。稀土掺杂透明陶瓷的上转换荧光性能由于其能广泛应用于彩色显示、高密度存储器、光数据存储、传感器和太阳能电池等诸多领域,而受到广泛关注(图 6 - 19)。[24]

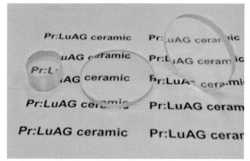

图 6-19　透明闪烁陶瓷

6.4　稀土催化材料

催化剂(catalyst)在化学工业中占据着重要的地位。几乎所有化工产品的生产过程都得益于各类催化剂的使用,这也对催化剂提出了更高的要求。稀土材料在催化领域已有广泛应用。稀土材料作为催化剂载体,可以增强储氧能力,提高晶格氧的活动能力,提高活性金属的分散度,改善活性金属颗粒界面的催化活性,提高催化材料的抗污染能力,以及提高催化材料的热稳定性。此外,稀土材料也可以直接作为催化剂,促进水-气转化和蒸汽重整反应。稀土元素能与多种有机、无机官能团形成多价态、多配位数的稀土配合物,这些配合物可用作聚合催化剂。稀土催化剂主要用于石油化工、机动车尾气净化、污染物消除等领域,并且正逐步应用于聚合催化和能源领域。根据组成,稀土催化剂大致可以分为稀土复合氧化物催化剂、稀土/多孔材料催化剂、稀土/贵金属催化剂、稀土配合物催化剂等。

6.4.1　机动车尾气净化催化

目前,家用车和小客车常用的发动机主要是汽油机,而重型卡车和工程机械则多采用柴油机。此外,还有一些替代燃料发动机,如压缩天然气(compressed natural gas,CNG)、液化天然气(liquefied natural gas,LNG)等。使用汽油作为燃料的发动机分为车用和摩托车用两类,它们在使用环境、工况和尺寸等方面存在差异。不同种类的发动机排出的尾气中主要污染物包括碳氢化合物(HC)、一氧化碳(CO)、氮氧化物(NO_x)和颗粒物(PM)等。根据应用场合,尾气净化技术可分为三元催化剂(TWC)、选择性催化还原催化剂(SCR)、柴油车氧化型催化剂(diesel oxidation catalyst,DOC)、颗粒氧化型催化剂(particle oxidation catalyst,POC)、颗粒捕集器(DPF)等。在尾气催化技术的发展历程中,稀土材料始终扮演着至关重要的角色,并且与这些技术相互推动(图 6-20)。[25,26]

图 6-20　稀土催化材料和汽车尾气净化器

三元催化剂应用于在理论空燃比(如汽油发动机,空气∶燃料 = 14.65)附近工作的汽油车和摩托车的尾气后处理。压缩天然气、液化石油气、乙醇等替代燃料或双燃料的轻型乘用车也多采用三元催化器来净化尾气。三元催化器能够同时将尾气中的 HC、CO 和 NO_x 转化为 CO_2、H_2O 和 N_2。三元催化器由基体和涂层两部分构成,基体一般为堇青石($2MgO \cdot 2Al_2O_3 \cdot 5SiO_2$)或金属(如 FeCrAl 合金)材质的蜂窝状载体;催化剂涂层包含催化剂载体和贵金属 Pt、Pd、Rh 等活性组分,其含量可达数克。在这些贵金属中,Pd 或 Pt 主要用于催化氧化 HC 和 CO,而 Rh 主要用于催化还原 NO_x。稀土氧化物在三元催化器中用于车载自动诊断系统(on-board diagnostics,OBD)监测催化剂的失效情况。在三元催化剂中添加稀土氧化物可以扩大催化剂的空燃比工作窗口,提高负载的贵金属纳米颗粒的分散性和高温稳定性,提高涂层的高温稳定性。

选择性催化还原催化剂用于净化柴油车尾气中的 NO_x。由于柴油车排放标准日益严格,而柴油发动机的高压缩比和压燃工作方式导致尾气中包含更多的 NO_x。这种催化器需要外加尿素工作,整个系统包括催化剂、尿素箱、尿素喷射器、控制单元等几部分。V_2O_5/TiO_2 基催化剂和分子筛类 SCR 催化剂是目前常用的两类 SCR 催化剂,一般也可添加 CeO_2 等少量稀土化合物作为助剂,以改善 SCR 催化剂的工作温度窗口。近年来,W/CeO_2-ZrO_2 等稀土氧化物或锆基氧化物 SCR 催化剂成为尾气催化剂领域的研究热点之一。选择性催化还原催化剂不仅具有极高的 NO_x 净化效率,且通过与燃烧技术的优化匹配,还可以同时减少颗粒物(PM)的排放。然而,由于需要频繁补充尿素,这导致使用成本和维护的麻烦。由于 2015 年大众等品牌旗下柴油产品在美国的排放测试中利用软件控制的方法进行造假,从而使氮氧化物排放在尾气检测状态下达标,以掩盖发动机在正常行驶状态下排放大幅超标的问题,乘用车中柴油机的比例大幅下降。但重卡、工程机械等仍依赖具有高扭矩特性的柴油机。目前实施的欧 6d 排放标准和即将于 2027 年 7 月 1 日生效的欧 7 排放标准都要求柴油机配备具有 SCR + DPF 技术的尾气处理装置。

柴油车氧化型催化剂通常安装在增压器后部,其结构与三元催化器相似,也采用堇青石或金属材质的蜂窝基体,但活性组分为 Pt 和 Pd,催化剂载体可以是 TiO_2、γ-Al_2O_3、SiO_2 及其复合氧化物,以及 CeO_2、CeO_2-Pr_6O_{11},CeO_2-ZrO_2 等稀土氧化物。催化尾气中的 HC、CO 和 PM 与 O_2 的氧化反应。其中,PM 主要由可溶性有机物(soluble organic fraction,SOF)、炭烟(soot)和硫酸盐等组成。CeO_2 等稀土氧化物的主要作用是提供活性氧,促进低温时 HC、CO、NO_x 和可溶性有机物的催化氧化,抑制 SO_2 的氧化,提高 Pt、Pd 的分散性和抗烧结能力,促进炭烟颗粒与催化界面的紧密接触,从而提高炭烟的催化氧化效率。

颗粒氧化型催化剂对颗粒物的转化效率可达到 60% 以上,而颗粒捕集器对 PM 的捕集效率可达 90% 以上。涂覆氧化型催化剂的涂层后,可以促进捕集的 PM 在更低温度下发生催化燃烧,从而实现被动再生。这种涂层材料及活性组分与氧化型催化剂类似。选择性 NO_x 存储型催化剂是一种具有应用前景的尾气处理技术,其典型涂层组成由 $Pt/BaO/\gamma - Al_2O_3$ 和三元催化器的 Rh 涂层组分构成。CeO_2 等稀土氧化物或复合稀土氧化物可以应用于选择性 NO_x 存储型催化剂,研究已经证实 $CeO_2 - BaO - Al_2O_3$ 复合氧化物不仅具有更高的储 NO_x 能力,还具备更高的抗高温老化性能。

6.4.2　催化燃烧催化剂

催化燃烧是在催化剂作用下的一种低温无焰燃烧过程,其本质是活性氧参与的剧烈氧化反应,反应产物主要是 CO_2 和水。催化燃烧催化剂可以将 CO、CH_4、挥发性有机物(volatile organic compounds,VOCs)等催化氧化为 CO_2 和 H_2O 等,主要用于工厂等废气中污染物的治理领域。根据污染物种类,催化燃烧催化剂可分为用于 CO 氧化催化剂、甲烷催化燃烧催化剂、VOCs 催化燃烧催化剂等。根据产品形态,催化燃烧催化剂可分为颗粒状催化剂、环状催化剂和整体式催化剂等。催化燃烧催化剂的活性成分可以是过渡金属氧化物,也可以负载贵金属以提高活性。催化燃烧催化剂的生产技术与机动车尾气净化催化剂相似,主要包括涂层料液制备、涂层涂覆、热处理等工艺步骤。[27,28]

高丰度稀土元素在催化燃烧催化剂中的应用仍有待进一步开发,提高低温起燃性能和稳定性是催化燃烧发展的普遍要求。尤其对于 VOCs 的催化燃烧,氧化还原反应主要发生在催化剂表面,因此需要防止催化剂结焦、防止氯导致催化剂失活,并提高催化剂的稳定性。由于工业排放的 VOCs 组成较为复杂,催化剂最好具有广谱、高效的特点。然而,负载型贵金属催化剂需要使用大量的 Pt、Pd 等元素,价格昂贵。通过提高贵金属的分散度可以增加活性,减少贵金属的用量可以显著降低催化剂的成本。因此,如何在非贵金属催化剂中实现抗中毒和低起燃温度也是未来的发展方向。

6.4.3　石化工业催化剂

稀土具有较好的催化活性,可以直接被用作催化剂和载体,同时作为助剂也可以提高催化剂的稳定性和抗积炭能力,表现出优异的性能。

在石油化工领域,稀土主要用于流化催化裂化(fluid catalytic cracking,FCC)过程,以提高催化剂的活性和稳定性,提高原料油的裂化转化率,增加汽油和柴油的产率。为进一步提高重油的转化率、降低催化汽油的硫含量,实现节能减排,多项裂化催化剂生产技术被开发出来,如重油高效转化技术、高选择性吸附硫物种的降硫技术、裂化催化剂节能降耗成套技术、催化裂化再生烟气 SO_x 转移剂生产技术等。我国约 80% 的成品汽油和 35% 的成品柴油均产自裂化催化装置。裂化催化剂中使用的主要是价格低廉、利用率不足的轻稀土铈和镧,其中镧比铈更能提高催化剂的稳定性。然而,目前的稀土改性 Y 型分子筛中部分稀土不能发挥有效作用。进一步研究催化剂的稀土优化分布技术,可以更充分发挥稀土的作用。

天然气是储量最大的低碳烃资源,其主要成分是甲烷。作为一种优质的化工原料,甲烷可以用于制备多种化工产品,主要有直接转化法和间接转化法两种途径。直接转化包括氧化偶联制乙烯乙烷、选择氧化制甲醇、甲醛等。在制备甲醇、甲醛的反应中,稀土可以直接用作催化剂,以提高反应的速率和选择性。在氧化偶联反应中,稀土既可以被用作催化剂,也可以作为改性剂添加到其他催化剂中,从而提高催化剂的活性和选择性。稀土材料还能用作无氧条件下直接合成芳烃和氢气反应的助剂,能通过改变催化载体的酸碱性、微孔结构,从而提高催化剂的活性及稳定性,并降低催化剂的积炭量。在甲烷裂解转化为合成气的反应中,主要使用 Ni 基催化剂,稀土可作为优异的催化助剂,以提高 Ni 基催化剂的高温热稳定性和催化活性。再利用成熟的合成气工业进一步合成化工产品。

在合成气化工中,涉及稀土催化剂的反应包括合成氨、费托合成、制低碳混合醇、制高碳混合醇、制二甲醚、制甲烷并联低碳混合醇和油品、合成气完全甲烷化制替代天然气技术(synthetic natural gas,SNG)等。除合成氨外,最受关注的是合成甲醇。合成甲醇的技术已趋于成熟,在甲醇化工涉及的各种系列产品中,最重要的是乙烯(含丙烯)、有机酸(如醋酸、甲酸等)及各种含氧化合物。

6.4.4　稀土聚合催化剂

单组分稀土聚合催化剂由单一金属有机化合物组成,如烯烃均聚催化剂和烯烃共聚催化剂。稀土作为单烯烃聚合催化剂、极性单体聚合方面的研究还仅限于学术层面。目前,双烯烃聚合和 CO_2 聚合技术已进入产业化阶段,我国在这一领域具有世界领先的稀土聚合催化技术和自主的知识产权。从催化剂的构成来看,稀土聚合催化剂与传统的聚合催化剂体系相近,都是由聚合主催化剂与助剂组成的。稀土聚合催化剂多是一些稀土羧酸盐。而稀土聚合催化剂采用的助剂与传统聚合体系中的助剂一样,多是烷基金属化合物,不需要引进特殊的加工工艺与设备对稀土催化剂和助剂进行生产。

以 CO_2 为原料合成可降解的脂肪族聚碳酸酯,已成为目前高分子合成领域备受关注的研发方向之一,广泛用于可降解塑料袋和热塑性材料熔融沉积成型(fused deposition modeling,FDM)型 3D 打印机。中国科学院长春应用化学研究所成功开发出稀土三元催化剂,大大缩短了聚合反应时间。利用该技术,于 2004 年在蒙西高新技术集团公司建成了世界上第一条千吨级 CO_2 共聚物生产线,实现了 CO_2 塑料工业化的突破。其后,在 2008 年底,与中国海洋石油总公司合作在海南建成了一条 5 000 吨级生产线。2010 年开始在浙江建设 3 万吨级生产线,以实现原材料生产的规模化。CO_2 聚合催化剂的稀土催化剂主要使用三氯醋酸钕或三氯醋酸钇。

　　我国在稀土催化合成橡胶方面的研究工作起步较早,将稀土催化剂应用于丁二烯、异戊二烯的定向聚合,较系统地研究了稀土催化剂组成对聚合活性及聚合物结构的影响,并研究了聚合产物的结构与性能的关系(图6-21)。使用稀土催化剂制取的双烯烃均聚物和共聚物具有1,4-链节含量高、支化度小、加工性能优异、耐磨、耐疲劳等物理机械性能高等特点。无论是生胶性能还是硫化后的性能,都比以前工业生产的钛系、钴系和镍系催化剂制得的顺丁橡胶要好。稀土催化合成的双烯烃橡胶可用于制造高性能轮胎。

图6-21 5 000吨聚乳酸生产线和聚乳酸制品

　　考虑到稀土催化剂在双烯烃聚合和CO_2聚合方面的优势,随着对聚合材料需求的不断增加,以及稀土聚合技术的不断完善,预计稀土聚合催化剂的用量将逐年增长。

6.4.5　稀土催化材料的发展方向

　　高质高效利用La、Ce等轻稀土元素对我国稀土资源的平衡利用具有非常重要的意义,稀土催化材料的研究和发展为其提供了一个很好的途径。然而,在这些催化剂中,如何进一步提高催化剂的性能,以开拓新的应用领域,仍然是一个重要的研究方向。利用稀土的添加和作用进一步降低贵金属的用量,以及探索稀土元素作为主催化剂的应用领域,仍有很多的研究工作要做。

　　此外,稀土在催化材料中的作用机理和稀土元素的催化理论仍然相当缺乏,需要在微观上的理论研究和实验研究密切结合,从原子尺度认识稀土的作用本质,为高性能稀土催化材料的设计和制备提供基础理论的指导。由于稀土催化剂的应用过程涉及复杂的反应,必须在深入理解相关反应机理和反应过程的基础上,确定稀土与其他组分之间的相互作用机理及其对催化剂表面性质和活性中心的调控机制,开发出多组分复合的、多种功能集成的催化剂体系,从而实现对反应物的控制活化,满足实际应用的需求。

1. 污染物处理

废水的湿式空气氧化(wet air oxidation,WAO)是处理高浓度难降解有机废水的有效方法,但反应条件通常比较苛刻。催化湿式氧化(catalytic wet air oxidation,CWAO)在保持处理效果的条件下,可以降低反应温度和压力,极大地推动了湿式氧化的发展和应用。该技术的关键是研制出高氧化活性、高稳定性的催化材料。稀土金属氧化物催化剂不仅本身具有较高的催化活性和稳定性,其复合或负载型催化剂还存在协同作用。目前,将稀土系列催化剂用于催化湿式氧化处理废水,已成为国内外研究的热点。

使用芬顿反应处理废水时,主要依靠 H_2O_2 分解产生的氧化能力很强的游离羟基(·OH)。在处理过程中,也可添加催化剂来促进 H_2O_2 的分解,提高处理效果。在常用的处理剂 $H_2O_2/Fe(II)$ 体系中掺入稀土,可显著提高废水的催化处理能力。

空气污染已成为日益严重的问题,半导体多相光催化氧化法是一种有应用前景的新技术。已经商用的光催化剂有 TiO_2、WO_3 等,其在光照条件下可将空气中有机污染物分解为 CO_2、H_2O、无机酸等。将稀土离子掺杂进光催化剂的晶格中,由于其离子半径较大,易引起晶格畸变,进而产生形变应力,有利于形成缺陷位点。同时,由于电荷的不均衡可以引起催化剂电子结构发生改变,从而增强催化剂的表面吸附能力,增大表面羟基数量,增强催化性能;此外,还可以在光催化剂的禁带中引入杂质能级,减小禁带宽度,拓宽光催化剂的光谱响应范围。[29-31]

2. 纳米稀土催化材料

纳米催化剂是新兴的催化材料,在化学工业和环境污染控制方面有着广泛的应用前景。纳米氧化铈由于具有更高的比表面积,暴露出更多具有较高活性的晶面,从而提高氧化铈在氧化反应中的活性。除了在反应中直接作为催化剂时所表现出的优异催化性能之外,纳米氧化铈和铈基复合氧化物还可以作为催化剂载体,其性能也远优于大颗粒状氧化铈或复合氧化物作为载体所制备的催化剂的性能。中国科学院长春应用化学研究所的张洪杰课题组将 Pt 负载在纳米氧化铈上,利用聚苯乙烯磺酸钠修饰,成功地将具有介孔的金属有机框架(metal-organic framework,MOF)UiO‐66 包覆在氧化铈表面,实现了对 α,β‐不饱和醛的选择性加氢(图 6‐22)。氧化铈的引入显著提高了 Pt 的催化活性。[32]

2011 年,我国科学家提出并定义了"单原子催化"(single-atom catalysis),在短短几年内,这一概念已成为催化领域的新兴前沿。[33]单原子催化剂作为连接均相与多相催化的桥梁,展现出众多优势,如活性位结构均一、催化活性高、原子利用率最大化等。单原子催化剂拥有较多的金属/载体界面,因此,载体在其中的作用显得尤为重要。美国新墨西哥大学的 Abhaya K. Datye 课题组报道了一种利用氧化铈与 Pt 的相互作用来固定 Pt 单原子的方法,所获得的原子级分散的 Pt 具有极高的热稳定性(图 6‐23)。该课题组通过将负载有纳

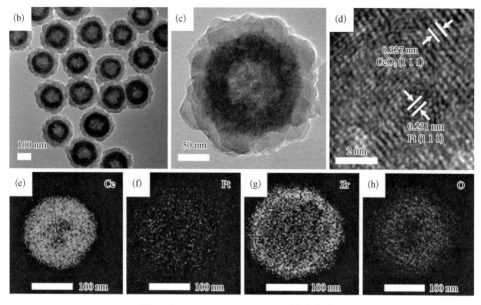

图 6‑22　CeO₂/Pt@UiO‑66 纳米催化剂

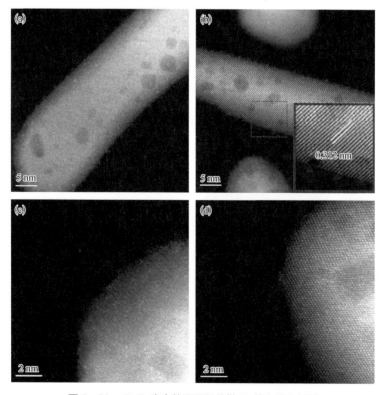

图 6‑23　CeO₂稳定的原子级分散 Pt 纳米催化材料

米 Pt 的中间载体与不同形貌的纳米氧化铈载体混合，并在还原气氛下进行高温处理，使 Pt 以 PtO$_2$ 物种的形式扩散并与 CeO$_2$ 表面的特定晶面结合，成功制备了 Pt 单原子催化剂。氧化铈与 Pt 之间的相互作用是制备这种稳定单原子催化剂的关键。所制备的催化剂在 CO 氧化实验中显示出较高的活性，并且这种制备方法具有大规模生产的潜力。[34]

6.5   稀土结构材料

稀土元素在结构材料和功能材料中的应用极为广泛，它们以用量少、能显著增强结构并提升性能的特点而备受重视。除了在磁性、发光、储氢和催化等主要功能材料领域发挥作用外，稀土元素在合金、金属材料添加剂、塑料及橡胶添加剂，以及细旦和超细旦高分子纺丝等多个领域也有着重要的应用。

6.5.1   钢和铸铁材料稀土添加剂

自工业革命以来，钢铁一直是人类使用最多的主要结构材料，并且在未来相当长的一段时间内，其主导地位预计仍将稳固。然而，铁的密度较大，因此，像铝、镁、钛这样的轻质合金在航空航天领域作为结构材料得到了广泛应用。由于轻量化材料能够有效减少能源消耗，轻质合金在工业领域的应用正逐渐扩大。稀土元素因其独特的电子层结构和物理化学性质，对于提高钢铁材料及有色金属合金的性能发挥着至关重要的作用。稀土元素中的铈和镧储量丰富，产能长期过剩，因此有必要在量大、面广的结构材料中加强它们的应用。[35]

稀土元素在钢液中起到净化、变质夹杂和微合金化的作用。它们能够提升耐候钢和不锈钢的抗腐蚀性能，提高耐热钢的抗氧化性能和高温强度，增强弹簧钢、齿轮钢和轴承钢的抗疲劳性能，改善难变形高合金钢的热塑性，以及增强钢轨和耐磨材料的耐磨性。在钢中加入稀土元素后，可以显著提升钢板和无缝钢管的横向冲击韧性和耐腐蚀性能，同时优化其他性能指标。每吨钢仅需加入 0.3～2 kg 的稀土，其效果就十分显著（图 6-24）。例如，韩国在双相不锈钢中加入稀土元素以提高其抗点蚀性能，瑞典开发的加稀土耐热钢 253 MA 在高温

图 6-24   稀土钢铁材料

环境下的持久强度比未加稀土的钢材提高了 20%～40%。

轻稀土其实并不稀少,我国及世界各国的储量都十分庞大,尤其是铈和镧这两种元素,它们占据了稀土总储量的 75%,预计将长期面临严重过剩和积压的问题。将稀土用作钢铁材料的添加剂,并不需要特殊的装置和工艺。稀土不仅是一种优秀的变质剂,同时也是一种高效的微合金元素,这是硅钙等元素无法替代的。在钢中加入各种合金元素,如镍、铬、钼、铌、钒、钛等,发达国家已经进行了长期大量的研究工作,对这些元素的研究已相当深入。然而,将稀土作为钢中的微合金元素,仍然具有巨大的发展潜力。

我国球墨铸铁的产量位居世界第一,其中 95% 以上的工厂和 70% 以上的球墨铸铁产量是采用稀土镁球墨铸铁。球化剂主要使用轻稀土(其中铈占比约 50%),而在厚大断面球铁中,一般使用具有抗衰退作用的稀土(如钇系)。2011 年共使用了 17.5 万吨稀土镁球化剂(相当于稀土氧化物 5 250 吨),通过这种方法生产的球铁件达到 700 万吨。我国的稀土镁球墨铸铁主要应用于离心球墨铸铁管、汽车、内燃机、拖拉机的保安件和曲轴,以及核燃料储运罐、龙门镗铣床固定横梁、轧辊等领域。蠕墨铸铁兼具球墨铸铁和灰铸铁的性能,特别是其优越的耐热疲劳性能。在国内,蠕墨铸铁主要用于大马力柴油机缸盖,而在欧洲,汽车制造商则将其用于发动机缸体。目前,国内生产的蠕墨铸铁所使用的蠕化剂都含有稀土,例如稀土硅铁镁合金、稀土硅铁合金等。在灰铸铁中加入稀土作为孕育剂,可以增强其抗衰退性、减少白口、改善断面均匀性、提高铸件的力学性能、耐磨性、致密性和耐压性等。在白口铸铁中加入稀土,能够提升其韧性和抗冲击性。

6.5.2　稀土铝合金

铝是继钢铁之后的第二大金属结构材料,同时也是目前应用最广泛的轻质金属材料。在铝合金中添加稀土元素,可以提升合金的强度,特别是高温强度,并改善合金的塑韧性、耐磨性、抗腐蚀性能和铸造工艺性能等方面。相关应用见表 6-1。我国的铝土矿资源位列世界第四,而铝的消耗量位居世界第二。研究稀土在铝合金中的作用机制,并加强应用研究,将有助于提升铝合金产品的附加值。我国金属铝的年产量接近 1 800 万吨,目前稀土铝合金的年产量已超过 40 万吨。稀土铝合金的应用范围十分广泛,涵盖了日用铝制品、电缆以及高精尖导弹等多个领域。[36]

表 6-1　稀土在铝合金中的应用

应 用 领 域	合 金 组 成	效 果 和 特 点
高强电缆(高压输电线和电车线)	Al-Si-M-Re	强度高、重量轻、弧垂性好、使用寿命长
高导电铝导体(铝绞线,钢芯绞线,铝母排,铝盘条)	Al-RE(RE=富镧或富铈稀土)	提高导电率、减少输电损耗、降低断头率

续　表

应 用 领 域	合 金 组 成	效 果 和 特 点
耐热铝导线（变电站母线或大电流输电线）	Al‑Zr‑RE(RE＝Y、La 或混合稀土)	提高使用温度、改善耐热耐震性能，载流量为一般铝线的 1～2 倍
铝制品（铝锅、壶盒、桶、易拉罐、洗衣机内胆等）	Al‑RE，Al‑Mg‑RE，Al‑Mn‑RE(RE＝富 La 或富 Ce 混合稀土)	除气、除杂、细化晶粒、提高强度、硬度、耐蚀能力和成品率
铝箔和薄板（用作电容或包装，工业用铝薄板）	Al‑RE，Al‑Mg‑Si‑Re(RE＝混合稀土)	除气、细化组织、提高轧带板材的变形塑性、减少断带、提高电容性能
铝镁合金（用于仪表框架、外壳、拉链、电子计算机铝合金磁盘基片等）	Al‑Mg‑Re，Al‑Mg‑Zn‑Cu‑RE(RE＝混合稀土)	提高耐蚀性和光亮度，减少热轧带板材强度各向异性
铝锌超塑合金	Al‑Mg‑Zn‑RE	提高超塑性、降低变形阻力，大幅提高超塑性变形速度
铝合金纱网（窗纱和水产养殖护网）	Al‑Mg‑Si‑Re(RE＝混合稀土)	提高耐蚀性、强度和白亮度
建筑型材铝合金	Al‑Mg‑Si‑Fe‑RE(RE6063 合金)	除气、除杂、细化晶粒、枝晶和晶间析出物、强化晶界，提高耐蚀能性和表面光亮度，降低热变阻力
高强度合金（用于自行车、羽毛球拍和刹车轨道）	Al‑Zn‑Mg‑RE Al‑Mg‑Cu‑RE	除气除杂、细化组织，大幅提高热塑性，改善加工性能

　　钪添加剂能够使铝合金的强度提高 70～150 MPa。铝钪合金因其密度小、强度大、硬度高、可塑性好、耐腐蚀和热稳定性较强等优点，被广泛应用于船舶、航天工业、火箭导弹、核能等尖端技术领域。稀土元素可作为高纯铝及特种铝箔的添加剂，在高纯铝中加入 0.007%～0.015%（质量分数）的铈，可以显著提高电解电容器阳极铝箔的腐蚀系数，同时强度和比容也大幅提升，从而使容器的体积显著减小。在民用建筑型材铝合金 6063 中加入 0.15%～0.25% 的稀土，能明显改善其耐蚀性能、表面处理性能以及型材的表面质量和色调。在铸造铝合金中加入稀土，可以提升合金性能并提高铸造产品的合格率，广泛应用于发动机的缸体、缸盖、曲轴、轴承盖等零部件的制造。国产稀土铝合金活塞材料的性能已达到甚至超过日本和德国同类合金材料的水平。稀土高导电铝合金主要用于制造架空输电线、电缆线、滑接线、线芯、一般电线以及特殊用途的细线、特细线等，是导电用铝合金电线的主导新产品，具有高强度、导电性好、载流量大、使用寿命长、耐磨损和易加工等优点。稀土铝合金还用于制作洗衣机内衬、自行车部件等。在航空铝合金中添加稀土，可以提升材料的耐热性。

6.5.3　稀土镁合金

　　镁金属的密度为 1.74 t/m³，低于铝的密度（2.70 t/m³），且不到铁的密度（7.87 t/m³）的四分之一。同时，镁的储量也相对丰富。稀土镁合金因其密度低、比强度高、比刚度高、减震性能好、易加工和易回收等优点，在航天、军工、电子通信、交通运输等领域拥有广阔的应用市场(图 6-25)。稀土元素在净化镁合金熔体、细化合金组织、提升合金力学性能以及改善合金耐蚀性等方面发挥了显著作用。目前,已开发出一系列具有高强度、耐热和优良耐蚀性的稀土镁合金,稀土被认为是镁合金中最具实用价值和发展潜力的合金化元素。传统稀土镁合金中稀土元素的含量通常为 0.1%~4%(质量分数),其中大多数含量为 2%~4%。而新型的高强度稀土镁合金中稀土元素的含量则超过 10%。[37]

图 6-25 稀土镁合金材料

过去,稀土镁合金主要应用于航空航天、导弹等军工领域以及通信电子行业。如今,其应用已拓展至民用领域。目前,汽车产业是镁合金应用数量最多的行业,约占全部镁合金应用数量的 70%。镁合金压铸的汽车零部件种类已超过 60 种,包括汽车仪表板、座椅框架、方向操纵部件等。在汽车上使用镁合金材料替代钢材,可以减轻汽车重量,从而降低油耗约 3%。我国列车制动机上采用了八种镁合金部件,而正在开发的高速列车座椅骨架、行李架、卧铺板、窗框架、高速列车裙板等也应用了稀土镁合金。此外,镁合金还广泛应用于自行车(轮毂、脚踏板、前叉等)和 3C 产品(笔记本电脑、数码相机、手机等)。开发高品质、低成本的多元稀土镁中间合金,突破成分稳定控制和技术以抑制氧化,是稀土镁合金研究的未来发展方向。

6.5.4 高分子材料的稀土助剂

目前,全球高分子材料的产量超过 3 亿吨,其体积产量已经超越了钢铁。助剂技术作为改善和提高高分子材料性能最便捷、最经济的方法,已在高分子材料工业中得到了广泛应用。稀土元素在高分子材料中的应用开辟了稀土应用的新领域,而稀土功能助剂的应用研究和产业化在我国首先取得了突破。稀土高分子材料助剂的主要作用是改善高分子材料在加工和应用中的性能,以及赋予高分子材料新的功能,它们被广泛应用于塑料、橡胶、纤维等领域(图 6-26)。[38]

我国以富镧、铈轻稀土氧化物作为原料,制备了各种稀土配合物,或者通过稀土配合物与协效添加剂的复配,调优制成高分子材料用的新型稀土助剂。这些稀土助剂能够稳定产品结构,提供低毒、高效的稳定效果,提升使用性能或改善加工性能。目前,国内生产各类稀土功能助剂的企业已超过 20 家。稀土功能助剂广泛应用于合成树脂、橡胶催化剂、纤维助染剂、塑料热稳定剂、加工改性剂、成核剂、转光剂等多个领域。

PVC多功能
复合热稳定剂

图6‑26　稀土高分子助剂

　　稀土化合物作为塑料助剂,具有显著改质作用,得益于稀土元素的多配位能力和有机配体结构上的多样性,它们具有传统助剂难以比拟的低毒、高效和多功能等优点。稀土无铅化稳定剂已被成功应用于聚氯乙烯(PVC)、聚烯烃(PE、PP等)的改性中,能够取代通用热稳定剂和有机锡稳定剂,代替铅、镉技术,解决了我国大宗建筑材料和轻工制品的环保问题。具有中国特色的稀土/钙锌稳定剂已与北美的有机锡稳定剂、欧洲的钙/锌稳定剂,成为第三类重要的环保型稳定剂。这些无毒物质符合 ROHS 指令的要求。它们不仅性价比高,而且产品高效、功能较多、成本低且适应性强。轻稀土高分子助剂的研究成果不仅有助于缓解镧、铈、钇等富镧稀土的积压问题,推动稀土产业的平衡发展,而且还开发出高附加值的新产品,形成了具有鲜明特色的原创型稀土化工新材料产业链。

　　稀土表面处理剂可用于生产塑料填充改性剂,通过极强的表面改性作用,提高无机粉体与基础树脂的相容性,增强无机物与聚合物基体的结合能力,从而不仅能够节材降本,还能提升力学和加工性能。阻燃剂是一种赋予易燃聚合物难燃性的功能性助剂。目前广泛应用的卤素阻燃剂在火灾中会产生有毒气体,而传统的无机阻燃剂阻燃效率较低,且可能对高分子材料的性能产生不利影响。富镧稀土碳酸盐(如碳酸镧、碳酸铈、碳酸钇)有望发展成为一类安全高效的新型阻燃剂,因为它们在火灾中不产生有毒气体,具有更高的阻燃效率,并且可以有效降低成本。稀土阻燃剂能够增效减量,减缓基材加工及力学性能的劣化问题,满足相关行业对高性能无卤、环保阻燃塑料制品的需求。稀土助剂也可用作加工助剂和高效润滑剂,在塑料加工中的新型高速挤塑技术中发挥作用。此外,稀土还可用于生产发泡轻量化助剂、抗光剂、抗氧剂等。在合成树脂、塑料增塑剂的合成过程中,稀土助剂可用作催化剂或添加剂,以提高产品质量并降低成本。

　　稀土 β 成核剂可应用于多个领域,包括常规聚丙烯(PP)专用料的高性能化(兼具高刚性、高韧性、高耐热性)、新型聚丙烯管材专用料(改善高、低温脆性及提高刚性)、高韧性高耐热的汽车配件、化工管道专用料(优良的耐溶剂性)、耐高温热收缩材料、双向拉伸土工膜材料、压滤板材、洗衣机内桶、家电壳体、BOPP 瓶专用料、合成纸和微孔膜专用料等。

　　稀土材料不仅用作橡胶的合成催化剂,还可作为硫化促进剂、防老剂、补强剂以及橡胶填料的表面处理剂。稀土功能助剂的使用可以延长橡胶的使用寿命,提升橡胶的力学性能、耐热性和耐磨性,使橡胶的多种性能发生质的飞跃,从而大幅提高橡胶制品的附加值。

　　锦纶(聚酰胺纤维)是最早被商业化生产的合成纤维,其在化纤工业中占据着重要地位。稀土纺织助剂用于制造细旦聚酰胺纤维,通过稀土离子与尼龙酰胺基团之间的络合配位作用,将不同的高分子链桥联起来。这不仅能够调控聚酰胺熔体的流变学行为,还能延缓聚酰胺的结晶,从而改善聚酰胺的可纺性,实现通过直纺法生产制造聚酰胺纤维的目的。中国目前是世界上最大的锦纶市场,基于富镧稀土添加剂的细旦/超细旦锦纶制造技术有望带来显著的经济效益。

6.5.5　稀土结构陶瓷

　　稀土材料在陶瓷中并非主要成分,而是更多地作为釉料原料使用。稀土独特的 f 轨道电子结构能够产生丰富的电子跃迁种类,因此,它们常被用作色釉添加剂。常见的稀土氧化物包括铈、镨、钕、钇、铒等,这些氧化物因其色彩纯正、附着力强、化学性质稳定而受到青睐。通过改变添加元素和烧制状态,镨可以呈现出黄色、鲜黄、绿色、灰色、淡紫、亮灰等多种色彩。此外,稀土还可用于制备变色釉。[39,40]

　　精细陶瓷是由高纯度的天然无机物或人工合成的无机化合物制成的,它们拥有其他材料通常无法达到的特殊功能。稀土元素在精细陶瓷中的应用非常广泛(图 6-27)。精细陶瓷可以分为结构陶瓷和功能陶瓷两大类。稀土结构陶瓷主要应用于大规模集成电路、高温

图 6-27　稀土氧化锆陶瓷珠和刀具

燃气轮机、陶瓷发动机和高温轴承等高技术领域的结构材料。而稀土功能陶瓷则广泛应用于陶瓷电容器、导电陶瓷、电光陶瓷、可变电阻、燃料电池、光纤通信器、传感器、护目镜、微波滤波器、谐振器等领域。将稀土添加到陶瓷材料中，可以显著改善其特性。稀土氧化物可以作为陶瓷烧结的添加剂和稳定剂。

La_2O_3 和 Y_2O_3 可以促进陶瓷中 Al_2O_3、SiO_2 等高熔点原料与 CaO 之间的化学反应，形成低共熔点的液相，从而降低烧结温度，并填充颗粒间的孔隙，降低孔隙率，提高陶瓷的致密度。稀土氧化物作为氧化铝陶瓷的烧结添加剂，可以降低 Al_2O_3 的烧结温度，并改善烧结体的性能。稀土离子可以掺杂到 ZrO_2 晶格内部，增强物相的稳定性，因此被广泛用于制备氧化锆陶瓷。Si_3N_4 陶瓷是另一类重要的工业陶瓷，由于其耐热性极高，在高温下会分解而不融化，因此只能采用热压方法制造。在 Si_3N_4 陶瓷体系中加入 La、Ce 和 Y 等稀土氧化物可以在高温下进行烧结，从而提高其力学性能。通过使用不同离子半径的稀土元素，还可以调节 Si_3N_4 陶瓷的热导率。[41,42]

稀土特种陶瓷产品已广泛应用于日常生活，江西赣州企业利用其产地优势，开发出稀土陶瓷刀具并已进入香港市场。稀土氧化锆陶瓷刀具具有耐酸碱腐蚀、永不生锈、无磁性、锋利且耐磨性强等特点，其性能优于不锈钢刀具。此外，稀土陶瓷还具有良好的生物相容性，可用于制作假牙、补牙材料、人造关节和骨骼等。

6.6　稀土能源材料

能源问题是当今世界面临的重大挑战之一。目前，稀土材料在能源领域的应用主要是储氢合金用于制作镍氢电池的负极，且这一应用的规模正在逐渐减少。然而，稀土材料与多项能源领域的未来技术密切相关。例如，稀土储氢材料可用于氢燃料的存储，稀土陶瓷则可用于制作固体氧化物燃料电池的电解质、连接材料和电极材料等。目前报道的高温超导材料多数也是基于稀土陶瓷。一旦这些领域取得重大突破，将极大地推动稀土材料的开发，使稀土材料在能源的存储、运输和相互转换等方面发挥重要作用。

6.6.1　镍氢电池负极材料

目前，稀土储氢材料主要用于制作镍氢电池的负极，这是稀土储氢材料最主要的应用领域之一。稀土储氢材料的研究始于 1969 年，当时荷兰飞利浦公司（Philips）首次发现 $LaNi_5$（AB_5）型合金具有可逆的吸放氢性能。镍氢电池是稀土储氢材料最重要的应用之一。1989 年，日本松下公司将 AB_5 型稀土储氢材料成功应用于镍氢电池，从而开启了稀土储氢材料的产业化进程。目前，稀土储氢合金主要用于镍氢动力电池的生产制造和小型镍氢电池。

　　镍氢电池以其环境友好、快速充放电、能在宽温区（−40～70 ℃）使用、良好的安全性和较高的循环次数等特点,曾被广泛应用于混合动力车(图6-28)。然而,随着锂离子电池成本的快速降低以及其在容量和电压方面的优势,锂离子电池逐渐取代了镍氢电池的市场地位,导致镍氢电池的产量逐年下降。目前,部分丰田混合动力车型已开始采用锂电池,而其他品牌的混合动力或纯电动车型也已普遍使用锂电池。

图 6-28　镍氢电池和镍氢动力汽车

　　然而,锂电池一旦起火,燃烧速度极快,因此其安全性问题同样不容小觑。2010 年 9 月,UPS 6 号班机的空难被确认是由锂电池引起的。受此事件影响,美国联邦航空管理局(Federal Aviation Administration, FAA)发布了安全警告,对客机携带大量锂电池产品施加了限制。2013 年生效的国际民用航空组织(International Civil Aviation Organization, ICAO)关于锂电池的运输规则,对锂电池的空运实施了限制。波音 787 飞机也曾因锂电池起火事故而全球停飞。相比之下,镍氢电池在快速充放电过程中性能相对稳定,且在抗震、防水、耐热以及不产生有害物质方面表现出更高的安全性。

　　目前,AB$_5$型稀土储氢合金仍是商业化镍氢电池广泛采用的负极材料。AB$_5$稀土储氢合金的可逆吸放氢量不超过 1.40%(质量分数),在镍氢电池中,相应的最大放电容量不超过 340 mA·h/g,这已无法满足当前镍氢电池高容量化的发展需求。近年来,研究者们逐渐转向非 AB$_5$型稀土镁基储氢合金的研究。一些新型合金展现出优异的应用前景,尤其是在大功率电流条件下的适用性受到了广泛关注。AB$_n$型(n=2～3.8)稀土镁基储氢合金因其具有更高的放电容量(410 mA·h/g)而在国内外备受瞩目,成为稀土储氢合金研究的热点,其研究的重点之一是提升其活化性能和循环寿命。

　　自 20 世纪 90 年代中期起,我国开始生产储氢合金,并将其用于制造镍氢充电电池的负极材料。稀土储氢材料产业在我国迅速发展,如今已成为仅次于钕铁硼稀土永磁材料的第二大稀土功能材料。2013 年,全球民用镍氢电池的产量约为 13 亿只。全球超过 95% 的镍氢电池产量来自中国和日本,知名厂商包括日本的三洋、松下以及我国的比亚迪、科力远等。2005 年,我国稀土储氢材料的年生产能力达到 17 500 吨,超过了日本,跃居世界第一,产品远销至日本、韩国及欧美等国家和地区。国内企业主要生产的稀土储氢合金为 AB₅型,自 2008 年起,部分企业开始尝试小规模生产 La - Mg - Ni 型储氢合金。[43,44]

6.6.2　氢气储存

受锂电池市场冲击,镍氢电池的市场份额持续下滑。然而,稀土储氢合金并未因此退出历史舞台。氢能作为下一代清洁能源,稀土储氢合金在氢气的分离和储存领域仍具有重要作用。工业和信息化部、科技部、财政部、国家能源局、国家发展和改革委员会已将制氢、运氢、加氢站等设施纳入《产业结构调整指导目录》。氢能源已成为国家能源战略的关键部分。目前,金属储氢材料在民用领域的研究将主要集中在氢燃料电池的工程化应用上,主要应用于氢能源清洁燃料汽车,以实现完全零排放。小型燃料电池则用于通信设备、便携式电脑、电动工具等。未来,还将探索氢能发电方面的研究,为全球石化燃料危机提供替代能源解决方案。

日本丰田和韩国现代汽车公司已将氢燃料电池汽车推向市场。丰田 Mirai 采用碳纤维储氢罐储存氢气,其最高压力可达 90 MPa。尽管丰田汽车声称氢气泄漏时的安全性高于汽油,但这仍未能完全消除公众的担忧。金属氢化物储氢罐(图 6-29)是一种固态储氢方式,它将储氢合金装入特定容器中作为氢的存储介质。与传统的高压氢气罐或液氢罐相比,金属氢化物储氢罐具有更高的体积储氢密度、更好的安全性、无需高压容器和隔热容器,以及能够提供高纯度氢等优势。

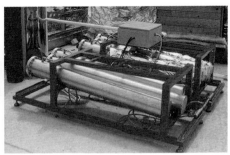

图 6-29　金属氢化物储氢罐

6.6.3　燃料电池

燃料电池通过电化学过程直接将化学能转化为电能,能量转化效率较高。根据使用的电解质类型,燃料电池可以分为碱性燃料电池、磷酸燃料电池、质子交换膜燃料电池、熔融碳酸盐燃料电池和固体氧化物燃料电池等。稀土材料具有的储氢、离子传导、催化性质都能用于燃料电池领域。[45]

固体氧化物燃料电池(solid oxide fuel cell，SOFC)作为第三代燃料电池，被誉为21世纪的绿色能源(图6-30)。固体氧化物燃料电池的工作温度较高(800~1 000 ℃)，在应用中可以与蒸汽轮机联合使用，通过利用排放的余热来提升能量利用率。固体氧化物燃料电池无须使用贵金属催化剂，并且适用于多种燃料，包括氢气、甲烷、碳氢化合物等。固体氧化物燃料电池的关键组成部分包括电解质、阴极、阳极及双极板或连接材料，稀土材料在这些部件中均发挥着重要作用。

在SOFC系统中，电解质材料是整个燃料电池的核心部件，它直接影响电池的工作温度和功率输出。Y_2O_3稳定的ZrO_2(YSZ)、CeO_2及其复合物(DCO)、Bi_2O_3基材料等材料具有萤石型结构，具有大量氧空位，可作为氧

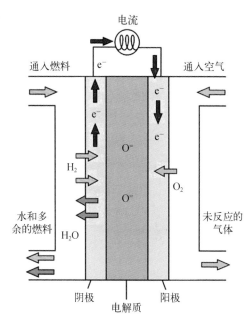

图6-30　固体氧化物燃料电池结构图

离子传导电解质，其中YSZ最为常用。氧化钪稳定的ZrO_2(ScSZ)用于固体氧化物燃料电池，相比YSZ可使功率密度提高一倍，非常具有应用前景。固体氧化物燃料电池的阴极材料可选用稀土基钙钛矿复合氧化物，其能满足阴极材料需要的电催化活性、氧半渗透性、离子和电子导电的混合导电性能等，并且与固体氧化物电解质具有相近的热膨胀系数。掺加有稀土的$LaCr_{0.9}Mg_{0.1}O_3$、$La_{0.85}Sr_{0.15}MnO_3$陶瓷及$Ni-Zr(Y)O_2-X$金属陶瓷薄层，还可分别用作固体氧化物燃料电池的双极性极板、多孔阴极和多孔阳极材料。[46]

除固体氧化物燃料电池外，采用质子交换膜的低温燃料电池工作温度为60~100 ℃，具有环境友好、无污染、低温启动快的优点。其中，直接醇类燃料电池(direct alcohol fuel cell，DAFC)所用燃料为液体，储存和携带方便，因而广受关注。研究表明，CeO_2等镧系稀土氧化物可以显著提高对醇类氧化的催化性能。

6.6.4　稀土导电陶瓷

在常规认知中，陶瓷通常被视为绝缘体，并且常被用于制造高压绝缘器件。而导电陶瓷结合了金属的导电性和陶瓷的结构特性，其拥有良好的化学稳定性、耐高温、抗氧化、抗腐蚀和抗辐射等优势，因此被广泛应用于固体燃料电池、高温加热体、耐高温电阻器、高温电极和超导陶

瓷材料等尖端领域。稀土元素在导电陶瓷中发挥着关键作用。铬酸镧($LaCrO_3$)陶瓷是电子导电陶瓷中重要的一类新型高温电子导电陶瓷,其使用温度可达$1\,800\,℃$以上,在空气中的使用寿命可达到$1\,700$小时以上,因此。铬酸镧陶瓷可作为磁流体发电机的高温电极材料。[47,48]

6.6.5　高温超导材料

超导电性是固体物理的一个重要分支,超导材料在临界温度(T_C)附近具有零电阻。

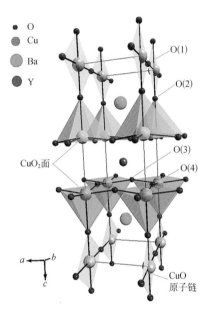

图6-31　YBCO氧化物陶瓷结构图

1986年,瑞士苏黎世的IBM研究实验室发现稀土氧化物超导材料$YBa_2Cu_3O_{7-x}$(YBCO,图6-31)临界温度高达90 K,这为提高超导转变温度开拓了新的方向,提升了超导材料的实用价值。发现者J. G. Bednorg和K. A. Müller不久就获得了诺贝尔物理学奖。其他的RE-Ba-Cu-O氧化物(REBCO)陶瓷也被发现普遍具有类似的高温超导电性,可将临界温度提高到液氮沸点(77 K)以上。REBCO氧化物陶瓷也可作为高温超导材料。超导陶瓷材料大部分含有稀土,是超导材料的一类重要分支。2019年德国马克斯-普朗克研究所的MikhailEremets发现超高压力下的氢化镧(LaH_{10})在$-13\,℃$出现超导性,这是迄今最高的温度纪录。虽然限于高压技术难以应用,但这一发现显然是向室温超导体迈进的重要一步。[49-51]

稀土超导陶瓷材料包括超导线带材、超导块材、超导薄膜等。因其具有优良特性,超导材料的潜在应用极为广泛。超导陶瓷块材韧性较差,主要应用于无摩擦轴承、飞轮储能、无接触输运等。超导陶瓷的强抗磁性可用于制造磁悬浮列车,这种列车依靠磁力在铁轨上"漂浮"滑行,具有高速、平稳、安全可靠的特点。在"九五"期间,北京有色金属研究总院与西南交通大学合作,研制出了世界上第一台基于超导块材的载人磁悬浮车,其超导块材的水平达到了世界先进水平。将超导陶瓷与玻璃纤维等复合可制成纤维增强塑料线带材,由于电阻为零,超导材料用于输配电等强电领域时,完全没有能量损耗。甚至超导材料的回路中可形成永久电流,能够长期无损耗地贮存能量、制造超导线圈,可应用于变压器、电机、发电机、磁体等。液氮冷却的高温超导材料已经投入实验运行。薄膜材料应用于弱电领域如超导电子学的器件(SQUID,数字电路),可提高处理器运行频率,提高运算速度,并能有效降低功耗、缩小体积,也能制造微波器件(谐振器、滤波器、天线、延迟线等)等。[52]

超导块材通过熔融织构生长技术制备,主要设备为外延生长炉。在这方面,我国处于世界先进水平,西北有色金属研究院、上海大学等具备提供超导块材的能力。超导薄膜通过共蒸发技术、磁控溅射技术、激光沉积技术等方法制备,技术较成熟,有研集团(北京有色金属研究总院)、电子科技大学、中国科学院物理研究所、天津海泰科技发展股份有限公司都具有批量提供大面积超导薄膜的能力。稀土超导材料的研究重点在带材方面,在基础研究方面侧重于超导性能的提高,在工程化方面侧重于超导涂层的沉积速度的提高(图6-32)。目前,日本 Fujikura 公司、美国超导公司、美国 Superpower 公司等外国公司正在开展稀土超导线带材的研究。我国在该领域的研究进展迅速,上海交通大学李贻杰团队历时3 年,于 2010 年年底成功研发出百米级第二代 REBCO 高温超导带材制备工艺,实现了国内高温超导带材领域的新突破。相比之下,美国、日本、德国等国家的研发团队成功研发百米量级工艺,用了近 10 年的时间。上海大学蔡传兵教授团队实现了第二代高温超导带材关键制备技术的突破,研制出千米级第二代高温超导带材,并实现 400 米级材料商品化。[53]等离子体所采用该 REBCO 带材,实现了 26.8 T 的中心磁场水平的高温超导磁体,电流达 300 A,励磁强度达到全球领先水平。[54]

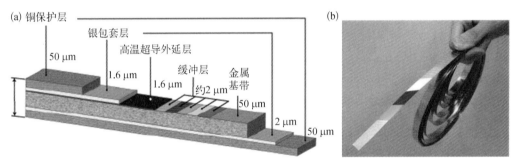

图 6-32　第二代超导带材结构和照片

6.7　其他稀土材料

6.7.1　超磁致伸缩材料

超磁致伸缩材料(giant magnetostrictive material,GMM)是一种具有极大伸缩系数的磁致伸缩材料,需要使用稀土材料构筑,其能代替压电材料,具有磁致应变大、能量密度高、居里点高、转换效率高、响应速度快且工作频率广等特点,可用于传感、驱动及换能器件中,是无源传感、精密定位、制动器、功率换能器等重要驱动材料。稀土超磁致伸缩材料的研究始于 1972 年,美国海军 Ordnance 实验室(NOL,现为海军表面武器实验室)发现某些二元稀土铁合金化合物具有很好的磁致伸缩性能,但需要强磁场驱动,因此不具备应用价值。其后发现的三元稀土铁合金化合物 Terfenol‐D 具有实用价值,并在 20 世纪 80 年代中期实现了市场化(图 6‐33)。三元稀土铁合金超磁致伸缩材料包含铽镝铁(Tb‐Dy‐Fe)和钐镝铁(Sm‐Dy‐Fe)两个系列,目前供应市场的超磁致伸缩材料 90% 以上为 Tb‐Dy‐Fe 系。稀土超磁致伸缩材料中稀土元素铽、镝的含量占合金总量的 58%~65%,是含稀土量极高的稀土类金属功能材料。并且由于稀土超磁致伸缩材料的成材率低,消耗的原材料铽和镝高达成品的 30%~45% 和 80%~90%,是单位重量合金中消耗稀土量最大的材料。[55]

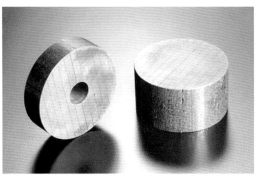

图 6‐33　Tb‐Dy‐Fe 系的 Terfenol‐D 超磁致伸缩材料

美国 ETREMA 公司是国外主要的稀土超磁致伸缩材料生产商,其市场份额占国际市场的 90% 以上,日本 TDK 公司也有少量生产。国内超磁致伸缩材料的生产始于 20 世纪 90 年代中期,钢铁研究总院、北京科技大学开始向国内开展材料及应用研究的高校、科研单位提供研究级稀土超磁致伸缩材料。国内稀土超磁致伸缩材料生产条件和装备相对美国有一定的差距。主要采用区域熔炼的方式和短流程集成制造技术。区域熔炼的方式受到熔炼区空间的限制,只能完成小尺寸棒的晶体取向生长。短流程集成制造技术由钢铁研究总院于 1999 年首次成功开发,该技术能够实现大规模、批量化、低成本地生产各种规格的稀土超磁致伸缩材料。目前,短流程集成制造技术已成为国内稀土超磁致伸缩材料的主要生产技术,主要用于生产[110]和[112]取向的稀土超磁致伸缩材料,最大可生产直径为 100 mm 的材料。

稀土超磁致伸缩材料可用于制造电声换能器、驱动器、电磁传感器和电子器件等。但是国内在谐振换能器设计方面水平仍然较低,沿用压电换能器的设计理论和模式,机电转换效率低,能量密度不足。目前,该材料的应用主要集中在技术含量较低的产品,如音响驱动器、声波超磁振源和时效处理激振器等。而对于高端应用,如大功率超声、精密定位和直线驱动器等,仍有待进一步开发。此外,稀土超磁致伸缩材料还可用于开发高速响应、传感与执行一体化的新型器件。

稀土超磁致伸缩材料是国防武器装备更新提升的关键材料,对提高武器装备的性能及开发新型装备和技术具有重要作用。稀土超磁致伸缩材料制作的水声换能器(underwater transducer)，如低频声呐、磁致伸缩-压电复合声呐可应用于潜艇、预压应力驱动器、无预应力驱动器等，以及用于先进武器系统的高速阀门驱动器、激光束快速调节驱动器、空间站太阳能帆板调节驱动器、飞行器智能翼调节系统等。美国 ETREMA 公司每年从美国军方获得的稀土超磁致伸缩材料项目合同在千万美元以上。值得一提的是，这些军用技术已有部分转为民用，如阿尔法磁谱仪的加工系统、大功率超声、民用驱动器等。

　　稀土超磁致伸缩材料中，中重稀土元素铽和镝在合金中的含量接近 2/3，然而在稀土矿中，铽和镝的含量却相对较少。同时，这两种元素还是稀土永磁材料中的关键添加元素。随着磁致伸缩材料产业化的推进，对铽和镝元素的大量消耗将不可避免地导致资源紧缺、价格飙升和成本上升，进而影响下游产品的开发和发展。因此，研究和开发替代元素以及新型磁致伸缩材料的需求变得极为迫切，目的是减少对这些关键稀土元素的依赖和消耗。

6.7.2　磁制冷材料

　　磁制冷是借助磁热效应（magnetocaloric effect，MCE），即磁热材料等温磁化时向外界放出热量，而绝热退磁时从外界吸热这一过程，以磁制冷材料为工质的一种全新制冷技术。与传统的气体制冷技术相比，磁制冷具有效率高、耗能低、环境友好等优点，循环效率可高达卡诺循环的 50%，而且所用的原料、循环介质无污染，是一种较为理想的制冷技术（图 6-34）。磁制冷技术在制取液化氨、氮以及绿色能源液化氢方面有较好的应用前景。磁制冷是十多年来研究和开发的一个极具应用前景的新兴高技术产业领域。

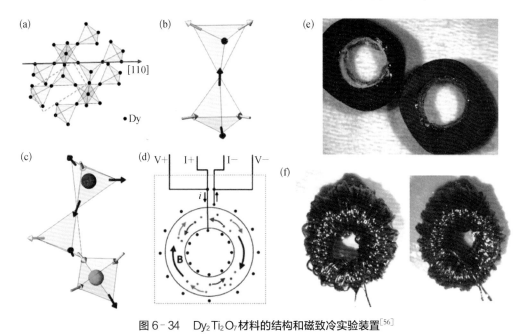

图 6-34　$Dy_2Ti_2O_7$ 材料的结构和磁致冷实验装置[56]

磁制冷原理的发现可以追溯到 19 世纪,当时 Warburg 和 P. Langeviz 观察到了铁在外磁场中的热效应,并发现了磁热效应。20 世纪 30 年代,德拜(Debye)和吉奥克(Giauque)独立提出了磁制冷的基本原理,指出通过绝热过程可以实现磁制冷。但磁制冷的实用化发展比较缓慢。1996 年,美国宇航公司(Astronautics corporation of America)与能源部洛斯阿拉莫斯国家实验室合作,设计并研制了一台能够连续运行的超导磁制冷样机,此后还设计完成了永磁式室温磁制冷样机,并研发了 Gd 及 Gd 系合金一级 $Gd_5(Si_xGe_{1-x})_4$、$MnAs_{1-x}Sb_x$、$MnFeP_{1-x}As_x$ 及 $LaFe_{13-x}Si_x$ 等几种具有巨磁热效应的磁制冷材料。德国真空公司主要开发了片状磁工质,日本三德公司开发了球形颗粒磁工质,国内包头稀土研究院重点开发了 $LaFe_{11.9-x}Co_xSi_{1.1}$ 合金、金属 Gd 的球形颗粒及片状磁工质并为国外提供了千克级产品。上述三家公司及机构的制备技术各有特色,均已具备小批量生产该产品的能力,并各自拥有相关产品。

制冷温度在 20 K 以下的低温区域稀土磁制冷材料有钆镓石榴石、镝铝石榴石、$Y_2(SO_4)_3$、$Dy_2Ti_2O_7$、$DyPO_4$、$Gd(OH)$、$Gd(PO_4)_3$ 等。磁制冷技术已经在 1 K(-272.15 ℃)左右的极低温领域得到应用。

我国从磁制冷材料、磁制冷用永磁磁场系统到磁制冷机进行全面的基础研究、应用研发到工程化开发,均具有自己的专利。在基础研究和应用开发方面,与国外的差距较小,制备工艺与国外的差距也不大。中国是稀土大国,在稀土磁制冷的研发上具有资源优势,研发仪器、设备相对齐全。在磁制冷用永磁系统的研发水平上,我国不逊色于国外,但目前小批量制备的磁制冷材料产品与国外相比还存在一定的差距。[57]

6.7.3 巨磁电阻材料

巨磁阻效应是指磁性材料在磁场作用下和撤去磁场后,其电阻率产生显著变化的现象。巨磁阻效应的物理机制源于电子自旋在磁性薄膜界面处发生了与自旋相关的散射作用,基于这些特性可以设计和开发电子器件。在纳米材料体系中,当磁性颗粒的大小、磁性薄膜的厚度等与电子平均自由程相当或更小时,在电子输运过程中除考虑其作为电荷的载体外,还必须考虑电子自旋相对于局域磁化矢量的取向,不同的取向将会导致电子被散射的概率或电子隧穿的概率不同,从而产生磁电阻效应。以钙钛矿结构稀土氧化物为代表的巨磁电阻材料(图 6-35),因其展现出的巨磁电阻效应在提高磁存储密度及磁敏感探测元件方面具有广阔的应用前景,而受到广泛关注。自旋电子器件基于电子自旋进行信息的传递、处理与存储,具有传统半导体电子器件无法比拟的优势。根据巨磁阻效应开发研制的磁盘数据读出头,体积小且灵敏度高,使得存储单字节数据所需磁畴数量大幅减少,从而显著提高了磁盘的存储能力。掺杂稀土锰氧化物材料中观察到的磁场下的反常输运性质,有别于金属磁性超晶格与多层膜样品中的巨磁电阻效应,这种效应被命名为庞磁阻效应。[4]

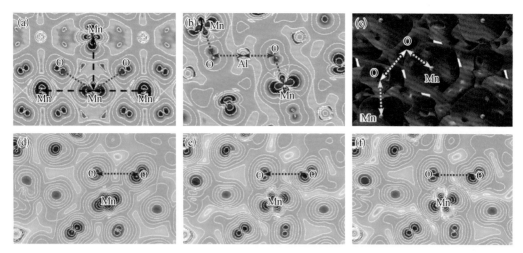

图 6-35　钙钛矿结构 $YMn_3Al_4O_{12}$ 在反铁磁构型下其（100）晶面、（110）晶面和三维的电荷密度图；$LaMn_3Al_4O_{12}$、$YMn_3Al_4O_{12}$ 和 $LuMn_3Al_4O_{12}$ 中（Mn—O）—O 平面上 O—O 间的电荷密度分布

6.7.4　抛光材料

稀土抛光材料的主要成分是 CeO_2，其具有粒度均匀、硬度适中的特点。稀土抛光材料抛光效率高、质量好，在高端抛光领域无法替代（图 6-36）。目前我国稀土抛光材料占全球产量的 90%，用量占全球抛光粉用量的 70% 左右，但主要用于水晶水钻、手机及平板电脑外屏等中低端领域，产值较低。国外稀土抛光领域主要集中在更高精度的硅片、基板、导电玻璃，以及精密光学等中高端领域的抛光。

图 6-36　氧化铈稀土抛光材料

稀土抛光粉作为电子产品生产过程中不可或缺的抛光材料，抛光的硅用于生产集成电路（integrated circuit，IC）和硅太阳能电池。随着全球电子产业的快速发展，对稀土抛光粉的需求量呈高速增长态势，几乎所有电子产品终端都包含硅制作的集成电路，如 CPU、显卡、闪存、相机 CMOS 等。近年来智能手机发展迅速，触摸屏已成为稀土抛光粉的最大应用市场。智能手机的外屏、液晶基板都需要使用稀土抛光材料，如果后盖也使用玻璃材质，一部智能手机会使用多达 3 片玻璃材料。受 OLED 显示技术在手持设备的普及、大尺寸 OLED 价格下降，以及需求饱和影响，液晶面板产量有所下跌，但大尺寸电视面板仍可长期保持 2 亿片以上的年产量。玻璃硬盘基板也使用大量稀土抛光材料。光学玻璃用抛光材料消费较为稳定。不使用抛光粉的模铸塑料眼镜片代替了过去的玻璃材质镜片，降低了稀

土抛光材料在眼镜行业的消耗。

6.7.5　医用材料

稀土的药理作用早已为人所知。最初在医药领域得到应用的是铈盐。自1949年起，英国、澳大利亚、日本等国相继将草酸铈纳入药典，用于治疗海洋性晕眩和妊娠呕吐。自20世纪60年代起，人们又陆续发现了稀土化合物的其他药理功效。

稀土化合物在抗凝血方面已得到广泛的研究和应用，作为一种钙离子拮抗剂，它能与凝血酶肽链上的 γ-羧基谷氨酸形成更稳定的络合物，有效阻止钙离子与该络合物的进一步结合，从而破坏整个凝血过程，无论是在体内还是体外环境中，均能降低血液的凝固性。稀土化合物作为抗凝剂的一大优势在于其作用迅速，与直接作用的抗凝剂（如肝素）相似，且具有长效性。通过静脉注射，它能迅速发挥抗凝作用，并可持续约一天。近年来，稀土抗凝剂的研究取得了新的进展，研究者将稀土与高分子材料结合，开发出了具有抗凝血功能的新型材料。利用这些高分子材料制成的导管和体外血液循环装置，能够有效防止血液凝固。

稀土化合物作为抗炎、杀菌药物的应用已有诸多研究报道。使用稀土药物治疗皮肤炎、过敏性皮炎、牙龈炎、鼻炎和静脉炎等炎症，均取得了令人满意的效果。目前，稀土抗炎药物大多为局部外用药。稀土离子还具有镇静和止痛的作用，可广泛用于烧伤治疗和伤口消毒。稀土铈盐的抗炎作用是提高烧伤治疗效果的关键因素。使用含铈盐的药物能够减轻创面炎症，加速愈合。稀土离子能抑制血液中细胞成分的增殖及液体从血管中的过度渗出，从而促进肉芽组织的生长及上皮组织的代谢。硝酸铈能迅速控制严重感染的创面，使其转为阴性，为后续治疗创造了有利条件。目前，有研究正在探索将稀土化合物用于治疗胶原性疾病（如风湿性关节炎、风湿热等）和过敏性疾病（如荨麻疹、湿疹、漆中毒等），而不会导致皮质激素类药物过敏，对相关患者具有重要的意义。[58]

不过需要注意的是，稀土元素并不是人体所需的微量元素，且其原子系数较大，潜在的毒性和累积问题必须得到重视。稀土元素很难通过食物链条进入人体，因而针对稀土摄入量的相关研究仍然匮乏。在国内，普遍认为稀土属于低毒范围，不会引起类似重金属的中毒，安全性高于部分过渡元素化合物。然而，近些年也有一些稀土毒性的报道，因此，将稀土材料用于治疗尤其是内用，仍需进一步考虑包括毒理、累积性和代谢等问题。[59]

6.7.6　稀土着色剂

稀土硫化物着色剂具有着色性能优异、无毒无害等特性，可以替代目前大量使用的有机颜料和含镉、铅的重金属颜料等对人体有害、不符合环保要求的着色剂，可应用于塑料、塑胶、油漆、油墨、皮革等诸多领域。稀土着色剂已被列入由科技部、工业和信息化部、环境保护部在 2016 年联合颁布的《国家鼓励发展的有毒有害原料产品替代品名录》。

　　传统稀土硫化物着色剂的合成是在管式炉内以硫化氢为硫化剂在高温下反应,其工艺复杂、危害度大、成本高,不能大规模生产,极大地限制了稀土硫化物着色剂的推广使用。中国科学院长春应用化学研究所开发了一种在温和条件下制备稀土硫化物着色剂的新方法(图 6-37),该方法不使用硫化氢等危险气体,产量高、操作简单、安全可靠。该方法以北方地区稀土库存积压严重的高丰度的镧、铈元素为原料,满足了国家稀土资源平衡利用和替代有毒有害产品的重大需求,对高附加值稀土新材料的应用具有重大意义。产品推向市场后,预计将产生显著的经济和社会效益。目前,已在包头建成世界首条稀土硫化物着色剂连续化隧道窑生产线,并实现了产品的下线。[60]

图 6-37　稀土硫化物着色剂和染色尼龙样品

6.8　本章小结与展望

　　稀土元素以其独特的物理和化学性质,在新能源、电子信息、航空航天、冶金化工等领域发挥着不可替代的作用。随着产业升级和技术的推广,高附加值稀土材料已经应用到众多领域,并不断向更多前沿领域渗透,成为推动现代工业发展的关键力量。

　　随着环保要求的日益提升,稀土尾气催化材料、稀土永磁材料在污染治理和绿色能源产业中的应用将更为广泛。大量电子信息产品进入人们的日常生活,稀土材料在半导体、显示技术、光纤通信等方面的应用也将进一步加深,并在新型显示技术、高速通信、智能传感器等领域发挥更加关键的作用。随着高性能、高可靠性的稀土结构材料的发展,它们可被应用于航空航天、国防科技等尖端领域。稀土材料的应用领域将不断拓宽,未来对稀土新材料的需求总量也会继续保持快速增长的态势。

然而,稀土资源的有限性和分布不均等问题仍然制约着稀土产业的可持续发展。中国作为全球最大的稀土生产国和出口国,拥有丰富的稀土资源,这为高附加值稀土材料的发展提供了坚实的基础。但稀土矿产是不可再生资源,开采和冶炼的上游产业附加值低、污染大,要避免稀土资源只卖"土"价;亟须发展高附加值下游产业,避免"卡脖子";在贸易保护和中美对抗大背景下,需加强稀土资源的合理配置和保护,以支撑我国略性新兴产业发展。同时还应积极发展回收产业,对高稀土用量的电子设备、磁体等废品进行回收利用,为高附加值稀土材料产业的长期发展进行战略布局。

随着国家对稀土资源的保护和合理利用的日益重视,中国稀土产业正逐步向绿色、循环、低碳的方向转型。通过推动技术创新和市场开拓,加强对外合作,形成更加紧密的稀土产业合作链条,共同应对全球市场的挑战与机遇,我们必将充分利用稀土资源这一宝库。

参考文献

[1] 刘光华.稀土材料与应用技术[M].北京:化学工业出版社,2005.

[2] 徐光宪.稀土·上[M].2 版.北京:冶金工业出版社,1995.

[3] 张洪杰.高附加值稀土功能材料发展对策[R].长春:中国科学院长春应用化学研究所,2018.

[4] 张洪杰.稀土纳米材料[M].北京:化学工业出版社,2018.

[5] 林建华,荆西平.无机材料化学[M].北京:北京大学出版社,2006.

[6] Sagawa M, Fujimura S, Togawa N, et al. New material for permanent magnets on a base of Nd and Fe (invited) [J]. Journal of Applied Physics, 1984, 55(6): 2083 - 2087.

[7] Permanentní magnety ze vzácných Zemin [EB/OL]. [2023 - 09 - 15]. http://www.supermagnety.cz/cz/64/magnety-ze-vzacnych-zemin/.

[8] Fraden J. Handbook of modern sensors: physics, designs, and applications [M]. 3rd ed. New York: Springer, 2004.

[9] 周寿增.稀土永磁材料及其应用[M].北京:冶金工业出版社,1990.

[10] 董生智,李卫.稀土永磁材料的应用技术[J].金属功能材料,2018,25(4):1 - 7.

[11] 王鑫,李伟力,程树康.永磁同步电动机发展展望[J].微电机,2007,40(5):69 - 72.

[12] 陈晋.钕铁硼永磁材料的生产应用及发展前景[J].铸造技术,2012,33(4):398 - 400.

[13] 韩基韬.我国新一代磁浮样车运行试验成功[EB/OL]. [2022 - 05 - 23]. https://news.cri.cn/20180524/d80bd6e4-ad8c-debe-bda1-d0782307bc71.html.

[14] 张楷欣.时速 600 公里! 中国高速磁浮试验样车在青岛下线[EB/OL]. [2022 - 05 - 23]. http://www.xinhuanet.com/fortune/2021-07/20/c_1127673912.htm.

[15] 王秋良,杨文辉,倪志鹏,等.核磁共振成像技术研究进展[EB/OL]. [2022 - 05 - 23]. http://www.las.hitech.cas.cn/fmzt/wqzt2/201312/201410/t20141014_262016.htm.

[16] Aguilar M, Alberti G, Alpat B, et al. First result from the Alpha Magnetic Spectrometer on the International Space Station: Precision measurement of the positron fraction in primary cosmic rays of 0.5 - 350 GeV [J]. Physical Review Letters, 2013, 110(14): 141102.

[17] 新华社.电工所和高能所为成功发射的阿尔法磁谱仪研制核心设备[EB/OL]. [2022 - 05 - 23]. https://www.cas.cn/xw/zyxw/yw/201105/t20110517_3134568.shtml.

[18] 苏锵.稀土光学材料的进展[C]."广东省光学学会 2013 年学术交流大会"暨"粤港台光学界产学研合作交流大会"会议手册论文集,2013.

[19] 苏锵.稀土化学[M].郑州:河南科学技术出版社,1993.

[20] 孙继兵,王海容,安雅琴,等.长余辉发光材料研究进展[J].稀有金属材料与工程,2008,37(2):189－194.

[21] Qi J, Chen C, Zhang X Y, et al. Light-driven transformable optical agent with adaptive functions for boosting cancer surgery outcomes [J]. Nature Communications, 2018, 9(1): 1848.

[22] 张建杰.新型稀土发光材料的研究进展[C].第六届全国物理无机化学会议论文摘要集,2012.

[23] 洪广言.稀土发光材料的研究进展[J].人工晶体学报,2015,44(10): 2641－2651.

[24] 杨秋红.激光透明陶瓷研究的历史与最新进展[J].硅酸盐学报,2009,37(3): 476－484.

[25] 肖益鸿,蔡国辉,詹瑛瑛,等.汽车尾气催化净化技术发展动向[J].中国有色金属学报,2004(S1): 347－353.

[26] 贺泓,翁端,资新运.柴油车尾气排放污染控制技术综述[J].环境科学,2007,28(6): 1169－1177.

[27] Delimaris D, Ioannides T. VOC oxidation over CuO－CeO$_2$ catalysts prepared by a combustion method [J]. Applied Catalysis B: Environmental, 2009, 89(1/2): 295－302.

[28] 陈朝秋.金属氧化物纳米多孔材料的制备及在催化中的应用[D].北京:中国科学院研究生院,2011.

[29] Du P, Bueno-López A, Verbaas M, et al. The effect of surface OH$^-$ population on the photocatalytic activity of rare earth-doped P25－TiO$_2$ in methylene blue degradation [J]. Journal of Catalysis, 2008, 260(1): 75－80.

[30] He Z Q, Xu X, Song S, et al. A visible light-driven titanium dioxide photocatalyst codoped with lanthanum and iodine: An application in the degradation of oxalic acid [J]. The Journal of Physical Chemistry C, 2008, 112(42): 16431－16437.

[31] 黄雅丽.稀土掺杂二氧化钛气相光催化降解有机污染物的研究[D].福州:福州大学,2004.

[32] Long Y, Song S Y, Li J, et al. Pt/CeO$_2$@MOF Core@Shell nanoreactor for selective hydrogenation of furfural via the channel screening effect [J]. ACS Catalysis, 2018, 8(9): 8506－8512.

[33] Qiao B T, Wang A Q, Yang X F, et al. Single-atom catalysis of CO oxidation using Pt1/FeO$_x$[J]. Nature Chemistry, 2011, 3(8): 634－641.

[34] Jones J, Xiong H F, DeLaRiva A T, et al. Thermally stable single-atom platinum-on-ceria catalysts via atom trapping [J]. Science, 2016, 353(6295): 150－154.

[35] 王龙妹,杜挺,卢先利,等.微量稀土元素在钢中的作用机理及应用研究[J].稀土,2001,22(4): 37－40.

[36] 曹大力,石忠宁,杨少华,等.稀土在铝及铝合金中的作用[J].稀土,2006,27(5): 88－93.

[37] 丁文江,吴玉娟,彭立明,等.高性能镁合金研究及应用的新进展[J].中国材料进展,2010,29(8): 37－45.

[38] 朱连超,唐功本,石强,等.稀土化合物在高分子科学中的应用研究进展[J].高分子通报,2007(3): 55－60.

[39] 苑金生.稀土元素的发色特性及其在陶瓷色釉料中的应用[J].陶瓷,2010(4): 34－36.

[40] 彭梅兰,吴基球,李竞先.稀土氧化物在改善和提高陶瓷色釉料性能中的作用[J].陶瓷,2011(1): 23－25.

[41] 姚义俊,丘泰,焦宝祥,等.Y$_2$O$_3$、La$_2$O$_3$、Sm$_2$O$_3$对氧化铝瓷烧结及力学性能的影响[J].中国稀土学报,2005,23(2): 158－161.

[42] 刘光华.稀土固体材料学[M].北京:机械工业出版社,1997.

[43] 张瑞英.稀土储氢材料的发展与应用[J].内蒙古石油化工,2010,36(10): 109－111.

[44] 王艳芝,赵敏寿,李书存.镍氢电池复合贮氢合金负极材料的研究进展[J].稀有金属材料与工程,2008,37(2): 195－199.

[45] Singhal S C. Advances in solid oxide fuel cell technology [J]. Solid State Ionics, 2000, 135(1/2/3/4):

305－313.

［46］Okuyucu H，Cinici H，Konak T. Coating of nano-sized ionically conductive Sr and Ca doped LaMnO₃ films by sol－gel route［J］. Ceramics International，2013，39(2)：903－909.

［47］Puertas-Arbizu I，Luis-Perez C J. A revision of the applications of the electrical discharge machining process to the manufacture of conductive ceramics［J］. Revista de Metalurgia（Spain），2002，38(5)：358－372.

［48］马小玲,冯小明.导电陶瓷的研究进展［J］.佛山陶瓷,2009,19(6)：43－46.

［49］黄良钊.稀土超导陶瓷［J］.稀土,1999,20(2)：76－78.

［50］杨遇春.稀土在高温超导材料中的应用［J］.稀有金属材料与工程,2000,29(2)：78－81.

［51］Somayazulu M，Ahart M，Mishra A K，et al. Evidence for superconductivity above 260 K in lanthanum superhydride at megabar pressures［J］. Physical Review Letters，2019，122(2)：027001.

［52］王岳.高温超导材料及其应用前瞻［J］.材料开发与应用,2013,28(02)：1－7.

［53］蔡传兵,池长鑫,李敏娟,等.强磁场用第二代高温超导带材研究进展与挑战［J］.科学通报,2019,64(8)：中插7,827－841.

［54］张新涛.等离子体所研制全REBCO高温超导磁体成功励磁至26.8 T［EB/OL］.［2024－03－11］. http://www.ipp.cas.cn/xwdt/kydt/202402/t20240204_770014.html.

［55］李扩社,徐静,杨红川,等.稀土超磁致伸缩材料发展概况［J］.稀土,2004,25(4)：51－56.

［56］Kassner E R，Eyvazov A B，Pichler B，et al. Supercooled spin liquid state in the frustrated pyrochlore Dy₂Ti₂O₇［J］. Proceedings of the National Academy of Sciences of the United States of America，2015，112(28)：8549－8554.

［57］霍知节.“起底”稀土磁制冷材料［J］.新材料产业,2018(11)：72－78.

［58］胡意,郭菲,汪泱.稀土在医药领域的研究进展［J］.实验与检验医学,2009,27(1)：75－78.

［59］Rim K T，Koo K H，Park J S. Toxicological evaluations of rare earths and their health impacts to workers：A literature review［J］. Safety and Health at Work，2013，4(1)：12－26.

［60］侯茜.世界首条稀土硫化物着色剂连续化隧道窑中试生产线建成投产［EB/OL］.［2023－03－11］. https：//www.cas.cn/jh/201705/t20170516_4601679.shtml.

Chapter 7

稀土介孔材料的制备研究进展

周欢萍[1]，刘少丞[1]，周　宁[1]，宋卫国[2]

[1]北京大学工学院材料科学与工程系

[2]中国科学院化学研究所分子纳米结构与纳米技术实验室

稀土元素(rare earth，RE)因其独特的 4f 电子结构,在原子、分子层面以及化合物性质上与其他元素显著不同,表现出独特的磁学、光学和电学性能,因而在众多领域得到了广泛应用。然而,部分稀土化合物的热稳定性和机械性能较差,限制了其实际应用。为了解决这些问题,研究者们将稀土元素掺入无机基质[1]和聚合物基质[2]中,研究表明,基质不仅改善了稀土配合物的热稳定性[3]和机械性能[4],还显著提升了其光物理性能[5]。特别是,使用多孔无机纳米材料作为基质能够强化稀土元素与基质之间的相互作用。因此,近年来含稀土的介孔材料引起了广泛关注。根据国际纯粹与应用化学联合会(International Union of Pure and Applied Chemistry，IUPAC)的规定,介孔材料(mesoporous materials)是指孔径处于 2~50 nm 的多孔材料[6],其具有高度有序的纳米孔道、超高的比表面积和丰富的介观结构,在大分子吸附、分离、催化、化学传感器、生物医学、环境保护等领域展现出传统沸石分子筛所无法比拟的优越性和广阔的应用前景[7-12]。有序介孔结构所带来的大比表面积和可调节的孔径,使得稀土化合物具有更加优异的性能,不仅可以为稀土元素提供稳定的化学环境,也能有效增强相应 RE^{3+} 的光致发光性能[13,14]。本章将主要介绍稀土基及稀土掺杂介孔材料的制备方法,并简要概述其在各个应用领域的研究进展。

介孔材料的制备是一个复杂且涉及多学科交叉的过程。传统方法主要采用表面活性剂作为模板,通过溶胶-凝胶、乳化或微乳等化学过程,以及有机物和无机物的界面作用进行组装。典型的制备步骤可分为以下三步:(1)在溶液中,表面活性剂和无机物种反应,生成易变的、具有有序介孔结构的有机-无机复合物;(2)通过低温、室温或水热处理继续反应,以提高无机物种的缩聚程度和复合产物结构的稳定性;(3)高温处理或溶剂萃取脱除表面活性剂,得到无机多孔骨架材料,即介孔材料。1992 年 Mobil 公司[15,16]首次使用烷基季铵盐阳离子表面活性剂为模板得到 M41S 系列氧化硅(铝)基有序介孔分子筛,从而将分子筛的孔径从微孔扩展到介孔范围,并首次在分子筛合成中提出了真正的"模板"概念。严格意义上的模板作用是指"客体"在形成过程中严格复制"主体"原先的拓扑结构,产生反相拓扑结构。而广义上的模板概念还包括"主客体"的协同自组装。以两亲性分子为模板的"有机"模板法,或叫作"软"模板法(soft templating);而以介孔分子筛孔道为限域空间,再反相组装其他"客体"介观结构材料的合成过程可以看作"无机"模板法,或者称为"硬"模板法(hard templating)。由于稀土元素具有特殊的电子结构及较大的原子半径,其化学性质与其他元素存在显著差异,含稀土元素的介孔材料在合成方法和后处理工艺上也与其他体系有所不同。早期的介孔材料大多采用水热合成法,随后又发展了室温合成[17]、微波合成[18]、湿胶焙烧法[19]、相转变法[20],以及非水体系合成[21]等多种方法。然而,介孔材料的结晶过程极为复杂,即使采用相同的制备方法,介孔的形貌和性质仍然会受到诸多因素的影响,例如表面活性剂种类、溶剂、反应物浓度、酸碱度、空气湿度、陈化及焙烧的温度和时间等,这些因素都会显著影响介孔的生成。

7.1　软模板法

软模板法是在两亲性分子(如表面活性剂或嵌段共聚物)作用下制备介孔材料的常用方法。通过两亲性分子极性端与无机物种之间的氢键、共价键、静电相互作用,使无机物种在模板上进行组装和缩聚,最终形成具有不同结构的介孔材料(图 7-1)。其中,胶束的形成依赖于表面活性剂的浓度和溶液亲/疏水的特性,通常无机前驱体倾向于与亲水性部分结合,而疏水性部分的长度则决定了介孔的孔径。因此,通过调节模板剂的尾部碳链长度,可以有效地控制介孔材料的孔径大小[22]。

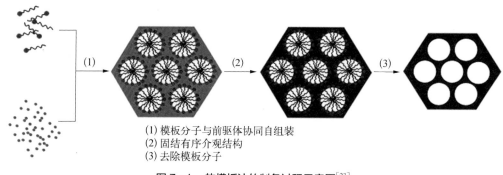

(1) 模板分子与前驱体协同自组装
(2) 固结有序介观结构
(3) 去除模板分子

图 7-1　软模板法的制备过程示意图[23]

合成介孔材料的方法多种多样,其中较早采用的是水热合成法。其具体过程为:当模板剂和无机前驱体在溶液中混合形成凝胶后,转移到晶化釜中,在一定温度下保持一定时间以促进孔壁晶化,随后经过萃取、洗涤、过滤、干燥、焙烧等后处理步骤去除模板剂,最终得到热稳定性较好的有序介孔材料。水热合成法常用于合成硅基介孔材料,近年来也被用于稀土介孔材料的制备。Wang 等[24]通过快速一锅法一步合成了具有上转换发光和大比表面积的稀土掺杂金属氧化物介孔纳米球。该反应以超临界甲醇作为介质,成功制备了 Er 掺杂的 CeO_2,以及 Er、Yb 共掺的 CeO_2 介孔纳米球,并通过高温煅烧提高了其发光强度。类似的方法还可用于掺杂其他金属及氮元素,制备了如 $TiO_2:Eu$、$TiO_2:Ce$、$TiO_2:Yb$、$TiO_2:Fe$、$TiO_2:N$ 等一系列介孔纳米球。水热合成法的优势在于操作简单、重复性高,所得材料热稳定性好且介孔结构高度有序。然而,这一方法对设备要求较高,技术难度较大,制备成本较高,且存在一定的安全风险。

另一种常用方法是非水体系合成法,又称为溶剂挥发诱导自组装法(evaporation-induced self-assembly, EISA),由 Brinker 等[25]于 1999 年首次提出。由于大部分的非硅基无机源在含水介质中会迅速水解,来不及与表面活性剂结合便很快沉淀下来,因此采用醇类等有机溶剂代替水作为反应溶剂,通过控制溶剂的挥发速率,可以抑制金属离子的水解和水解产物的缩聚(图 7 - 2)[26]。该方法通常用于制备介孔薄膜,通过调整初始溶剂、水、表面活性剂等的配比,在一定条件下即可得到具有六方、立方或层状等不同结构的介孔材料。但这种方法的缺点在于制得的介孔材料热稳定性较差,介孔孔道的有序性容易被高温破坏,造成骨架坍塌。而 Li 等[27]通过在合成过程中引入稀土元素,成功制备了可在 700 ℃高温下稳定的高度有序的结晶介孔 $TiO_2:Yb^{3+}$,Tm^{3+} 材料,并且实现了对罗丹明 B 的近红外光催化降解,该结果对于利用太阳能中的近红外光具有重要意义。

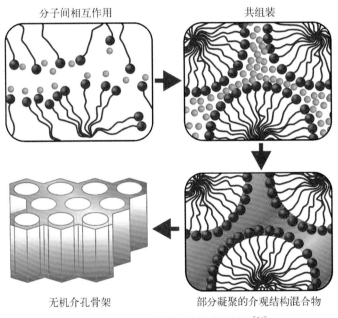

分子间相互作用　　　　　　　　　　　　共组装

无机介孔骨架　　　　　　　　部分凝聚的介观结构混合物

图 7 - 2　溶剂挥发诱导自组装的过程[26]

此外,微波辅助合成法也是一种常见的辅助合成方法。相比水热合成法,微波合成法通过微波加热可显著缩短反应时间,其原理是通过超声、振荡增加非均相反应的表面积,改善界面的传质速率,促进新相的生成。

在合成过程中,常用作软模板的材料包括多种类型的表面活性剂、嵌段共聚物、离子液体、非表面活性剂有机小分子、微乳液、乳液液滴及聚合物微球形成的胶体晶体等。在这些模板材料中,表面活性剂和嵌段共聚物是应用最广泛的两类。

7.1.1　表面活性剂模板

表面活性剂作模板是利用表面活性剂在适当的条件下自动形成超分子阵列-液晶结构这一性质来制备介孔材料。在合成过程中,表面活性剂的浓度、分子大小及其形成的胶束的大小都会影响材料的孔结构。尽管以表面活性剂为模板合成介孔材料的机理观点很多,但都离不开模板分子的超分子自组装和无机物与模板剂分子之间的相互作用这两个重要因素。稀土介孔材料的合成方法与 M41S 系列材料的合成方法类似,为了得到稳定性良好的六方和立方结构材料,选择合适的模板剂是主要方法之一。

M. Yada 等[28,29]用十二烷基硫酸钠(sodium dodecyl sulfate,SDS)合成了构型较好的六方介孔钇氧化物,以及钇镓复合氧化物和钇铝复合氧化物。后来 Wang 等[30]也使用 SDS 合成了在相图中存在范围较小的立方介孔钇氧化物,其具有较好的构型及比表面积。而 Zhao 等[31]以十六烷基三甲基溴化铵(cetyltrimethylammonium bromide,CTAB)为模板剂,采用溶胶-凝胶法成功制备了掺铽的介孔生物活性玻璃(Tb/MBG)纳米球。结果表明,Tb^{3+} 的加入可以提高其羟基磷灰石的形成能力,且生物毒性低,因而它是一种可促进骨组织再生的优异材料。Yang 等[32]也以 CTAB 作为表面活性剂,通过溶胶-凝胶反应在 $NaGdF_4 : Yb, Er @ NaGdF_4 : Yb @ NaNdF_4 : Yb$ 上转换发光纳米颗粒(upconversion nanoparticle,UCNP)表面上形成介孔二氧化硅层,最后将 CuS 纳米颗粒通过静电吸附连接在 $UCNP@mSiO_2$ 的表面上,形成 UCMSN 复合材料。该材料可以通过靶向递送至癌细胞,并且由于掺杂了稀土离子,该材料还具有良好的上转换发光(upconversion luminescence,UCL)、计算机断层扫描(computed tomography,CT)和磁共振成像(magnetic resonance imaging,MRI)性能,在影像引导抗癌治疗方面极具潜力。

总的来说,由于稀土离子是阳离子,它们与阴离子模板剂之间存在较强的库仑作用,更易形成规整结构。但离子型模板剂难以脱除和回收,在早期这类模板剂多使用煅烧的方法除去。改进的方法包括采用离子交换、溶剂萃取等方法去除模板剂,避免了煅烧时产生有害气体。中性模板剂与无机物间仅靠氢键的作用,因此用溶剂萃取的方法就可以很容易地将其去除。

7.1.2　嵌段共聚物模板

含有亲水基和疏水基的嵌段共聚物也可用作模板以制备介孔材料。由于这种两亲性嵌段共聚物能够通过调整组成、分子质量或结构来改变性质,因而有利于控制孔的大小和分布,而且可以提高介孔材料的水热稳定性。两亲性嵌段共聚物模板剂在制备介孔材料方面有许多优势,如制得的介孔材料比表面积高、孔壁厚、孔径分布合理且有序程度高;自组装形成的形貌丰富,在溶剂中的胶束化行为可通过改变共聚物中亲水(或疏水)链段的含量、共聚物分子量、嵌段构造形式、温度、浓度等来进行多方面控制;且具有价格低廉、无毒无腐蚀性、可生物降解、应用上满足经济和环保的需要等优点,因此受到人们的广泛关注。

如图 7-3(a)所示,Xiao 等[33]通过使用苯乙烯-丙烯酸二嵌段共聚物(PS-b-PAA)作为模板剂,开发了一种制备介孔稀土氧化物薄膜的通用策略。与非离子两亲性嵌段共聚物相比,PS/PAA 具有更大的疏水性/亲水性差异,这将导致更大的 Flory-Huggins 相互作用参数 χ,从而可以形成稳定、大尺寸且微相分离的纳米结构;并且由于 RE^{3+} 是硬酸,羧酸根是硬碱,而且存在静电相互作用,所以 RE^{3+} 与 PAA 结构之间的缔合得到进一步增强。然而,这种合成过程中需要使用二甲基甲酰胺和二氯甲烷的混合溶剂,不适用于浸涂技术,并且所得材

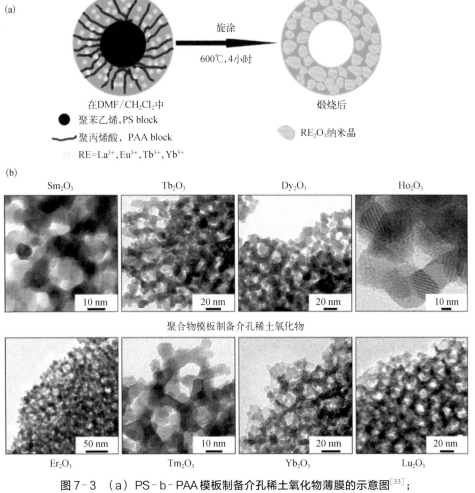

图7-3 (a)PS-b-PAA 模板制备介孔稀土氧化物薄膜的示意图[33];
(b)PIB$_x$-b-PEO$_y$ 模板制备介孔稀土氧化物薄膜的示意图[34]

料重复距离较小,使得材料热稳定性较差。而 Brezesinski 等[34]以两亲性二嵌段共聚物 PIB$_x$-b-PEO$_y$ 为模板,制备了一系列亚微米厚的 RE$_2$O$_3$ 介孔薄膜,通过调节嵌段共聚物模板,可以实现孔直径为 17～42 nm 的宽范围调节[图 7-3(b)]。他们发现,当合成中同时使用 2-甲氧基乙醇和冰醋酸时,可以在低相对湿度下轻松获得结构有序的介孔材料。前者起到助溶剂的作用,减慢了沉积的无机-有机复合膜的干燥过程,而后者则通过络合作用有效抑制了氯化物的重结晶,最终可得到热稳定性和结晶性极好的稀土氧化物薄膜。该合成过程简单易行,所得材料质量较好,并且是可以应用于许多稀土氧化物的通用方法。采用类似的方法,他们也得到了 Er$_2$O$_3$ 介孔薄膜以及一系列有序的 RE$_3$Fe$_5$O$_{12}$(RE＝Y、Gd～Dy)介孔磁性材料[35,36]。

　　Yuan 等[37]则进一步简化了制备条件,他们使用三嵌段共聚物 P123(PEO-PPO-PEO)作为模板,在反应过程中不引入其他酸或碱,仅通过金属离子的水解、配位等作用合成介孔材料。通过乙醇的挥发诱导自组装,他们制备了一系列具有不同 Ce/Zr 比的 Ce$_{1-x}$Zr$_x$O$_2$ 固溶体。这种通过自身作用形成介孔材料的方法,也同样适用于其他金属氧化物固溶体的制备。Cui 等[38]采用相同的方法合成 Ce$_{0.8}$Zr$_{0.2}$O$_2$ 固溶体后,以此为载体制备了一系列掺杂有不同过渡金属氧化物和稀土氧化物的 CuO 基催化剂,稀土氧化物(PrO$_2$、Sn$_2$O$_3$)在骨架中的高分散性能够抑制 CuO 在煅烧过程中的热烧结和聚集,此外还可以提高 CuO 的还原性,从而提高了 CO 催化氧化的效率。类似地,Li 等[39]使用三嵌段共聚物 F127(PEO-PPO-PEO)作为模板,通过简单的一步自组装法合成了具有多孔结构和纳米晶框架的介孔泡沫铈锡混合氧化物。在这种方法中,也无须添加任何酸或溶胀剂。他们还进一步研究了所得材料在催化中的应用,发现其对于 CO 氧化表现出较高的催化活性。

7.1.3　其他模板

　　此外,葡萄糖、麦芽糖和酒石酸衍生物等非表面活性剂有机分子也可作为模板,这类模板具有价廉易得、易于除去的优点。而随着离子液体研究和应用的不断发展,离子液体种类迅速增加,由于某些离子液体的结构与表面活性剂类似,离子液体也可以作为模板来制备介孔材料。Li 等[40]以咪唑类离子液体为新型软模板和共溶剂,通过溶胶-凝胶法制备得到了氧化铈纳米多孔材料。在自组装过程中,离子液体与无机基团相互作用形成氢键,同时咪唑环之间则形成了 π-π 堆垛,因此室温下离子液体与无机物形成了有序的刚性结构。离子液体作为一种"绿色"溶剂,本身独特的性质使其在介孔材料合成中起到了一般溶剂所没有的作用,为功能性介孔材料的可控合成提供了一种新型、快捷、绿色的合成途径。

7.2　硬模板法

　　对于过渡金属氧化物而言,由于其水解速率难以控制以及变价离子的存在,用软模板法合成有序的介孔金属氧化物及其复合物有很大的难度。所以人们又尝试选取介孔二氧化硅、碳材料等用作硬模板("纳米铸造"法)[41]，在获得介孔结构的同时提高所得材料的结晶度。硬模板法是指利用有序的介孔材料作为硬模板，通过纳米复制技术得到其反相介孔结构。这种方法起源于 1998 年 Ryoo 等[42]使用有序介孔氧化硅合成有序介孔碳材料，制备过程如图 7-4 所示。在制备稀土介孔材料的策略中，硬模板法也是一种直接有效的方法，可以通过预先准备的模板轻松而精确地控制中空介孔结构的形状和空腔大小。硬模板法的主要步骤是利用预成型的有序介孔固体的空腔，内浸渍所要求的无机盐前驱体，随即在一定的温度下矿化前驱物使其转变成目标组分，最后除去原固体模板从而得到所要求组分的反相介孔结构材料[43]。

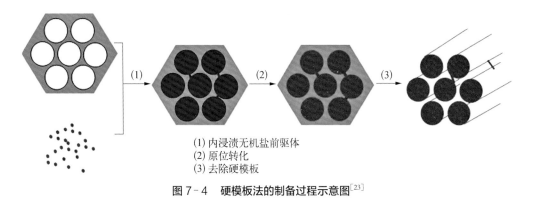

(1) 内浸渍无机盐前驱体
(2) 原位转化
(3) 去除硬模板

图 7-4　硬模板法的制备过程示意图[23]

　　然而，硬模板法存在一些固有的缺点，包括由于模板与所需壳材料之间的相容性不足而难以获得均匀的涂层、去除模板时壳的结构坚固性不足、多次反复浸渍使合成步骤烦琐耗时，等等。克服上述问题的一种有效方法是使用牺牲模板[44]，因为所得的空心结构的形状和尺寸可以通过将牺牲模板作为壳结构的消耗性反应物来直接确定。Jin 等[45]以二氧化硅球作为牺牲模板，首次报道了具有可调大小和壁厚的介孔稀土硅酸盐空心球的合成[图 7-5(a)]。制备的空心稀土硅酸盐球具有大的比表面积、高的孔体积和可控的结构参数，且这种合成策略简单有效、可重复性高。

　　介孔二氧化硅和上转换发光材料结合的介孔复合物是用于药物递送和多峰生物成像的理想载体，Yang 等[46]通过简便的集成牺牲模板方法，煅烧后得到了具有上转换发光的 $Y_2O_3 : Yb, Er@mSiO_2$ 双壳空心球(DSHS)，并以超小 Cu_xS 纳米颗粒用作光热剂，然后将化学治疗剂(阿霉素，doxorubicin, DOX)附着到介孔二氧化硅表面，形成了 DOX-DSHS-Cu_xS 复合材料。该复合材料由于具有 Cu_xS 纳米颗粒诱导的协同光热疗法(photothermal therapy, PTT)以及由 980 nm 近红外光增强的化学疗法而显示出高抗癌功效，并且表现出优异的成像特性，因此可以实现成像指导的协同治疗的目标。

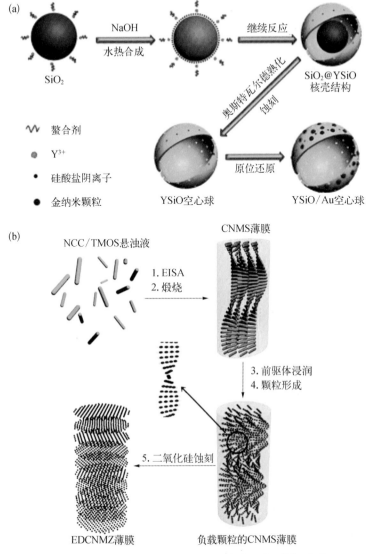

图7-5 （a）介孔稀土硅酸盐空心纳米球的制备示意图[45]；（b）ZrO₂：
Eu³⁺（EDCNMZ）介孔薄膜的制备示意图[46]

Chu[47]等采用硬模板法制备了螺距可调的手性向列相 ZrO₂：Eu³⁺ 介孔薄膜［图7-5（b）］。他们首先通过溶剂挥发诱导自组装制备了手性向列相 SiO₂ 薄膜，然后以此为模板，成功得到了手性向列相介孔 ZrO₂：Eu³⁺ 自支撑膜。结果发现，不同于反蛋白石结构的 ZrO₂：Eu³⁺，手性向列相有序的 ZrO₂：Eu³⁺ 可选择性地抑制 613 nm 和 625 nm 处的跃迁，并且观察到了发光寿命的延长。这一报道作为手性向列相结构与发光稀土离子结合的初步尝试，为新型光学器件的设计和制备提供了有用的信息。

常用的硅基模板包括 M41S 系列[48]、SBA 系列[49]、HMS[50] 和 HSU[51] 等。其中,M41S 和 SBA 系列的水热稳定性相对较好,孔径有序可调,有利于介孔自组装发光材料的发展。进一步利用商品化的氧硅烷偶联剂或其他设计好的含氨基、乙烯基或配位的有机硅烷对预先合成的硅酸盐进行功能化,也是构建多组分稀土杂化物的一种方法。Li 等[52] 采用溶胶-凝胶法,通过混合 RE^{3+} 离子、PMMA 前体和 2-苯基三氟乙酸(TTA-Si)改性的 SBA-15,制备了三元稀土/聚合物介孔杂化材料,所得材料具有化学键合性质,比二元杂化材料具有更强的发光性能。同样,Li 等[53] 以聚丙烯酰胺(polyacrylamide,PAM)改性的 SBA-16 为模板,在引入 Eu^{3+}/Tb^{3+} 离子和配体 1,10-邻菲咯啉(phen)后,得到了一系列三元稀土发光杂化物 Ln(S16-PAM-Si)$_3$phen,其中有机聚合物是介孔骨架和稀土配合物之间的柔性连接体。

如图 7-6 所示,Zheng 等[54] 用乙烯基三甲氧基硅烷对 MCM-41 进行改性,然后通过

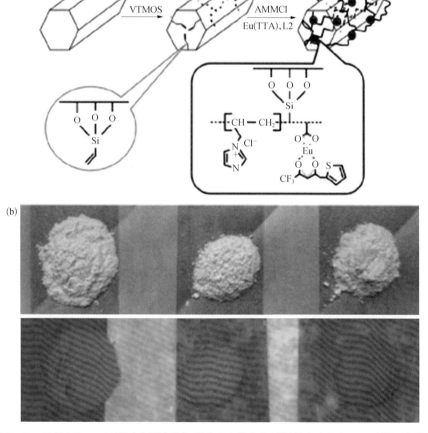

图 7-6　三元 MCM-41/聚(离子液体)/稀土配合物杂化材料的合成方案和预测结构(a),以及日光(b 上)和 360 nm 紫外灯(b 下)下所得材料的照片[54]

铕配合物 Eu(TTA)$_3$L$_2$、离子液体和乙烯基改性 MCM‑41 的原位聚合，成功组装了一系列三元铕配合物/聚离子液体/MCM‑41 发光杂化材料。图 7‑6 展示了这些三元稀土杂化材料的合成方案和预测结构，以及在日光和紫外线灯下得到的材料照片。在 Wang 等[55]的另一项研究中，将一种新颖的二维稀土配合物通过席夫碱基的形成共价键合到氨基修饰的 SBA‑15 和 MCM‑41 上，所得杂化材料具有较高的热稳定性和光致发光稳定性，并且对沸水/酸性/碱性介质具有显著的耐受性。关于稀土发光杂化物的多组分组装，也有许多有趣的工作涉及介孔硅酸盐和聚合物单元[56-58]。其他无机非晶态基质如 Ti‑O 或 Al‑O 网络也可以通过水解交联反应引入有序介孔 Si‑O 网络。Li 和 Yan 等[59,60]就致力于开发二氧化钛/氧化铝氧化物、SBA‑15 载体和稀土配合物的多组分组装。

7.3　本章小结与展望

　　虽然稀土介孔材料的研究起步较晚，但经过近二十年的不懈努力，其合成研究已经取得了丰硕的成果。迄今为止，国内外学者已成功合成了形貌各异、比表面积较大、孔径大且分布均匀的稀土介孔材料，并对其掺杂进行了探索，实现了介孔材料组成多样化、形态多样化[61]。但目前稀土介孔材料的合成也存在一些问题。例如，合成稀土介孔材料受诸多因素的影响，如原料本身的性质、模板剂的种类、反应物的用量、反应温度、反应时间、酸碱度等，其中任何一个环节都可能影响介孔的形成。因此，研究者需要探索更简便的合成路径和工艺，以尽量减少这些因素带来的影响，从而能够简单制备出水热稳定性高、孔径大、孔道规整单一的介孔稀土材料。并且目前常用的模板剂普遍价格昂贵，且在去除模板剂的过程中容易出现孔结构塌陷、孔径缩小、比表面积减小的现象。因此，寻找价廉无毒的模板剂、摸索脱除模板剂的最优途径，也是目前急需解决的一个问题。而普适的无模板剂的合成方法，更会大大降低制备成本，适用于工业化生产。此外，就反应机理而言，尽管已经提出了几种介孔材料的反应机理，但仍然存在争议，需要进一步探索。

　　尽管目前稀土介孔材料距离大规模工业应用还有一段距离，但随着研究工作的不断完善和深入，相信在不久的将来，它们会更加充分地发挥其独特优势，在材料科学领域展现出令人瞩目的应用前景。

参考文献

［1］Dong D, Jiang S, Men Y, et al. Nanostructured hybrid organic-inorganic lanthanide complex films produced *in situ via* a Sol-gel approach [J]. Advanced Materials, 2000, 12(9): 646‑649.

［2］Sawada T, Ando S. Synthesis, characterization, and optical properties of metal-containing fluorinated polyimide films [J]. Chemistry of Materials, 1998, 10(11): 3368‑3378.

[3] Fu L S, Zhang H J, Boutinaud P. Preparation, characterization and luminescent properties of MCM - 41 type materials impregnated with rare earth complex [J]. Journal of Materials Science and Technology, 2001, 17(3): 293 - 298.

[4] Wang D M, Zhang J H, Lin Q, et al. Lanthanide complex/polymer composite optical resin with intense narrow band emission, high transparency and good mechanical performance [J]. Journal of Materials Chemistry, 2003, 13(9): 2279 - 2284.

[5] Fernandes M, de Zea Bermudez V, Sá Ferreira R A, et al. Highly photostable luminescent poly (ε-caprolactone)siloxane biohybrids doped with europium complexes [J]. Chemistry of Materials, 2007, 19(16): 3892 - 3901.

[6] Everett D H. Manual of symbols and terminology for physicochemical quantities and units, appendix II: Definitions, terminology and symbols in colloid and surface chemistry [J]. Pure and Applied Chemistry, 1972, 31(4): 577 - 638.

[7] Mal N K, Fujiwara M, Tanaka Y. Photocontrolled reversible release of guest molecules from coumarin-modified mesoporous silica [J]. Nature, 2003, 421(6921): 350 - 353.

[8] Davis M E. Ordered porous materials for emerging applications [J]. Nature, 2002, 417 (6891): 813 - 821.

[9] Fan J, Yu C Z, Gao F, et al. Cubic mesoporous silica with large controllable entrance sizes and advanced adsorption properties [J]. Angewandte Chemie (International Ed), 2003, 42(27): 3146 - 3150.

[10] Vinu A, Murugesan V, Tangermann O, et al. Adsorption of cytochrome c on mesoporous molecular sieves: influence of pH, pore diameter, and aluminum incorporation [J]. Chemistry of Materials, 2004, 16(16): 3056 - 3065.

[11] Schüth F, Schmidt W. Microporous and mesoporous materials [J]. Advanced Materials, 2002, 14(9): 629 - 638.

[12] Stein A. Advances in microporous and mesoporous solids—Highlights of recent progress [J]. Advanced Materials, 2003, 15(10): 763 - 775.

[13] Costa J A S, de Jesus R A, Dorst D D, et al. Photoluminescent properties of the europium and terbium complexes covalently bonded to functionalized mesoporous material PABA - MCM - 41 [J]. Journal of Luminescence, 2017, 192: 1149 - 1156.

[14] 张杰,周利娜,王爱民,等.介孔自组装稀土发光材料的最新研究进展[J].化工新型材料,2018,46(11): 16 - 19 + 24.

[15] Kresge C T, Leonowicz M E, Roth W J, et al. Ordered mesoporous molecular sieves synthesized by a liquid-crystal template mechanism [J]. Nature, 1992, 359: 710 - 712.

[16] Beck J S, Vartuli J C, Roth W J, et al. A new family of mesoporous molecular sieves prepared with liquid crystal templates [J]. Journal of the American Chemical Society, 1992, 114 (27): 10834 - 10843.

[17] Zhao D, Feng J, Huo Q, et al. Triblock copolymer syntheses of mesoporous silica with periodic 50 to 300 angstrom pores [J]. Science, 1998, 279(5350): 548 - 552.

[18] Wu C G, Bein T. Microwave synthesis of molecular sieve MCM - 41 [J]. Chemical Communications, 1996(8): 925 - 926.

[19] Emrie D B. Sol-gel synthesis of nanostructured mesoporous silica powder and thin films [J]. Journal of Nanomaterials, 2024, 2024: 6109770.

[20] Lv H, Wang Y Z, Sun L Z, et al. A general protocol for precise syntheses of ordered mesoporous intermetallic nanoparticles [J]. Nature Protocols, 2023, 18(10): 3126 - 3154.

[21] Lu Y F, Ganguli R, Drewien C A, et al. Continuous formation of supported cubic and hexagonal

mesoporous films by Sol-gel dip-coating [J]. Nature, 1997, 389: 364 – 368.

[22] Mitome T, Hirota Y, Uchida Y, et al. Porous structure and pore size control of mesoporous carbons using a combination of a soft-templating method and a solvent evaporation technique [J]. Colloids and Surfaces A: Physicochemical and Engineering Aspects, 2016, 494: 180 – 185.

[23] Deng Y H, Cai Y, Sun Z K, et al. Magnetically responsive ordered mesoporous materials: A burgeoning family of functional composite nanomaterials [J]. Chemical Physics Letters, 2011, 510 (1/2/3): 1 – 13.

[24] Wang P Y, Kobiro K. Synthetic versatility of nanoparticles: A new, rapid, one-pot, single-step synthetic approach to spherical mesoporous (metal) oxide nanoparticles using supercritical alcohols [J]. Pure and Applied Chemistry, 2014, 86(5): 785 – 800.

[25] Brinker C J, Lu Y F, Sellinger A, et al. Evaporation-induced self-assembly: Nanostructures made easy [J]. Advanced Materials, 1999, 11(7): 579 – 585.

[26] Boettcher S W, Fan J, Tsung C K, et al. Harnessing the Sol-gel process for the assembly of non-silicate mesostructured oxide materials [J]. Accounts of Chemical Research, 2007, 40(9): 784 – 792.

[27] Li Z X, Shi F B, Zhang T, et al. Ytterbium stabilized ordered mesoporous titania for near-infrared photocatalysis [J]. Chemical Communications, 2011, 47(28): 8109 – 8111.

[28] Yada M, Ohya M, Machida M, et al. Mesoporous Gallium oxide structurally stabilized by yttrium oxide [J]. Langmuir, 2000, 16(10): 4752 – 4755.

[29] Yada M, Ohya M, Ohe K, et al. Porous yttrium aluminum oxide templated by alkyl sulfate assemblies [J]. Langmuir, 2000, 16(4): 1535 – 1541.

[30] Wang T W, Dai L R. Synthesis and characterization of yttrium-based cubic mesophase by using anionic surfactant as template [J]. Colloids and Surfaces A: Physicochemical and Engineering Aspects, 2002, 209(1): 65 – 70.

[31] Zhao D, Feng J, Huo Q, et al. Triblock copolymer syntheses of mesoporous silica with periodic 50 to 300 angstrom pores [J]. Science, 1998, 279(5350): 548 – 552.

[32] Yang G X, Lv R C, He F, et al. A core/shell/satellite anticancer platform for 808 NIR light-driven multimodal imaging and combined chemo-/ photothermal therapy [J]. Nanoscale, 2015, 7(32): 13747 – 13758.

[33] Xiao Y, You S S, Yao Y, et al. Generalized synthesis of mesoporous rare earth oxide thin films through amphiphilic ionic block copolymer templating [J]. European Journal of Inorganic Chemistry, 2013, 2013(8): 1251 – 1257.

[34] Reitz C, Haetge J, Suchomski C, et al. Facile and general synthesis of thermally stable ordered mesoporous rare-earth oxide ceramic thin films with uniform mid-size to large-size pores and strong crystalline texture [J]. Chemistry of Materials, 2013, 25(22): 4633 – 4642.

[35] Haetge J, Reitz C, Suchomski C, et al. Toward ordered mesoporous rare-earth sesquioxide thin films *via* polymer templating: High temperature stable C-type Er_2O_3 with finely-tunable crystallite sizes [J]. RSC Advances, 2012, 2(18): 7053 – 7056.

[36] Suchomski C, Reitz C, Sousa C T, et al. Room temperature magnetic rare-earth iron garnet thin films with ordered mesoporous structure [J]. Chemistry of Materials, 2013, 25(12): 2527 – 2537.

[37] Yuan Q, Liu Q, Song W G, et al. Ordered Mesoporous $Ce_{1-x}Zr_xO_2$ solid solutions with crystalline walls [J]. Journal of the American Chemical Society, 2007, 129(21): 6698 – 6699.

[38] Cui Y, Xu L L, Chen M D, et al. CO oxidation over metal oxide (La_2O_3, Fe_2O_3, PrO_2, Sm_2O_3, and MnO_2) doped CuO-based catalysts supported on mesoporous $Ce_{0.8}Zr_{0.2}O_2$ with intensified low-temperature activity [J]. Catalysts, 2019, 9(9): 724.

[39] Li L L, Xu J, Yuan Q, et al. Facile synthesis of macrocellular mesoporous foamlike Ce – Sn mixed

oxides with a nanocrystalline framework by using triblock copolymer as the single template [J]. Small, 2009, 5(23): 2730 - 2737.

[40] Li Z X, Li L L, Yuan Q, et al. Sustainable and facile route to nearly monodisperse spherical aggregates of CeO₂ nanocrystals with ionic liquids and their catalytic activities for CO oxidation [J]. The Journal of Physical Chemistry C, 2008, 112(47): 18405 - 18411.

[41] Fu Z H, Zhang G D, Tang Z C, et al. Preparation and application of ordered mesoporous metal oxide catalytic materials [J]. Catalysis Surveys from Asia, 2020, 24(1): 38 - 58.

[42] Ryoo R, Joo S H, Jun S. Synthesis of highly ordered carbon molecular sieves via template-mediated structural transformation [J]. The Journal of Physical Chemistry B, 1999, 103(37): 7743 - 7746.

[43] Lu A H, Schüth F. Nanocasting: A versatile strategy for creating nanostructured porous materials [J]. Advanced Materials, 2006, 18(14): 1793 - 1805.

[44] Wang Z Y, Zhou L, Lou X W D. Metal oxide hollow nanostructures for lithium-ion batteries [J]. Advanced Materials, 2012, 24(14): 1903 - 1911.

[45] Jin R X, Yang Y, Zou Y C, et al. A general route to hollow mesoporous rare-earth silicate nanospheres as a catalyst support [J]. Chemistry, 2014, 20(8): 2344 - 2351.

[46] Yang D, Yang G X, Wang X M, et al. Y₂O₃: Yb, Er@mSiO₂ - Cuₓ S double-shelled hollow spheres for enhanced chemo-/photothermal anti-cancer therapy and dual-modal imaging [J]. Nanoscale, 2015, 7(28): 12180 - 12191.

[47] Chu G, Feng J, Wang Y, et al. Chiral nematic mesoporous films of ZrO₂: Eu³⁺: New luminescent materials [J]. Dalton Transactions, 2014, 43(41): 15321 - 15327.

[48] Yu H, Zhang H J, Yang W T, et al. Luminescent character of mesoporous silica with Er₂O₃ composite materials [J]. Microporous and Mesoporous Materials, 2013, 170: 113 - 122.

[49] Polu A R, Rhee H W. Ionic liquid doped PEO-based solid polymer electrolytes for lithium-ion polymer batteries [J]. International Journal of Hydrogen Energy, 2017, 42(10): 7212 - 7219.

[50] Tanev P T, Pinnavaia T J. A neutral templating route to mesoporous molecular sieves [J]. Science, 1995, 267(5199): 865 - 867.

[51] Bagshaw S A, Prouzet E, Pinnavaia T J. Templating of mesoporous molecular sieves by nonionic polyethylene oxide surfactants [J]. Science, 1995, 269(5228): 1242 - 1244.

[52] Li Y J, Yan B. Lanthanide (Eu³⁺, Tb³⁺)/β-diketone modified mesoporous SBA - 15/organic polymer hybrids: Chemically bonded construction, physical characterization, and photophysical properties [J]. Inorganic Chemistry, 2009, 48(17): 8276 - 8285.

[53] Li Y, Zhu R D, Wang J L, et al. Polyacrylamide modified mesoporous SBA - 16 hybrids encapsulated with a lanthanide (Eu³⁺/Tb³⁺) complex [J]. New Journal of Chemistry, 2015, 39(11): 8658 - 8666.

[54] Zheng X L, Wang M Y, Li Q P. Synthesis and luminescent properties of europium complexes covalently bonded to hybrid materials based on MCM - 41 and poly(ionic liquids) [J]. Materials, 2018, 11(5): 677.

[55] Wang J, Dou W, Kirillov A M, et al. Hybrid materials based on novel 2D lanthanide coordination polymers covalently bonded to amine-modified SBA - 15 and MCM - 41: Assembly, characterization, structural features, thermal and luminescence properties [J]. Dalton Transactions, 2016, 45(46): 18610 - 18621.

[56] Cuan J, Yan B. Multi-component assembly and photophysical properties of europium polyoxometalates and polymer functionalized (mesoporous) silica through a double functional ionic liquid linker [J]. Dalton Transactions, 2013, 42(39): 14230 - 14239.

[57] Gu Y J, Yan B, Li Y Y. Ternary europium mesoporous polymeric hybrid materials Eu (β-diketonate)₃ pvpd - SBA - 15(16): Host-guest construction, characterization and photoluminescence

[J]. Journal of Solid State Chemistry, 2012, 190: 36 - 44.

[58] Li Y, Wang J L, Chain W, et al. Coordination assembly and characterization of europium(ⅲ) complexes covalently bonded to SBA - 15 directly functionalized by modified polymer [J]. RSC Advances, 2013, 3(33): 14057 - 14065.

[59] Li Y J, Yan B. Preparation, characterization and luminescence properties of ternary europium complexes covalently bonded to titania and mesoporous SBA - 15 [J]. Journal of Materials Chemistry, 2011, 21(22): 8129 - 8136.

[60] Yan B, Li Y J. Photoactive lanthanide (Eu^{3+}, Tb^{3+}) centered hybrid systems with titania (alumina)-mesoporous silica based hosts [J]. Journal of Materials Chemistry, 2011, 21(45): 18454.

[61] Yu H Y, Wang W X, Liu M C, et al. Versatile synthesis of dendritic mesoporous rare earth-based nanoparticles [J]. Science Advances, 2022, 8(30): eabq2356.